建筑垃圾管理与资源化政策摘编

徐玉波　陈家珑　王华萍　主编

中国建筑工业出版社

图书在版编目(CIP)数据

建筑垃圾管理与资源化政策摘编/徐玉波,陈家珑,
王华萍主编.—北京:中国建筑工业出版社,2018.7
(建筑垃圾治理系列丛书)
ISBN 978-7-112-22402-9

Ⅰ.①建… Ⅱ.①徐… ②陈… ③王… Ⅲ.①建筑垃
圾-垃圾处置-环境政策-汇编-中国 Ⅳ.①TU746.5

中国版本图书馆 CIP 数据核字(2018)第 136659 号

建筑垃圾治理系列丛书
建筑垃圾管理与资源化政策摘编
徐玉波 陈家珑 王华萍 主编

*

中国建筑工业出版社出版、发行(北京海淀三里河路9号)
各地新华书店、建筑书店经销
北京红光制版公司制版
北京富生印刷厂印刷

*

开本:787×1092毫米 1/16 印张:25¼ 字数:491千字
2018年7月第一版 2018年7月第一次印刷
定价:**88.00**元
ISBN 978-7-112-22402-9
(32289)

住房和城乡建设部 2018 年 3 月 23 日印发了《关于开展建筑垃圾治理试点工作的通知》（建城函〔2018〕65 号）（以下简称《通知》），决定在北京市等 35 个城市（区）开展建筑垃圾治理试点工作。《通知》要求，要合理布局消纳处置、资源化利用设施，加快设施建设，推动资源化利用，提高建筑垃圾再生产品质量，研究制定再生产品的推广应用政策，要求试点地区在 2018 年 4 月前制定试点实施方案。建筑垃圾治理试点工作截止时间为 2019 年 12 月底。试点工作结束后，试点城市要及时总结试点主要做法、成效、经验以及问题和建议，形成试点报告，于 2020 年 1 月底前报送住房和城乡建设部后全国推广。各试点城市要高度重视建筑垃圾治理工作，突出问题导向，加大治理力度，全面提升建筑垃圾全过程管理水平。

围绕《通知》要求，住房和城乡建设部组织相关专家在全国范围内开展建筑垃圾治理专项行动。本书为配合建筑垃圾治理专项行动而编制的建筑垃圾管理与资源化政策摘编。本书收录了国家法律法规、国务院文件、部委文件、地方政策等相关政策法律法规摘编，为建筑垃圾专项治理行动提供理论支持。

本书可为从事建筑垃圾资源化利用的管理人员、研究人员、工程人员提供借鉴和参考。

* *

如需本书可按下列方式索购：

电话：010-58337162　电子邮箱：hwk@cabp.com.cn

责任编辑：何玮珂
责任设计：李志立
责任校对：王雪竹

建筑垃圾治理系列丛书编委会

丛书指导委员会：缪昌文　刘加平　肖绪文　陈云敏　张大玉

丛书编委会：（按姓氏拼音排序）

陈家珑　寇世聪　李　飞　李秋义　马合生

孙可伟　吴英彪　肖建庄　詹良通　张亚梅

赵霄龙　周文娟

本书编委会

主　　　编：徐玉波　陈家珑　王华萍

主编委：常庆生　樊　斌　高振杰　李福安

李　颖　梁建平　赵建勋

建筑垃圾治理系列丛书
出 版 说 明

随着我国城市化进程的加快和大规模旧城改造工程的实施，建筑垃圾已经成为排放量最大的城市固体废弃物。建筑垃圾的无序堆放和填埋已经形成垃圾围城的困境，占用土地、污染环境，甚至造成安全事故，严重影响生态文明建设和城市可持续发展。

2018 年 3 月，为深入贯彻落实党的十九大精神和习近平新时代中国特色社会主义思想，加强建筑垃圾全过程管理，提升城市发展质量，住房和城乡建设部提出加强规划引导、开展存量治理、加快设施建设、推动资源化利用、建立长效机制和完善相关制度等六项重点任务，在北京等 35 个城市（区）开展建筑垃圾治理试点工作。

为了配合推进试点工作，依托中国城市环境卫生协会建筑垃圾管理与资源化工作委员会，集合国内管理和技术专家，从政策法规、规范标准、规划设计、减量技术、存量治理、设施建设、工艺装备，以及资源化利用技术与应用等方面系统总结国内外建筑垃圾行业的经验，编著《建筑垃圾治理系列丛书》，旨在为管理、研究和工程技术人员提供借鉴，也可作为高等院校的参考教材。

目　　录

一、国　家　法　律　法　规

二、国　务　院　文　件

三、部　委　文　件

四、地　方　政　策

9

一、国家法律法规

（一）《中华人民共和国大气污染防治法》

（1987年9月5日第六届全国人民代表大会常务委员会第二十二次会议通过 根据1995年8月29日第八届全国人民代表大会常务委员会第十五次会议《关于修改〈中华人民共和国大气污染防治法〉的决定》修正 2000年4月29日第九届全国人民代表大会常务委员会第十五次会议第一次修订 2015年8月29日第十二届全国人民代表大会常务委员会第十六次会议第二次修订）

中华人民共和国主席令

第三十一号

《中华人民共和国大气污染防治法》已由中华人民共和国第十二届全国人民代表大会常务委员会第十六次会议于2015年8月29日修订通过，现将修订后的《中华人民共和国大气污染防治法》公布，自2016年1月1日起施行。

中华人民共和国主席 习近平

2015年08月29日

......

第六十九条 建设单位应当将防治扬尘污染的费用列入工程造价，并在施工承包合同中明确施工单位扬尘污染防治责任。施工单位应当制定具体的施工扬尘污染防治实施方案。

从事房屋建筑、市政基础设施建设、河道整治以及建筑物拆除等施工单位，应当向负责监督管理扬尘污染防治的主管部门备案。

施工单位应当在施工工地设置硬质围挡，并采取覆盖、分段作业、择时施工、洒水抑尘、冲洗地面和车辆等有效防尘降尘措施。建筑土方、工程渣土、建筑垃圾应当及时清运；在场地内堆存的，应当采用密闭式防尘网遮盖。工程渣土、建筑垃圾应当进行资源化处理。

施工单位应当在施工工地公示扬尘污染防治措施、负责人、扬尘监督管理主管部门等信息。

暂时不能开工的建设用地，建设单位应当对裸露地面进行覆盖；超过三个月的，应当进行绿化、铺装或者遮盖。

……

（二）《中华人民共和国固体废物污染环境防治法》

（1995 年 10 月 30 日第八届全国人民代表大会常务委员会第十六次会议通过. 2004 年 12 月 29 日第十届全国人民代表大会常务委员会第十三次会议修订 根据 2013 年 6 月 29 日第十二届全国人民代表大会常务委员会第三次会议《关于修改〈中华人民共和国文物保护法〉等十二部法律的决定》第一次修正 根据 2015 年 4 月 24 日第十二届全国人民代表大会常务委员会第十四次会议《关于修改〈中华人民共和国港口法〉等七部法律的决定》第二次修正 根据 2016 年 11 月 7 日第十二届全国人民代表大会常务委员会第二十四次会议《关于修改〈中华人民共和国对外贸易法〉等十二部法律的决定》第三次修正）

中华人民共和国主席令

第五十七号

《全国人民代表大会常务委员会关于修改〈中华人民共和国对外贸易法〉等十二部法律的决定》已由中华人民共和国第十二届全国人民代表大会常务委员会第二十四次会议于 2016 年 11 月 7 日通过，现予公布，自公布之日起施行。

中华人民共和国主席　习近平

2016 年 11 月 7 日

……

第三条　国家对固体废物污染环境的防治，实行减少固体废物的产生量和危害性、充分合理利用固体废物和无害化处置固体废物的原则，促进清洁生产和循环经济发展。

国家采取有利于固体废物综合利用活动的经济、技术政策和措施，对固体废物实行充分回收和合理利用。

国家鼓励、支持采取有利于保护环境的集中处置固体废物的措施，促进固体废物污染环境防治产业发展。

第四条　县级以上人民政府应当将固体废物污染环境防治工作纳入国民经济

和社会发展计划，并采取有利于固体废物污染环境防治的经济、技术政策和措施。

国务院有关部门、县级以上地方人民政府及其有关部门组织编制城乡建设、土地利用、区域开发、产业发展等规划，应当统筹考虑减少固体废物的产生量和危害性、促进固体废物的综合利用和无害化处置。

第五条　国家对固体废物污染环境防治实行污染者依法负责的原则。

产品的生产者、销售者、进口者、使用者对其产生的固体废物依法承担污染防治责任。

第六条　国家鼓励、支持固体废物污染环境防治的科学研究、技术开发、推广先进的防治技术和普及固体废物污染环境防治的科学知识。

各级人民政府应当加强防治固体废物污染环境的宣传教育，倡导有利于环境保护的生产方式和生活方式。

第七条　国家鼓励单位和个人购买、使用再生产品和可重复利用产品。

第八条　各级人民政府对在固体废物污染环境防治工作以及相关的综合利用活动中作出显著成绩的单位和个人给予奖励。

……

第十七条　收集、贮存、运输、利用、处置固体废物的单位和个人，必须采取防扬散、防流失、防渗漏或者其他防止污染环境的措施；不得擅自倾倒、堆放、丢弃、遗撒固体废物。

禁止任何单位或者个人向江河、湖泊、运河、渠道、水库及其最高水位线以下的滩地和岸坡等法律、法规规定禁止倾倒、堆放废弃物的地点倾倒、堆放固体废物。

……

第三十二条　国家实行工业固体废物申报登记制度。

产生工业固体废物的单位必须按照国务院环境保护行政主管部门的规定，向所在地县级以上地方人民政府环境保护行政主管部门提供工业固体废物的种类、产生量、流向、贮存、处置等有关资料。

前款规定的申报事项有重大改变的，应当及时申报。

第三十三条　企业事业单位应当根据经济、技术条件对其产生的工业固体废物加以利用；对暂时不利用或者不能利用的，必须按照国务院环境保护行政主管部门的规定建设贮存设施、场所，安全分类存放，或者采取无害化处置措施。

建设工业固体废物贮存、处置的设施、场所，必须符合国家环境保护标准。

第三十四条　禁止擅自关闭、闲置或者拆除工业固体废物污染环境防治设施、场所；确有必要关闭、闲置或者拆除的，必须经所在地县级以上地方人民政府环境保护行政主管部门核准，并采取措施，防止污染环境。

  第三十五条 产生工业固体废物的单位需要终止的，应当事先对工业固体废物的贮存、处置的设施、场所采取污染防治措施，并对未处置的工业固体废物作出妥善处置，防止污染环境。

  产生工业固体废物的单位发生变更的，变更后的单位应当按照国家有关环境保护的规定对未处置的工业固体废物及其贮存、处置的设施、场所进行安全处置或者采取措施保证该设施、场所安全运行。变更前当事人对工业固体废物及其贮存、处置的设施、场所的污染防治责任另有约定的，从其约定；但是，不得免除当事人的污染防治义务。

  对本法施行前已经终止的单位未处置的工业固体废物及其贮存、处置的设施、场所进行安全处置的费用，由有关人民政府承担；但是，该单位享有的土地使用权依法转让的，应当由土地使用权受让人承担处置费用。当事人另有约定的，从其约定；但是，不得免除当事人的污染防治义务。

（三）《中华人民共和国清洁生产促进法》

（2002 年 6 月 29 日第九届全国人民代表大会常务委员会第二十八次会议通过　根据 2012 年 2 月 29 日第十一届全国人民代表大会常务委员会第二十五次会议《关于修改〈中华人民共和国清洁生产促进法〉的决定》修正）

中华人民共和国主席令

第五十四号

《全国人民代表大会常务委员会关于修改〈中华人民共和国清洁生产促进法〉的决定》已由中华人民共和国第十一届全国人民代表大会常务委员会第二十五次会议于 2012 年 2 月 29 日通过，现予公布，自 2012 年 7 月 1 日起施行。

中华人民共和国主席　胡锦涛

2012 年 2 月 29 日

......

第十三条　国务院有关部门可以根据需要批准设立节能、节水、废物再生利用等环境与资源保护方面的产品标志，并按照国家规定制定相应标准。

......

第十六条　各级人民政府应当优先采购节能、节水、废物再生利用等有利于环境与资源保护的产品。

各级人民政府应当通过宣传、教育等措施，鼓励公众购买和使用节能、节水、废物再生利用等有利于环境与资源保护的产品。

......

第三十三条　依法利用废物和从废物中回收原料生产产品的，按照国家规定享受税收优惠。

......

（四）《中华人民共和国企业所得税法》

（2007 年 3 月 16 日第十届全国人民代表大会第五次会议通过 根据 2017 年 2 月 24 日第十二届全国人民代表大会常务委员会第二十六次会议《关于修改〈中华人民共和国企业所得税法〉的决定》修正）

中华人民共和国主席令

［2007］63 号

《中华人民共和国企业所得税法》已由中华人民共和国第十届全国人民代表大会第五次会议于 2007 年 3 月 16 日通过，现予公布，自 2008 年 1 月 1 日起施行。

中华人民共和国主席　胡锦涛
二〇〇七年三月十六日

......

第二十五条　国家对重点扶持和鼓励发展的产业和项目，给予企业所得税优惠。

......

第二十七条　企业的下列所得，可以免征、减征企业所得税：

（一）从事农、林、牧、渔业项目的所得；

（二）从事国家重点扶持的公共基础设施项目投资经营的所得；

（三）从事符合条件的环境保护、节能节水项目的所得；

（四）符合条件的技术转让所得；

（五）本法第三条第三款规定的所得。

第二十八条　符合条件的小型微利企业，减按 20% 的税率征收企业所得税。

国家需要重点扶持的高新技术企业，减按 15% 的税率征收企业所得税。

......

第三十三条　企业综合利用资源，生产符合国家产业政策规定的产品所取得的收入，可以在计算应纳税所得额时减计收入。

第三十四条　企业购置用于环境保护、节能节水、安全生产等专用设备的投资额，可以按一定比例实行税额抵免。

……

（五）《中华人民共和国企业所得税法实施条例》

中华人民共和国国务院令

［2007］512 号

《中华人民共和国企业所得税法实施条例》已经 2007 年 11 月 28 日国务院第 197 次常务会议通过，现予公布，自 2008 年 1 月 1 日起施行。

总　理　温家宝

二○○七年十二月六日

……

第八十七条　企业所得税法第二十七条第（二）项所称国家重点扶持的公共基础设施项目，是指《公共基础设施项目企业所得税优惠目录》规定的港口码头、机场、铁路、公路、城市公共交通、电力、水利等项目。

企业从事前款规定的国家重点扶持的公共基础设施项目的投资经营的所得，自项目取得第一笔生产经营收入所属纳税年度起，第一年至第三年免征企业所得税，第四年至第六年减半征收企业所得税。

企业承包经营、承包建设和内部自建自用本条规定的项目，不得享受本条规定的企业所得税优惠。

第八十八条　企业所得税法第二十七条第（三）项所称符合条件的环境保护、节能节水项目，包括公共污水处理、公共垃圾处理、沼气综合开发利用、节能减排技术改造、海水淡化等。项目的具体条件和范围由国务院财政、税务主管部门商国务院有关部门制订，报国务院批准后公布施行。

企业从事前款规定的符合条件的环境保护、节能节水项目的所得，自项目取得第一笔生产经营收入所属纳税年度起，第一年至第三年免征企业所得税，第四年至第六年减半征收企业所得税。

第八十九条　依照本条例第八十七条和第八十八条规定享受减免税优惠的项目，在减免税期限内转让的，受让方自受让之日起，可以在剩余期限内享受规定的减免税优惠；减免税期限届满后转让的，受让方不得就该项目重复享受减免税优惠。

……

第九十二条　企业所得税法第二十八条第一款所称符合条件的小型微利企业，是指从事国家非限制和禁止行业，并符合下列条件的企业：

（一）工业企业，年度应纳税所得额不超过 30 万元，从业人数不超过 100 人，资产总额不超过 3000 万元；

（二）其他企业，年度应纳税所得额不超过 30 万元，从业人数不超过 80 人，资产总额不超过 1000 万元。

第九十三条　企业所得税法第二十八条第二款所称国家需要重点扶持的高新技术企业，是指拥有核心自主知识产权，并同时符合下列条件的企业：

（一）产品（服务）属于《国家重点支持的高新技术领域》规定的范围；

（二）研究开发费用占销售收入的比例不低于规定比例；

（三）高新技术产品（服务）收入占企业总收入的比例不低于规定比例；

（四）科技人员占企业职工总数的比例不低于规定比例；

（五）高新技术企业认定管理办法规定的其他条件。

《国家重点支持的高新技术领域》和高新技术企业认定管理办法由国务院科技、财政、税务主管部门商国务院有关部门制订，报国务院批准后公布施行。

……

第九十九条　企业所得税法第三十三条所称减计收入，是指企业以《资源综合利用企业所得税优惠目录》规定的资源作为主要原材料，生产国家非限制和禁止并符合国家和行业相关标准的产品取得的收入，减按 90％计入收入总额。

前款所称原材料占生产产品材料的比例不得低于《资源综合利用企业所得税优惠目录》规定的标准。

第一百条　企业所得税法第三十四条所称税额抵免，是指企业购置并实际使用《环境保护专用设备企业所得税优惠目录》、《节能节水专用设备企业所得税优惠目录》和《安全生产专用设备企业所得税优惠目录》规定的环境保护、节能节水、安全生产等专用设备的，该专用设备的投资额的 10％可以从企业当年的应纳税额中抵免；当年不足抵免的，可以在以后 5 个纳税年度结转抵免。

享受前款规定的企业所得税优惠的企业，应当实际购置并自身实际投入使用前款规定的专用设备；企业购置上述专用设备在 5 年内转让、出租的，应当停止享受企业所得税优惠，并补缴已经抵免的企业所得税税款。

……

（六）《中华人民共和国循环经济促进法》

（2008 年 8 月 29 日第十一届全国人民代表大会常务委员会第四次会议通过）

中华人民共和国主席令

第四号

《中华人民共和国循环经济促进法》已由中华人民共和国第十一届全国人民代表大会常务委员会第四次会议于 2008 年 8 月 29 日通过，现予公布，自 2009 年 1 月 1 日起施行。

中华人民共和国主席　胡锦涛

2008 年 8 月 29 日

......

第二条　本法所称循环经济，是指在生产、流通和消费等过程中进行的减量化、再利用、资源化活动的总称。

本法所称减量化，是指在生产、流通和消费等过程中减少资源消耗和废物产生。

本法所称再利用，是指将废物直接作为产品或者经修复、翻新、再制造后继续作为产品使用，或者将废物的全部或者部分作为其他产品的部件予以使用。

本法所称资源化，是指将废物直接作为原料进行利用或者对废物进行再生利用。

......

第四条　发展循环经济应当在技术可行、经济合理和有利于节约资源、保护环境的前提下，按照减量化优先的原则实施。

在废物再利用和资源化过程中，应当保障生产安全，保证产品质量符合国家规定的标准，并防止产生再次污染。

......

第十一条　国家鼓励和支持行业协会在循环经济发展中发挥技术指导和服务作用。县级以上人民政府可以委托有条件的行业协会等社会组织开展促进循环经

13

济发展的公共服务。

国家鼓励和支持中介机构、学会和其他社会组织开展循环经济宣传、技术推广和咨询服务，促进循环经济发展。

第十二条 国务院循环经济发展综合管理部门会同国务院环境保护等有关主管部门编制全国循环经济发展规划，报国务院批准后公布施行。设区的市级以上地方人民政府循环经济发展综合管理部门会同本级人民政府环境保护等有关主管部门编制本行政区域循环经济发展规划，报本级人民政府批准后公布施行。

循环经济发展规划应当包括规划目标、适用范围、主要内容、重点任务和保障措施等，并规定资源产出率、废物再利用和资源化率等指标。

......

第二十三条 建筑设计、建设、施工等单位应当按照国家有关规定和标准，对其设计、建设、施工的建筑物及构筑物采用节能、节水、节地、节材的技术工艺和小型、轻型、再生产品。有条件的地区，应当充分利用太阳能、地热能、风能等可再生能源。

国家鼓励利用无毒无害的固体废物生产建筑材料，鼓励使用散装水泥，推广使用预拌混凝土和预拌砂浆。

禁止损毁耕地烧砖。在国务院或者省、自治区、直辖市人民政府规定的期限和区域内，禁止生产、销售和使用黏土砖。

......

第三十三条 建设单位应当对工程施工中产生的建筑废物进行综合利用；不具备综合利用条件的，应当委托具备条件的生产经营者进行综合利用或者无害化处置。

......

（七）《中华人民共和国环境保护税法》

中华人民共和国主席令

第六十一号

《中华人民共和国环境保护税法》已由中华人民共和国第十二届全国人民代表大会常务委员会第二十五次会议于 2016 年 12 月 25 日通过，现予公布，自 2018 年 1 月 1 日起施行。

中华人民共和国主席　习近平

2016 年 12 月 25 日

......

第二条　在中华人民共和国领域和中华人民共和国管辖的其他海域，直接向环境排放应税污染物的企业事业单位和其他生产经营者为环境保护税的纳税人，应当依照本法规定缴纳环境保护税。

第三条　本法所称应税污染物，是指本法所附《环境保护税税目税额表》、《应税污染物和当量值表》规定的大气污染物、水污染物、固体废物和噪声。

第四条　有下列情形之一的，不属于直接向环境排放污染物，不缴纳相应污染物的环境保护税：

（一）企业事业单位和其他生产经营者向依法设立的污水集中处理、生活垃圾集中处理场所排放应税污染物的；

（二）企业事业单位和其他生产经营者在符合国家和地方环境保护标准的设施、场所贮存或者处置固体废物的。

第五条　依法设立的城乡污水集中处理、生活垃圾集中处理场所超过国家和地方规定的排放标准向环境排放应税污染物的，应当缴纳环境保护税。

企业事业单位和其他生产经营者贮存或者处置固体废物不符合国家和地方环境保护标准的，应当缴纳环境保护税。

第六条　环境保护税的税目、税额，依照本法所附《环境保护税税目税额表》执行。

应税大气污染物和水污染物的具体适用税额的确定和调整，由省、自治区、直辖市人民政府统筹考虑本地区环境承载能力、污染物排放现状和经济社会生态发展目标要求，在本法所附《环境保护税税目税额表》规定的税额幅度内提出，报同级人民代表大会常务委员会决定，并报全国人民代表大会常务委员会和国务院备案。

第七条　应税污染物的计税依据，按照下列方法确定：

……

（三）应税固体废物按照固体废物的排放量确定；

……

第十一条　环境保护税应纳税额按照下列方法计算：

……

（三）应税固体废物的应纳税额为固体废物排放量乘以具体适用税额；

……

第十二条　下列情形，暂予免征环境保护税：

……

（四）纳税人综合利用的固体废物，符合国家和地方环境保护标准的；

……

附表一：环境保护税税目税额表

税　　目		计税单位	税额	备注
固体废物	煤矸石	每吨	5元	
	尾砂	每吨	15元	
	危险废物	每吨	1000元	
	冶炼渣、粉煤灰、炉渣、其他固体废物（含半固态、液态废物）	每吨	25元	

……

（八）《中华人民共和国资源税法（征求意见稿)》

（2017 年 11 月 20 日财政部　国家税务总局关于《中华人民共和国资源税法（征求意见稿)》向社会公开征求意见的通知）

……

第二条　资源税的应税产品为矿产品和盐。

本法所称矿产品，是指原矿和选矿产品。

……

第四条　资源税一般实行从价计征。

对本法所附《资源税税目税率表》规定实行从价计征的应税产品，应纳税额按照应税产品的销售额乘以具体适用的比例税率计算。

第五条　对本法所附《资源税税目税率表》规定实行从价计征或者从量计征的应税产品，由省、自治区、直辖市人民政府提出具体计征方式建议，报同级人民代表大会常务委员会决定。

对实行从量计征的应税产品，应纳税额按照应税产品的销售数量乘以具体适用的定额税率计算。

……

第九条　下列情形，免征或者减征资源税：

……

（四）从低丰度油气田、低品位矿、尾矿、废石中采选的矿产品，经国土资源等主管部门认定，减征 20％资源税。

……

附：实行从价计征或者从量计征的应税产品税目税率表

税　　目			税率
非金属矿产	矿物类	石灰岩	5％～15％或者 1 元～10 元/立方米
		其他黏土	1％～5％或者 1 元～10 元/立方米
	岩石类	砂石（天然砂、卵石、机制砂石）	1％～5％或者 1 元～10 元/立方米

二、国务院文件

（一）《国务院办公厅关于转发发展改革委　住房城乡建设部绿色建筑行动方案的通知》

国办发〔2013〕1号

......

二、指导思想、主要目标和基本原则

......

（二）主要目标。

1.新建建筑。城镇新建建筑严格落实强制性节能标准，"十二五"期间，完成新建绿色建筑10亿平方米；到2015年末，20％的城镇新建建筑达到绿色建筑标准要求。

2.既有建筑节能改造。"十二五"期间，完成北方采暖地区既有居住建筑供热计量和节能改造4亿平方米以上，夏热冬冷地区既有居住建筑节能改造5000万平方米，公共建筑和公共机构办公建筑节能改造1.2亿平方米，实施农村危房改造节能示范40万套。到2020年末，基本完成北方采暖地区有改造价值的城镇居住建筑节能改造。

......

三、重点任务

......

（六）加快绿色建筑相关技术研发推广。

科技部门要研究设立绿色建筑科技发展专项，加快绿色建筑共性和关键技术研发，重点攻克既有建筑节能改造、可再生能源建筑应用、节水与水资源综合利用、绿色建材、废弃物资源化、环境质量控制、提高建筑物耐久性等方面的技术，加强绿色建筑技术标准规范研究，开展绿色建筑技术的集成示范。

......

（九）严格建筑拆除管理程序。

加强城市规划管理，维护规划的严肃性和稳定性。城市人民政府以及建筑的所有者和使用者要加强建筑维护管理，对符合城市规划和工程建设标准、在正常使用寿命内的建筑，除基本的公共利益需要外，不得随意拆除。拆除大型公共建筑的，要按有关程序提前向社会公示征求意见，接受社会监督。住房城乡建设部门要研究完善建筑拆除的相关管理制度，探索实行建筑报废拆除审核制度。对违

21

规拆除行为，要依法依规追究有关单位和人员的责任。

（十）推进建筑废弃物资源化利用。

落实建筑废弃物处理责任制，按照"谁产生、谁负责"的原则进行建筑废弃物的收集、运输和处理。住房城乡建设、发展改革、财政、工业和信息化部门要制定实施方案，推行建筑废弃物集中处理和分级利用，加快建筑废弃物资源化利用技术、装备研发推广，编制建筑废弃物综合利用技术标准，开展建筑废弃物资源化利用示范，研究建立建筑废弃物再生产品标识制度。地方各级人民政府对本行政区域内的废弃物资源化利用负总责，地级以上城市要因地制宜设立专门的建筑废弃物集中处理基地。

……

2013 年 1 月 1 日

（二）《国务院关于印发循环经济发展战略及近期行动计划的通知》

国发〔2013〕5 号

......

第二章 指导思想、基本原则和主要目标

第一节 指 导 思 想

......遵循"减量化、再利用、资源化，减量化优先"的原则，坚持统筹规划、重点突破、全面推进相结合，因地制宜、示范引领、推广普及相结合，制度创新、技术创新、管理创新相结合，政府推动、企业实施、公众参与相结合，健全激励约束机制，积极构建循环型产业体系，推动资源再生利用产业化，推行绿色消费，形成覆盖全社会的资源循环利用体系，加快转变经济发展方式，推进资源节约型、环境友好型社会建设，提高生态文明水平。

第二节 基 本 原 则

强化理念，减量优先。推动全社会树立减量化、再利用、资源化的循环经济理念，坚持减量化优先，从源头上减少生产、流通、消费各环节能源资源消耗和废弃物产生，大力推进再利用和资源化，促进资源永续利用。

完善机制，创新驱动。健全法规标准，完善经济政策，充分发挥市场配置资源的基础性作用，形成有效的激励和约束机制，增强发展循环经济的内生动力。加强制度创新、技术创新、管理创新，提升循环经济发展水平。

改造存量，优化增量。对现有各类产业园区、重点企业进行循环化改造，提高资源产出率。产业园区、企业和项目要从规划、设计、施工、运行、管理等各环节贯彻循环经济的要求。按照自然资源开发利用和产品生产制造产业即动脉产业的特点，统筹对废弃物资源化利用相关产业即静脉产业进行合理布局，推动动脉产业与静脉产业协同发展。

示范引领，全面推进。在农业、工业、服务业各产业，城市、园区、企业各层面，生产、流通、消费各环节培育一批循环经济示范典型，全面推广循环经济典型模式，推动循环经济形成较大规模。

因地制宜，突出特色。根据主体功能定位、区域经济特点、资源禀赋和环境承载力等状况，科学确定各地区循环经济发展重点，合理规划布局，发挥区域优势，突出地方特色，切实发挥循环经济促进经济转型升级的作用。

高效利用，安全循环。提高资源利用效率，推动资源由低值利用向高值利用转变，提高再生利用产品附加值，避免资源低水平利用和"只循环不经济"。强化监管，防止资源循环利用过程中产生二次污染，确保再生产品质量安全，实现经济效益与环境效益、社会效益相统一。

……

第三章　构建循环型工业体系

……

第七节　建　材　工　业

……

推动利废建材规模化发展。推进利用矿渣、煤矸石、粉煤灰、尾矿、工业副产石膏、建筑废弃物和废旧路面材料等大宗固体废物生产建材。在大宗固体废物产生量、堆存量大的地区，优先发展高档次、高掺量的利废新型建材产品。推动废玻璃、废玻纤、废陶瓷、废复合材料、废碎石及石粉等回收利用并生产建材产品。培育利废建材行业龙头企业。

……

推进水泥窑协同资源化处理废弃物。鼓励水泥窑协同资源化处理城市生活垃圾、污水厂污泥、危险废物、废塑料等废弃物，替代部分原料、燃料，推进水泥行业与相关行业、社会系统的循环链接。

构建建材行业循环经济产业链。构建工业生产—废渣—建材，建筑废弃物、路面材料—建材，水泥、玻璃生产—余热—发电，水泥—粉尘—水泥，玻璃—废玻璃—玻璃，陶瓷—废陶瓷—陶瓷，石材—废碎石、石粉—人造石、砖，复合材料—废复合材料—复合材料等产业链。

……

第六章　推进社会层面循环经济发展

……

第四节　实施绿色建筑行动

……

推进建筑废物资源化利用。推进建筑废物集中处理、分级利用，生产高性能再生混凝土、混凝土砌块等建材产品。因地制宜建设建筑废物资源化利用和处理基地。

……

第五节　构建绿色综合交通运输体系

……鼓励再生利用道路沥青以及利用粉煤灰筑路、建桥等。

……

第七章　实施循环经济"十百千"示范行动

第一节　实施循环经济十大示范工程

资源综合利用示范工程。推动共伴生矿及尾矿、工业固体废物、道路和建筑废物综合利用以及非常规水源利用。……建设 6 个建筑和道路废物资源化利用示范工程。

……

2013 年 1 月 23 日

（三）《国务院关于加快发展节能环保产业的意见》

国发〔2013〕30 号

......

二、围绕重点领域，促进节能环保产业发展水平全面提升

......

（二）提升环保技术装备水平，治理突出环境问题。

......

推动垃圾处理技术装备成套化。采取开展示范应用、发布推荐目录、完善工程标准等多种手段，大力推广垃圾处理先进技术和装备。......

（三）发展资源循环利用技术装备，提高资源产出率。

......

深化废弃物综合利用。推动资源综合利用示范基地建设，鼓励产业聚集，培育龙头企业。积极发展尾矿提取有价元素、煤矸石生产超细纤维等高值化利用关键共性技术及成套装备。开发利用产业废物生产新型建材等大型化、精细化、成套化技术装备。......支持大宗固体废物综合利用，提高资源综合利用产品的技术含量和附加值。......

四、推广节能环保产品，扩大市场消费需求

......

（二）拉动环保产品及再生产品消费。研究扩大环保产品消费的政策措施，完善环保产品和环境标志产品认证制度，......。落实相关支持政策，推动粉煤灰、煤矸石、建筑垃圾、秸秆等资源综合利用产品应用。

......

2013 年 8 月 1 日

（四）《国务院关于深入推进新型城镇化建设的若干意见》

国发〔2016〕8号

......

三、全面提升城市功能

......

（九）推动新型城市建设。......加强垃圾处理设施建设，基本建立建筑垃圾、餐厨废弃物、园林废弃物等回收和再生利用体系，建设循环型城市。划定永久基本农田、生态保护红线和城市开发边界，实施城市生态廊道建设和生态系统修复工程。......

......

2016年2月2日

（五）《中共中央　国务院关于进一步加强城市规划建设管理工作的若干意见》

（2016 年 2 月 6 日）

……

七、营造城市宜居环境升

……

（二十三）加强垃圾综合治理。树立垃圾是重要资源和矿产的观念，建立政府、社区、企业和居民协调机制，通过分类投放收集、综合循环利用，促进垃圾减量化、资源化、无害化。到 2020 年，力争将垃圾回收利用率提高到 35％以上。强化城市保洁工作，加强垃圾处理设施建设，统筹城乡垃圾处理处置，大力解决垃圾围城问题。推进垃圾收运处理企业化、市场化，促进垃圾清运体系与再生资源回收体系对接。通过限制过度包装，减少一次性制品使用，推行净菜入城等措施，从源头上减少垃圾产生。利用新技术、新设备，推广厨余垃圾家庭粉碎处理。完善激励机制和政策，力争用 5 年左右时间，基本建立餐厨废弃物和建筑垃圾回收和再生利用体系。

……

（六）《国务院办公厅关于促进建材工业稳增长调结构增效益的指导意见》

国办发〔2016〕34号

......

三、加快转型升级

（八）提升水泥制品。停止生产32.5等级复合硅酸盐水泥，重点生产42.5及以上等级产品。加快发展专用水泥、砂石骨料、混凝土掺合料、预拌混凝土、预拌砂浆、水泥制品和部件化制品。积极利用尾矿废石、建筑垃圾等固废替代自然资源，发展机制砂石、混凝土掺合料、砌块墙材、低碳水泥等产品。发展镁质胶凝材料等新型胶凝材料。

......

2016年5月5日

（七）《国务院关于印发土壤污染防治行动计划的通知》

国发〔2016〕31 号

......

六、加强污染源监管，做好土壤污染预防工作

......

（二十）减少生活污染。建立政府、社区、企业和居民协调机制，通过分类投放收集、综合循环利用，促进垃圾减量化、资源化、无害化。......推进水泥窑协同处置生活垃圾试点。鼓励将处理达标后的污泥用于园林绿化。开展利用建筑垃圾生产建材产品等资源化利用示范。......（住房城乡建设部牵头，国家发展改革委、工业和信息化部、财政部、环境保护部参与）

......

2016 年 5 月 28 日

（八）《国务院关于印发"十三五"国家科技创新规划的通知》

国发〔2016〕43号

......

第二篇　构筑国家先发优势

......

第六章　健全支撑民生改善和可持续发展的技术体系

......

二、发展资源高效循环利用技术

......

专栏13　资源高效循环利用技术

......

5. 废物循环利用。研究资源循环基础理论与模型，研发废物分类、处置及资源化成套技术装备，重点推进大宗固废源头减量与循环利用、生物质废弃物高效利用、新兴城市矿产精细化高值利用等关键技术与装备研发，加强固废循环利用管理与决策技术研究。加强典型区域循环发展集成示范，实施"十城百座"废物处置技术示范工程。

......

2016年7月28日

（九）《国务院关于印发"十三五"节能减排综合工作方案的通知》

国发〔2016〕74号

……

五、大力发展循环经济

（十九）全面推动园区循环化改造。按照空间布局合理化、产业结构最优化、产业链接循环化、资源利用高效化、污染治理集中化、基础设施绿色化、运行管理规范化的要求，加快对现有园区的循环化改造升级，延伸产业链，提高产业关联度，建设公共服务平台，实现土地集约利用、资源能源高效利用、废弃物资源化利用。对综合性开发区、重化工产业开发区、高新技术开发区等不同性质的园区，加强分类指导，强化效果评估和工作考核。到2020年，75%的国家级园区和50%的省级园区实施循环化改造，长江经济带超过90%的省级以上（含省级）重化工园区实施循环化改造。（牵头单位：国家发展改革委、财政部，参加单位：科技部、工业和信息化部、环境保护部、商务部等）

（二十）加强城市废弃物规范有序处理。推动餐厨废弃物、建筑垃圾、园林废弃物、城市污泥和废旧纺织品等城市典型废弃物集中处理和资源化利用，推进燃煤耦合污泥等城市废弃物发电。选择50个左右地级及以上城市规划布局低值废弃物协同处理基地，完善城市废弃物回收利用体系，到2020年，餐厨废弃物资源化率达到30%。（牵头单位：国家发展改革委、住房城乡建设部，参加单位：环境保护部、农业部、民政部、国管局、中直管理局等）

（二十一）促进资源循环利用产业提质升级。依托国家"城市矿产"示范基地，促进资源再生利用企业集聚化、园区化、区域协同化布局，提升再生资源利用行业清洁化、高值化水平。实行生产者责任延伸制度。……到2020年，再生资源回收利用产业产值达到1.5万亿元，再制造产业产值超过1000亿元。（牵头单位：国家发展改革委，参加单位：科技部、工业和信息化部、环境保护部、住房城乡建设部、商务部等）

（二十二）统筹推进大宗固体废弃物综合利用。加强共伴生矿产资源及尾矿综合利用。推动煤矸石、粉煤灰、工业副产石膏、冶炼和化工废渣等工业固体废弃物综合利用。开展大宗产业废弃物综合利用示范基地建设。……到2020年，工业固体废物综合利用率达到73%以上，农作物秸秆综合利用率达到85%。（牵头单位：国家发展改革委，参加单位：工业和信息化部、国土资源部、环境保护部、住房城乡建设部、农业部、国家林业局、国家能源局等）

（二十三）加快互联网与资源循环利用融合发展。支持再生资源企业利用大数据、云计算等技术优化逆向物流网点布局，建立线上线下融合的回收网络，在地级及以上城市逐步建设废弃物在线回收、交易等平台，推广"互联网＋"回收新模式。建立重点品种的全生命周期追溯机制。在开展循环化改造的园区建设产业共生平台。鼓励相关行业协会、企业逐步构建行业性、区域性、全国性的产业废弃物和再生资源在线交易系统，发布交易价格指数。……（牵头单位：国家发展改革委，参加单位：科技部、工业和信息化部、环境保护部、交通运输部、商务部、保监会等）

……

2016 年 12 月 20 日

三、部委文件

（一）《城市建筑垃圾管理规定》

建设部第 139 号令

《城市建筑垃圾管理规定》已于 2005 年 3 月 1 日经第 53 次部常务会议讨论通过，现予发布，自 2005 年 6 月 1 日起施行。

建设部部长　汪光焘
二○○五年三月二十三日

第一条　为了加强对城市建筑垃圾的管理，保障城市市容和环境卫生，根据《中华人民共和国固体废物污染环境防治法》、《城市市容和环境卫生管理条例》和《国务院对确需保留的行政审批项目设定行政许可的决定》，制定本规定。

第二条　本规定适用于城市规划区内建筑垃圾的倾倒、运输、中转、回填、消纳、利用等处置活动。

本规定所称建筑垃圾，是指建设单位、施工单位新建、改建、扩建和拆除各类建筑物、构筑物、管网等以及居民装饰装修房屋过程中所产生的弃土、弃料及其他废弃物。

第三条　国务院建设主管部门负责全国城市建筑垃圾的管理工作。

省、自治区建设主管部门负责本行政区域内城市建筑垃圾的管理工作。

城市人民政府市容环境卫生主管部门负责本行政区域内建筑垃圾的管理工作。

第四条　建筑垃圾处置实行减量化、资源化、无害化和谁产生、谁承担处置责任的原则。

国家鼓励建筑垃圾综合利用，鼓励建设单位、施工单位优先采用建筑垃圾综合利用产品。

第五条　建筑垃圾消纳、综合利用等设施的设置，应当纳入城市市容环境卫生专业规划。

第六条　城市人民政府市容环境卫生主管部门应当根据城市内的工程施工情况，制定建筑垃圾处置计划，合理安排各类建设工程需要回填的建筑垃圾。

第七条　处置建筑垃圾的单位，应当向城市人民政府市容环境卫生主管部门提出申请，获得城市建筑垃圾处置核准后，方可处置。

城市人民政府市容环境卫生主管部门应当在接到申请后的 20 日内作出是否核准的决定。予以核准的，颁发核准文件；不予核准的，应当告知申请人，并说明理由。

城市建筑垃圾处置核准的具体条件按照《建设部关于纳入国务院决定的十五项行政许可的条件的规定》执行。

第八条 禁止涂改、倒卖、出租、出借或者以其他形式非法转让城市建筑垃圾处置核准文件。

第九条 任何单位和个人不得将建筑垃圾混入生活垃圾，不得将危险废物混入建筑垃圾，不得擅自设立弃置场受纳建筑垃圾。

第十条 建筑垃圾储运消纳场不得受纳工业垃圾、生活垃圾和有毒有害垃圾。

第十一条 居民应当将装饰装修房屋过程中产生的建筑垃圾与生活垃圾分别收集，并堆放到指定地点。建筑垃圾中转站的设置应当方便居民。

装饰装修施工单位应当按照城市人民政府市容环境卫生主管部门的有关规定处置建筑垃圾。

第十二条 施工单位应当及时清运工程施工过程中产生的建筑垃圾，并按照城市人民政府市容环境卫生主管部门的规定处置，防止污染环境。

第十三条 施工单位不得将建筑垃圾交给个人或者未经核准从事建筑垃圾运输的单位运输。

第十四条 处置建筑垃圾的单位在运输建筑垃圾时，应当随车携带建筑垃圾处置核准文件，按照城市人民政府有关部门规定的运输路线、时间运行，不得丢弃、遗撒建筑垃圾，不得超出核准范围承运建筑垃圾。

第十五条 任何单位和个人不得随意倾倒、抛撒或者堆放建筑垃圾。

第十六条 建筑垃圾处置实行收费制度，收费标准依据国家有关规定执行。

第十七条 任何单位和个人不得在街道两侧和公共场地堆放物料。因建设等特殊需要，确需临时占用街道两侧和公共场地堆放物料的，应当征得城市人民政府市容环境卫生主管部门同意后，按照有关规定办理审批手续。

第十八条 城市人民政府市容环境卫生主管部门核发城市建筑垃圾处置核准文件，有下列情形之一的，由其上级行政机关或者监察机关责令纠正，对直接负责的主管人员和其他直接责任人员依法给予行政处分；构成犯罪的，依法追究刑事责任：

（一）对不符合法定条件的申请人核发城市建筑垃圾处置核准文件或者超越法定职权核发城市建筑垃圾处置核准文件的；

（二）对符合条件的申请人不予核发城市建筑垃圾处置核准文件或者不在法定期限内核发城市建筑垃圾处置核准文件的。

第十九条　城市人民政府市容环境卫生主管部门的工作人员玩忽职守、滥用职权、徇私舞弊的，依法给予行政处分；构成犯罪的，依法追究刑事责任。

第二十条　任何单位和个人有下列情形之一的，由城市人民政府市容环境卫生主管部门责令限期改正，给予警告，处以罚款：

（一）将建筑垃圾混入生活垃圾的；

（二）将危险废物混入建筑垃圾的；

（三）擅自设立弃置场受纳建筑垃圾的；

单位有前款第一项、第二项行为之一的，处3000元以下罚款；有前款第三项行为的，处5000元以上1万元以下罚款。个人有前款第一项、第二项行为之一的，处200元以下罚款；有前款第三项行为的，处3000元以下罚款。

第二十一条　建筑垃圾储运消纳场受纳工业垃圾、生活垃圾和有毒有害垃圾的，由城市人民政府市容环境卫生主管部门责令限期改正，给予警告，处5000元以上1万元以下罚款。

第二十二条　施工单位未及时清运工程施工过程中产生的建筑垃圾，造成环境污染的，由城市人民政府市容环境卫生主管部门责令限期改正，给予警告，处5000元以上5万元以下罚款。

施工单位将建筑垃圾交给个人或者未经核准从事建筑垃圾运输的单位处置的，由城市人民政府市容环境卫生主管部门责令限期改正，给予警告，处1万元以上10万元以下罚款。

第二十三条　处置建筑垃圾的单位在运输建筑垃圾过程中沿途丢弃、遗撒建筑垃圾的，由城市人民政府市容环境卫生主管部门责令限期改正，给予警告，处5000元以上5万元以下罚款。

第二十四条　涂改、倒卖、出租、出借或者以其他形式非法转让城市建筑垃圾处置核准文件的，由城市人民政府市容环境卫生主管部门责令限期改正，给予警告，处5000元以上2万元以下罚款。

第二十五条　违反本规定，有下列情形之一的，由城市人民政府市容环境卫生主管部门责令限期改正，给予警告，对施工单位处1万元以上10万元以下罚款，对建设单位、运输建筑垃圾的单位处5000元以上3万元以下罚款：

（一）未经核准擅自处置建筑垃圾的；

（二）处置超出核准范围的建筑垃圾的。

第二十六条　任何单位和个人随意倾倒、抛撒或者堆放建筑垃圾的，由城市人民政府市容环境卫生主管部门责令限期改正，给予警告，并对单位处5000元以上5万元以下罚款，对个人处200元以下罚款。

第二十七条　本规定自2005年6月1日起施行。

（二）《工业固体废物综合利用先进适用技术目录（第一批）》

工业和信息化部
公　告

2013 年第 18 号

编号	技术名称	技术简介	技术经济指标	技术应用情况及推广前景
27	废弃混凝土资源循环利用技术	该技术利用废弃混凝土破碎后得到的粗细骨料，用于制备路面、路基材料等。根据再生集料特性找出与再生集料水泥稳定碎石抗压强度、稳定性有关的因素，分析再生集料、天然集料和水泥组成的混合料作为基层时其回弹模量随着大、小主应力而变化的非线性特点，并进行工程应用，从而提出合适的基层材料类型及施工技术要求。关键技术为废弃混凝土的破碎筛分除铁技术和集料用于公路水泥稳定碎石基层技术。	该技术所用破碎机每天可以破碎 500 吨以上的废弃混凝土，年破碎量在 50 万吨以上，混凝土破碎后可以达到 100% 的利用率。粒径在 2.36mm 以下的再生石可以用于路边石、砌块及路面砖等部位，粒径在 2.36mm 以上的再生石可以用于混凝土、路基材料等部位。总投资 1004 万元，其中设备投资 430 万元，运行费用 390 万元/年，设备寿命 10 年，经济效益 231 万元/年，投资回收年限 5 年。	该技术 2007 年 6 月投入运行，再生集料水泥稳定碎石的施工在确保基层材料的性能和满足道路工程质量要求的同时，还可以实现废弃混凝土的再利用，一方面减少了固体废弃物的数量，另一方面由于原材料的重复利用，减少了石料的开采，对于保护自然资源具有重要意义。
33	固体废弃物制作新型墙材技术	该技术是以粉煤灰、尾矿、炉渣以及建筑垃圾等固体废物为主要原料，添加生石灰、石膏及骨料等生产蒸压砖的节能环保技术。适用于不同的原材料体系及不同工艺配方，并可实现多次加压与排气，生产粉煤灰蒸压砖、灰砂蒸压砖等产品，各种坯体的成型质量高。关键技术为砖坯压制成型技术。	该技术每年可消纳粉煤灰约 10 万吨，尾矿砂约 14 万吨，年产 6000 万块粉煤灰标砖。产品符合标准 JC 239—2001《粉煤灰砖》及 JC/T 422—2007《非烧结垃圾尾矿砖》。总投资 965 万元，其中设备投资 719 万元，运行费用 1091 万元/年，设备寿命 8 年，经济效益 802 万元/年，投资回收年限 1.2 年。	该技术 2010 年 10 月投入运行，已在 40 余家企业推广使用，生产线运行正常。国内对新型墙材生产技术及装备需求旺盛。该技术装备可以减少废弃物堆放占用土地，生产的新型墙材也可代替传统黏土砖使用，同时该技术生产过程比传统黏土砖生产过程节能 30%～50%，具有很好的市场前景。

2013 年 3 月 28 日

（三）《国家发展改革委办公厅关于组织申报资源节约和环境保护 2015 年中央预算内投资备选项目的通知》

发改办环资〔2015〕631 号

......

三、选项范围

（一）节能、循环经济和资源节约重大项目

......

2. 循环经济示范。循环经济示范城市实施方案中的重点项目以及资源循环利用产业化示范（"城市矿产"开发示范项目，国家再制造试点和再制造产业示范基地内的示范项目，建筑废弃物资源化示范项目）。

3. 资源综合利用"双百工程"。两批 43 个示范基地和 50 家骨干企业产生量大、利用难度大、具有区域集散特点的示范项目。

......

补助标准：原则上按东、中、西部地区分别不超过 8％、10％、12％，且单个项目最高补助上限为 1000 万元进行控制。......

......

2015 年 3 月 18 日

（四）关于印发《资源综合利用产品和
劳务增值税优惠目录》的通知

财税〔2015〕78 号

各省、自治区、直辖市、计划单列市财政厅（局）、国家税务局，新疆生产建设兵团财务局：

为了落实国务院精神，进一步推动资源综合利用和节能减排，规范和优化增值税政策，决定对资源综合利用产品和劳务增值税优惠政策进行整合和调整。现将有关政策统一明确如下：

一、纳税人销售自产的资源综合利用产品和提供资源综合利用劳务（以下称销售综合利用产品和劳务），可享受增值税即征即退政策。具体综合利用的资源名称、综合利用产品和劳务名称、技术标准和相关条件、退税比例等按照本通知所附《资源综合利用产品和劳务增值税优惠目录》（以下简称《目录》）的相关规定执行。

二、纳税人从事《目录》所列的资源综合利用项目，其申请享受本通知规定的增值税即征即退政策时，应同时符合下列条件：

（一）属于增值税一般纳税人。

（二）销售综合利用产品和劳务，不属于国家发展改革委《产业结构调整指导目录》中的禁止类、限制类项目。

（三）销售综合利用产品和劳务，不属于环境保护部《环境保护综合名录》中的"高污染、高环境风险"产品或者重污染工艺。

（四）综合利用的资源，属于环境保护部《国家危险废物名录》列明的危险废物的，应当取得省级及以上环境保护部门颁发的《危险废物经营许可证》，且许可经营范围包括该危险废物的利用。

（五）纳税信用等级不属于税务机关评定的 C 级或 D 级。

纳税人在办理退税事宜时，应向主管税务机关提供其符合本条规定的上述条件以及《目录》规定的技术标准和相关条件的书面声明材料，未提供书面声明材料或者出具虚假材料的，税务机关不得给予退税。

三、已享受本通知规定的增值税即征即退政策的纳税人，自不符合本通知第二条规定的条件以及《目录》规定的技术标准和相关条件的次月起，不再享受本通知规定的增值税即征即退政策。

四、已享受本通知规定的增值税即征即退政策的纳税人，因违反税收、环境保护的法律法规受到处罚（警告或单次1万元以下罚款除外）的，自处罚决定下达的次月起36个月内，不得享受本通知规定的增值税即征即退政策。

五、纳税人应当单独核算适用增值税即征即退政策的综合利用产品和劳务的销售额和应纳税额。未单独核算的，不得享受本通知规定的增值税即征即退政策。

六、各省、自治区、直辖市、计划单列市税务机关应于每年2月底之前在其网站上，将本地区上一年度所有享受本通知规定的增值税即征即退政策的纳税人，按下列项目予以公示：纳税人名称、纳税人识别号，综合利用的资源名称、数量，综合利用产品和劳务名称。

七、本通知自2015年7月1日起执行。《财政部　国家税务总局关于资源综合利用及其他产品增值税政策的通知》（财税〔2008〕156号）、《财政部　国家税务总局关于资源综合利用及其他产品增值税政策的补充的通知》（财税〔2009〕163号）、《财政部　国家税务总局关于调整完善资源综合利用及劳务增值税政策的通知》（财税〔2011〕115号）、《财政部　国家税务总局关于享受资源综合利用增值税优惠政策的纳税人执行污染物排放标准的通知》（财税〔2013〕23号）同时废止。上述文件废止前，纳税人因主管部门取消《资源综合利用认定证书》，或者因环保部门不再出具环保核查证明文件的原因，未能办理相关退（免）税事宜的，可不以《资源综合利用认定证书》或环保核查证明文件作为享受税收优惠政策的条件，继续享受上述文件规定的优惠政策。

附件：资源综合利用产品和劳务增值税优惠目录

财政部　国家税务总局

2015年6月12日

附件：资源综合利用产品和劳务增值税优惠目录

类别	序号	综合利用的资源名称	综合利用产品和劳务名称	技术标准和相关条件	退税比例
一、共伴生矿产资源	1.1	油母页岩	页岩油	产品原料95%以上来自所列资源。	70%
	1.2	煤炭开采过程中产生的煤层气（煤矿瓦斯）	电力	产品燃料95%以上来自所列资源。	100%
	1.3	油田采油过程中产生的油污泥（浮渣）	乳化油调和剂，防水卷材辅料产品	产品原料70%以上来自所列资源。	70%
二、废渣、废水（液）、废气	2.1	废渣	砖瓦（不含烧结普通砖）、砌块、陶粒、墙板、管材（管桩）、泥凝土、砂浆、道路井盖、道路护栏、耐火材料（钱铬砖除外）、保温材料、矿（岩）棉、微晶玻璃、U型玻璃	产品原料70%以上来自所列资源。	70%
	2.2	废渣	水泥、水泥熟料	1.42.5及以上等级水泥的原料20%以上来自所列资源，其他水泥、水泥熟料的原料40%以上来自所列资源；2.纳税人符合《水泥工业大气污染物排放标准》（GB 4915—2013）规定的技术要求。	70%

续表

类别	序号	综合利用的资源名称	综合利用产品和劳务名称	技术标准和相关条件	退税比例
二、废渣、废水（液）、废气	2.3	建（构）筑废物、煤矸石	建筑砂石骨料	1. 产品原料90%以上来自所列资源； 2. 产品以建（构）筑废物为原料的，符合《混凝土和砂浆用再生粗骨料》(GB/T 25177—2010) 或《混凝土用再生细骨料》(GB/T 25176—2010) 的技术要求；以煤矸石为原料的，符合《建设用卵石、碎石》(GB/T 14685—2011) 或《建设用砂》(GB/T 14684—2011) 规定的技术要求。	50%
	2.4	粉煤灰、煤矸石	氧化铝、活性硅酸钙、瓷绝缘子、煅烧高岭土	氧化铝、活性硅酸钙生产原料25%以上来自所列资源，瓷绝缘子原料中煤矸石所占比重30%以上，生产原料中煤矸石所占比重90%以上。	50%
	2.5	煤矸石、煤泥、石煤、油母页岩	电力、热力	1. 产品原料60%以上来自所列资源； 2. 纳税人符合《火电厂大气污染物排放标准》(GB 13223—2011) 和国家发展改革委、环境保护部、工业和信息化部《电力（燃煤发电企业）行业清洁生产评价指标体系》规定的技术要求。	50%
	2.6	氧化铝赤泥、电石渣	氧化铁、氢氧化钠溶液、铝酸钠、铝酸三钙、脱硫剂	1. 产品原料90%以上来自所列资源； 2. 生产过程中不产生二次废渣。	50%
	2.7	废旧石墨	石墨异形件、石墨块、石墨粉、石墨增碳剂	1. 产品原料90%以上来自所列资源； 2. 纳税人符合《工业炉窑大气污染物排放标准》(GB 9078—1996) 规定的技术要求。	50%
	2.8	垃圾以及利用垃圾发酵产生的沼气	电力、热力	1. 纳税人燃料80%以上符合《火电厂大气污染物排放标准》(GB 13223—2011) 或《生活垃圾焚烧污染控制标准》(GB 18485—2014) 规定的技术要求。	100%

续表

类别	序号	综合利用的资源名称	综合利用产品和劳务名称	技术标准和相关条件	退税比例
	2.9	退役军用发射药	涂料用硝化棉粉	产品原料90%以上来自所列资源。	50%
	2.10	废旧沥青混凝土	再生沥青混凝土	1. 产品原料30%以上来自所列资源；2. 产品符合《再生沥青混凝土》(GB/T 25033—2010)规定的技术要求。	50%
	2.11	蔗渣	蔗渣浆、蔗渣刨花板和纸	1. 生产原料70%以上来自所列资源；2. 蔗渣浆及各类纸纳税人符合国家发展改革委、环保部、工业和信息化部《制浆造纸行业清洁生产评价指标体系》规定的技术要求。	50%
二、废渣、废水(液)、废气	2.12	废矿物油	润滑油基础油、汽油、柴油等工业油料	1. 产品原料90%以上来自所列资源；2. 纳税人符合《废矿物油回收利用污染控制技术规范》(HJ 607—2011)规定的技术要求。	50%
	2.13	环己烷氧化废液	环氧环己烷、正戊醇、醇醚溶剂	1. 产品原料90%以上来自所列资源；2. 纳税人必须通过ISO9000、ISO14000认证。	50%
	2.14	污水处理厂出水、工业排水(矿井水)、生活污水、垃圾处理厂渗透(滤)液等	再生水	1. 产品原料100%来自所列资源；2. 纳税人符合《再生水水质标准》(SL368—2006)规定的技术要求。	50%
	2.15	废弃酒糟和酿酒底锅水、淀粉粉丝加工废液、废渣	蒸汽、活性炭、白炭黑、乳酸、乳酸钙、沼气、饲料、植物蛋白、微生物蛋白	产品原料80%以上来自所列资源。	70%
	2.16	含油污水、有机废水、油田采油过程中产生的油污泥(浮渣、滤)、油田采油过程中上述资源发酵产生的沼气	微生物蛋白、干化污泥、燃料、电力、热力	产品原料或燃料90%以上来自所列资源，其中利用油田采油过程中生产的油泥(浮渣)生产燃料的，原料60%以上来自所列资源。	70%

续表

类别	序号	综合利用的资源名称	综合利用产品和劳务名称	技术标准和相关条件	退税比例
二、废水、废渣（液）、废气	2.17	煤焦油、荒煤气（焦炉煤气）	柴油、石脑油	1. 产品原料95%以上来自所列资源； 2. 纳税人必须通过ISO9000、ISO14000认证。	50%
	2.18	燃煤发电厂及各类工业生产过程中产生的烟气、高硫天然气	石膏、硫酸、硫酸铵、硫黄	1. 产品原料95%以上来自所列资源； 2. 石膏的二水硫酸钙含量85%以上，硫酸的浓度15%以上，硫酸铵的总氮含量18%以上。	50%
	2.19	工业废气	高纯度二氧化碳、工业氢气、甲烷	1. 产品原料95%以上来自所列资源； 2. 高纯度二氧化碳产品符合（GB 10621—2006），工业氢气产品符合（GB/T 3634.1—2006），甲烷产品符合（HG/T 3633—1999）规定的技术要求。	70%
	2.20	工业生产过程中产生的余热、余压	电力、热力	产品原料100%来自所列资源。	100%
三、再生资源	3.1	废旧电池及其拆解物	金属及镍钴锰氢氧化物、镍钴锰酸锂、氯化钴	1. 产品原料中95%以上利用上述资源； 2. 镍钴锰氢氧化物产品符合《镍、钴、锰三元素复合氢氧化物》（GB/T 26300—2010）规定的技术要求。	30%
	3.2	废显（定）影液、废胶片、废相纸、废光刻剂等废感光材料	银	1. 产品原料95%以上来自所列资源； 2. 纳税人必须通过ISO9000、ISO14000认证。	30%
	3.3	废旧电机、废旧电线电缆、废铝制易拉罐、报废汽车、报废摩托车、报废船舶、废旧电器电子产品、废旧太阳能光伏组件、废旧灯泡（管）及其拆解物	经冶炼、提纯生产的金属及合金（不包括铁及铁合金）	1. 法律、法规或规章对相关废旧产品拆解规定了资质条件的，纳税人应当取得相应的资质。	30%

续表

类别	序号	综合利用的资源名称	综合利用产品和劳务名称	技术标准和相关条件	退税比例
三、再生资源	3.4	废催化剂，电解废弃物，电镀废弃物，废旧线路板，熔炼渣，烟尘灰，湿法泥，线路板蚀刻废液、锡溶液，锡清纸灰	经冶炼、提纯或提纯或生产的金属、合金及金属化合物（不包括铁及铁合金），冰晶石	1. 产品原料70%来自所列资源； 2. 纳税人必须通过 ISO9000、ISO14000 认证。	30%
	3.5	报废汽车、报废摩托车、报废船舶、报废机器设备、废旧电器电子产品、废旧农用工具、报废机器设备、废旧生活用品、工业边角余料、建筑拆解出来的废钢铁或拆解物等产生或拆解出来的废钢铁	炼钢炉料	1. 产品原料95%以上来自所列资源； 2. 炼钢炉料符合《废钢铁》（GB 4223—2004）规定的技术要求； 3. 法律、法规或规章对相关废旧产品拆解规定了资质条件的，纳税人应当取得相应的资质； 4. 炼钢炉料符合《废钢铁》的相关规定。 5. 炼钢炉料销售对象应为符合工业和信息部《钢铁行业准入条件》并公告的钢铁企业或工业和信息部《铸造行业准入条件》并公告的铸造企业。	30%
	3.6	稀土产品加工废料、废杂稀土产品及拆解物	稀土金属及稀土氧化物	1. 产品原料95%以上来自所列资源； 2. 纳税人符合国家发展改革委、环境保护部、工业和信息化部《稀土冶炼行业清洁生产评价指标体系》规定的技术要求。	30%

续表

类别	序号	综合利用的资源名称	综合利用产品和劳务名称	技术标准和相关条件	退税比例
	3.7	废塑料、废旧聚氯乙烯（PVC）制品、废铝塑（纸铝、纸塑）纸包装材料	汽油、柴油、石油焦、炭黑、再生纸浆、铝粉、塑木（木塑）制品（汽车、摩托车、家电、管材用）改性再生专用料、化纤用再生聚酯乙二醇专用料、瓶用再生聚酯对苯二甲酸乙二醇酯（PET）树脂及再塑料制品	1. 产品原料70%以上来自所列资源； 2. 化纤用再生聚酯专用料杂质质量低于0.5mg/g，水分含量低于1%，瓶用再生聚酯对苯二甲酸乙二醇酯（PET）树脂乙醛质量分数小于等于1μg/g； 3. 纳税人必须通过ISO9000、ISO14000认证。	50%
	3.8	废纸、农作物秸秆	纸浆、秸秆浆和纸	1. 产品原料70%以上来自所列资源； 2. 废水排放符合《制浆造纸工业水污染物排放标准》（GB 3544—2008）规定的技术要求； 3. 纳税人符合《制浆造纸行业清洁生产评价指标体系》规定的技术要求； 4. 纳税人必须通过ISO9000、ISO14000认证。	50%
三、再生资源	3.9	废旧轮胎、废橡胶制品	胶粉、翻新轮胎、再生橡胶	1. 产品原料95%以上来自所列资源； 2. 胶粉符合（GB 7037—2007）、（GB 14646—2007）或（HG/T 3979—2007）规定的技术要求；再生橡胶符合（GB/T 13460—2008）规定的技术要求； 3. 纳税人必须通过ISO9000、ISO14000认证。	50%
	3.10	废弃天然纤维、化学纤维及其制品	纤维纱及织布、无纺布、毡、胶粘剂及再生聚酯产品	产品原料90%以上来自所列资源。	50%
	3.11	人发	档发	产品原料90%以上来自所列资源。	70%

49

续表

类别	序号	综合利用的资源名称	综合利用产品和劳务名称	技术标准和相关条件	退税比例
三、再生资源	3.12	废玻璃	玻璃熟料	1. 产品原料95%以上来自所列资源； 2. 产品符合《废玻璃分类》(SB/T 10900—2012) 的技术要求； 3. 纳税人符合《废玻璃回收分拣技术规范》(SB/T 11108—2014)规定的技术要求。	50%
四、农林剩余物及其他	4.1	餐厨垃圾、畜禽粪便、稻壳、花生壳、玉米芯、油茶壳、棉籽壳、三剩物、次小薪材、农作物秸秆、蔗渣，以及利用上述资源发酵产生的沼气	生物质压块、沼气等燃料，电力、热力	1. 产品原料或者燃料80%以上来自所列资源； 2. 纳税人符合《锅炉大气污染物排放标准》(GB 13271—2014)或《火电厂大气污染物排放标准》(GB 13223—2011)或《生活垃圾焚烧污染控制标准》(GB 18485—2001)规定的技术要求。	100%
	4.2	三剩物、次小薪材、农作物秸秆、沙柳	纤维板、刨花板、细木工板、生物质炭、活性炭、木质素、木糖、阿拉伯糖、糠醛、纤维素、箱板纸	产品原料95%以上来自所列资源。	70%
	4.3	废弃动物油和植物油	生物柴油、工业级混合油	1. 产品原料70%以上来自所列资源； 2. 工业级混合油的销售对象须为化工企业。	70%

续表

类别	序号	综合利用的资源名称	综合利用产品和劳务名称	技术标准和相关条件	退税比例
五、资源综合利用劳务	5.1	垃圾处理、污泥处理处置劳务			70%
	5.2	污水处理劳务		污水经加工处理后符合《城镇污水处理厂污染物排放标准》(GB 18918—2002)规定的技术要求或达到相应的国家或地方水污染物排放标准中的直接排放限值。	70%
	5.3	工业废气处理劳务		经治理、处理后符合《大气污染物综合排放标准》(GB 16297—1996)规定的技术要求或达到相应的国家或地方大气污染物排放标准中的直接排放限值。	70%

备注:

1. 概念和定义。

"纳税人",是指从事本表中所列的资源综合利用项目的增值税一般纳税人。

"废渣",是指采矿选矿废渣、冶炼废渣、化工废渣和其他废渣。其中,采矿选矿废渣,是指矿产资源开采加工过程中产生的煤矸石、尾矿、粉末、粉尘和污渣,但不包括高炉渣;化工废渣,是指硫铁矿烧渣、硫石膏、磷石膏、碎矿烧渣、含氰废渣、电石渣、磷肥渣、硫黄渣、含钡废渣、铬渣、盐泥、总溶剂渣、黄磷渣、柠檬酸渣、铁石膏渣、其他废渣;脱硫石膏,是指粉煤灰、燃煤炉渣、江河(湖、海、渠)道淤泥、废玻璃、建筑垃圾、污水处理厂处理污水产生的污泥。

"底渣",是指以甘蔗为原料制糖生产过程中产生的含纤维50%左右的固体废弃物。

"再生水",是指对污水处理厂出水、工业排水(矿井水)、生活污水、垃圾处理厂渗漏(滤)液等水源进行回收,经适当处理后达到一定水质标准,并在一定范围国内重复利用的水资源。

"冶炼",是指通过焙烧、熔炼、电解以及使用化学药剂等方法把原料中的金属提取出来,减少金属中所含的杂质或增加金属中某种成分,炼成所需要金属。冶炼包括火法冶炼、湿法冶炼或电化学沉积。

"烟尘灰",是指金属冶炼厂火法冶炼生产过程中,为保护环境经环保除尘器(塔)收集的粉尘及泥状沉积物。

"湿法泥",是指湿法冶炼生产排出的污泥,经集中环保处置后产生的污泥状废弃物,且具有一定回收价值的污泥状废弃物。

续表

"烧炼渣"，是指有色金属火法冶炼过程中，由于比重的差异，金属或因比重较大沉底形成金属锭，而比重较小的硅、铁、钙等化合物浮在金属表层形成的废渣。

"农作物秸秆"，是指农业生产过程中，收获了粮食作物（指稻谷、小麦、大豆、薯类等）、油料作物（指油菜籽、花生、芝麻籽、胡麻籽等）、棉花、蔬菜果树采果以后残留的茎秆。

"三剩物"，是指采伐剩余物（指枝丫、树梢、树叶、树皮、树根及藤条、灌木等）、造材剩余物（指造材截头）和加工剩余物（指板皮、板条、木竹截头、木芯、创花、木块、蔑黄、边角余料等）。

"次小薪材"，是指次加工材（指材质低于针阔叶树加工用原木最低等级但具有一定利用价值的次加工原木，按《次加工原木》(LY/T 1369—2011)标准执行）、小径材（指长度在2米或径级8厘米以下的小原木条、松木条、脚手杆、杂木杆、短原木等）和薪材。

"垃圾"，是指城市生活垃圾、农作物秸秆、树皮废渣、污泥、合成革废渣、病死畜禽等各类废弃物等垃圾。

"垃圾处理"，是指运用填埋、焚烧、综合处理和回收利用等方式，对垃圾进行减量化、资源化和无害化处理的业务。

"污水处理"，是指将污水（包括城镇污水和工业废水）处理后达到《城镇污水处理厂污染物排放标准》(GB 18918—2002)，或达到相应的国家或地方污染物排放标准中污水直接排放限值的业务。其中，城镇污水是指城镇居民生活污水、机关、学校、医院、商业服务机构及各种公共设施排水，以及允许排入城镇排水系统的工业废水和初期雨水。工业废水是指工业生产过程中产生的，不允许排入城镇污水收集系统的废水和废液。

"污泥处理处置"，是指对污水处理后产生的污泥进行稳定化、减量化和无害化处理处置的业务。

2. 综合利用比例计算方式。

(1) 综合利用的资源占生产原料或者燃料的比重，以重量比例计算。其中，水泥、水泥熟料原料中掺兑废渣的比例，按以下方法计算：

① 对经生料烧制和熟料研磨阶段掺兑废渣的生料烧制和熟料研磨阶段的水泥，其掺兑废渣比例＝（生料烧制阶段掺兑废渣数量＋熟料研磨阶段掺兑废渣数量）÷（除废渣以外的生料烧制阶段掺兑废渣数量＋熟料研磨阶段掺兑废渣数量＋其他材料数量）×100%；

② 对外购熟料采用熟料研磨制成水泥的水泥，其掺兑废渣比例＝熟料研磨制阶段掺兑废渣数量÷（除废渣以外的生料烧制阶段掺兑废渣数量＋熟料研磨制阶段掺兑废渣数量＋其他材料数量）×100%；

③ 对生料烧制和熟料制成水泥熟料，其掺兑废渣比例＝生料烧制阶段掺兑废渣数量÷（生料烧制阶段掺兑废渣数量＋熟料烧制阶段掺兑废渣数量＋其他材料数量）×100%。

(2) 综合利用的资源为余热、余压的，按其占生产电力、热力消耗的能源比例计算。

3. 表中所列监督审门备案的企业标准，应当符合相应的国家或行业标准。既有国家标准又有行业标准的，应当符合相对高的标准；没有国家标准或行业标准的，统一按最新的国家标准、行业标准，如在执行过程中有更新、替换的国家标准、行业标准执行。

4. 表中所称"以上"均含本数。

（五）《绿色制造工程实施指南（2016－2020年)》

工业和信息化部节能与综合利用司

……

三、重点任务

……

（二）资源循环利用绿色发展示范应用

强化工业资源综合利用。重点针对冶炼渣及尘泥、化工废渣、尾矿、煤电固废等难利用工业固体废物，推广一批先进适用技术与装备，培育一批骨干企业，扩大资源综合利用基地试点。以再生资源规范企业为依托，加快再生资源技术装备改造升级，深化城市矿产示范基地建设，推动再生资源产业集聚发展，实现再生资源产业集约化、专业化、规模化发展。到2020年，资源循环利用产业产值达到3万亿元。

专栏5　工业资源综合利用产业升级

大宗工业固体废物综合利用专项。重点开展冶炼渣及尘泥、化工废渣、尾矿、煤电废渣等综合利用，推广冶炼废渣提取高值组分及整体利用，副产石膏规模化制备水泥缓凝剂、高强石膏、尾矿生产干混砂浆、加气混凝土、保温矿棉、装饰材料、墙材、人工鱼礁等，中西部地区煤电基地煤矸石和粉煤灰生产建材、提取有价组分、生产家居装饰材料等技术。到2020年，钢铁冶炼固废综合利用率达到95％，磷石膏利用率50％，尾矿利用率25％，粉煤灰利用率75％。

再生资源产业专项。重点开展废旧材料、废旧机电产品等资源化利用，实施废钢加工配送系统，废有色金属、稀贵金属清洁分质高值化利用，废塑料自动分选及高值利用，废旧瓶片制高档纤维，废油除杂重整，废弃电器电子产品整体拆解与多组分资源化利用，报废汽车、船舶、工业设备绿色智能精细拆解与高效分选回收，建筑垃圾生产再生骨料等技术改造升级。到2020年，主要再生资源利用率达到75％。

（三）绿色制造技术创新及产业化示范应用

······

开发资源综合利用适用技术装备。以提升工业资源综合利用技术装备水平、推进产业化应用为目标，突破 100 项重大资源综合利用技术装备，培育 100 家资源综合利用产业创新中心，基本形成适应工业资源循环利用产业发展的技术研发和装备产业化能力。

······

2016 年 9 月 14 日

（六）《建筑垃圾资源化利用行业规范条件》（暂行）

《建筑垃圾资源化利用行业规范条件公告管理暂行办法》

中华人民共和国工业和信息化部
中华人民共和国住房和城乡建设部

公　　告

2016年　第71号

　　为促进绿色发展，推进建筑垃圾资源化利用行业持续健康发展，工业和信息化部、住房城乡建设部组织起草了《建筑垃圾资源化利用行业规范条件》（暂行）、《建筑垃圾资源化利用行业规范条件公告管理暂行办法》，现予公告。

　　附件：1.建筑垃圾资源化利用行业规范条件（暂行）
　　　　　2.建筑垃圾资源化利用行业规范条件公告管理暂行办法

工业和信息化部　　　住房城乡建设部
　　　　　　　　　　2016年12月29日

附件1

建筑垃圾资源化利用行业规范条件（暂行）

为规范建筑垃圾大宗固废综合利用产业发展秩序，提高建筑垃圾资源化利用水平，培育行业骨干企业，制定本规范条件。

一、生产企业的设立和布局

（一）各地建筑垃圾资源化利用企业的设立和布局应根据区域内建筑垃圾存量及增量预测情况、运输半径、应用条件等，统筹协调确定。建筑垃圾资源化利用要与城市总体规划、土地利用总体规划和循环经济规划及旧城改造、大型工业园区改造、城市新区建设等大型建设项目相结合。

（二）建筑垃圾资源化利用企业选址必须符合国家法律法规、行业发展规划和产业政策，统筹资源、能源、环境、物流和市场等因素合理选址，有条件的地区要优先考虑利用现有垃圾消纳场。建筑垃圾资源化利用企业的固定生产场地宜接近建筑垃圾源头集中地，交通方便，可通行重载建筑垃圾运输车。在条件允许时，在拆迁现场进行现场作业。

（三）鼓励建筑垃圾资源化利用企业进行拆迁、运输、处置和产品应用等产业链相关环节的整合，以资源化利用为主线，提高产业集中度，加速工业化发展。

二、生产规模和管理

（一）根据当地建筑垃圾条件及资源化利用方式等因素，综合确定建筑垃圾资源化利用项目的年处置能力，鼓励规模化发展。

大型建筑垃圾资源化项目年处置生产能力不低于100万吨，中型不低于50万吨，小型不低于25万吨。

（二）各地应依据国家和地方的相关法律法规和产业政策，落实完善建筑垃圾资源化利用相关制度、标准和规范等。选择适宜生产主体，鼓励探索运行成熟、具有地区特色的经营模式。

三、资源综合利用及能源消耗

（一）资源综合利用

建筑垃圾资源化利用企业应全面接收当地产生的符合相关规范要求的建筑垃圾（有毒有害垃圾除外）。

鼓励企业根据进场建筑垃圾的特点，选择合适的工艺装备，在全面资源化利用处理的前提下，生产混凝土和砂浆用骨料等再生产品。

（二）建筑垃圾资源化利用企业单位产品综合能耗应符合表1中能耗限额限定值的规定。

建筑垃圾资源化利用企业单位产品综合能耗限额限定值　　　　表1

自然级配再生骨料产品规格分类（粒径）	标煤耗（吨标煤/万吨）
0—80mm	≤5.0
0—37.5mm	≤9.0
0—5mm，5—10mm，5—20mn	≤12.0

四、工艺与装备

项目应采用节能、环保、高效的资源化技术装备及安全、稳定的保障系统。

（一）根据当地建筑垃圾特点、分布及生产条件，确定采用固定式或移动式生产方式。结合进厂建筑垃圾原料情况和再生产品类型，选用适宜的破碎、分选、筛分等工艺及设备。

（二）根据不同生产条件，采用适用的除尘、降噪和废水处理工艺及设备。固定式生产方式宜建设封闭生产厂房或封闭式生产单元。

（三）宜配备环境监测、视频监控、工艺运行在线监控系统。

五、环境保护

（一）要严格执行《中华人民共和国环境影响评价法》，依法向环境保护行政主管部门报批建筑垃圾资源化利用项目环境影响评价文件，建设与项目相配套的环境保护设施，并依法申请项目竣工环境保护验收。

（二）建筑垃圾资源化利用企业根据生产需要应设置粉尘回收和储存设备，厂区环境空气质量应达到《环境空气质量标准》GB 3095 要求，且符合企业所在地的相关地方标准和环境影响评价要求。

（三）建筑垃圾资源化利用企业应根据生产工艺的需求，建设生产废水处理系统，实现生产废水循环利用和零排放。

（四）建筑垃圾资源化利用企业应对噪声污染采取防治措施，达到《工业企业厂界环境噪声排放标准》GB 12348 的要求，且符合企业所在地的相关地方标准和环境影响评价要求。

六、产品质量与职业教育

（一）产品质量应符合《混凝土和砂浆用再生细骨料》（GB/T 25176）、《混凝土用再生粗骨料》（GB/T 25177）等国家、行业和地方标准的有关规定。

（二）企业应当设立独立的质量检验部门和专职检验人员，质量检验管理制度健全、检验数据完整，具有经过检定合格、符合使用期限的相应检验、检测设备。

（三）建立生产质量管理体系，鼓励企业实施《ISO9001 质量管理体系》。产品在使用时应明确标示为再生骨料。

（四）企业应建立可追溯的生产记录以及检验过程中的各种相关信息、所使用的原材料、各工序加工过程中的工艺参数和产品应用记录等档案，相关档案至少保存 3 年。

（五）企业应建立职业教育培训管理制度。工程技术人员和生产工人应定期接受国家职业培训与继续教育，建立职工教育档案。

七、安全生产

（一）企业应严格遵守《中华人民共和国安全生产法》《中华人民共和国职业病防治法》等有关法律法规，建立健全安全生产和职业病防治责任制度，采取措施确保安全生产和劳动者获得职业卫生保护。

（二）企业应具有健全的安全生产、职业卫生管理体系，职工安全生产、职业卫生培训制度和安全生产、职业卫生检查制度。

（三）企业应有安全防护措施，配备符合国家标准的安全防护器材与设备，避免在生产过程中造成伤害。对可能产生粉尘、噪声的作业区，应配备职业病防护设施，保证工作场所符合国家职业卫生标准。

（四）企业应严格执行《中华人民共和国消防法》的各项规定。生产厂房、仓库、堆场等场所的防火设计、施工和验收应符合国家相关标准的要求，生产区域应符合相关防火、防爆的要求。

（五）企业应按照国家有关要求，积极开展安全生产标准化和隐患排查治理体系建设。

八、监督管理

（一）新建、改扩建建筑垃圾资源化利用项目应符合本规范条件，项目建设要满足相关要求。

（二）建筑垃圾资源化利用相关行业协会要加强对行业发展情况的分析和研究；组织推广应用行业节能减排新技术、新工艺、新设备及新产品；建立符合规范条件的评估体系，科学公正地提出评估意见；协助政府有关部门做好行业监督和规范管理工作。

（三）工业和信息化部、住房城乡建设部定期公告符合本规范条件的建筑垃圾资源化利用企业名单。公告管理办法另行制定。

（四）县级以上工业和信息化主管部门会同住房城乡建设主管部门负责对当地有关公告企业执行本规范条件的情况进行监督检查。

（五）国家和地方相关管理部门可依据本规范条件制定相应的配套监管办法。

九、附则

（一）本规范条件适用于中华人民共和国境内的建筑垃圾资源化利用企业。

（二）本规范条件自 2017 年 2 月 1 日起实施，由工业和信息化部、住房城乡建设部负责解释，并根据行业发展情况适时进行修订。

附件 2

建筑垃圾资源化利用行业规范条件
公告管理暂行办法

第一章 总 则

第一条 为加强建筑垃圾资源化利用行业管理，规范建筑垃圾资源化利用行业发展，提升行业发展水平，依据《建筑垃圾资源化利用行业规范条件》（暂行）（以下简称《行业规范条件》），制定本办法。

第二条 本办法适用于中华人民共和国境内的建筑垃圾资源化利用企业。

第三条 工业和信息化部、住房城乡建设部及地方工业和信息化、住房城乡建设主管部门负责对符合《行业规范条件》的企业实行动态管理，相关行业协会负责协助做好相关管理工作。

第二章 申请和核实

第四条 申请公告的建筑垃圾资源化利用企业，应当具备以下条件：

（一）具有独立法人资格；

（二）符合国家产业政策和行业发展规划的要求；

（三）符合《行业规范条件》中有关规定的要求；

（四）企业建设项目相关手续符合相关法律法规规定和建设项目管理程序要求；

（五）企业生产及产品销售符合《产业结构调整指导目录》中节能环保要求；

（六）安全生产条件符合有关标准、规定，依法履行各项安全生产行政许可手续。

第五条 符合本办法第四条所列条件的现有建筑垃圾资源化利用企业，可自愿向所在地的省（自治区、直辖市）工业和信息化、住房城乡建设主管部门提出公告申请，如实填报《建筑垃圾资源化利用规范企业公告申请书》（以下简称《申请书》）及相关报表（附后）。《申请书》应对申请企业是否符合《行业规范条件》中企业布局、生产规模和管理、资源综合利用和能源消耗、工艺与装备、环境保护、产品质量与职业教育、安全生产等方面要求做出详细说明。

第六条 同一个企业法人拥有多个位于不同地址的厂区或生产车间的，每个厂区或生产车间需要单独填写《申请书》，并在申请规范企业审查时同时提交。

第七条 各省、自治区、直辖市工业和信息化主管部门会同住房城乡建设主管部门依照第四条有关要求，对申请公告企业的相关情况进行核实并提出具体审核意见，于每年4月30日前将符合《行业规范条件》要求的企业申请材料和审核意见报工业和信息化部、住房城乡建设部。

第三章 复 核 与 公 告

第八条 收到申请材料后，工业和信息化部会同住房城乡建设部组织相关行业协会和专家，依据第四条有关要求，对各地报送的企业材料及审核意见进行复审和现场核实，确定符合本办法第四条要求的企业名单。同一个企业法人拥有多个位于不同地址的厂区或生产车间，申请列入符合《行业规范条件》要求的企业名单的，应当都达到第四条有关要求。

第九条 经复核符合本办法第四条要求的企业，在网站上进行公示。对公示期间有异议的企业，将组织进一步核实有关情况；对无异议的企业，以工业和信息化部、住房城乡建设部公告方式予以发布。

第四章 监 督 管 理

第十条 进入公告名单的企业要严格按照《行业规范条件》的要求组织生产经营活动。各省、自治区、直辖市工业和信息化部主管部门会同住房城乡建设主管部门及相关行业协会，对公告企业进行监督检查，并将监督检查结果于每年4月30日前报送工业和信息化部、住房城乡建设部。

第十一条 欢迎和鼓励社会监督，任何单位或个人发现申请公告企业或已公告企业有不符合本办法有关规定的，可向有关部门投诉或举报。

第十二条 有下列情况之一的，各省、自治区、直辖市有关部门会同住房城乡建设主管部门责令企业限期整改，对拒不整改或整改不合格的企业，报请工业和信息化部、住房城乡建设部撤销其公告：

（一）不能保持《行业规范条件》要求的；

（二）填报相关材料有弄虚作假行为的；

（三）拒绝接受监督检查的；

（四）发生较大生产安全和环境污染事故，或有重大环境违法行为的；

（五）有其他严重违法行为的。

因前款规定被撤销公告的企业，经整改合格2年后方可重新提出规范企业公告申请。

工业和信息化部会同住房城乡建设部撤销企业公告的，应提前告知有关企业，听取其陈述和申辩。

<h2 style="text-align:center">第五章　附　　则</h2>

第十三条　本办法由工业和信息化部、住房城乡建设部负责解释。

第十四条　本办法自 2017 年 2 月 1 日起施行。

附：

建筑垃圾资源化利用规范企业公告申请书

申请单位：_____（单位公章）

申请日期：_____年_____月_____日

工业和信息化部制

表1

建筑垃圾资源化利用企业基本情况表

企业名称　　（单位公章）　　填表人：　　联系电话：

企业名称：		邮编		
详细地址：				
企业网址：				
传真		企业邮箱		
法定代表人		手机		
员工人数		管理人员		
企业类型	内资（国有□　集体□　民营□）　中外合资□　港澳台□　外商独资□			
上市情况	境内上市□　境外上市□　否□			
总生产能力（万吨/年）		厂区面积（平方米）		作业场地面积（平方米）
上年度产品产量（万吨）		上年度产品销售量（万吨）		上年度企业主营业务收入（万元）
补充说明（可另附页）：				

注：纸面不敷，可另附页。

表2：

建筑垃圾资源化利用企业规范条件公告情况表

企业名称： （单位公章） 填表人： 联系电话：

序号		名称	内容		备注
1	项目批复情况	工业投资主管部门核准（或备案）文件及文号			请提供复印件
2		土地主管部门批准文件及文号			
3		环保主管部门批准文件及文号			
4		安全生产主管部门批准文件及文号			
5	产业布局	布局是否与旧城改造，大型工业因区改造，城市新区建设等大型工程建设项目相结合			
6		周边是否有自然保护区、风景名胜区、饮用水源保护区、基本农田保护和其他需要特别保护的区域			
7		与居民聚集区和其他严防污染的企业距离			
8	规模工艺装置	破碎设备	名称及型号	条数	
9		筛分设备	名称及型号	台数	
10		分选设备	名称及型号	台数	
11		监控系统	名称及型号	台数	
12		是否配套有粉尘收集设施			
13		是否配套有污水处理设施			
14		是否配套有噪音控制设施			
15		是否满足国家产业政策、禁止和限制用地项目目录的有关要求			

序号		名称	内容	备注
16	规模工艺装置	是否采用节能、环保、高效的新技术、新工艺、新装备（如符合国家鼓励发展的环保产业设备目录要求）		
17	质量	产品质量是否达到国家标准		请提供检验报告
18		专职质量管理人员数量		
19		是否建立了质量管理制度		
20		是否通过 ISO9000 认证		请提供复印件
21	能源消耗和资源综合利用	建筑垃圾中各类固体废弃物有相应的回收、处理措施和合法流向		
22		加工生产系统单位产品综合能耗		提供计算方法
23	环境保护	废水排放是否达到《污水综合排放标准》		
24		粉尘排放是否达到《大气污染物综合排放标准》		
25		噪声是否达到《工业企业厂界环境噪声排放标准》		
26		消防设施是否达到国家标准要求		
27	人员培训	是否制定完善的岗位操作守则和工作流程		
28		参加过行业培训人员数量		
29	安全生产	是否有职业危害防护措施		
30		是否配备安全防护设施		
31		是否依法经过安全生产监督管理部门审查、验收		请提供验收报告复印件
32		是否有健全的安全生产组织管理体系		
33		是否有职工安全生产培训制度和安全生产检查制度		

注：纸面不敷、可另附页。

声明：以上所有材料真实有效，有据可查，如有虚假，愿意承担相应法律责任。

法定代表人（签字）：

年　　月　　日
（申请单位公章）

表3：

省级工业和信息化、住房城乡建设主管部门审核意见

申报单位：　　（单位公章）　　填表人：　　　　联系电话：

申请企业	
申请时间	

省级工业和信息化主管部门意见：

经办人签字：　　负责人签字：　　单位公章

年　　月　　日

省级住房城乡建设主管部门意见：

经办人签字：　　负责人签字：　　单位公章

年　月　日

注：纸面不敷、可另附页。

附件

符合《建筑垃圾资源化利用行业规范条件》
企业名单（第一批）

序号	所属地区	企业名称
1	浙江省	杭州富丽华建材有限公司
2		桐乡市同德墙体建材有限公司
3	河南省	河南盛天环保再生资源利用有限公司
4		许昌金科资源再生股份有限公司
5	陕西省	陕西建新环保科技发展有限公司

（七）《战略性新兴产业重点产品和服务指导目录（2016版）》

国家发展和改革委员会

……

7.3 资源循环利用产业

……

7.3.2 固体废物综合利用

煤矸石、粉煤灰、脱硫石膏、磷石膏、化工废渣、冶炼废渣、尾矿等固体废物的二次利用或综合利用和技术装备，固体废物生产水泥、新型墙体材料等建材产品，大掺量、高附加值综合利用产品。冶金烟灰粉尘回收与稀贵金属高效低成本回收工艺与装备。

7.3.3 建筑废弃物和道路沥青资源化无害化利用

移动式和固定式相结合的建筑废弃物综合利用成套设备，建筑废弃物生产道路结构层材料、人行道透水材料、市政设施复合材料等。废旧沥青再生技术及装备、沥青再生材料、建筑废弃物混杂料再生利用装备。制备再生骨料的强化、废旧砂灰粉的活化和综合利用装置，轻质物料分选、除尘、降噪等设施的集成移动式设备。

……

2017 年 1 月 25 日

（八）国家发展改革委办公厅 工业和信息化部办公厅 关于印发《新型墙材推广应用行动方案》的通知

发改办环资〔2017〕212 号

……

三、推动绿色发展

……

（六）提升利用水平。进一步提高资源综合利用水平，继续推进煤矸石、粉煤灰、尾矿、河（湖）淤（污）泥、工业副产石膏、陶瓷渣粉等固废在墙材中的综合利用，扩大资源综合利用范围，增加资源综合利用总量。研究利用新型墙材隧道窑协同处置建筑垃圾、城镇污泥和河道淤泥等，并制修订窑炉废气排放和相关产品质量标准。支持建设大宗固废综合利用示范基地，推进利废新型墙材企业示范。

……

2017 年 2 月 6 日

（九）关于印发《循环发展引领行动》的通知

......

三、完善城市循环发展体系

......

（七）加强城市低值废弃物资源化利用

加快建筑垃圾资源化利用。发布加强建筑垃圾管理及资源化利用工作的指导意见，制定建筑垃圾资源化利用行业规范条件。开展建筑垃圾管理和资源化利用试点省建设工作。完善建筑垃圾回收网络，制定建筑垃圾分类标准，加强分类回收和分选。探索建立建筑垃圾资源化利用的技术模式和商业模式。继续推进利用建筑垃圾生产粗细骨料和再生填料，规模化运用于路基填充、路面底基层等建设。提高建筑垃圾资源化利用的技术装备水平，将建筑垃圾生产的建材产品纳入新型墙材推广目录。把建筑垃圾资源化利用的要求列入绿色建筑、生态建筑评价体系。到 2020 年，城市建筑垃圾资源化处理率达到 13％。

......

2017 年 4 月 21 日

（十）住房城乡建设部　国家发展改革委关于印发全国城市市政基础设施建设"十三五"规划的通知

发改办环资〔2017〕212 号

……

三、规划任务

……

（九）完善垃圾收运处理体系，提升垃圾资源利用水平

……

加强建筑垃圾源头减量与控制。加强建筑垃圾资源回收利用设施及消纳设施建设，积极拓展建筑垃圾再生利用产品市场利用渠道，鼓励建筑垃圾回用于道路及海绵设施建设。开展建筑垃圾存量排查及安全隐患整治，建立建筑垃圾数字化管理平台。

……

2017 年 5 月 17 日

（十一）《国家工业资源综合利用先进适用技术装备目录》

工业和信息化部
公　告

2017 年第 40 号

序号	技术名称	技术介绍	资源环境指标	经济指标	技术知识产权	技术应用及前景
5	无动力防卡梳箅筛及前端砂石同产技术	一种多产箅条溜振筛，筛板的奇数箅条宽厚于偶数箅条并高低错落式安装于内外部固定物上，对有粗料和细料的物料进行筛分及给料。尾矿利用率 95％～100％，每小时产能提高 30％～80％。	与动力筛相比，年可节约电 300 万千瓦时、水 17 万立方米。	年综合利用废石尾矿 30 万吨，总投资 25 万元，年运行成本 190 万元，投资回收期 3～6 个月。	国内专利 1 项	可广泛应用于原矿、砂石矿、建筑垃圾、废石等各大、中、小块骨料筛分或预筛分领域。
19	建筑垃圾生产再生骨料及再生无机混合料技术	将建筑垃圾进行初级破碎、人工拣选、一级磁选选、筛分，利用水力浮选设备进行深度除杂分选，得到不同品质原料生产再生骨料。综合利用效率达到 100％，杂物去除率大于 90％，再生骨料杂物含量低于 0.5％。处理能力 150 吨/小时，产能 15.6 吨/小时。	每生产 1 吨再生骨料，电耗 5.4 千瓦时、柴油耗 1 升、水耗约 0.19 立方米，排放粉尘含量低于 10 毫克/标准立方米废气。	年综合利用建筑垃圾 10 万吨，总投资 5600 万元，年运行成本 6200 万元，投资回收期 6 年。	国内专利 2 项	可广泛应用于建筑垃圾生产再生骨料及再生无机混合料领域。
20	建筑垃圾再生利用破碎机	将传统的建筑垃圾再生利用破碎机进行重组及指标配套，实现建筑垃圾破碎机较大物料破碎及钢筋、轻质物分离。	每处理 1 吨建筑垃圾，电耗 1.2 千瓦时、水耗 0.13 吨，除尘率 93％。	年综合利用建筑垃圾 35 万吨，总投资 1900 万元，年运行成本 1800 万元，投资回收期 5 年。	国内专利 1 项	可广泛应用于区域建筑垃圾资源综合利用领域。

序号	技术名称	技术介绍	资源环境指标	经济指标	技术知识产权	技术应用及前景
21	建筑废弃物再生惰/活性砂粉技术与装备	采用细钢筋分离、有机物分拣、泥土分离、惰性材料和活性材料动态分离、智能控制等技术将建筑固废再生为新型高附加值、高纯度绿色建筑材料（再生惰/活性砂粉）。泥土含量、有机物含量、含水率均不超过1%。	每生产1吨再生惰/活性砂粉，能耗5.28千瓦时。	年处理建筑垃圾75万吨，总投资6500万元，年运行成本4500万元，投资回收期5年。	国内专利5项	可广泛应用于建筑垃圾再生利用领域，再生惰/活性砂粉可用于混凝土骨料，制造板、砖制品等。
23	建筑垃圾整形筛分处理系统	建筑垃圾通过整形筛分装置，在设备内部摔打和互相研磨，去除内部裂缝及表面棱角，实现再生骨料品质强化；利用水的浮力作用，有效去除再生骨料中的轻质物，含量控制在1‰。平均产能200吨/小时，瞬时产能300～400吨/小时。	每处理1吨建筑垃圾，电耗3.5千瓦时、水耗40～50立方米。	年综合利用建筑垃圾200万吨，总投资3000万元，年运行成本4800万元，投资回收期3年。	国内专利1项	可广泛用于混杂建筑垃圾处理领域。
26	压成型装备	采用隔墙板移动翻转机将成型后的建筑隔墙板翻转至养护输送机上，再输送至养护窑内进行定型养护。采用多螺旋封闭模腔基础工艺挤压成型，实现生产全程自动化无托板转接、输送、养护和下线打包。产能不低于72米/小时，孔洞率40%以上，抗压强度高于黏土砖3倍。	每生产1平方米灰渣混凝土空心板，电耗2.6千瓦时。	年综合利用炉渣、粉煤灰、建筑垃圾等5万吨，总投资4400万元，年运行成本700万元，投资回收期4年。	国内专利6项	可广泛应用于炉渣、建筑垃圾、粉煤灰等多种固废综合利用领域，产品可应用于建筑行业。

续表

序号	技术名称	技术介绍	资源环境指标	经济指标	技术知识产权	技术应用及前景
27	工业灰渣混凝土空心隔墙条板自动化生产技术	以粉煤灰、炉渣、水渣、有色金属灰渣、建筑废弃物等为原料，生产混凝土空心隔墙条板，主要工艺有搅拌、挤压成型、同步切割、二次修切等。利废率75%以上，孔洞率40%以上，抗压强度高于黏土砖3倍。	每生产1平方米灰渣混凝土空心隔墙条板，电耗2.54千瓦时。	年综合利用建筑垃圾、粉煤灰等工业废料10万吨，总投资5000万元，年运行成本1500万元，投资回收期4年。	国内专利15项	可广泛应用于粉煤灰、炉渣、非金属尾矿、建筑垃圾等综合利用领域，产品适用于建筑物非承重内隔墙。
30	全自动液压制砖机成套设备	以多种工业固废为原料，生产标砖、空心砖等，设备包括全自动液压成型机、全自动码坯机等，成型机采用三梁四柱结构，液压下压式分阶段加压，实现对主机、码坯机、顶推机等多种设备的在线运行控制。成型压力1280吨，产能9100块/小时。	每生产1万块蒸压砖，电耗148千瓦时、冷却水用量33立方米。	年综合利用粉煤灰、建筑垃圾等固废10万吨，总投资1000万元，年运行成本900万元，投资回收期2年。	国内专利2项	可广泛应用于粉煤灰、建筑垃圾等固体废弃物综合利用领域。

2017 年 10 月 10 日

（十二）《关于推进资源循环利用基地建设的指导意见》

发改办环资〔2017〕1778 号

为落实"十三五"规划《纲要》和《国务院关于深入推进新型城镇化建设的若干意见》，大力发展循环经济，加快资源循环利用基地建设，推进城市公共基础设施一体化，促进垃圾分类和资源循环利用，推动新型城市发展，提出如下意见。

一、建设资源循环利用基地的重要意义

资源循环利用基地是对废钢铁、废有色金属、废旧轮胎、建筑垃圾、餐厨废弃物、园林废弃物、废旧纺织品、废塑料、废润滑油、废纸、快递包装物、废玻璃、生活垃圾、城市污泥等城市废弃物进行分类利用和集中处置的场所。基地与城市垃圾清运和再生资源回收系统对接，将再生资源以原料或半成品形式在无害化前提下加工利用，将末端废物进行协同处置，实现城市发展与生态环境和谐共生。

资源循环利用基地是新型城市建设的功能区。《国务院关于深入推进新型城镇化建设的若干意见》（国发〔2016〕8 号）指出，要全面提升城市功能，推动新型城市建设，基本建立城市废弃物回收和再生利用体系。提升城市废弃物精细管理水平，通过资源高效利用支撑城市绿色发展，是新型城镇化建设的必然要求。资源循环利用基地为安全、集中、高效处置城市废弃物提供了可行方案，是大中型城市建设不可或缺的重要功能区。

资源循环利用基地是破解垃圾处置"邻避效应"的主要途径之一。资源循环利用基地通过与城市规划相结合，实现科学选址，妥善处理与居住区的分布关系，合理设计处置规模，为城市发展提供有效保障；通过园区物质流管理、设备实时监管、信息公开透明的方式建设运营，改善垃圾处置设施环境，获得周边居民认可，变"邻避"为"邻利"。

资源循环利用基地是明显提高城市资源利用效率的重要方式。基地以科学设置、集中布局废弃物处置设施为切入点，提高多种废弃物的循环利用水平，既可推进城市废弃物回收体系的有效融合，提高回收效率，也可实现分类利用、协同处置，构建不同废弃物处置项目间的产业链条，打造能源、水资源的集中供应体系，打通项目间的能源流、物质流，推动污染防治设施的统一建设、统一运营、统一监管，实现废弃物高水平利用。

二、总体要求

（一）指导思想

全面贯彻党的十九大精神，按照生态文明建设的总体要求，坚持政府引导和市场推动相结合、分类回收与终端处置相结合、统筹规划与分步建设相结合，着力技术创新和制度创新，推动建设一批高环保标准、高技术水准的废弃物综合处置示范基地，弥补城市绿色发展"短板"，助力新型城镇化建设。

（二）基本原则

——坚持统筹规划，推进分步实施。坚持城乡统筹，把基地建设纳入城市规划，加强与各专项规划的协调统一，实现高起点规划、高标准建设、高水平运营。

——坚持突出重点，加强协同处理。准确把握城市废弃物产排特点，明确基地功能定位和资源化利用重点，加强基础设施共建、项目有效衔接、物质循环利用。

——坚持政府引导，强化市场主导。注重发挥政府和市场的协同作用，鼓励采用 PPP 等多元投融资模式，引入第三方专业化服务，强化政府环境监管责任。

——坚持技术创新，提高管理水平。依靠科技进步，推进废弃物综合处置关键技术突破，建立健全各级管理网络、监督监测网络，提高信息化管理和服务水平。

——坚持生态优先，确保环境安全。严格落实相关环境标准，降低污染物排放，防控环境风险，实现基地与周边生态环境和谐共赢。

（三）总体目标

到 2020 年，在全国范围内布局建设 50 个左右资源循环利用基地，基地服务区域的废弃物资源化利用率提高 30% 以上，探索形成一批与城市绿色发展相适应的废弃物处理模式，切实为城市绿色循环发展提供保障。

三、重点任务

（一）落实选址，统筹规划

各地循环经济综合管理、环卫要会同国土、规划等部门做好基地选址，充分考虑城市废弃物年处理量变化，合理预留处理空间；统筹基地建设规划，科学布局项目建设，综合考虑废弃物产生、分类、收运、处置、运营、监管全过程空间需求，做好项目衔接，一次规划，分期建设；将基地建设纳入城市总体规划、土地利用总体规划等，优先保障土地供应。

（二）共建共享，协同处置

地方循环经济主管部门要会同相关部门，做好基地建设项目设计、规划、储备工作。优先推进道路、管网等基础设施及水电供应、污染防治等公共服务设施的共建共享。各项目运行产生的废气、废水及固体废物，要努力做到集中收集、科学处理、循环利用，严防"二次污染"，着力发挥项目间的协同效应。

基地要统筹布局各类废弃物处置项目，科学设置技术标准门槛，推动企业间形成分工明确、互利协作、利益相关的合作关系，实现资源能源的高效利用。严格落实国家对危险废物的管理要求，垃圾焚烧飞灰等危废必须做到安全无害化处置。

（三）完善收运，信息互联

城市环卫部门、发展改革部门应加快推进生活垃圾分类收集，按照"分类收集、规范运输、集中处置"的原则，合理布局生活垃圾收集设施，推进生活垃圾分类投放、规范储存和运输。积极推进生活垃圾、再生资源、危险废物回收网络和设施整合，实现有效衔接，提高废弃物回收效率和水平，为基地内各项目良好运行提供保障。

基地建设要与城市环卫信息化系统做好衔接，搭建基于物联网、GPS等信息技术的城市废弃物收集、储运、处置信息平台，打造集物流管理、废物流监控、生产现场监控、污染排放在线监测于一体的物流系统、信息与控制系统、综合服务系统和综合管理系统，实现监督管理的信息化、可视化，提高监督管理效率和水平。

（四）创新机制，多元运营

建设资源循环利用基地需要政府、企业和居民共同参与。要因地制宜建立新型、适用性强的基地管理体系，鼓励政府和社会资本建立混合所有制企业，参与基地建设和运管。支持符合条件的企业发行绿色债券，用于基地重点项目建设。对符合规划的基地，要比照城镇基础设施项目落实用地政策。完善垃圾处理收费政策，提高收缴率。

积极推行PPP和环境污染第三方治理等模式，引进专业化的投资主体和运营服务商，推动建立各运营主体利益共享机制，分类保障投资运营收益，实现基地的高效、持续运营。充分发挥龙头企业的带动作用，通过兼并重组等市场化模式，连通上游回收网络、中游转运分拣网络、下游资源化利用设施，完善城市废弃物回收及资源化利用产业链延伸与耦合。支持商业模式创新，鼓励政府、企业联合管理与经营模式。

（五）接受监督，邻利共融

城市循环经济综合管理、环卫等相关部门要按照绿色发展的要求，探索建立基地与周边环境和谐共融发展模式，打造生态型、公园型资源循环利用基地，实现基地与周边民众的和睦相处。要合理预留基地拓展空间，依托基地及周边区域产业基础，引入符合产业发展方向的关联项目，大量吸纳当地居民就业，形成产业集聚发展态势，促进当地经济社会发展。

基地要建立信息公开制度，通过电视、广播、网络等平台以及在厂区周边显著位置设置显示屏等方式，及时发布各类废弃物项目运营情况，接受社会各界监督。环卫部门要组织成立由周边居民代表、有关专家等各方共同组成的监督委员会，不定期进入基地查看，向公众反馈意见。

（六）部门协作，加强监管

城市循环经济综合管理部门、环卫部门加强组织协调，会同有关部门充分论证项目建设的可行性，优先保障项目建设用地，做好项目储备，研究出台有利政策措施，为基地建设做好保障。

城市环卫部门应完善监管机制，建立相应的信息采集和管理系统，强化即时监管能力，对项目建设、基地运营、城市废弃物物质流向进行全过程管控，确保城市废弃物进入基地合法高效处置，保障基地稳定运行。

各省级循环经济综合管理部门、财政部门、住房城乡建设部门要强化统筹协调，会同有关部门制定本地区资源循环利用基地建设的推进工作方案，确定建设目标、重点任务和推进措施，并推动、指导具备条件的城市制定资源循环利用基地建设实施方案，努力打造一批城市可以依靠、居民可以信赖的废弃物安全高效处置的功能区。国家发展改革委、财政部、住房城乡建设部将会同有关部门加强统筹协调和示范引导，加大支持力度，推动资源循环利用基地建设。

国家发展改革委办公厅

财政部办公厅

住房城乡建设部办公厅

2017 年 10 月 29 日

（十三）"绿色建筑及建筑工业化"重点专项
2018 年度项目申报指南

国科发资〔2017〕376 号

……

7. 建筑信息化

……

7.2 建筑垃圾精准管控技术与示范

研究内容：研究建筑垃圾定量预测模型及对应精准处置技术；研究建筑垃圾类型/体量天地一体化快速识别技术与监测系统；研发建筑垃圾产生、运转、处理、资源化、再生产品应用全过程的实时监测与智能管控技术；研究建筑垃圾安全风险、环境影响评估技术体系及预警技术；开发建筑垃圾全过程管控平台，并开展城市级示范。

考核指标：建立建筑垃圾定量预测模型及对应精准处置的技术体系，完成 5 个典型工程的实施；建立建筑垃圾天地一体化快速识别技术体系与监测系统，识别精度高于 90%；建立建筑垃圾全过程实时监测与智能管控平台，实现区域内建筑垃圾精准管控率不低于 95%；建立建筑垃圾安全风险与环境影响评估及预警技术体系；完成不少于 2 个地级以上典型城市的应用示范，取得良好效果。获得实用新型、发明专利 3 项以上，软件著作权 7 项以上，编制相关国家/行业/团体标准（送审稿）、指南不少于 5 项。

有关说明：鼓励产学研用联合申报

……

2017 年 12 月 3 日

（十四）《住房和城乡建设部关于开展建筑
垃圾治理试点工作的通知》

建城函〔2018〕65 号

各有关省、自治区住房城乡建设厅，直辖市城市管理委（绿化市容局、市容园林委），新疆生产建设兵团建设局，各有关市人民政府：

为深入贯彻落实党的十九大精神和习近平新时代中国特色社会主义思想，加强建筑垃圾全过程管理，提升城市发展质量，本着自愿原则，经充分协商，决定在北京市等 35 个城市（区）开展建筑垃圾治理试点工作。现将有关事项通知如下。

一、充分认识建筑垃圾治理工作的重要意义

随着城镇化快速发展，建筑垃圾大量产生。由于大部分城市对建筑垃圾治理工作不够重视，建筑垃圾处理设施建设滞后，导致建筑垃圾私拉乱倒、挤占道路、侵占良田现象较为普遍，严重影响城乡人居环境和安全运行。当前，建筑垃圾处置能力严重不足、管理水平不高、资源化利用水平低，已成为影响城市高质量发展的突出短板。开展建筑垃圾治理是污染防治攻坚战的重要任务，是解决城市发展不平衡不充分问题的迫切需要。各试点城市要高度重视建筑垃圾治理工作，突出问题导向，加大治理力度，全面提升建筑垃圾全过程管理水平。

二、试点任务

坚持创新、协调、绿色、开放、共享发展理念，摸清建筑垃圾产生现状和发展趋势，研究建筑垃圾治理的方式方法，实现建筑垃圾减量排放、规范清运、有效利用和安全处置，形成可复制、可推广的建筑垃圾治理经验。

（一）加强规划引导。根据服务区域内建筑垃圾产生量和特性，充分考虑运输距离、选址条件、服务年限等因素，合理布局建筑垃圾转运调配、消纳处置和资源化再利用设施，形成与城市发展需求相匹配的建筑垃圾处理体系。

（二）开展存量治理。全面排查建筑垃圾堆放点隐患，检查评估堆体稳定性，对存在安全隐患的堆放点，制定综合加固整治方案并限期治理。对堆放量比较大、比较集中的堆放点，经评估达到安全稳定要求后，可开展生态修复，改造成公园、湿地等。

（三）加快设施建设。把建筑垃圾处理设施作为城市基础设施建设的重要组成部分，充分利用采石坑、宕口等，合理规划选址，加快形成消纳处理能力。新建建筑垃圾处理设施应满足《建筑垃圾处理技术规范》（CJJ 134）等有关标准要求，严格执行分区作业、堆填高度等要求，规范消纳作业管理。

（四）推动资源化利用。在各类程项目建设过程中，充分考虑挖填平衡，推进建筑垃圾源头减量，鼓励就地就近回用。发挥科技创新带动作用，提高建筑垃圾资源化再生产品质量。研究制定再生产品的推广应用政策，结合海绵城市建设、黑臭水体治理、城市生态修复等工作，指导各试点城市因地制宜推进再生产品应用。

（五）建立长效机制。试点城市人民政府要成立建筑垃圾治理工作机构，健全工作机制，相关部门和单位各负其责、密切配合，形成工作合力。实行建筑垃圾产生、运输、处置全过程联单管理，建立监管信息系统。

（六）完善相关制度。完善建筑垃圾处置核准，探索将建筑垃圾处置核准作为施工扬尘污染防治方案备案、施工安全备案和建设项目环境影响评价等的重要内容。加强建筑垃圾源头管理，探索开展建筑垃圾分类，并将建筑垃圾源头管理纳入文明工地等考核内容。加强对运输企业、车辆和驾驶员的日常管理，严格规范建筑垃圾跨境运输。探索按照补偿成本、合理盈利的原则，完善建筑垃圾处置收费制度。对于开展建筑垃圾资源化再利用的单位，探索出台奖补政策。

三、工作安排

（一）编制试点方案。各有关省级住房城乡建设（建筑垃圾）管理部门要加强指导，组织本地区试点城市结合实际抓紧编制建筑垃圾治理试点实施方案，明确工作目标、工作任务、支持措施及时间安排等。试点城市于 2018 年 4 月底前将试点实施方案报送我部。

（二）组织试点实施。各试点城市按照实施方案内容，切实履行主体责任，精心组织实施，开展建筑垃圾治理探索创新，深入推进试点工作。建立试点工作情况月报制度，试点城市每月 5 日前向我部和省级住房城乡建设（建筑垃圾）管理部门报送上月试点工作进展情况。

（三）推广试点经验。建筑垃圾治理试点工作截止时间为 2019 年 12 月底。试点工作结束后，试点城市要及时总结试点主要做法、成效、经验以及问题和建议，形成试点报告，于 2020 年 1 月底前报送我部。

附件：建筑垃圾治理试点城市（区）名单

住房城乡建设部

2018 年 3 月 23 日

附件

建筑垃圾治理试点城市（区）名单

1. 北京市
2. 天津市蓟州区
3. 河北省邯郸市
4. 内蒙古自治区呼和浩特市
5. 上海市
6. 江苏省苏州市
7. 江苏省常州市
8. 江苏省南通市
9. 江苏省扬州市
10. 浙江省杭州市
11. 浙江省金华市
12. 浙江省湖州市
13. 安徽省淮南市
14. 安徽省蚌埠市
15. 安徽省淮北市
16. 福建省福州市
17. 福建省泉州市
18. 山东省济南市
19. 山东省青岛市
20. 山东省临沂市
21. 山东省泰安市
22. 河南省郑州市
23. 河南省许昌市
24. 河南省洛阳市
25. 河南省商丘市
26. 湖南省长沙市
27. 广东省广州市
28. 广东省深圳市
29. 广东省东莞市
30. 广西壮族自治区南宁市
31. 广西壮族自治区柳州市
32. 重庆市（主城区）
33. 四川省成都市
34. 云南省玉溪市
35. 陕西省西安市

(十五)《国家发展改革委办公厅　住房城乡建设部办公厅关于推进资源循环利用基地建设的通知》

发改办环资〔2018〕502号

为落实"十三五"规划纲要、《循环发展引领行动》(发改环资〔2017〕751号)和《关于推进资源循环利用基地建设的指导意见》(发改办环资〔2017〕1778号)要求,加快推进资源循环利用基地建设,国家发展改革委、住房城乡建设部(以下简称两部委)将开展资源循环利用基地建设工作,有关事项通知如下:

一、主体范围和建设内容

(一)主体范围。资源循环利用基地建设不铺新摊子,主要利用现有资源,报备的基地原则上应是在建基地,具备相关建设规划、取得基地建设用地和项目前期开工手续。

(二)建设内容。主要包括基地的公共基础设施及平台项目、各类再生资源循环利用项目等。

二、建设方式

资源循环利用基地以地方自主实施为主要建设方式。各省、自治区、直辖市、计划单列市循环经济综合管理部门、环卫主管部门可择优推荐基础条件好、规划设计合理、具有可推广性的基地报两部委备案。

基地所在城市相关政府部门应制定本区域资源循环利用基地建设规划,结合区域发展实际需求,提出基地3年建设方案,出台相应保障政策。

资源循环利用基地应由具有独立法律责任能力的主体建设运营,制定基地建设和运营管理办法。鼓励行业龙头企业参与基地建设运营。

三、备案程序

(一)备案申请。省级循环经济综合管理部门、环卫主管部门,可于6月30日之前向两部委报送基地备案申请。备案申请应包括:省级循环经济综合管理部门、环卫主管部门联合备案申请文件;基地所在城市资源循环利用基地建设规划、资源循环利用基地建设方案和证明材料。备案申请单位应当对备案信息的真实性、合法性和完整性负责。

建设方案实施期不超过3年,建设方案要结合本地废弃物产生、收集及处置基础,提出具体目标任务,规划建设项目,明确建设时序和保障措施。证明材料主要包括土地落实证明材料，基地管理机构设置情况，已建成项目的竣工报告，在建项目的立项、环评、能评、开工建设等前期手续，地方已出台的相关政策、办法、条例等。

（二）备案确认。两部委对备案信息不全的备案申请予以退回补充，对备案信息齐全、符合国家政策导向的备案申请予以确认。

四、中后期监管

省级循环经济综合管理部门、环卫主管部门及基地所在地相关政府部门，应对基地建设加强指导和管理，对基地规划设计、土地保障、资金拨付、项目审批、环保达标等方面出现的问题，及时协调解决。

基地建设期满前，省级循环经济综合管理部门、环卫主管部门应对基地建设运营情况进行评估或验收，提出明确的评估或验收结论，并将评估或验收情况、建设经验和运营成效报送两部委。

五、支持政策

（一）项目建设。经两部委备案的基地，在建设期内，可按照中央预算内投资生态文明建设专项管理暂行办法申请补助。发展改革委申报项目前，应征求环卫主管部门意见，循环经济主管职责在经信、工信部门的，发展改革委还应当征求相关经信、工信部门意见。国家发改委将依据相关管理办法，选择符合条件的项目予以资金支持。

（二）宣传推广。两部委将适时总结基地建设经验，通过召开现场会等方式对优秀基地进行宣传推广。

2018 年 5 月 3 日

四、地 方 政 策

（一）北　京　市[*]

1. 关于全面推进建筑垃圾综合管理循环利用工作的意见

京政办发〔2011〕31号

为全面推进建筑垃圾综合管理，促进节能减排和循环利用，不断改善首都市容环境，根据《中华人民共和国固体废物污染环境防治法》、《城市建筑垃圾管理规定》（建设部令第139号）和《北京市市容环境卫生条例》、《中共北京市委、北京市人民政府关于全面推进生活垃圾处理工作的意见》（京发〔2009〕14号），现对建筑垃圾综合管理循环利用工作提出以下意见：

一、指导思想

深入贯彻落实科学发展观，紧紧围绕推进"人文北京、科技北京、绿色北京"战略和建设中国特色世界城市目标，以建筑垃圾排放减量化、运输规范化、处置资源化和利用规模化为主线，着力构建政府主导、社会参与、行业主管、属地负责的建筑垃圾管理体系和城乡统筹、布局合理、管理规范、技术先进的建筑垃圾处置体系，加强全程控制和管理，推动建筑垃圾循环利用产业链形成，努力使本市建筑垃圾资源化工作走在全国前列。

二、工作目标

目前，本市建筑垃圾年产生量约3500万吨，其中，城六区产生1000万吨（含居民装修垃圾200万吨）。结合经济和社会发展实际，"十二五"时期，本市以拆除性建筑垃圾为重点，实行统筹管理，规范运输行为，合理规划布局，加快资源化处置设施建设，促进资源化产品再利用，不断提高建筑垃圾循环利用水平。

（一）排放减量化。

建筑垃圾排放实行全市统筹管理，拆除规模逐步与资源化处置能力相匹配。市有关部门和各区县政府，对拆除性工程要编制拆除计划，控制盲目拆除，落实减排责任。到2015年，城六区拆除性建筑垃圾年排放量控制在1000万吨以内，郊区县按照"因地制宜、能用则用"原则，最大限度实现排放减量化。

（二）运输规范化。

建立完善建筑垃圾运输企业和车辆许可制度，制定建筑垃圾运输行业管理规范和服务标准，加快绿色车队组建工作，实现全程跟踪，全面推进运输领域规范

注：＊本书中地方政策的编排按各省、自治区、直辖市政策文件收集的时间先后排序。

化建设。到 2012 年，基本形成规范的建筑垃圾运输市场。

（三）处置资源化。

到 2012 年，朝阳、海淀、昌平、大兴区分别建成一座建筑垃圾资源化处置设施，全市建筑垃圾资源化年处置能力达到 400 万吨；到 2015 年，再建成 5 座建筑垃圾资源化处置设施，全市建筑垃圾资源化年处置能力达到 800 万吨。

通过提高建筑垃圾资源化设施处置能力以及综合运用填埋修复、堆山造景、使用移动式资源化处置设备等方式，2012 年全市建筑垃圾资源化率达到 40%，2015 年达到 80%。

（四）利用规模化。

制订建筑垃圾再生产品使用标准，出台鼓励政策，不断拓展使用领域，推动建筑垃圾资源化、产业化发展。使用政府投资的建设工程项目要按照住房城乡建设行政主管部门规定的要求，使用列入建筑材料目录的建筑垃圾再生产品。

三、重点任务

（一）制定减排计划，落实源头减量。

各区县政府根据资源化处置能力，控制排放总量，落实减排责任。建设单位要将建筑垃圾处置方案和相关费用纳入工程项目管理，可行性研究报告、初步设计概算和施工方案等文件应包含建筑垃圾产生量和减排处置方案。工程设计单位、施工单位应根据建筑垃圾减排处理有关规定，优化建筑设计，科学组织施工。鼓励通过使用移动式资源化处置设备、堆山造景等方式进行资源化就地利用，减少建筑垃圾排放。

（二）加强工地监管，实现源头分类。

市市政市容委会同市住房城乡建设委等部门要加快研究制定房屋建筑工程（含拆除工程、装修工程）和市政基础工程建筑垃圾分类存放、分类运输标准及分类设施的设置规范。住房城乡建设行政主管部门将施工工地建筑垃圾分类存放和密闭储存工作要求纳入绿色达标工地考核内容，促进源头分类。建设工程应在规划设计阶段，充分考虑土石方挖填平衡和就地利用。同时，要加快工程槽土消纳市场化运转体系建设，促进循环利用。

（三）规范运输市场，鼓励组建绿色车队。

建立完善建筑垃圾运输企业资质许可和运输车辆准运许可制度。承运建筑垃圾的企业要具备固定的办公场所和车辆停放场所，运输车辆持有绿色环保标志，安装机械式密闭苫盖装置和电子识别、计量监控系统。对获得相关许可的运输企业和专业运输车辆，核发统一标识和准运证件。建设单位或经建设单位委托运输建筑垃圾的施工单位，必须在具备许可资质的运输企业目录中选择运输企业及车辆。住房城乡建设行政主管部门要将建设工程使用运输企业情况纳入重点监管范畴，严格管理。逐步实现由专业运输车辆清运居民装修垃圾。对资源化处置企业组建绿色车队的，给予支持。拆除性工程的建筑垃圾运输应优先使用资源化处置企业的绿色车队。

（四）调整运输、排放处置费用标准，实现全过程监管。

按照"谁产生、谁承担处理责任"原则，建设单位承担建筑垃圾运输费和排放处置费。遵循"弥补成本、合理盈利、计量收费、促进减量"要求，加快研究调整建筑垃圾运输费和排放处置费标准，促进规范的建筑垃圾运输和处置市场形成。建设单位处置建筑垃圾，必须选择具有消纳许可的资源化处置场或填埋场。建立健全动态、闭合的建筑垃圾全过程监管制度，对建筑垃圾种类、数量、运输车辆和去向等情况实行联单管理，确保其从产生、运输到处置全过程规范、有序。

（五）规范设施建设标准，加快资源化设施建设。

研究制定固定式建筑垃圾资源化处置设施建设标准，完善处置场所设置许可。鼓励社会资金参与建筑垃圾资源化处置设施建设和运营。对示范作用较强的资源化处置设施建设和移动式资源化处置设备购置，给予一定支持。对符合资源化标准要求的企业，按照国家及本市相关规定给予税收优惠。

（六）制定再生产品规范，推动规模化、产业化发展。

研究出台建筑垃圾循环利用产业发展的鼓励性政策，制订建筑垃圾再生产品质量标准、应用技术规程，明确建设工程使用建筑垃圾再生产品规范和要求，并将建筑垃圾再生产品列入推荐使用的建筑材料目录、政府绿色采购目录，促进规模化使用。

（七）建立信息管理平台，加强监督管理。

建立建筑垃圾综合信息管理平台，公布建筑垃圾产生量、运输与处置量、建筑垃圾处置设施、有许可资质的运输企业和车辆等基础信息，公开工程槽土和建筑垃圾再生产品供求信息，实现共享。

四、保障措施

（一）建立联席会议制度。

建立市建筑垃圾综合管理循环利用工作联席会议制度。联席会议成员单位包括：市发展改革委、市监察局、市财政局、市环保局、市规划委、市住房城乡建设委、市市政市容委、市交通委、市质监局、市公安局公安交通管理局、市城管执法局等部门和各区县政府。市政府分管副市长定期主持召开联席会议，通报情况，协调解决问题，推动工作顺利开展。

（二）落实管理责任。

市市政市容委、市住房城乡建设委负责建筑垃圾综合管理循环利用的组织协调、规划制定、督促检查和平台搭建工作。市发展改革委负责将建筑垃圾综合利用工作纳入循环经济发展规划，开展建筑垃圾资源化项目审批管理工作，研究提出建筑垃圾资源化项目布局和政策建议。市住房城乡建设委负责加强建筑工地建筑垃圾排放管理，组织编制再生产品应用技术规程，推广建筑垃圾再生产品。市市政市容委负责规范建筑垃圾相关许可事项，会同有关部门对联单管理制度运行情况进行监管。市质监局负责开展再生产品质量标准研究制定工作。市公安局公安交通管理局、市城管执法局和市环保局负责对建筑垃圾运输车辆进行综合执法检查，研究建立夜间综合巡查执法长效机制。市财政和税务部门负责做好资金保障和税收减免等工作。

各区县政府负责制定本行政区域内建筑垃圾管理规划，组织建筑垃圾综合管理循环利用工作，推动和扶持资源化处置设施建设；负责落实属地管理责任，督促检查辖区新建、拆除性工程建筑垃圾许可办理和清运情况。

（三）加强综合巡查执法。

建立执法信息共享平台，实现信息共享、联动执法、依法处罚。建立涵盖车辆资质、安全、环保、许可等要素的执法取证、执法处罚、案件转移等联合协作机制，形成合力。发挥区县网格化管理作用，完善社会监督、群众举报制度，对建筑垃圾排放、运输、处置全过程进行监管。对于严重违法的建设、施工、运输和消纳处置单位给予公开曝光和处罚。

（四）建立宣传和监督考核体系。

充分利用报刊、广播、电视和网络等媒体，加强对建筑垃圾综合管理和循环利用工作的宣传。市监察局对各单位履职情况开展监督检查，促进各项工作有效落实。市市政市容委负责组织开展考核评价，并纳入首都环境建设考评体系。

2011 年 6 月 8 日

2. 北京市绿色建筑行动实施方案

京政办发〔2013〕32 号

为深入贯彻落实科学发展观，切实转变城乡建设模式和建筑业发展方式，提高资源利用效率，实现节能减排约束性目标，建设资源节约型、环境友好型社会，提高生态文明建设水平，改善人民生活质量，根据《国务院办公厅关于转发发展改革委、住房城乡建设部绿色建筑行动方案的通知》（国办发〔2013〕1 号）要求，制定本实施方案。

一、充分认识开展绿色建筑行动的重要意义

开展绿色建筑行动，以绿色、循环、低碳理念指导城乡建设，严格执行建筑节能强制性标准，扎实推进既有建筑节能改造，集约节约利用资源，提高建筑品质，对转变城乡建设模式，破解能源资源瓶颈约束，改善群众生产生活条件，培育节能环保、新能源等战略性新兴产业，具有重要的意义和作用。

二、开展绿色建筑行动的基本原则

（一）全面推进，突出重点。全面推进城乡建筑绿色发展，推动以政府投资为主的建筑、大型公共建筑和绿色生态示范区项目执行二、三星级绿色建筑标准，推动新建保障性住房项目按产业化方式建设和既有非节能居住建筑实施节能综合改造。

（二）政府引导，市场推动。坚持用政策、规划和标准规范市场主体行为，综合运用价格、财税、金融等经济手段，发挥市场配置资源的基础性作用，营造有利于绿色建筑发展的市场环境，激发市场主体设计、建造、使用绿色建筑的内生动力。

（三）部门联动，属地负责。强化本市建筑节能工作联席会议制度，发挥联动机制，市级部门负责制定绿色建筑中长期发展规划、政策措施、技术标准，并监督实施。各区县政府负责既有建筑节能改造、建设抗震节能农村住宅、发展绿色建筑和住宅产业化等工作的组织实施。

（四）立足当前，着眼长远。树立建筑全寿命期理念，综合考虑投入产出效益，选择合理的规划、建设方案和技术措施，避免盲目的高投入和资源消耗。

三、重点任务

（一）切实抓好新建建筑节能工作。

1. 科学做好城乡建设规划。在新城建设、重要功能区建设、旧城功能疏解和棚户区改造中，以集约、绿色、低碳、智能为指导思想，优化布局，坚持集约紧凑式空间发展模式，实施最严格的土地管理制度。在城市总体规划阶段合理考虑各区域产业规划布局，努力实现职住平衡，减少交通潮汐现象，降低社会综合能耗。积极引导建设绿色生态示范区、绿色居住区、绿色生态村镇，以区域绿色生态控制性详细规划为统筹，以建筑单体、建筑群绿色节能设计为支撑，以绿色基础设施建设为依托，全面推进区域绿色建筑规模化发展。做好城乡建设规划与区域能源规划的衔接，优化能源的系统集成利用，在有条件的地区有效利用工业废热和余热。坚持保护城市生态基本构架，增强城市的可持续发展能力。

2. 严格落实建筑节能强制性标准。适时修编和实施更严格的建筑节能设计标准，从源头上最大限度降低建筑能耗，提高围护结构保温隔热性能，强化供热计量设计及施工安装，推广太阳能生活热水系统和外遮阳设施，使本市居住建筑集中采暖能耗达到世界同纬度、气候条件相近的发达国家先进水平。落实建筑能效标识，在施工设计文件中标识建筑能耗指标。市发展改革部门要严格落实固定资产投资项目节能评估审查制度，强化对新建建筑项目执行建筑节能强制性标准和绿色建筑标准情况的审查。市规划部门要加强施工图审查监管，城镇建筑设计阶段要全部符合节能标准。市住房城乡建设部门要加强施工阶段监管，确保节能标准执行率达到100%；要严格建筑节能专项验收，对达不到强制性标准和供热计量要求的建筑，不得出具竣工验收合格报告，不允许投入使用，强制进行整改。

3. 大力发展城镇绿色建筑。"十二五"期间，累计完成新建绿色建筑不少于3500万平方米。鼓励政府投资的建筑、单体建筑面积超过2万平方米的大型公共建筑，按照绿色建筑二星级及以上标准建设，推进本市已确定的未来科技城等绿色生态示范区建设。积极引导房地产开发企业执行绿色建筑二星级及以上标准，建设绿色居住区。引导工业建筑按照绿色建筑相关标准建设。市住房城乡建设部门制定绿色建筑工程计价依据。强化绿色建筑评价标识管理，结合施工图审查，简化一星级绿色建筑设计标识评价程序，并研究简化相应的运行标识评价程序。推行绿色施工，推广应用施工新技术新设备，强化施工扬尘污染治理，继续开展绿色文明安全工地评比活动。

4. 积极推进绿色农村住宅建设。统筹城乡经济社会一体化发展，建立健全部门联动、政策集成、资金聚焦、资源整合的推进机制，继续组织实施农民住宅抗震节能改造工作。市规划、住房城乡建设部门组织编制农村住宅图集，引导采用绿色建材，免费提供技术指导和服务；科学引导农村住宅执行建筑节能标准，逐步推行抗震节能农村住宅合格证书制度。市农村、规划、国土、住房城乡建设等部门探索推动绿色生态村镇试点建设，按照生产、生活、生态相协调的原则，制定低碳生态试点镇规划纲要和建设实施方案，明确功能定位和主导产业，提出交通、市政基础设施、建筑节能、生态环境保护等方面的发展目标、发展策略和控制指标。

（二）大力推进既有建筑节能综合改造。

1. 加快既有居住建筑节能综合改造。2015年前，完成5850万平方米老旧小区综合整治工作，完成1.5亿平方米既有节能居住建筑的供热计量改造，并在改造后同步实行供热计量收费。2020年，基本完成全市有改造价值的城镇居住建筑节能改造，基本完成全市农民住宅抗震节能改造。

2. 积极推动公共建筑节能改造。"十二五"期间，基本完成公共建筑供热计量改造，实施30余家市级政府部门办公设施综合节能改造工程。对普通公共建筑进行节能改造，市商务、旅游、教育、卫生等部门，依法对商场超市、宾馆饭店、学校、医院等公共建筑所有权人或运行管理单位节能改造工作进行指导监督。公共建筑所有权人或运行管理单位要履行节能改造实施主体责任，开展节能诊断，科学采取无成本和低成本改造、建筑用能系统改造及建筑围护结构改造等措施，提高用能效率和管理水平。市发展改革、财政、住房城乡建设、市政市容等部门，要根据建筑节能项目的特点，创新支持政策，切实推动合同能源管理，为市场化融资创造有利条件。积极申请国家公共建筑节能改造重点城市示范和"节约型高等学校"示范。

3. 创新既有建筑节能改造工作机制。结合本市房屋全生命周期管理平台，做好既有建筑节能改造的调查和统计工作，制定具体改造方案，充分听取各有关方面的意见，在条件许可并征得业主同意的前提下，研究采用加层、扩容等方式进行节能改造，积极推行工业化和标准化施工。既有非节能建筑实施抗震加固和改建、扩建及公共建筑重新装饰装修时，要同步实施节能改造，并统一立项、统一设计、统一施工。市规划、住房城乡建设部门要严格落实工程建设责任制，严把设计、施工、材料等关口，确保安全和工程质量。节能改造工程完工后，应进行节能专项验收备案，对达不到要求的不得组织竣工验收。

（三）开展城镇供热系统节能。

调整优化供热用能结构，以热电联产热网集中供热和天然气供热为主，积极鼓励发展新能源和可再生能源供热。推进供热资源整合，按照"区域统筹、效率优先、清洁低碳、综合利用"的原则，2015 年前全部完成城六区燃煤锅炉改用清洁能源的任务。加快实施既有燃气锅炉供热系统节能改造和老旧供热管网改造工作，解决供热系统缺乏调控能力、供热设施老化、系统跑冒滴漏等问题，提高供热装备技术水平和供热管网输配效率。

（四）推进可再生能源在建筑中的规模化应用。

结合本市可再生能源资源条件和首都产业发展方向，因地制宜发展太阳能、地热能、生物质能等可再生能源，以点带面，高端示范，扩大本市可再生能源建筑应用规模，提高应用水平。严格贯彻落实本市有关太阳能热水系统建筑应用管理办法和技术标准，在新建居住建筑和有热水需求并具备条件的公共建筑中安装太阳能热水系统。推进农村能源结构调整，推广使用天然气和太阳能等能源。按照"集中布局、集群发展"的理念，构建形成"一县两区多基地"的新能源空间发展格局。高水平建设延庆国家绿色能源示范县；加快建设北京经济技术开发区国家光伏集中应用示范区。支持顺义区开展可再生能源建筑应用示范，积极支持本市有条件的区县争创国家可再生能源在建筑中集中连片应用示范区。2015 年，全市使用可再生能源的民用建筑面积达到存量建筑总面积的 8%。

（五）加强公共建筑节能管理。

严格执行公共建筑节能强制性标准，在建筑设计阶段引人电耗、热耗等分类能耗指标；对新建、改建、扩建的大型公共建筑，进行能源利用效率测评和标识，避免造成能源浪费。加强能耗监测和节能监管体系建设。继续完善国家机关办公建筑等公共机构和大型公共建筑用电分项计量及监测平台的功能，扩大覆盖范围，并纳入全口径统计。加强监管平台建设的统筹协调，建设节能监测服务平台，实现监测数据共享，避免重复建设。不断提高建筑能耗统计工作质量，建立可计量、可统计、可考核的建筑节能指标体系。完善公共建筑能源利用状况报告制度，组织开展商场超市、宾馆饭店、学校、医院等行业的能源审计、节能诊断和能效对标等活动。对高能耗建筑和具有示范作用的低能耗建筑进行能效公示，促进管理节能。自 2014 年始，试行公共建筑电耗限额管理并逐步扩展到综合能耗限额管理，对超限额用能的公共建筑试行级差电价或惩罚性电价。公共建筑的所有权人或其委托的运行管理单位，负责用能分类分项计量和数据远端传输装置的维护管理，保障其正常运行。鼓励商务、科技、教育、会议等功能性园区和有条件的公共建筑设立能源管理中心，并与相关行政主管部门的在线监测系统联网。严格执行公共建筑空调温度控制标准。继续编制完善公共建筑合理用能指南，推行绿色物业管理，促进行为节能。在公共建筑和供热系统运行管理中逐步施行能源管理师制度。

（六）推动住宅产业化。

按照强制与鼓励相结合的原则推进住宅产业化。申请利用自有土地建设的保障性住房、市保障性住房投资建设管理中心投资的公共租赁住房、中心城人口疏解定向安置房项目等，应按住宅产业化标准进行建设。每年安排部分商品住房土地用于建设产业化住宅和全装修住宅，实施范围由行业主管部门适时调整。市住房城乡建设、发展改革、财政、规划、国土等部门，要综合运用土地供应、项目立项、面积奖励等手段，促进项目落地，做好项目设计审查和质量验收等环节监管工作。鼓励以产业化方式建设农民住宅。市规划、住房城乡建设、经济信息化、质监等部门，要加快建立包括设计、施工、部品生产等环节的住宅产业化标准体系，推动部品的标准化、系列化和通用化。推广适合工业化生产的预制装配式混凝土、钢结构等建筑体系，加快发展预制和装配技术，提高技术集成水平。推广建筑信息模型管理技术。市规划、国土部门在项目规划和土地招拍挂出让条件中明确全装修要求，并将全装修工程设计作为施工图审查的重要内容，做到装修与主体结构工程同步设计、同步施工和同步验收。2015 年，新建保障性住房基本采用产业化方式建造，新建住宅基本实现全装修，产业化住宅不少于 1500 万平方米。

（七）加决绿色建筑相关技术研发推广。

市财政、科技部门要保障资金投入，支持加快绿色建筑共性和关键技术研发，加强绿色建筑集成技术体系建设，因地制宜发展和推广适宜本市的绿色建筑规划与设计技术、建筑信息模型综合优化技术、建筑能效提升和能源优化配置技术、水资源综合利用技术、室内外环境健康保障技术、新型预制装配集成技术、绿色建材成套应用技术、绿色施工技术、绿色农村住宅本地资源利用技术等。加强绿色建筑技术标准规范研究，开展绿色建筑技术的集成示范。依托高等院校、科研机构等，加快绿色建筑工程技术中心建设。市住房城乡建设部门定期发布绿色建筑适用技术推广目录和建设领域科技创新成果推广项目，市发展改革部门发布节能低碳技术产品推荐目录。

（八）大力发展绿色建材。

大力发展安全耐久、节能环保、便于施工的绿色建材。禁止生产和使用黏土砖、黏土瓦、黏土陶粒等。加快发展高效防火隔热建筑保温体系和材料，推广低辐射镀膜玻璃、断桥隔热门窗、遮阳系统等建材和设备。引导使用高性能混凝土、高强钢筋，2015 年末，标准抗压强度 60 兆帕以上混凝土用量达到总用量的10％，屈服强度 400 兆帕及以上高强钢筋用量达到建筑用钢筋总量的 65％以上。大力发展预拌混凝土、散装预拌砂浆，建设工程禁止现场搅拌混凝土，严格控制现场搅拌砂浆。大力推广结构保温装饰一体化预制外墙、叠合楼板、预制楼梯等预制部品，并实行产业化住宅部品评审认证制度，定期发布部品认证产品目录。相关行业主管部门继续编制和发布推广、限制、禁止使用的建筑材料、设备、技术、工艺目录和供热系统产品目录。配合国家主管部门研究建立绿色建材认证制度，编制绿色建材产品目录，引导规范市场消费。结合城市功能定位及总体产业布局，积极支持绿色建材产业发展，引导绿色建材产业合理布局，推动绿色建材产业向规模化和集团化方向发展，组织开展绿色建材产业化示范。市质监、工商、经济信息化、住房城乡建设等部门，要加强建材生产、流通和使用环节的质量监管和检查，加强建材采购备案管理，建立建材质量可追溯机制，严禁性能不达标的建材流入市场。

（九）严格建筑拆除管理程序。

加强城市规划管理，维护规划的严肃性和稳定性。各区县及建筑的所有权人和使用权人，要加强建筑维护管理，对符合城市规划和工程建设标准、在正常使用寿命期内的建筑，除基本的公共利益需要外，不得随意拆除。拆除大型公共建筑，要按照有关程序提前向社会公示并征求意见，接受社会监督。市规划、住房城乡建设、发展改革等部门，要研究完善建筑拆除的相关管理制度，探索实行建筑报废拆除审核制度。对违规拆除行为，要依法依规追究有关单位和人员的责任。对拆除性工程要编制拆除计划，禁止随意拆除。

（十）推进建筑垃圾资源化利用。

以建筑垃圾排放减量化、运输规范化、处置资源化和利用规模化为主线，着力构建政府主导、社会参与、行业主管、属地负责的建筑垃圾管理体系和城乡统筹、布局合理、管理规范、技术先进的建筑垃圾处置体系。2015 年，全市建筑垃圾资源化处置能力达到 800 万吨。市市政市容、城管执法、公安交通管理、交通运输等部门，要建立执法协调联动工作机制，严厉查处不按照规定处置建筑垃圾的行为。市发展改革、市政市容、住房城乡建设、质监等部门，要将建筑垃圾综合利用工作纳入循环经济发展规划，研究出台建筑垃圾资源化利用鼓励性政策；加快建筑废弃物资源化利用技术、装备研发和推广，完善建筑垃圾再生产品质量标准、应用技术规程，开展建筑废弃物资源化利用示范。研究建立建筑废弃物再生产品标识制度，将建筑垃圾再生产品列入推荐使用的建筑材料目录、政府绿色采购目录，促进规模化使用。

四、保障措施

（一）完善政策法规体系。

修订《北京市建筑节能管理规定》，进一步明确城乡既有建筑节能改造、可再生能源建筑应用、公共建筑节能运行监管、绿色建筑和住宅产业化等工作的实施原则、推进政策、监督管理和法律责任等。尽快制订本市绿色建筑规范性文件，完善住宅产业化相关政策措施。

（二）强化目标责任。

综合考虑各区县经济发展水平、建筑存量及容量、节能潜力等因素，将全市既有建筑节能改造、抗震节能农村住宅建设、可再生能源应用、绿色建筑、住宅产业化等绿色建筑行动的目标任务，分解到各区县政府、行业主管部门和重点用能企业。结合本市现行考核和评价体系，将绿色建筑行动目标完成情况和措施落实情况纳入区县政府、行业主管部门和重点用能企业节能目标责任评价考核体系，并将考核情况纳入市政府绩效管理评价体系，考核结果作为领导干部综合考核评价的重要内容。

（三）加大政策激励。

针对绿色建筑及绿色生态区域建设、公共建筑节能改造、供热系统节能改造、可再生能源建筑应用等工作，研究完善财政支持政策，制定支持住宅产业化、绿色建材、建筑垃圾资源化利用等工作的政策措施。市住房城乡建设、规划部门牵头，继续对住宅产业化项目按建筑面积进行奖励，并将按面积进行奖励的政策延伸到保障性住房。对非强制执行二、三星级绿色建筑标准和实施住宅产业化的项目，若投标人承诺建设二星级及以上的绿色建筑和实施住宅产业化，市国土部门应在土地入市交易评标中给予适当加分。市财政部门对达到国家或本市绿色建筑评价标准二、三星级的绿色建筑运行标识项目分别给予每平方米 22.5 元和 40 元的财政资金奖励，并根据技术进步、成本变化等情况适时调整。市发展改革、财政、税务等部门，要认真落实国家各项税收优惠政策，鼓励房地产开发企业建设绿色建筑，引导消费者购买绿色住宅。市金融部门要鼓励金融机构改进和完善对绿色建筑的金融服务，金融机构对购买绿色住宅的消费者在购房贷款利率上给予适当优惠。市住房城乡建设部门要会同相关部门出台鼓励措施，将绿色建筑和住宅产业化内容纳入企业资质动态管理、信用体系管理、招投标管理、施工合同管理工作中；利用新型墙体材料专项基金支持大型企业建设大型预制部品生产线。

（四）完善标准体系。

认真落实《北京市百项节能标准建设实施方案》（2012～2014），全方位规范引导建筑节能，健全绿色建筑标准体系。强化新建建筑源头管理，科学合理地提高标准要求，2013 年启动《公共建筑节能设计标准》修编工作。尽快修订绿色建筑工程建设、运营管理、能源管理体系等标准，编制绿色建筑区域规划技术导则。适时修订适合不同类型建筑的绿色建筑评价标准。编制、发布装配式混凝土结构体系建筑设计、结构设计、施工与质量验收等标准，完善住宅产业化标准体系。研究制定覆盖宾馆饭店、商场超市、文化场馆、体育场馆、学校、医院等不同类型建筑的建筑能耗限额和合理用能指南。完善节能保温设计、施工技术标准，修订预拌混凝土生产管理规程，编制建筑废弃物综合利用的相关标准规范。

（五）深化城镇供热体制改革。

以培育供热市场、提高供热保障能力和实现节能环保为目标，以保障低收入困难群体采暖为重点，积极推进供热收费制度改革。严格执行两部制热价，对于应当执行而拒不执行供热计量收费的供热单位或用热单位，按有关规定予以处罚。新建建筑、完成供热计量改造的既有建筑全部实行按热量计量收费。对实行分户计量有难度的，研究采用按小区或楼宇供热量计量收费。逐步推进供热价格改革。按照合理补偿成本、促进节约用热、坚持公平负担的原则，逐步理顺现行供热价格，建立公平科学的供热价格体系和合理的调价与补偿机制。推进供热单位结构调整和产权制度改革。各区县、各企事业单位，要率先进行系统内供热服务部门的主辅分离，整合供热资源，建立企业化、专业化供热公司，实行统一经营管理；鼓励国有大型专业供热单位整合后勤化的供热设施或难以保障供热的区域，推动城市供热规模化、集约化，增强大型供热集团调控和稳定供热市场的主导地位。理顺各区县供热管理体制，加强区域供热中心建设，进行企业化改造，实施供热归口管理，加快辖区供热资源整合，理顺热源、管网、用户的利益关系，提升应急保障能力。

（六）严格建设全过程监督管理。

结合本市现行的工程建设管理体制，市有关部门对项目立项、土地供应、规划设计、施工验收、房屋销售和运营维护全过程执行绿色建筑、住宅产业化标准及各项节能设计标准情况，进行监督管理。市规划部门在核发规划条件或规划选址意见书中明确绿色建筑星级标准及住宅产业化实施要求等，在施工图设计文件审查中增设绿色建筑专项审查，对未通过审查的项目，施工图审查机构不得出具施工图审查合格意见。市国土部门依据规划要求，将执行绿色建筑标准和住宅产业化要求纳入土地招拍挂条件。市住房城乡建设部门要加强绿色建筑和住宅产业化项目施工管理，确保按图施工；开展绿色建筑和住宅产业化符合性专项验收和备案，并作为项目竣工验收的前置条件。民用建筑销售时，销售单位应当向购房人明示所售房屋的绿色建筑标识星级、建筑节能措施及质量保修期等基本信息，并在房屋买卖合同和住宅质量保证书、住宅使用说明书中予以说明。对施工阶段擅自变更设计、竣工验收不通过、运营能耗不达标、标识认证不通过的项目，按相关规定进行处理。建立绿色建筑和住宅产业化项目参建单位和个人档案诚信信息采集制度，将相关信息作为市场评价的重要依据。

（七）强化能力建设。

加快建筑能耗统计制度研究，完善建筑能耗统计体系和建筑节能量统计监测方法，启动建筑能耗统计制度试点。加强建筑节能服务能力建设。加强第三方的节能量审核评价及建筑能效测评机构能力建设，加强建筑节能服务市场监管。鼓励大型供热企业、建筑节能科研单位、重点用能单位组建专业化节能服务公司；支持节能服务公司实行规模化、品牌化经营。鼓励建设开发、设计、部品生产、施工、物流、科研和咨询服务单位组建产业集团或联合体，打造完整产业链。建设新型建材产业园，形成本市绿色低碳新型建筑材料科研生产基地。加强绿色建筑评价标识体系建设，推行第三方评价，健全绿色建筑评价专家队伍，严格评价监管程序。加强对建设、设计、施工、监理单位和有关管理部门人员培训，将绿色建筑、住宅产业化等相关知识作为继续教育培训、执业资格考试的重要内容，提高专业技术和管理人员的专业素质。鼓励高等院校开设绿色建筑、住宅产业化相关课程，加强相关学科建设。组织规划设计单位、人员开展绿色建筑、住宅产业化规划与设计竞赛活动，广泛开展国际交流与合作。

（八）开展宣传教育。

采用多种形式积极宣传绿色建筑法律法规、政策措施、典型案例、先进经验，加强舆论监督，营造开展绿色建筑行动的良好氛围。推动建设绿色建筑示范园，将绿色建筑行动作为全国节能宣传周、科技活动周、城市节水宣传周、全国低碳日、世界环境日、世界水日等活动的重要宣传内容，提高公众对绿色建筑的认知度，开展全民节能减排行动，倡导绿色消费理念，普及节约知识，引导公众合理使用节能产品。

（九）加强督查落实。

市住房城乡建设部门，要将各项工作任务分解印发到各区县政府、各相关部门和单位，并会同发展改革、规划、市政市容、国土、经济信息化、财政等部门加强综合协调，指导开展工作。各区县、各相关部门和单位，要尽快制定相应的绿色建筑行动具体措施，明确责任，狠抓落实，确保绿色建筑行动取得实效。

3. 北京市发展和改革委员会 北京市市政市容管理委员会关于调整本市非居民垃圾处理收费有关事项的通知

京发改〔2013〕2662号

各有关单位：

为促进城市发展与人口资源环境相协调，大力推进环境污染治理，促进垃圾减量化、资源化、无害化，经市政府批准，现就调整本市非居民生活垃圾、餐厨垃圾和建筑垃圾处理收费标准有关事项通知如下：

一、本市非居民生活垃圾处理费（含收集、运输、处理）调整为300元/吨；餐厨垃圾处理费（含收集、运输、处理）调整为100元/吨。生活垃圾和餐厨垃圾处理费用可按重量计量收取，也可按容积计量收取，重量计量和容积计量换算系数由市市政市容委另行公布。建筑垃圾清运费调整为运输距离6公里以内6元/吨、6公里以外1元/吨·公里，建筑垃圾处理费调整为30元/吨。

二、垃圾收运处理单位要严格执行行业管理有关规定，增强服务意识，提高管理水平；要严格遵守明码标价有关规定，在缴费地点的醒目位置公布服务项目、服务内容、收费标准、收费依据和投诉举报电话，接受社会监督。

三、各级价格管理部门要加强监督检查，依法查处各类价格违法行为。

四、各级市政市容部门要会同有关部门加大行业监管投入，完善垃圾收集、运输、处理管理体系，加强垃圾管理信息化建设，实现各环节无缝监管，完善执法机制，强化行业监管，提升行业管理精细化水平。

五、本通知自2014年1月1日起执行。以往有关规定与本通知不一致的，以本通知为准。

特此通知。

北京市发展和改革委员会

北京市市政市容管理委员会

2013年12月10日

4. 北京市建筑垃圾综合管理循环利用考核评价办法（试行）

京政容函〔2015〕114 号

第一章 总 则

第一条 为加强建筑垃圾综合管理，依据《北京市市容环境卫生条例》、《北京市生活垃圾管理条例》、《北京市大气污染防治条例》、《关于全面推进建筑垃圾综合管理循环利用工作的意见》（京政办发〔2011〕31 号）和《关于进一步加强建筑垃圾土方砂石运输管理工作的意见》（京政办发〔2014〕6 号 ）等法规规章，结合工作实际，制定本办法。

第二条 建筑垃圾综合管理循环利用考核评价坚持公开公正公平，坚持条块结合、以条促块，推动建筑垃圾综合管理循环利用工作开展。

第三条 考核评价的总体思路是依据本办法设定的考核评价内容指标，各相关行业主管部门加强建筑垃圾综合管理循环利用工作指导检查，促进属地落实管理主体责任，提升全市建筑垃圾综合管理循环利用水平。

第二章 考评主体、对象

第四条 建筑垃圾综合管理循环利用考核评价由北京市建筑垃圾综合管理循环利用领导小组办公室组织实施。市市政市容委、市住房城乡建设委、市交通委、市环保局、市城管执法局、市公安交管局、市公安局治安管理总队等相关成员单位，依据本办法组织开展建筑垃圾综合管理循环利用考核评价工作。

第五条 考核评价的对象是区县建筑垃圾综合管理循环利用成员单位。

第三章 考评内容、指标

第六条 建筑垃圾综合管理考核评价包括：建筑垃圾产生、运输、消纳、基础管理和建筑垃圾综合管理系统数据应用五项内容，每项分别设定考核评价内容和指标。

第七条 建筑垃圾源头管理设置以下指标：建筑垃圾消纳证公示率，辖区施工工地达标车辆使用率，车轮冲洗设施设置利用率，施工工地视频监控到位率，工地门前道路干净整洁率。

第八条 建筑垃圾运输管理设置以下内容指标：达标车辆使用率，运输行为规范率，道路遗撒泄露，乱倒乱卸。

第九条 建筑垃圾消纳管理设置以下评价内容：区域建筑垃圾消纳能力（如简易填埋、堆山造景、资源化利用等），消纳场所运行情况，建筑垃圾资源化处理能力。

第十条　基础管理设置以下评价内容：考评制度，信息报送，行政许可规范办理。

第十一条　建筑垃圾综合管理系统数据应用设置以下指标和评价内容：违法违规问题整改率、疑似违法违规问题核实率、对运输企业开展年度评估情况。

第四章　组织方式与实施

第十二条　建筑垃圾综合管理循环利用考核评价每月一次，采取联合督导、日常检查考核、建筑垃圾综合管理系统数据应用等三种方式并行开展。

第十三条　联合督导由市建筑垃圾综合管理循环利用领导小组办公室组织实施。领导小组办公室依据本办法设定的考评指标和建筑垃圾综合管理的阶段重点，制定联合督导工作安排。市市政市容委、市住房城乡建设委、市交通委、市环保局、市城管执法局、市公安交管局等成员单位，每月分别牵头组织开展督导检查，对区县开展建筑垃圾综合管理情况进行考核评价，以30％权重计入区县建筑垃圾综合考核评价结果。

第十四条　日常检查考核由成员单位自行组织实施。各成员单位依据职责和本办法设定的相关指标，细化考核评价项目标准，每月对区县工作开展落实情况进行检查，并形成考核评价报告，以40％的权重计入区县建筑垃圾综合考核评价结果。市住房城乡建设委牵头，联合市城管执法局、市环保局、市市政市容委负责对源头管理日常检查考核。市城管执法局牵头，联合市公安交管局、市交通委、市环保局、市市政市容委负责对运输管理日常检查考核。市市政市容委牵头，联合市城管执法局负责对消纳场所管理日常检查考核。市市政市容委负责对基础管理日常检查考核。

第十五条　建筑垃圾综合管理系统数据应用由市建筑垃圾综合管理循环利用领导小组办公室实施。根据各成员单位、各区县录入和系统生成数据指标，形成考核评价，以30％的权重计入建筑垃圾综合考核评价结果。市政市容、住房建设、城管执法、环保、公安交管、交通等成员单位和各区县按照系统设置的指标，及时录入相关的数据信息。

第十六条　市建筑垃圾综合管理循环利用领导小组办公室，按照"日检查、月考评、季通报"的要求，定期组织召开考核评价情况通报会。市建筑垃圾综合管理循环利用领导小组办公室通报整体考核评价情况，住房建设、城管执法、公安交管、环境保护、交通运管、交通执法等成员单位，分别讲评本系统组织对区县建筑垃圾综合管理考核评价情况。

第五章 附 则

第十七条 建筑垃圾综合管理循环利用考核评价结果，由建筑垃圾综合管理循环利用工作领导小组办公室审议后，纳入区县环境建设考核评价。

第十八条 本办法由市建筑垃圾综合管理循环利用工作领导小组办公室负责解释。

第十九条 本办法自 2015 年 7 月 1 日起正式实施。《北京市建筑垃圾综合管理检查考核评价办法》（京政容函〔2013〕130 号）同时废止。

附件：1. 建筑垃圾综合管理日常检查考核指标
  2. 建筑垃圾综合管理系统数据应用考核指标

2015 年 3 月 12 日

5. 固定式建筑垃圾资源化处置设施建设导则

京建发〔2015〕395 号

第一章 总 则

第一条 为加强建筑垃圾资源化处置设施建设的科学性，规范建筑垃圾资源化处置设施建设，推动资源的循环利用，提高投资效益，特制定本导则。

第二条 本导则适用于固定式建筑垃圾资源化处置设施建设的新建工程和改扩建工程。

第三条 本导则是编制设施建设新建工程和改扩建工程项目建议书、可行性研究报告、初步设计概算、项目申请报告等及监督检查的依据。

第四条 建筑垃圾资源化处置设施的建设除执行本导则外，还应执行国家和北京市现行有关标准及规范。

第二章 设施规模与构成

第五条 建筑垃圾资源化处置设施建设规模按年处理量建议分为四档，如下表：

级别	年处理量（万吨）	建设用地（亩）	建筑面积（m²）	人员编制
Ⅰ	＞150	＞140	＞30000	＞200
Ⅱ	100～150	100～140	25000～35000	100～150
Ⅲ	50～100	60～100	15000～25000	50～100
Ⅳ	30～50	＜60	10000～20000	＜50

第六条 建筑垃圾资源化处置设施建设规模的确定应与建筑垃圾来源预测和再生产品销售市场预测相适应。

第七条 建筑垃圾资源化处置设施的构成：

（一）建筑垃圾堆场、再生骨料堆场、再生产品堆场；

（二）建筑垃圾分选、破碎和筛分设施；

（三）再生产品生产设施，即选用再生骨料配制生产的混凝土制品、无机混合料、混凝土以及预拌砂浆等产品的设施。随着建筑垃圾资源化再生利用技术的进步还可以增加其他的生产设施；

（四）再生产品辅助生产与配套设施。辅助生产设施包括喷淋系统（除湿法破碎外），减震降噪除尘系统，水循环利用系统（湿法破碎），混凝土制品太阳能养护窑及各类仓库和再生产品堆场等；配套设施包括试验室、围护设施、磅秤站、进出场车辆车轮冲洗站、厂区道路、室外夜间照明、给水、排水、消防、供电、机修、交通、通信设施等；

（五）在线监管系统、行政管理及生活福利设施。

第三章 厂 址 选 择

第八条 厂址选择要求

（一）应符合政府主管部门规定的环境要求，符合城市布局及专业规划要求，应与常住居民居住场所、学校、医院等敏感对象之间保持合理的距离；

（二）土地使用应符合相关规定；

（三）交通方便，可通行重载卡车，满足通行能力要求，运输车辆不宜穿行居民区；

（四）水电供应满足生产要求。

第四章 工 艺 与 装 备

第九条 建筑垃圾资源化处置设施的生产工艺应充分考虑服务目标区域内建筑垃圾特性及再生产品方案，力求先进适用、高效可靠、节能环保、经济合理，包含原料储存、预处理、分选除杂、破碎筛分、骨料储存、再生产品加工等功能单元。

第十条 建筑垃圾资源化处置设施的设备选型应满足工艺设计要求，具备一定抗冲击负荷能力，优先选用高效节能、环保低噪设备，采购宜立足于国内。

第十一条 生产工艺及设备

（一）原料储存：根据场地情况，具备原料封闭储存能力，满足不同建筑垃圾原料的分类堆存要求；

（二）预处理：实施建筑垃圾分类、杂物初选、大块初破等作业，配备铲车、挖掘机、液压锤等机具设备，建筑垃圾分类应与拆除单位紧密结合，尽量实现拆除与建筑垃圾初步分类的同地同步作业；

（三）分选除杂：根据建筑垃圾含杂特性，通过筛分、人工拣选、风选、浮选、磁选等系统工艺分离建筑垃圾中渣土、废木材、废塑料、废织物、废钢筋、轻型墙体材料等杂物，配备筛分机、拣选间、风选机、浮选机、磁选机等设备；

（四）破碎筛分：根据再生产品对再生骨料的性能要求，合理制定破碎与筛分工艺组合，兼顾处理产能与效率、骨料粒度与粒形、生产节能与环保等要求，选用配备颚式破碎机、圆锥式破碎机、反击式破碎机、立式冲击破碎机、振动筛等设备；

（五）骨料储存：根据场地情况，具备再生骨料储存能力，满足不同再生骨料的分类堆存要求；

（六）再生产品加工：根据辐射区域内建材市场需求及北京市建设行政主管部门相关政策，合理确定再生产品方案，应在再生骨料、混凝土制品、无机混合料、预拌混凝土、预拌砂浆等再生产品系列中选择两种以上产品，按产品配备生产设备。

第十二条 建筑垃圾资源化处置设施的机修、消防、交通、供电、给水、排水及生活福利设施等宜充分利用当地提供的社会协作条件，改扩建工程应充分利用原有设施。

第五章　辅助生产与配套设施

第十三条 辅助生产与配套设施应与主要生产设施相适应，保证建筑垃圾资源化处置设施的正常运行。在建设时应因地制宜，充分利用社会协作条件。

第十四条 固定式建筑垃圾资源化处置设施及其配套设施的建设需获取主要污染物排放总量指标；与建筑垃圾处置设施配套建设的建设项目应符合《北京市新增产业的禁止和限制目录（2015 年版）》的要求。

第十五条 鼓励组建绿色运输车队，运输建筑垃圾和再生产品的车辆应符合相关标准。

第十六条 给水设施应满足生产、消防及生活需要；排水设施应满足生产生活污水及厂区地面水的排放要求。

第十七条 厂区布置要求

（一）厂区内主干道宽度不小于 6 米，可采用高级路面；

（二）生产区地面必须硬化，避免扬尘；

（三）厂界应采用实体围墙，高度不低于 2.5 米；

（四）厂区人流、物流通道分开设置。

第六章　环境保护与安全卫生

第十八条　建筑垃圾资源化处置设施应执行行业环境保护、噪声控制、安全卫生等规定，采取切实可行的治理措施，严格控制污染。污染物的排放应达到国家和地方的有关标准，符合环境保护的有关法规，保护环境和职工健康，确保安全生产。

第十九条　建筑垃圾资源化处置设施应配套建设大气污染控制设施，满足排放标准。再生细骨料等易扬尘物料的堆场应采取封闭措施；生产线应配套密闭设施及除尘设施，控制收集生产过程中的粉尘；堆场、厂区道路广场应定期采用喷雾或洒水专用机具进行抑尘；厂区配套建设进出厂车辆车轮冲洗站。

第二十条　建筑垃圾资源化处置设施应配套建设水循环系统，实现生产用水零排放。

第二十一条　生产车间通风采光应符合国家工业企业有关标准，机械传动部位应有安全防护设施。

第二十二条　建筑垃圾资源化处置设施应符合消防要求；建筑物及构筑物应按规定设置防雷设施。

第二十三条　各单位健全环境保护管理制度，强化污染防治设施的运行管理。

第七章　主　要　技　术　要　求

第二十四条　主要技术要求

（一）再生产品必须符合现行国家标准；

（二）分选破碎设施运行验收应达到 72 小时连续运行无故障要求；

（三）进场建筑垃圾的资源化率应不低于 90%，建筑垃圾资源化处置过程中产生的渣土、废金属、废塑料、废织物、废木材等副产物应进行有效的资源化利用或无害化处置；

（四）回收建筑垃圾占总生产原料的比重设定应严格执行相关国家、行业和地方标准；应以建筑垃圾处置消纳为目的合理控制工艺链，不追求产品的高附加值，控制生产工艺链的延伸，减少污染物产生环节。

第八章　附　　则

第二十五条　本导则发布之日起执行，原导则《固定式建筑垃圾资源化处置设施建设导则（试行）》废止。

2015 年 12 月 11 日

6. 北京市住房和城乡建设委员会关于建筑垃圾运输处置费用单独列项计价的通知

京建法〔2017〕27 号

北京市住房和城乡建设委员会关于建筑垃圾运输处置费用单独列项计价的通知

各有关单位:

为贯彻落实《北京市人民政府办公厅关于印发〈北京市 2013—2017 年清洁空气行动计划重点任务分解 2017 年工作措施〉的通知》（京政办发〔2017〕1 号）精神，全力做好北京市大气污染防治工作，根据《城市建筑垃圾管理规定》《北京市人民政府关于加强垃圾渣土管理的规定》《北京市人民政府办公厅转发市市政市容委关于进一步加强建筑垃圾土方砂石运输管理工作意见的通知》（京政办发〔2014〕6 号）及北京市建设工程造价管理的有关规定，现就建筑垃圾运输处置费在工程造价中单独列项计价的有关事项通知如下:

一、建筑垃圾运输处置费用包括的内容

本通知所称建筑垃圾运输处置费用是指房屋建筑和市政基础设施工程（以下简称"建设工程"）的新建、改建、扩建、装饰装修、修缮等产生的施工垃圾场外运输和消纳费用、渣土运输和消纳费用、弃土（石）方运输和经专家论证应消纳处置的弃土（石）方消纳费用，其中:

（一）弃土（石）方运输处置费用是指土石方工程或地基基础工程等施工中产生的除现场留存土、渣土外所有外运土（石）方运输和（或）消纳费用。

（二）渣土运输处置费用是指建设工程的维修改造或局部拆除、地下障碍物拆除、土石方工程或地基基础工程等施工产生的废弃物运输和消纳费用。

（三）施工垃圾运输处置费用是指建设工程中除弃土（石）方和渣土项目外施工产生的建筑废料和废弃物、办公生活垃圾、现场临时设施拆除废弃物和其他弃料等的运输和消纳费用。

本通知所称渣土是指建设工程在施工中产生的无回收再利用价值的废弃物，如桩头、土壤中的填埋垃圾等。

二、计价要求

（一）依据 2016 年《北京市建设工程计价依据——概算定额》编制设计概算时，建筑垃圾运输处置费用应按本通知附件 1 的规定，计入设计概算的建筑安装工程费中。

（二）依据《建设工程工程量清单计价规范》（GB 50500—2013）《房屋建筑与装饰工程工程量清单计算规范》（GB 50854—2013）等清单计算规范编制招标

工程量清单时，涉及建筑垃圾运输、消纳的项目，应按本通知附件 2 的规定，分专业单独设置建筑垃圾运输处置费清单项目，并在汇总计算表格中单独设定建筑垃圾运输处置费项目及表格填报要求。

弃土（石）方、渣土项目的招标工程量，由编制人依据专家论证通过的弃土（石）运输处置方案、地质勘察报告、施工图纸、工程量计算规则等，并结合现场实际情况确定。

（三）编制招标控制价（即最高投标限价）时，建筑垃圾运输处置费用应根据招标工程量清单和本通知规定单独计价，并在工程计价汇总表中单独汇总列明。综合单价不应上调或下浮。

弃土（石）方、渣土消纳费用根据专家论证通过的弃土（石）运输处置方案、自然密实状态的容重（密度）、《北京市发展和改革委员会北京市市政市容管理委员会关于调整本市非居民垃圾处理收费有关事项的通知》（京发改〔2013〕2662 号）等计算确定。

（四）编制投标报价时，投标人应根据招标文件要求和招标工程量清单，遵照有关建筑垃圾运输处置管理的规定，结合工程和自身实际情况，自主填报建筑垃圾运输处置项目的价格，但不得低于成本。

三、有关规定

（一）本通知附件 1 中人工、材料、机械等要素价格执行概、预算书编制当期的市场价格，市场价格不含增值税可抵扣进项税。

（二）施工垃圾场外运输和消纳费用单独补充列在各专业定额的措施项目章节中，并按规定计取各项费用和税金。

（三）在施工发包前，发包人应结合工程实际和市场调研情况，编制建设工程弃土（石）运输处置方案，并组织专家论证。

（四）依法进行招标的建设工程，建筑垃圾运输处置费用应按本通知规定单独列项计价和汇总填报；合同协议书应单独载明建筑垃圾运输处置费用。直接发包的工程，发包、承包双方应参照上述要求在施工合同中单独列出建筑垃圾运输处置费用。

（五）发包、承包双方宜在施工合同中约定建筑垃圾运输处置费用的结算方法。

（六）本通知与北京市现行计价依据配套使用，与现行造价管理规定不一致的地方，以本通知为准。

四、生效日期

本通知自发布之日起生效。2018 年 1 月 1 日（含）以后进入招标程序或依法签订施工合同的工程，按本通知要求执行。

附件：1. 建筑垃圾运输处置费用计算标准

2. 建筑垃圾运输处置费用工程量清单编制

北京市住房和城乡建设委员会

2017 年 12 月 18 日

7. 关于进一步加强建筑垃圾治理工作的通知

京建法〔2018〕5 号

各有关部门、有关单位：

为贯彻落实国家和本市关于大气污染治理和城市环境整治工作的总体要求，提升首都城市精细化管理水平，切实有效控制大气污染，依据《大气污染防治法》《固体废物污染环境防治法》《城市市容和环境卫生管理条例》《城市建筑垃圾管理规定》《北京市大气污染防治条例》《北京市市容环境卫生条例》《北京市生活垃圾管理条例》《北京市建设工程施工现场管理办法》、《北京市人民政府办公厅关于印发全面推进建筑垃圾综合管理循环利用工作意见的通知》（京政办发〔2011〕31 号）等法律法规文件，现就进一步加强本市建筑垃圾治理工作的有关要求通知如下：

一、充分发挥市建筑垃圾综合管理循环利用领导小组的组织协调作用

市建筑垃圾综合管理循环利用领导小组切实加强组织协调，城市管理、城管执法、住房城乡建设、交通运输、公安交管、环境保护等各成员单位要依法依职权，切实履行对建筑垃圾的监管责任，通过行政审批、执法检查、行政处罚、联合惩戒等措施，确保治理工作取得实效。市建筑垃圾综合管理循环利用领导小组将对各成员单位及各区人民政府履职情况进行监督，对履职不到位、落实工作任务不力的单位，将严肃追究责任。

二、加强建筑垃圾产生源头管理

本通知所称建筑垃圾，是指建设单位、施工单位新建、改建、扩建和拆除房屋建筑和市政基础设施等以及居民装饰装修房屋过程中所产生的弃土、废料及其他废弃物。

（一）加强房建市政工程、建筑拆除工程建筑垃圾产生源头管理

1. 建设单位（含房地产开发企业）应当将建筑垃圾运输处置费用单独列项计价，并确保及时足额支付相关费用；应当编制建筑垃圾运输处置方案，明确本工程建筑垃圾、土方（弃土）的产生量、处置方式和清运工期；应当负责选择符合要求的建筑垃圾、土方、砂石运输企业（以下简称"运输企业"）和建筑垃圾

消纳场所（以下简称"消纳场"）。委托方应当与运输企业签订委托清运合同，与消纳场签订处置协议，明确建筑垃圾运输处置费用的结算方式和结算进度。

建设单位选择的运输企业和消纳场，应当分别取得《从事生活垃圾（含粪便）经营性清扫、收集、运输服务许可（仅限于从事建筑垃圾经营性收集、运输服务）》（以下简称"经营许可"）和《设置建筑垃圾消纳场所许可》（以下简称"设置许可"）。

2. 建设单位和运输企业应当在施工前到工程所在地区城市管理部门，为工程项目办理《建筑垃圾消纳许可证》（以下简称"消纳证"），为建筑垃圾、土方、砂石运输车辆（以下简称"运输车辆"）办理《准运许可证》（以下简称"准运证"）。区城市管理部门在审批消纳证后，应当将工程使用的运输企业、运输车辆及选择消纳场等信息，及时共享给住房城乡建设、城管执法等部门。

3. 区住房城乡建设部门在办理房屋市政工程施工安全监督手续时，应当核对建设单位提供的运输企业经营许可、运输车辆准运证、工程项目消纳证等证明材料。不符合要求的，不得发放《施工安全监督告知书》。

区住房城乡建设部门在办理建筑拆除工程备案时，应当核对建设单位提供的运输企业经营许可、运输车辆准运证、工程项目消纳证等证明材料。不符合要求的，不得进行拆除作业。

4. 施工单位应当按照《北京市建设工程施工现场管理办法》《绿色施工管理规程》等相关要求，在施工现场门口设置车辆清洗设施，在基坑土方施工阶段，必须安装高效洗轮机，优先选用滚轴式洗轮机。施工现场还应当设置密闭式垃圾站，将建筑垃圾与生活垃圾、土方（弃土）分类存放和清运，具备条件的应当按照规定进行资源化处置。在建筑物内的建筑垃圾清运，应当采用容器或管道运输，严禁凌空抛掷。施工单位应当按照规定及时清运建筑垃圾，在施工现场暂存或清运建筑垃圾时，应当采取覆盖、洒水等降尘措施。

建筑拆除工程产生的建筑垃圾应当优先选择资源化处置；无法进行资源化处置的，应当按照规定及时清运，对不能及时处置或清运的，应当进行覆盖或密闭存放。

5. 施工单位在建筑垃圾、土方清运和土方回填阶段，应当在施工现场门口设立检查点，按照"进门查证、出门查车"的原则，安排专人对进出施工现场的运输车辆逐一检查，做好登记。

运输车辆驶入施工现场时，施工单位检查人员应当扫描准运证的二维码查验准运证真实与否，无准运证或持无效准运证的运输车辆一律不得驶入施工现场。运输车辆驶出施工现场时，施工单位检查人员应当检查运输车辆号牌是否污损、车箱密闭装置是否闭合、车轮车身是否带泥等情况，未达要求的运输车辆一律不得驶出施工现场。

对不符合进出施工现场要求的运输车辆，经施工单位检查人员劝阻拒不及时改正，仍然强行驶入或驶出施工现场的，施工单位应当及时将车辆牌号和违法违规情况向城管执法部门举报。

6. 委托方应当按照委托清运合同和处置协议约定，根据建筑垃圾的实际消纳量，按时向运输企业、消纳场结算建筑垃圾运输处置费用。对于建筑垃圾运输处置费用的结算进度，原则上按照房建市政工程基坑土石方施工阶段结束后不超过1个月，建筑拆除工程施工结束后不超过1个月，房建装饰装修工程施工过程中按季度结算、并在施工结束后不超过1个月结清的要求在合同协议中约定。

（二）加强居民住宅小区建筑垃圾产生源头管理

1. 实施物业管理的居民住宅小区，居民装修垃圾应当由物业服务企业统一清运，业主、装饰装修企业不得自行清运。物业服务企业受托清运居民装修垃圾，应当明码标价并选择具有经营许可的运输企业，与运输企业签订委托清运合同，与消纳场签订处置协议，并依法取得消纳证。物业服务企业不得允许无经营许可运输企业的运输车辆进入物业管理区域收集或运输居民装修垃圾。

物业服务企业应当加强居民装修垃圾的日常管理，在物业管理区域内设立居民装修垃圾暂存点，设置明显标识，督促业主、装饰装修企业按照要求投放居民装修垃圾，并及时组织清运。居民装修垃圾不得与有害垃圾、厨余垃圾、可再生资源和其他生活垃圾混装混运。

2. 未实施物业管理的居民住宅小区，居民进行室内装饰装修工程开工前，应当向属地街道办事处（或乡镇政府）登记，由属地街道办事处（或乡镇政府）统一办理消纳证，并及时组织清运居民装修垃圾。

三、加强建筑垃圾运输治理

（一）负有监管责任的有关部门应当监督运输企业规范化运行情况，加快资源整合，引导鼓励企业规模化发展，重点扶持一批管理规范的运输企业，引导行业健康有序发展。

（二）运输企业应当取得经营许可。城市管理部门要严格审批，实时更新并公布取得经营许可的运输企业。运输企业的运输车辆必须符合北京市《建筑垃圾标识、监控和密闭技术要求》（DB11/T 1077—2014，以下简称"本市地方标准"）及本市机动车污染物排放标准（以下简称"本市环保标准"）等要求。

（三）运输企业应当建立运输车辆尿素添加台账，运输车辆必须符合《重型汽车排气污染物排放限值及测量方法（OBD法第Ⅳ、Ⅴ阶段）》（DB 11/1475—2017）要求，具备排放在线自动监控功能，实现环境保护等管理部门对车辆排放的在线管理。被公安交管部门或环境保护部门处罚的排放超标运输车辆，必须经过维修治理，环境保护部门确认排放合格后方可再次上路行驶。

（四）区城市管理部门对不具备经营许可的运输企业、不符合本市地方标准和本市环保标准的运输车辆，不予核发准运证。城市管理部门应当在准运证上加设二维码，通过手机扫码，即可查验证件的相关信息。

四、加强建筑垃圾末端处置治理

（一）市城市管理部门应当在门户网站公示符合要求的消纳场。消纳场在与建设单位或物业服务企业签订处置协议时，不得预收费用。

（二）消纳场应当按照国家及本市有关安全生产管理相关要求，设置围挡，在出入口设置门禁和视频监控系统。应当定期上传相关视频数据至区城市管理部门，并保存两个月的视频数据备查。严禁未携带准运证的车辆进入消纳场。消纳场应当按照有关要求做好环境保护工作，减少扬尘污染，其进入口应当设置车轮冲洗设施。

（三）消纳场应当实施逐车登记制度，每周向所在区城市管理部门报告进场车辆情况和受纳量。对已签订处置协议，但实际未处置或处置量明显少于协议量的，应当及时向区城市管理部门报告。

（四）城市管理部门发现消纳场存在未定期报告、擅自预收费用、无正当理由不接收建筑垃圾等行为的，记入企业信用信息系统；情节严重的，依法暂停消纳场在京签订处置协议资格，直至吊销消纳场设置许可。

五、明确部门重点职责，完善执法衔接机制

（一）城市管理部门重点职责

1. 城市管理部门应当加强对运输企业和运输车辆的抽查，发现不符合使用要求的运输车辆，应当移交相关执法部门，并对所属运输企业进行处理。对已颁发准运证的运输车辆，应当到施工现场或居民住宅小区现场监督抽查。

2. 城市管理部门应当建立和完善有关建筑垃圾排放全过程管理制度，会同有关部门建立建筑垃圾监管管理和执法工作的协调配合机制，充分发挥"北京市建筑垃圾车辆运输管理系统"作用，定期通报情况，实现建筑垃圾监督管理信息、数据的及时互通和共享。对取得经营许可的运输企业、取得准运证的运输车辆、取得消纳证的工程项目和居民住宅小区、取得设置许可的消纳场等信息要在门户网站公示。

3. 城市管理部门应当按照《北京市建筑垃圾运输企业监督管理办法》，加强对许可的运输企业和运输车辆的动态监管，公示量化得分。对于已发放准运证，但经检查存在不符合要求或违规运输行为的运输车辆，应当采取收回准运证、扣除所属运输企业相应分数、暂停运输企业经营许可直至吊销运输企业经营许可的处理。

（二）城管执法部门重点职责

1. 城管执法部门应当对运输车辆无准运证运输、道路遗撒、车厢未密闭、运输企业违规消纳等违法违规行为进行查处；应当对建设单位、施工单位未及时清运建筑垃圾造成环境污染、将建筑垃圾交给个人或未取得经营许可的运输企业处置等违法违规行为进行查处；应当对任何单位或个人将建筑垃圾混入生活垃圾、擅自设立弃置场受纳建筑垃圾，随意倾倒、抛撒或者堆放建筑垃圾等违法违规行为进行查处。

2. 城管执法部门应当加强对施工现场及运输车辆的执法检查，运用远程视频监控系统和建筑垃圾运输管理系统开展非现场检查，并严格按照《北京市住房和城乡建设委员会北京市城市管理综合行政执法局关于将施工现场扬尘治理有关内容纳入〈北京市建筑业企业违法违规行为记分标准〉有关问题的通知》（京建法〔2012〕20号），发现违法违规行为的，应当依法对相关单位进行行政处罚，并对负有责任的施工单位进行记分处理。

（三）住房城乡建设部门重点职责

1. 市住房城乡建设部门负责制定将建筑垃圾运输处置费用在建设工程造价中单独列项计价的相关规定。

2. 住房城乡建设部门应当对施工单位履行"进门查证、出门查车"管理职责情况进行抽查，发现问题应当及时责令整改，并采取相应处理措施。

3. 对建设单位、施工单位未按照相关要求履行建筑垃圾管理职责的，住房城乡建设部门可视情节轻重，采取以下处理措施：责令工程项目限期整改；对建设单位、施工单位进行全市通报批评；对房地产开发企业进行记分处理，情节严重的可提请规划国土部门依法限制在京土地投标资格；暂停施工单位在京投标资格1至6个月；取消本工程绿色安全工地评选资格。

4. 对物业服务企业未按照相关要求履行建筑垃圾管理职责的，住房城乡建设部门可视情节轻重，采取以下处理措施：进行全市通报批评；进行记分处理；在物业管理曝光平台记录。

（四）交通运输部门重点职责

1. 交通运输部门应当加大执法力度，对运输车辆无道路运输证运输、非法改装、未采取必要措施防止货物脱落扬撒等违法违规行为，依法对经营者进行处罚。

2. 交通运输部门对道路运输从业人员发现重大事故隐患不立即采取消除措施继续作业的，由发证机关吊销其从业资格证书。

（五）公安交管部门重点职责

1. 日常执法检查中，公安交管部门应当联合相关部门，对运输车辆严重污染道路环境、危害交通安全的行为重点进行整治，依法严格处罚。尤其要重点查处故意遮挡、污损机动车号牌，违反装载规定（超长、超宽、超高、超载），超速行驶，闯红灯，在禁行时间或禁行路段行驶等违法行为。

2. 开展专项整治工作时，公安交管部门在对运输车辆违法行为实施现场处罚时，要将违法信息同步录入"在京违法客货运车辆信息库"，按月汇总。对本市违法运输车辆，要对其所属运输企业抄告追责；对外埠违法运输车辆，要函告属地公安交管部门实施追查。

3. 公安交管部门要利用科技手段，采取监控室设岗拍照取证、路面移动执法终端动态拍照等科技手段，将路段动态违法信息传送至主线站现场整治组，全面强化运输车辆高速公路违法的发现率和现场处罚率。

（六）环境保护部门重点职责

环境保护部门应当按照本市环境保护有关规定，加大执法力度，对施工现场违反扬尘管理规定及运输车辆排放超标、污染设施闲置、OBD 报警等情况，依法进行处罚。

（七）加强联合督导，理顺工作机制

各市级相关部门要在市建筑垃圾综合管理循环利用领导小组的领导下，形成对各区人民政府及有关部门落实建筑垃圾治理工作的联合督导机制，对各区开展工作情况进行检查。各区级相关部门要加强联合执法检查，建立建筑垃圾治理联合惩戒机制，对执法检查中发现需要移送其他部门进行处罚的，应当及时移送，移送的资料要合法、全面、翔实；移送资料符合要求的，接受移送的部门应当及时依法予以查处。

六、本通知自 2018 年 4 月 1 日起实施。

2018 年 2 月 28 日

8. 关于进一步加强建筑废弃物资源综合利用工作的意见

京建法〔2018〕7 号

为进一步加强建筑废弃物资源化综合利用，促进节能减排和循环利用，加快本市建设国际一流和谐宜居之都进程，按照《中华人民共和国循环经济促进法》《中华人民共和国固体废物污染环境防治法》《北京市生活垃圾管理条例》和《北京市人民政府办公厅关于印发全面推进建筑垃圾综合管理循环利用工作意见的通知》（京政办发〔2011〕31 号）等法律法规和相关规定，现就进一步加强本市建筑废弃物资源化综合利用工作提出如下意见：

一、各区政府是建筑废弃物资源化综合利用的责任主体，市级相关工作由市城市管理委、市住房城乡建设委、市规划国土委、市发展改革委、市交通委、市环保局、市财政局、市国税局、市质监局、市园林绿化局、市水务局等部门统筹负责。各部门按照职责分工，密切协调配合，扎实做好全市建筑废弃物资源化综合利用工作。

市城市管理委负责建筑废弃物消纳的监管，将各区建设的临时性（或半固定式）建筑废弃物资源化利用设施纳入处置地点的选择范围；市住房城乡建设委负责建筑废弃物再生产品推广。各区应明确建筑废弃物综合利用管理部门，负责本区建筑废弃物资源化综合利用管理工作，并统筹"疏解整治促提升"等各类资金支持拆除违法建设产生的建筑废弃物资源化处置。

二、本市建筑拆除工程实行建筑拆除、建筑废弃物资源化利用一体化管理。拆除工程发包单位应将建筑拆除同建筑废弃物资源化利用一并发包，鼓励发包给具有建筑废弃物资源化处置能力的拆除工程单位或由建筑废弃物资源化处置单位和拆除工程单位组成的联合体。拆除工程发包单位应对承包单位的建筑废弃物资源化处置业绩、设备和人员等情况进行核实。

三、拆除工程建筑废弃物资源化处置费用应由发包、承包单位在合同中明确，并纳入项目拆除成本或项目建设成本中。发包单位应保证必要的安全生产和环境保护措施费用。

鼓励拆除工程在拆除现场实施建筑废弃物资源化综合利用，处置费用标准可试点按不高于现行建筑垃圾处理费标准的150％执行。非现场资源化处置费价格按现行建筑垃圾处理费标准执行。

四、拆除实施前，发包单位应会同承包单位制定《建筑废弃物资源化综合利用方案》（内容要求见附件1）。拆除工程完成后，发包单位应向各区建筑废弃物综合利用管理部门提供建筑废弃物资源化综合利用情况的报告，并提供相应证明材料，明确拆除产生的建筑废弃物去向。

依法办理建筑拆除工程备案的建筑拆除工程，实施建筑废弃物现场资源化处置的，发包单位应一并提交《建筑废弃物资源化综合利用方案》。

五、拆除类项目，应当在拆除现场实施建筑废弃物资源化综合利用。各区可因地制宜建设1～2个临时性（或半固定式）建筑废弃物资源化利用设施，待任务完成后拆除，规划国土、环保等有关部门应依法加快办理相关手续。拆除的建筑废弃物在拆除现场存放原则上不得超过6个月。需要转运或现场无法实施资源化综合利用的，应按照城市管理部门的相关规定将建筑废弃物运至有资质的消纳场或固定式资源化处置工厂进行合理处置。无法实施资源化处置的生活垃圾、工业垃圾、危险废弃物、有毒有害废弃物等，应按照"谁产生，谁负责"以及行业监管的原则，由产生单位妥善处置。

六、建筑废弃物现场资源化处置相关设施应具有分拣、破碎、筛分、除尘等功能，并满足环保要求，发包单位应制定粉尘、噪声、废水等重点污染物监测计划，组织实时监测，监测结果留档备查；定点工厂资源化处置相关设施应满足国家和本市相关标准要求。

七、本市政府财政性资金以及国有单位资金投资占控股或主导地位的建设工程，在技术指标符合设计要求及满足使用功能的前提下，应率先在指定工程部位选用建筑废弃物再生产品。鼓励社会投资工程优先使用建筑废弃物再生产品（现阶段本市建筑废弃物再生产品种类及应用工程部位见附件2）。市住房城乡建设委可根据市场供需情况调整再生产品种类及应用要求。

八、建筑废弃物再生产品质量应符合相关技术标准规范规定。

九、建设单位应当在设计任务书中明确建筑废弃物再生产品的使用设计要求。

设计单位应当在设计文件说明中载明建筑废弃物再生产品的优先使用要求。施工图审查单位对设计文件中是否涉及相关内容进行审查。

在建设工程项目开工前的施工组织方案审查阶段，建设单位应按照最新发布的建筑废弃物再生产品种类及应用工程部位规定，要求设计单位在设计交底中明确具体使用工程部位和产品。

十、施工单位应当严格按照设计文件要求进行施工，确保在指定工程部位按规定使用建筑废弃物再生产品。监理单位应按照设计文件和有关规范要求认真履行监理工作职责。

十一、各区建筑废弃物综合利用管理部门根据本意见，制定符合本区实际的建筑废弃物资源化处置与再生产品综合利用管理办法，并加强对本区建筑废弃物资源化综合利用情况的监管。

十二、建筑废弃物资源化处置企业可按照《关于印发〈资源综合利用产品和劳务增值税优惠目录〉的通知》（财税〔2015〕78号）的有关规定享受税收优惠政策。

十三、本意见自发布之日起实施。原《关于加强建筑垃圾再生产品应用的意见》（京建发〔2012〕328号）同时废止。意见发布前已拆除或正在拆除的工程，产生的建筑废弃物尚未处置的，应按本意见要求进行资源化处置与综合利用。本市涉及保密、军用以及抢险救灾等工程，不适用本意见。

附件：

1. 建筑废弃物资源化综合利用方案内容要求

2. 建筑废弃物再生产品主要种类及应用工程部位

2018年4月8日

附件2

建筑废弃物再生产品主要种类及应用工程部位

序号	主要产品	常见规格尺寸	性能指标	适用的工程部位
1	再生细骨料	粒径0～4.75mm	性能指标应符合相关技术标准、规范的要求	建筑工程：地基回填等部位。 其他工程：路基、基层、路面结构回填等部位。
2	再生粗骨料	粒径4.75～9.5mm	性能指标应符合相关技术标准、规范的要求	建筑工程：地基回填等部位。 其他工程：路基、基层等部位。
		粒径9.5～26.5mm	性能指标应符合相关技术标准、规范的要求	建筑工程：地基回填等部位。 其他工程：路基等部位。
3	再生骨料混凝土路缘石	供需双方协商确定	性能指标应符合相关技术标准、规范的要求	建筑工程：小区道路的路缘部位。 其他工程：机动车道、人行道、自行车道、立交、铁路、地铁、广场等道路交通工程的路缘部位。
4	再生骨料混凝土路面砖	供需双方协商确定	性能指标应符合相关技术标准、规范的要求	建筑工程：小区道路的路面部位。 其他工程：人行道、自行车道、景观道路（绿道）、停车场、广场等市政工程的路面部位。
5	再生骨料混凝土透水砖	供需双方协商确定	性能指标应符合相关技术标准、规范的要求	建筑工程：小区道路中人行道、自行车道的路面部位。 其他工程：人行道、自行车道、景观道路（绿道）、广场等市政工程的路面部位，绿化小品的围护部位。
6	再生骨料混凝土植草砖	供需双方协商确定	性能指标应符合相关技术标准、规范的要求	建筑工程：小区道路、停车场的路面部位。 其他工程：景观道路（绿道）、广场、停车场等市政工程的路面部位，绿化小品、绿化护坡的围护部位，河岸及湖岸的水工部位。
7	再生骨料混凝土小型空心砌块	390mm×190mm×190mm	性能指标应符合相关技术标准、规范的要求	建筑工程：围墙、基础砖胎膜等部位。 其他工程：基础砖胎膜、护坡等部位。
8	再生骨料非承重混凝土多孔砖	供需双方协商确定	性能指标应符合相关技术标准、规范的要求	建筑工程：围墙、基础砖胎膜等部位。 其他工程：基础砖胎膜、护坡等部位。
9	冗余土	供需双方协商确定	性能指标应符合相关技术标准、规范的要求	其他工程：堆山造景等。

9. 北京市城市管理委员会关于印发 2018 年渣土运输规范管理工作方案的函

京管函〔2018〕157 号

按照《北京市人民政府印发 2018 年市政府工作报告重点工作分工方案的通知》（京政发〔2018〕1 号）、《北京市蓝天保卫战 2018 年行动方案》（京政发〔2018〕9 号）、《关于进一步加强建筑垃圾治理工作的通知》（京建发〔2018〕5 号）、《北京市环境保护委员会办公室关于开展 2018 年环境专项执法行动的通知》等要求，在 2017 年渣土车专项整治工作的基础上，进一步加大渣土车管控力度，严肃查处渣土运输过程中的各类违法违规行为，减少道路遗撒和乱倒乱卸现象，促进本市道路扬尘治理，决定组织开展 2018 年渣土运输规范管理工作，特制定本工作方案。

一、指导思想和目标

按照中央和市委、市政府关于生态文明建设、生态文明体制改革和环境保护的决策部署，以推动环境质量持续改善为根本目的，以打赢蓝天保卫战为重点，紧紧围绕蓝天保卫战 2018 年行动计划，规范渣土产生、运输、处置、执法各环节管理工作，严厉查处渣土运输违法违规行为，形成持续治理的高压态势，促进渣土运输规范化管理，为加快建设国际一流的和谐宜居之都积极做出贡献。

二、工作重点

（一）强化渣土运输规范管理工作机制落实。巩固 2017 年渣土车专项整治工作成果，进一步完善市级联合督导、日常检查、工作例会、考核评价、媒体曝光、情况报告等制度机制。各区参照市级的做法，进一步建立和完善联合执法、领导带队检查、联席会议、联合惩处、情况报告等工作机制，每周组织夜间联合执法检查、每月领导带队检查和联席会议，每季度考核报告工作情况。

牵头单位：市城市管理委

责任单位：市住房城乡建设委、市城管执法局、市交通委、市环保局、市公安交管局、市公安局环食药旅总队，各区政府

（二）实施建筑垃圾运输处置费用单独列项计价。落实《关于建筑垃圾运输处置费用单独列项计价的通知》（京建法〔2017〕27 号）的要求，建设单位（含房地产开发企业）要将建筑垃圾运输处置费用单独列项计价，并确保及时足额支付相关费用；要编制建筑垃圾运输处置方案，并组织专家论证，明确菱建筑垃圾、土方（弃土）的产生量、处置方式和清运工期；要选择符合要求的运输企业和消纳场所。委托方应当与运输企业签订委托清运合同，与消纳场签订处置协

议，明确建筑垃圾运输处置费用的结算方式和结算进度。

牵头单位：市住房城乡建设委

责任单位：市城市管理委、市交通委、市园林绿化局、市水务局，各区政府

（三）将建筑垃圾行政许可作为工程施工安全监督的审查条件。建设单位和运输企业要在施工前到工程所在地区城市管理部门，为工程项目办理消纳证，为建筑垃圾、土方、砂石运输车辆办理准运证。区城市管理部门在审批消纳证后，要将工程使用的运输企业、运输车辆及选择消纳场等信息，及时共享给住房城乡建设、城管执法等部门。区住房城乡建设部门在办理房屋市政工程施工安全监督手续时，要核对建设单位提供的运输企业经营许可、运输车辆准运证、工程项目消纳证等证明材料，不符合要求的，不得发放《施工安全监督告知书》。区住房城乡建设部门在办理建筑拆除工程备案时，经核对建设单位提供的运输企业经营许可、运输车辆准运证、工程项目消纳证等证明材料，不符合要求的，不得进行拆除作业。

牵头单位：市住房城乡建设委

责任单位：市城管执法局、市城市管理委、市交通委、市园林绿化局、市水务局，各区政府

（四）建立并落实工地监督检查工作机制。明确监管责任人，通过现场巡视、工地视频监控等手段，实施对建设（拆除）工地的常态化巡视制度，及时发现制止存在的问题。施工单位要按照《北京市建设工程施工现场管理办法》《绿色施工管理规程》等相关要求，在施工现场门口设置车辆清洗设施，优先选用滚轴式洗轮机。要在施工现场门口设立检查点，按照"进门查证、出门查车"的原则，安排专人对进出施工现场的运输车辆逐一检查，做好登记。落实渣土运输车辆"三不进、两不出"规定，运输车辆驶入施工现场时，检查人员应当扫描准运证的二维码查验准运证真实与否，无准运证或持无效准运证的运输车辆不得驶入施工现场。运输车辆驶出施工现场时，检查人员应当检查运输车辆号牌是否污损、车厢密闭装置是否闭合、车轮车身是否带泥等情况，未达要求的运输车辆一律不得驶出施工现场。

牵头单位：市住房城乡建设委

责任单位：市城管执法局、市城市管理委、市交通委、市园林绿化局、市水务局，各区政府

（五）开展装修垃圾规范管理专项行动。在全市开展装修垃圾规范管理专项行动，加强居民住宅小区建筑垃圾产生源头管理。

实施物业管理的居民住宅小区，居民装修垃圾应当由物业服务企业统一清运，业主、装饰装修企业不得自行清运。物业服务企业受托清运居民装修垃圾，

应当明码标价并选择具有经营许可的运输企业，与运输企业签订委托清运合同，与消纳场签订处置协议，并依法取得消纳证。物业服务企业不得允许无经营许可证的运输企业的运输车辆进入物业管理区域收集或运输居民装修垃圾。物业服务企业应当加强居民装修垃圾暂存点，设置明显标识，督促业主、装饰装修企业按照要求投放居民装修垃圾，并及时组织清运。居民装修垃圾不得与有害垃圾、厨余垃圾、可再生资源和其他生活垃圾混装混运。

未实施物业管理的居民住宅小区，居民进行室内装饰装修工程开工前，应当向属地街道办事处（或乡镇政府）登记，由属地街道办事处（或乡镇政府）统一办理消纳证，并及时组织清运居民装修垃圾。

牵头单位：市城市管理委

责任单位：市住房城乡建设委、市城管执法局，各区政府

（六）加强对渣土运输企业监管。渣土运输企业必须取得经营许可。各区城市管理部门要严格审批，实时更新并公布取得经营许可的运输企业。严格落实《渣土运输企业监督管理办法》，对渣土运输企业实行计分管理，将企业所属车辆的违规违法行为视情节轻重计入企业管理相应分数，达到一定分值的，进行约谈整改、停业整顿，直至取消运营资质处理。要加强对运输企业规范化运行情况监督，加快资源整合，引导鼓励企业规模化发展，重点扶持一批管理规范的运输企业，引导行业健康有序发展。

牵头单位：市城市管理委

责任单位：市交通委、市环保局、市城管执法局、市公安交管局，各区政府

（七）严格渣土运输车辆监管。渣土运输企业的运输车辆必须符合北京市《建筑垃圾标识、监控和密闭技术要求》（DB11/T 1077—2014）及本市环保标准。城市管理部门要加强对运输企业车辆办理《准运许可证》的事前、事中、事后监管力度，对不具备经营许可的运输企业、不符合本市地方标准和本市环保标准的运输车辆，不予核发准运证。在准运证上加设二维码，通过手机扫码，即可查验证件的相关信息。全年渣土运输企业车辆定期评估率达 100%。

牵头单位：市城市管理委

责任单位：市住房城乡建设委、市交通委、市环保局、市城管执法局、市公安交管局，各区政府

（八）加强自卸式货运企业车辆监管。继续在货运行业开展建筑垃圾运输整治宣贯工作，加强对营运性货运企业车辆管理，一经发现未取得建筑垃圾运输经营许可的营运性货运企业及车辆从事建筑垃圾、土方、砂石运输的，相关执法部门要对其进行处罚，并通知其到企业注册地区的城市管理部门申请办理行政许可手续。

牵头单位：市交通委

责任单位：市城市管理委、市城管执法局，各区政府

（九）严肃查处渣土车道路行驶违法行为。制定路面专项执法工作方案，持续开展夜间联合执法检查，针对普通自卸式货物（含渣土）运输车辆开展路面专项执法，重点查处渣土车超速行驶、号牌不清、闯红灯、未按规定时间行驶等行为，对存在超出执法权限的违法行为暂扣车辆，依法移送至相关部门查处，凡被查处移送的车辆要依法进行处罚。

牵头单位：市公安交通局

责任单位：市交通委、市城管执法局、市环保局，各区政府

（十）严肃查处营运性渣土车违反运输条例行为。对重点区域，制定专项执法工作方案，规范建筑垃圾、土方、砂石运输市场秩序；严肃查处营运性渣土车未取得道路货物运输经营许可、道路运输证的企业违法经营行为；严厉查处进入高快速路行驶车辆超限、不密闭运输等违法行为；严厉查处非法改装车辆的行为，一经发现采取诫勉约谈、限期整改等措施，直至吊销货运许可。

牵头单位：市交通委

责任单位：市城市管理委、市城管执法局、市公安交管局，各区政府

（十一）严肃查处渣土车尾气排放超标问题。制定专项执法工作方案，通过道路联合执法、定期抽检、企业定期评估等形式检查渣土车尾气排放情况，严肃查渣土车尾气排放超标问题。

牵头单位：市环保局

责任单位：市城市管理委、市交通委、市城管执法局、市公安交管局，各区政府

（十二）规范消纳场所设置及管理。消纳场要按照国家及本市有关安全生产管理相关要求，设置围挡，在出入口设置门禁和视频监控系统。按照有关要求做好环境保护工作，减少扬尘污染，其进入口应当设置车轮冲洗设施。消纳场所对进出渣土车实施逐车登记制度，每周向所在区城市管理部门报告进场车辆情况和受纳量。对已签订处置协议，但实际未处置或处置量明显少于协议量的，应当及时向区城市管理部门报告。区城市管理部门发现消纳场存在未定期报告、擅自预收费用、无正当理由不接收建筑垃圾等行为的，记入企业信用信息系统；情节严重的，依法暂停消纳场在京签订处置协议资格，直至吊销消纳场设置许可。严厉查处进出消纳场所的渣土车辆存在无准运证运输、运输车辆不符合要求、泄漏遗撒等问题。

牵头单位：市城市管理委

责任单位：市城乡住房建设委、市城管执法局、市环保局，各区政府

（十三）严厉查处乱倒乱卸渣土行为。对因乱倒乱卸渣土造成的环境污染、阻碍交通等影响社会稳定和城市正常运行的行为，以及不配合、阻碍政府管理与执法部门进行行政检查和执法的企业和个人依法处理，对相关责任珍涉嫌犯罪的，依法移送公安机关处理。

牵头单位：市公安局环食药旅总队

责任单位：市城市管理委、市住房城乡建设委、市交通委、市环保局、市城管执法局、市公安交管局，各区政府

（十四）全面提高渣土违法违规案件查处办结率。各区应充分运用建筑垃圾运输车辆管理系统落实案件移送和联合惩处机制，特别是要提高手持 APP 的利用频次。全市建筑垃圾车辆监控平台年度违法违规问题总处理率达到 90％以上，住房建设、环境保护、公安交管和交通系统移送案件处理率达到 90％以上。

牵头单位：市城市管理委

责任单位：市住房城乡建设委、市交通委、市环保局、市城管执法局、市公安交管局，各区政府

三、时间安排

（一）动员部署阶段（4 月 10 至 4 月 20 日）。制定渣土运输规范管理工作方案，明确规范管理重点任务、各部门职责和目标要求，并在全市各系统进行动员部署，切实传导压力，层层压实责任。

（二）全面规范管理阶段（4 月 21 日至 12 月 20 日）。市城市管理委牵头协调相关委办局组成联合督导检查组，负责检查渣土运输规范管理各项重点任务的落实；指导各区落实属地管理职责，各区由城市管理部门牵头组成联合执法组，划分责任区域，明确责任人，严格执法检查。各区采取白天检查、夜间抽查、随机检查、联合执法、综合执法等方式，加大对渣土车违法违规行为的查处力度。市级联合督导检查组每月对各区开展情况进行调度，对问题突出、执法不力的单位进行现场督查检查。

（三）总结提高阶段（12 月 21 日至 12 月 31 日）。对各区工作开展情况进行汇总、讲评，认真总结工作成效、主要做法、存在问题和下一步总结，完成总结报告，并上报市政府。

四、工作要求

（一）加强组织领导。下大力气治理"大城市病"、打好污染防治攻坚战是市政府向全市人民做出的庄严承诺。各部门、各区要高度重视，站在讲政治的高度，按照职责分工切实抓好渣土运输规范管理相关重点任务的落实，回味强领导，密切协作，联合执法，确保渣土运输规范管理工作得明显效果。

（二）加大惩处力度。对运输规范管理中发现的任何渣土车违法违规问题，

采取严格惩处措施，涉嫌犯罪的，依法移送公安机关处理。通过强有效的执法行为，集中整治规范一批使用违规车辆运输渣土的建设（拆除）工地，停运一批不合格建筑垃圾运输企业车辆，有力震慑渣土运输过程中违法违规行为，确保群众反映强烈的渣土运输突出问题得到解决。

（三）强化宣传引导。要高度重视执法宣传工作，积极发挥各类媒体的力量，扩大开放执法效果。规范管理工作期间，要广泛邀请电视、广播、报纸、互联网等媒体进行执法宣传，报道联合执法，曝光违法违规典型案件，形成社会效应。

（四）及时反馈信息。各相关部门、各区，每月22日前，上报上月20日至本月20日渣土运输规范管理工作开展情况和执法处罚情况。市城市管理委每月召开渣土运输规范管理工作例会，按照《2018年渣土车运输规范管理考核实施细则》（京管函〔2018〕89号）规定，总结讲评各区工作开展情况，做到月月有排名和通报，每季度向市政府报告，并通报各区。

2018 年 4 月 20 日

10. 贯彻落实关于进一步加强建筑垃圾治理工作的通知

京建发〔2018〕209 号

各区住房城乡建设委，东城、西城区住房城市建设委，经济技术开发区建设局，各工程项目建设单位、施工单位，各有关单位：

为贯彻落实市住房城乡建设委、市城市管理委、市城管执法局、市交通委、市公安局交管局、市环保局等六部门联合印发的《关于进一步加强建筑垃圾治理工作的通知》（京建法〔2018〕5号，以下简称"5号文"）要求，健全完善工作制度，梳理明确区住房城乡建设部门、工程项目各参建主体的建筑垃圾管理职责，现将有关事项通知如下：

一、工程项目施工总承包单位应按照5号文的相关要求，履行以下建筑垃圾管理职责：

（一）制定工程项目建筑垃圾治理工作方案。内容包括：运输车辆"进门查证、出门查车"管理制度、具体负责人、检查具体实施人、检查登记方法、运输车辆允许进出施工现场判定标准、投诉举报途径、突发事件处理程序等。经施工总承包单位项目负责人审批后，报工程项目建设单位、监理单位。

（二）安排专人对进出施工现场的运输车辆进行逐一检查，做好登记。登记应实事求是，对登记内容负责，不得弄虚作假。登记事项按照《进出施工现场运输车辆检查登记表》（附件1）认真填写，加盖施工总承包单位工程项目部印章或由项目负责人签字（或加盖手签章）。

（三）对进出施工现场的运输车辆进行检查，应做到检查行为留痕，并保存证明运输车辆符合进出施工现场要求的相关证据。应充分利用施工现场出入口的视频监控设施，保存检查全过程的影像资料。

二、工程项目各参建主体应履行运输车辆"进门查证、出门查车"管理职责，严防不符合要求的运输车辆进出施工现场。

（一）对落实上述要求不到位且出现以下情况的，原则上由工程项目建设单位承担管理责任：

1. 选择无经营许可的运输企业的；

2. 追求工程进度，对使用的运输车辆未把关或把关不严的；

3. 在办理房屋市政工程施工安全监督手续和建筑拆除工程备案时，未将运输企业经营许可、运输车辆准运证、工程项目消纳证信息和材料提供给区住房城乡建设部门核对的；

4. 未督促施工总承包单位履行运输车辆"进门查证、出门查车"管理职责的；

5. 明示或暗示施工总承包单位不履行运输车辆"进门查证、出门查车"管理职责，放纵违规运输车辆进出施工现场的；

6. 对强行进出施工现场的违规运输车辆，接到施工总承包单位报告后，未采取制止措施或未要求施工总承包单位采取制止措施的；

7. 对强行进出施工现场的违规运输车辆，接到施工总承包单位报告后采取制止措施或要求施工总承包单位采取制止措施失效，未要求施工总承包单位向城管执法部门举报的。

（二）对落实上述要求不到位且出现以下情况的，原则上由工程项目施工总承包单位承担管理责任：

1. 未设立检查点安排专人检查的；

2. 未对运输车辆采取拦截措施的；

3. 未对运输车辆进行逐一检查登记的；

4. 对运输车辆检查不严格、不认真的；

5. 故意放纵违规运输车辆进出的；

6. 接受建设单位明示或暗示，配合不履行运输车辆"进门查证、出门查车"管理职责，放纵违规运输车辆进出施工现场的；

7. 对强行进出施工现场的违规运输车辆，采取制止措施失效，未向城管执法部门举报的。

三、区住房城乡建设部门应对工程项目施工总承包单位履行运输车辆"进门查证、出门查车"管理职责情况进行抽查，认真填写《施工总承包单位运输车辆"进门查证、出门查车"管理职责情况抽查记录单》（附件2），经抽查发现问题的，参照本通知第二条，视情节轻重在可行使职权范围内按照5号文住房城乡建设部门重点职责第3条，对建设单位或施工单位采取相应处理措施；需要提请市住房城乡建设委采取相应处理措施的，应书面函告市住房城乡建设委。

四、建设单位、施工单位未按照相关法律、法规或5号文的规定要求履行建筑垃圾管理职责，受到行政执法部门处罚，行政执法部门书面提请区住房城乡建设部门按照5号文住房城乡建设部门重点职责第3条，对建设单位或施工单位采取相应处理措施的，区住房城乡建设部门应核实具体情况，并在可行使职权范围内采取相应处理措施；需要提请市住房城乡建设委采取相应处理措施的，应书面函告市住房城乡建设委。

五、区住房城乡建设部门在办理房屋市政工程施工安全监督手续和建筑拆除工程备案时，应核对建设单位提供的运输企业经营许可、运输车辆准运证、工程项目消纳证信息和材料，且应符合以下要求：

（一）建设单位应提供办理房屋市政工程施工安全监督手续或建筑拆除工程备案时能够确定的所有运输企业、运输车辆等相关材料，区住房城乡建设部门在第一次核对后，施工过程中出现运输企业或运输车辆变化（增减、变更等）、准运证或消纳证延期等情况，建设单位不需要再向区住房城乡建设部门提供材料。

（二）建设单位应提供以下材料：

1.《建筑垃圾管理职责落实情况承诺书》（附件3）；

2.运输企业经营许可、运输车辆准运证、工程项目消纳证复印件；

3.运输企业经营许可、运输车辆准运证、工程项目消纳证在相关政府部门网站上的查询截图。

六、5号文和本通知中所指"房屋市政工程"，是指依据《北京市房屋建筑和市政基础设施工程施工安全监督实施办法》（京建法〔2015〕9号），符合办理施工安全监督手续条件，且应依法纳入住房城乡建设主管部门施工安全监督范围的房屋建筑和市政基础设施工程。5号文和本通知中所指"建筑拆除工程"，是指依据《北京市住房和城乡建设委员会关于进一步加强建筑拆除工程安全生产和绿色施工管理工作的通知》（京建法〔2017〕9号），符合办理建筑拆除工程备案条件，且应依法纳入住房城乡建设主管部门施工安全监督范围的建筑拆除工程。

七、本通知中所指"建筑垃圾"、"运输企业"、"运输车辆"、"经营许可"、"准运证"、"消纳证"等名词解释与5号文中的名词解释一致。

八、本通知自印发之日起实施。

附件：1. 进出施工现场运输车辆检查登记表

2. 施工总承包单位运输车辆"进门查证、出门查车"管理职责情况抽查记录单

3. 建筑垃圾管理职责落实情况承诺书

北京市住房和城乡建设委员会

2018 年 5 月 3 日

（二）广 东 省

1. 广州市建筑废弃物管理条例

（2011 年 12 月 14 日广州市第十三届人民代表大会常务委员会第 46 次会议通过，2012 年 3 月 30 日广东省第十一届人民代表大会常务委员会第 33 次会议批准，2012 年 4 月 10 日广州市第十四届人民代表大会常务委员会公告第 7 号公布，自 2012 年 6 月 1 日起施行。）

第一章 总 则

第一条 为加强建筑废弃物管理，维护城市管理秩序和市容环境卫生，促进建筑废弃物综合利用，根据有关法律、法规，结合本市实际，制定本条例。

第二条 本条例所称建筑废弃物，是指单位和个人新建、改建、扩建、平整、修缮、拆除、清理各类建筑物、构筑物、管网、场地、道路、河道所产生的余泥、余渣、泥浆以及其他废弃物。

本条例所称排放人，是指排放建筑废弃物的建设单位、施工单位和个人。

本条例所称消纳人，是指提供消纳场的产权单位、经营单位和个人以及回填工地的建设单位、施工单位和个人。

第三条 本条例适用于本市行政区域内建筑废弃物的排放、收集、运输、消纳、综合利用等活动。

第四条 市人民政府应当将建筑废弃物消纳场的建设纳入城乡总体规划、土地利用规划和固体废物污染防治等规划，并组织实施。

市、区、县级市人民政府应当将建筑废弃物管理经费纳入财政预算。

第五条 市城市管理行政主管部门负责本市行政区域内建筑废弃物的管理工作，组织实施本条例。区、县级市城市管理行政主管部门负责本行政区域内建筑废弃物的管理工作。

市、区、县级市建筑废弃物管理机构在同级城市管理行政主管部门的领导下，按照规定的权限具体负责建筑废弃物排放、收集、运输、消纳、综合利用等活动的管理工作。

镇人民政府、街道办事处负责指导、监督、检查本辖区内居民住宅装饰装修废弃物处置活动。

国土房管、环境保护、城乡建设、城乡规划、质量技术监督、公安、交通、海事、港口、水务、林业园林等行政管理部门和城市管理综合执法机关按照各自职责协助实施本条例。

第六条 建筑废弃物处置应当遵循减量化、资源化、无害化的原则。

第七条 排放建筑废弃物的收费标准，由市物价行政管理部门依据国家和省的有关规定制定。

建筑废弃物排放费专项用于建筑废弃物消纳场建设、综合利用项目扶持、综合利用产品的推广应用、居民住宅装饰装修废弃物管理和洒漏污染清理等工作。

第八条 市城市管理行政主管部门应当设置并公开投诉、举报电话，方便单位或者个人投诉、举报建筑废弃物处置过程中的违法行为。市城市管理行政主管部门接到投诉、举报后应当及时查处，并在受理投诉、举报之日起二十日内将处理情况答复投诉、举报人。

第二章　建筑废弃物处置许可

第九条 建筑废弃物的排放人、运输人、消纳人，应当依法向建筑废弃物管理机构申请办理《广州市建筑废弃物处置证》，居民住宅装饰装修排放建筑废弃物的除外。

第十条 排放人申请办理《广州市建筑废弃物处置证》的，应当向建筑废弃物管理机构提交以下材料：

（一）发展改革、国土房管、城乡建设、交通、水务、城乡规划、城市管理等行政管理部门核发的土地使用、场地平整、建（构）筑物拆除、建筑施工、河道清淤或者道路开挖的文件；

（二）核算建筑废弃物排放量的相关资料；

（三）建筑废弃物处置方案。处置方案应当包括建筑废弃物的分类、装载地点、运输距离、种类、数量、消纳场地、回收利用等事项；

（四）与持有《广州市建筑废弃物处置证》的运输单位签订的建筑废弃物运输合同。

第十一条 运输建筑废弃物的单位申请办理《广州市建筑废弃物处置证》的，应当向建筑废弃物管理机构提交以下材料：

（一）《道路运输经营许可证》；

（二）所属建筑废弃物运输车辆的《机动车辆行驶证》和《道路运输证》；

（三）所属运输车辆符合本市建筑废弃物运输车辆技术规范的证明材料；

（四）自有建筑废弃物运输车辆总核定载质量达到三百吨以上的证明文件，或者全部使用四点五吨以下运输车辆的总核定载质量达到一百吨以上的证明文件；

（五）本市行政区域内与企业经营规模相适应的车辆停放场地的证明文件。

第十二条 消纳人申请办理《广州市建筑废弃物处置证》的，应当向建筑废弃物管理机构提交以下材料：

（一）国土房管、城乡建设、城乡规划、林业园林等行政管理部门核发的土地使用或者平整场地的文件；

（二）核算建筑废弃物消纳量的相关资料；

（三）消纳场地平面图、进场路线图、消纳场运营管理方案、封场绿化方案、复垦或者平整设计方案；

（四）符合规定的摊铺、碾压、除尘、照明等机械和设备以及排水、消防等设施的证明文件；

（五）消纳场地出口设置符合相关标准的洗车槽、车辆冲洗设备、沉淀池以及道路硬化设施的证明文件，或者因施工条件限制不能设置前述设施的替代保洁方案；

（六）建筑废弃物现场分类消纳方案。

申请回填建设工程工地的，不需提交前款第（三）项和第（六）项规定的申请资料。

第十三条 建筑废弃物管理机构应当自受理排放、运输、消纳申请之日起十个工作日内进行审核，作出是否准予许可的决定，对符合条件的申请人发放《广州市建筑废弃物处置证》；对不符合条件的，不予发放《广州市建筑废弃物处置证》，并向申请人书面说明理由。

建筑废弃物管理机构作出运输建筑废弃物许可决定的，应当对符合本市建筑废弃物运输车辆技术规范的车辆同时发放《广州市建筑废弃物运输车辆标识》。

第十四条 有下列情形之一的，建筑废弃物排放人、消纳人应当向原发证机构提出变更申请：

（一）建设工程施工等相关批准文件发生变更的；

（二）建筑废弃物处置方案中装载地点、消纳场地或者现场分类消纳方案需要调整的；

（三）建筑废弃物运输合同主体发生变更的。

有下列情形之一的，运输人应当向原发证机构提出变更申请：

（一）营业执照登记事项发生变更的；

（二）《道路运输经营许可证》和所属运输车辆《道路运输证》登记事项发生变更的；

（三）新增、变更过户、报废、遗失建筑废弃物运输车辆的。

符合法定条件的，原发证机构应当在受理申请之日起十日内依法办理变更手续。

第十五条 《广州市建筑废弃物处置证》的有效期为一年，被许可人需要延期的，应当在有效期届满三十日前向原发证机构提出延期申请。

原发证机构受理申请后，应当依照本条例第十条、第十一条、第十二条规定的条件进行审查，并在《广州市建筑废弃物处置证》有效期届满前作出是否准予延期的决定，逾期未作决定的，视为准予延期。

被许可人逾期提出延期申请的，应当按照本条例的相关规定重新申请《广州市建筑废弃物处置证》。

第十六条 禁止伪造、涂改、买卖、出租、出借、转让《广州市建筑废弃物处置证》和《广州市建筑废弃物运输车辆标识》。

第十七条 因抢险、救灾等进行紧急施工排放建筑废弃物的，应当在险情、灾情消除后二十四小时内书面报告建筑废弃物管理机构，并补办建筑废弃物处置许可手续。

第三章 建筑废弃物排放管理

第十八条 建设工程施工单位应当对建筑废弃物进行分类。建筑废弃物分为余泥、余渣、泥浆、其他废弃物四类。

第十九条 任何单位和个人不得将生活垃圾、危险废物与建筑废弃物混合排放。

第二十条 建设单位应当确保排放建筑废弃物的施工工地符合下列规定：

（一）工地周边设置符合相关技术规范的围蔽设施；

（二）工地出口实行硬地化、设置洗车槽、车辆冲洗设备和沉淀池并有效使用；

（三）施工期间采取措施避免扬尘，拆除建筑物应当采取喷淋除尘措施并设置立体式遮挡尘土的防护设施；

（四）设置建筑废弃物专用堆放场地，并及时清运建筑废弃物。

第二十一条 施工单位应当配备施工现场建筑废弃物排放管理人员，监督建筑废弃物的装载。

施工单位发现运输单位有超载等违法行为的，应当要求运输单位立即改正；运输单位拒不改正的，施工单位应当立即向城市管理综合执法机关报告。城市管理综合执法机关接到报告后，应当依法及时查处。

第二十二条 建筑废弃物排放量超过五万立方米或者施工工期超过半年的，建设单位应当按照建设工程文明施工管理的要求在建设施工现场安装管理监控系统。

在公共安全视频系统覆盖的区域，建设施工现场周边的视频信息，应当通过城市视频管理应用平台实现共享。

第二十三条　建设工程施工单位进行管线铺设、道路开挖、管道清污、绿化等工程必须按照市政工程围蔽标准，隔离作业，采取有效保洁措施，施工产生的建筑废弃物应当在二十四小时内清理完毕，并清洁路面，工程竣工后二十四小时内应当将建筑废弃物清运完毕。

第二十四条　排放建筑废弃物的，应当遵守以下规定：

（一）雇请具有《广州市建筑废弃物处置证》的运输单位；

（二）使用的运输车辆具有《广州市建筑废弃物运输车辆标识》；

（三）确保运输车辆装载后符合密闭要求、冲洗干净、符合核定的载质量标准，保持工地出入口清洁。

禁止车厢未密闭、未冲洗干净或者不符合核定的载质量标准的车辆驶离工地。

第二十五条　因重大庆典、大型群众性活动等管理需要，市城市管理行政主管部门根据市人民政府的决定，可以规定限制排放建筑废弃物的时间和区域。限制排放的时间应当从《广州市建筑废弃物处置证》有效期中扣除，排放人应当在《广州市建筑废弃物处置证》有效期届满十日前，向原发证机构申请顺延。

第二十六条　居民住宅装饰装修废弃物，应当袋装收集、定时定点投放、集中清运。具体管理办法由市城市管理行政主管部门另行制定，报市人民政府批准后实施。

区、县级市城市管理行政主管部门应当根据实际，按照方便居民和利于保洁的原则，设置居民住宅装饰装修废弃物临时堆放点或者收集容器。临时堆放点应当围蔽，并设专人管理。

第二十七条　镇人民政府、街道办事处应当指引居民按照本条例的规定排放住宅装饰装修废弃物。设置临时堆放点或者收集容器的区域，居民应当按照指引，将住宅装饰装修废弃物投放至临时堆放点或者收集容器内。

禁止随意倾倒居民住宅装饰装修废弃物。

第二十八条　居民处置住宅装饰装修废弃物造成污染的，应当立即清除污染，未及时清除的，由镇人民政府、街道办事处组织清除，清除费用由责任人承担。

第四章　建筑废弃物运输管理

第二十九条　市城市管理行政主管部门应当组织建立建筑废弃物运输全程监控系统，加强对建筑废弃物运输车辆的监管。

第三十条　市人民政府组织市城市管理、公安、环境保护、城乡建设、交通等行政管理部门按照以下原则制定建筑废弃物运输时间的方案，并公布实施：

（一）不影响道路交通安全畅通；

（二）运输时间避开上下班等道路交通高峰期；

（三）适当放开日间运输。

第三十一条 市城市管理行政主管部门应当会同市公安、交通等行政管理部门制定本市建筑废弃物运输车辆技术规范，报市质量技术监督部门审查批准后公布实施。

市公安机关交通管理部门应当将前款规定的技术规范纳入机动车安全技术检验内容。

市城市管理行政主管部门根据本市建筑废弃物运输车辆技术规范，每半年组织一次对建筑废弃物运输车辆密闭性能、车容车貌的检验。检验不合格的车辆不得从事建筑废弃物运输。

第三十二条 建筑废弃物运输价格参照广东省有关建筑工程计价和综合定额的规定执行。

第三十三条 建设单位、施工总承包单位或者专业分包单位应当与具有《广州市建筑废弃物处置证》的运输单位直接签订建筑废弃物运输合同。建筑废弃物运输合同应当包括双方单位名称，施工单位、运输单位现场管理人员名单，运输线路与时间，运输车辆数量与车牌号码以及消纳场地等内容。

第三十四条 运输建筑废弃物应当遵守下列规定：

（一）保持车辆整洁、密闭装载，不得沿途泄漏、遗撒，禁止车轮、车厢外侧带泥行驶；

（二）承运经批准排放的建筑废弃物；

（三）将建筑废弃物运输至经批准的消纳、综合利用场地；

（四）运输车辆随车携带《广州市建筑废弃物运输车辆标识》、运输联单；

（五）按照建筑废弃物分类标准实行分类运输，泥浆应当使用专用罐装器具装载运输；

（六）按照市人民政府规定的时间和路线运输；

（七）禁止超载、超速运输建筑废弃物。

第三十五条 运输单位应当安排专人对施工现场运输车辆作业进行监督管理，按照施工现场管理要求做好运输车辆密闭启运和清洗工作，保证运输车辆安装的电子信息装置等设备正常、规范使用。

施工单位要求运输单位违反禁止超载的规定装载时，运输单位的现场监管人员和运输车辆驾驶员应当拒绝装载，并立即向城市管理综合执法机关报告。城市管理综合执法机关接到报告后，应当依法及时查处。

第三十六条　运输建筑废弃物造成道路污染的，责任人应当立即清除污染。责任人未及时清除的，由城市管理行政主管部门组织清除，清除的费用由责任人承担。

第三十七条　建筑废弃物运输实行联单管理制度。联单由市城市管理行政主管部门统一制作，一式四联。

施工单位应当在建筑废弃物运出工地前如实填写联单内容，经现场工程监理人员和运输单位的现场监管人员签字确认后交运输车辆驾驶员随车携带。建筑废弃物运输车辆进入建筑废弃物消纳场地后，消纳单位应当核实联单记载事项，并将第一联交回施工单位，将第二联于每月最后一个工作日之前送城市管理行政主管部门，第三联、第四联分别由运输单位和消纳单位留存备查。

联单运输管理的具体办法由市城市管理行政主管部门另行制定。

第三十八条　鼓励采用水上运输等方式进行长途、跨区域建筑废弃物运输。

经营建筑废弃物水运中转码头的，应当取得《港口经营许可证》，配备符合市城市管理行政主管部门规定的洗车槽、车辆冲洗设备、沉淀池、道路硬化设施以及除尘、防污设施，设置建筑废弃物分类堆放场地，并向市城市管理行政主管部门备案。

船只运输建筑废弃物，应当保持密闭装载，不得沿途泄漏、遗撒，不得向水域倾倒建筑废弃物。

第五章　建筑废弃物消纳管理

第三十九条　市城市管理行政主管部门应当会同市城乡规划、国土房管、城乡建设、林业园林等部门制定建筑废弃物消纳场建设规划。

各级人民政府应当建立健全建筑废弃物消纳管理工作机制，组织实施建筑废弃物消纳场建设规划，优先保障建筑废弃物消纳场的建设用地，鼓励社会投资建设和经营建筑废弃物消纳场。

第四十条　建筑废弃物消纳场分为临时消纳场和长期消纳场。长期消纳场应当作为建筑废弃物综合利用场址。

第四十一条　建筑废弃物消纳场应当选择具有自然低洼地势的山坳、采石场废坑等地点，但下列地区不得作为建筑废弃物消纳场的选址地：

（一）饮用水水源保护区；

（二）地下水集中供水水源地及补给区；

（三）洪泛区、泄洪道及其周边区域；

（四）活动的坍塌地带，尚未开采的地下蕴矿区、灰岩坑及溶岩洞区。

建筑废弃物消纳场的选址，应当向社会公开征求意见。

第四十二条　除农保地和生态公益林地外，其他农用地、林地以及建设用地，经产权单位或者个人同意，均可建设建筑废弃物临时消纳场，封场后采取复垦、绿化、平整等措施恢复原用地功能。

第四十三条　相关行政管理部门应当简化建筑废弃物临时消纳场审批环节，加快办理审批手续。

第四十四条　消纳人应当在消纳场地设置符合本条例第十二条第一款第（五）项规定的设施，保持消纳场地出入口的清洁，防止对环境造成污染。

第四十五条　消纳人不得擅自关闭消纳场或者拒绝消纳建筑废弃物。消纳场达到原设计容量或者因其他原因导致消纳人无法继续从事消纳活动时，消纳人应当在停止消纳三十日前书面告知原发证机构，由原发证机构依照《中华人民共和国行政许可法》的规定办理行政许可的注销手续，并向社会公告。

第四十六条　禁止在道路、桥梁、公共场地、公共绿地、供排水设施、水域、农田水利设施以及其他非指定场地倾倒建筑废弃物。

第六章　建筑废弃物综合利用管理

第四十七条　市人民政府应当制定生产、销售、使用建筑废弃物综合利用产品的优惠政策。

市、区、县级市人民政府应当采取措施，扶持和发展建筑废弃物综合利用项目，鼓励企业利用建筑废弃物生产建筑材料和进行再生利用。

第四十八条　市、区、县级市人民政府应当将建筑废弃物综合利用项目列入科技发展规划和高新技术产业发展规划，优先安排建设用地，并安排财政性资金予以支持。

利用财政性资金引进建筑废弃物综合利用重大技术、装备的，市城市管理行政主管部门应当会同市发展改革、经贸、财政等部门制定消化、吸收和推广方案，并组织落实。

第四十九条　市人民政府应当组织市城乡建设、交通、质量技术监督、水务、林业园林、城市管理等行政管理部门制定推广使用建筑废弃物综合利用产品办法，逐步提高建筑废弃物综合利用产品在建设工程项目中的使用比例。道路工程的建设单位应当在满足使用功能的前提下，优先选用建筑废弃物作为路基垫层。新建、改建、扩建的工程项目，应当按照推广使用建筑废弃物综合利用产品办法的规定，在同等价格、同等质量以及满足使用功能的前提下，优先使用建筑废弃物综合利用产品。

第五十条　相关企业生产建筑废弃物综合利用产品，应当符合国家和地方的产业政策、建材革新的有关规定以及产品质量标准。建筑废弃物综合利用产品的主要原料应当使用建筑废弃物。不得采用列入淘汰名录的技术、工艺和设备生产建筑废弃物综合利用产品。

第五十一条 建筑废弃物综合利用企业依法享受税费、信贷等方面的优惠和资金支持。

第五十二条 建筑废弃物管理机构应当建立建筑废弃物调剂机制，并指引、调配建筑废弃物优先用于综合利用项目和建设工程回填。

第七章 监 督 检 查

第五十三条 市城市管理行政主管部门应当根据市人民政府统一的基础信息资源共享交换平台，建立健全建筑废弃物管理信息库。各相关部门应当向基础信息资源共享交换平台提供并及时更新以下信息：

（一）建筑废弃物管理机构应当提供建筑废弃物排放和需求、处置许可事项、监督管理、处置动态和建筑废弃物运输车辆标识办理情况等信息；

（二）城乡规划行政管理部门应当提供建筑废弃物消纳场选址的用地信息；

（三）城乡建设行政管理部门应当提供建设工程施工许可、延长夜间施工作业时间证明、施工监理等信息；

（四）公安机关应当提供建筑废弃物运输车辆视频监控录像、交通违法行为处理情况和交通事故等信息；

（五）交通行政管理部门应当提供建筑废弃物运输单位经营资质、运输车辆营运资质、驾驶人员从业资格等信息；

（六）城市管理综合执法机关应当提供查处违反本条例案件的信息；

（七）国土房屋行政管理部门应当提供建设用地审批、土地利用和查处非法用地填土案件等信息；

（八）林业园林行政管理部门应当提供可作为建筑废弃物临时消纳场选址的林地信息；

（九）水务、港口、海事等行政管理部门应当提供建筑废弃物管理的相关信息。

第五十四条 市城乡建设行政管理部门应当将施工单位处置建筑废弃物的情况纳入建筑业企业诚信综合评价体系进行管理。市城市管理行政主管部门应当将建筑施工单位违反本条例处置建筑废弃物的情况提供给市城乡建设行政管理部门，由市城乡建设行政管理部门按照规定程序记入企业信用档案。

市城市管理行政主管部门应当建立健全建筑废弃物运输诚信综合评价体系，对运输企业和运输车辆实施市场退出机制。具体办法由市城市管理行政主管部门制定，报市人民政府批准后实施。

第五十五条 公安机关交通管理部门和海事部门应当加强路面和水上监管执

法力度，依法对使用非法改装、套牌、假牌、假证车辆和船只及其运输建筑废弃物违反禁行规定、超载、超速等交通违法行为进行查处。

公安机关交通管理部门发现无《广州市建筑废弃物运输车辆标识》运输建筑废弃物的，应当通知城市管理综合执法机关进行查处。

第五十六条 城市管理行政主管部门应当建立执法协作机制，组织公安、城乡建设、交通等部门以及城市管理综合执法机关开展建筑废弃物处置联合检查。发现违法行为的，相关职能部门应当根据违法情节采取相应的措施进行查处。

第八章 法 律 责 任

第五十七条 排放人违反本条例排放建筑废弃物，有下列行为的，由城市管理综合执法机关按照以下规定进行处罚：

（一）违反本条例第九条规定，未办理《广州市建筑废弃物处置证》排放建筑废弃物的，责令限期补办，并对排放单位处以十万元以上三十万元以下罚款，对排放个人处以一万元以上五万元以下罚款；

（二）违反本条例第十四条第一款规定，未办理许可变更手续排放建筑废弃物的，责令限期补办手续，并处以二千元以上一万元以下罚款；

（三）违反本条例第十九条规定，将生活垃圾与建筑废弃物混合排放的，责令限期改正，对单位处以五千元以上三万元以下罚款，对个人处以二百元以上五百元以下罚款；

（四）违反本条例第二十条、第二十二条和第二十三条规定的，责令限期改正，并处以五千元以上二万元以下罚款，情节严重的，可以责令停工整顿；

（五）违反本条例第二十一条第二款规定，未向城市管理综合执法机关报告的，处以一千元以上五千元以下罚款；

（六）违反本条例第二十四条第一款第（一）项、第（二）项规定，雇请不具有《广州市建筑废弃物处置证》的运输单位或者使用的运输车辆不具有《广州市建筑废弃物运输车辆标识》的，责令限期改正，并处以十万元以上三十万元以下罚款，拒不改正的，吊销《广州市建筑废弃物处置证》。违反第二十四条第一款第（三）项规定，车辆装载后不符合密闭要求，未冲洗干净，造成工地出入口或者工地周边道路污染的，责令限期消除污染影响，并按照污染面积每平方米处以五十元罚款，车辆装载后不符合核定载质量标准的，处以一万元以上三万元以下罚款；

（七）违反本条例第三十七条第二款规定，不遵守联单管理制度的，责令改正，并处以一万元以上五万元以下罚款。

违反本条例第十九条规定，将危险废物与建筑废弃物混合排放的，由环境保护行政管理部门依照《中华人民共和国固体废物污染环境防治法》处罚。

第五十八条 运输人违反本条例运输建筑废弃物，有下列行为的，由城市管理综合执法机关按照以下规定进行处罚：

（一）违反本条例第九条规定，未办理《广州市建筑废弃物处置证》运输建筑废弃物的，责令限期补办，暂扣运输车辆，并对运输单位处以十万元以上三十万元以下罚款；

（二）违反本条例第十四条第二款规定，未办理许可变更手续运输建筑废弃物的，责令限期补办，并处以二千元以上一万元以下罚款。其中新增、变更过户的运输车辆未办理《广州市建筑废弃物运输车辆标识》运输建筑废弃物的，责令限期补办，可以暂扣运输车辆，并对运输单位按每车次处以二千元罚款；

（三）违反本条例第三十四条第（一）项规定，运输建筑废弃物的车辆不整洁、不密闭装载的，责令改正，可以暂扣《广州市建筑废弃物运输车辆标识》，并按每车次处以二百元以上五百元以下罚款。沿途泄漏、遗撒，车轮、车厢外侧带泥行驶的，责令改正，可以暂扣《广州市建筑废弃物运输车辆标识》，并按每车次处以五千元罚款；

（四）违反本条例第三十四条第（二）项规定，承运未经批准排放的建筑废弃物的，按每车次处以一万元罚款；

（五）违反本条例第三十四条第（四）项规定，未随车携带《广州市建筑废弃物运输车辆标识》或者运输联单的，可以暂扣运输车辆，并对驾驶员按每车次处以五百元罚款；

（六）违反本条例第三十四条第（五）项规定，不按照规定分类运输建筑废弃物的，责令改正，可以暂扣《广州市建筑废弃物运输车辆标识》，并按每车次处以二千元罚款；

（七）违反本条例第三十四条第（六）项规定，不按照规定的时间和路线要求运输的，责令改正，对驾驶员处以二百元以上五百元以下罚款；

（八）违反本条例第三十五条规定，未安排专人到施工现场进行监督管理的，责令改正，处以一千元以上五千元以下罚款，运输单位的现场监管人员、运输车辆的驾驶员未拒绝超载或者未向城市管理综合执法机关报告的，对运输单位按每车次处以二百元罚款；

（九）违反本条例第三十六条规定，运输建筑废弃物造成道路污染且未及时采取措施消除污染影响的，对运输单位按污染面积每平方米处以五十元罚款；

（十）违反本条例第三十八条第二款规定，经营建筑废弃物水运中转码头不办理备案的，责令改正，并处以五千元以上一万元以下罚款。

第五十九条 消纳人违反本条例消纳建筑废弃物，有下列行为的，由城市管理综合执法机关按照以下规定进行处罚：

（一）违反本条例第九条规定，未办理《广州市建筑废弃物处置证》消纳建筑废弃物的，责令限期补办，并处以十万元以上三十万元以下罚款；

（二）违反本条例第十四条第一款规定，未办理许可变更手续消纳建筑废弃物的，责令限期补办，并处以二千元以上一万元以下罚款；

（三）违反本条例第三十七条第二款规定，不遵守联单管理制度的，责令改正，并处以一万元以上五万元以下罚款；

（四）违反本条例第四十四条规定，未保持消纳场地出入口清洁，造成环境污染的，责令限期消除污染影响，并按照污染面积每平方米处以五十元罚款；

（五）违反本条例第四十五条规定，擅自关闭消纳场或者拒绝消纳建筑废弃物的，责令限期改正，并处以一万元以上三万元以下罚款。

第六十条　单位和个人违反本条例第十六条规定，伪造、涂改、买卖、出租、出借、转让《广州市建筑废弃物处置证》和《广州市建筑废弃物运输车辆标识》的，由公安机关依照《中华人民共和国治安管理处罚法》处罚；构成犯罪的，依法追究刑事责任。

第六十一条　居民违反本条例处置住宅装饰装修废弃物，有下列行为的，由城市管理综合执法机关按照以下规定进行处罚：

（一）违反本条例第二十六条第一款规定，不按照规定袋装收集、定时定点投放的，责令改正，处以二百元以上五百元以下罚款；

（二）违反本条例第二十七条规定，不在指定地点投放或者随意倾倒的，责令改正，处以二百元以上五百元以下罚款。

第六十二条　单位和个人有下列行为的，由管理施工工地的相关行政管理部门按照以下规定进行处罚：

（一）施工单位违反本条例第二十一条第一款规定，未配备管理人员进行管理的，责令改正，处以一千元以上五千元以下罚款；

（二）违反本条例第三十三条规定，不与运输单位直接签订建筑废弃物运输合同的，责令改正，处以五万元以上十万元以下罚款。

违反本条例第五十条规定，采用列入淘汰名录的技术、工艺和设备生产建筑废弃物综合利用产品的，依照《中华人民共和国循环经济促进法》的规定处罚。

第六十三条　排放人、运输人违反本条例第四十六条规定，向道路、桥梁、公共场地、公共绿地、供排水设施、水域、农田水利设施以及其他非指定的区域倾倒建筑废弃物的，由城市管理综合执法机关责令限期清理，并处以十万元以上三十万元以下罚款。在供排水设施、水域倾倒建筑废弃物的，从重处罚；情节严重的，由城乡建设、水务等相关行政管理部门责令排放人停止施工，由城市管综合执法机关责令运输人停止运输。

第六十四条 运输人有下列情形的，由市建筑废弃物管理机构吊销其《广州市建筑废弃物处置证》：

（一）根据本条例第五十四条第二款规定的建筑废弃物运输企业诚信综合评价体系，达到运输市场退出标准的；

（二）被交通行政管理部门吊销《道路运输经营许可证》的。

第六十五条 遗撒建筑废弃物造成公路路面污染或者在公路上乱倒卸建筑废弃物的，由交通行政管理部门依照有关法律、法规给予处罚。

第六十六条 违反本条例第三十八条第三款规定，船只运输建筑废弃物，未保持密闭装载或者沿途泄漏、遗撒的，由环境保护等行政管理部门依照《中华人民共和国水污染防治法》的有关规定处罚。

第六十七条 相关行政管理部门、管理机构和街道办事处、镇人民政府及其工作人员有下列情形之一的，由任免机关或者监察机关责令改正；情节严重的，由任免机关或者监察机关对直接负责的主管人员和其他直接责任人员依法给予处分；构成犯罪的，依法追究刑事责任：

（一）建筑废弃物管理机构及其工作人员滥用职权、徇私舞弊，不依法办理建筑废弃物处置许可手续，不履行许可后监督管理职责的；

（二）市城市管理行政主管部门不建立健全建筑废弃物处置管理信息库，不依法建立和完善建筑废弃物处置相关管理制度的；

（三）城市管理综合执法机关不依法查处违反本条例规定的违法行为的；

（四）城乡建设行政管理部门不依法对施工单位处置建筑废弃物的违法行为进行处理的；

（五）公安机关交通管理部门不依法查处建筑废弃物运输车辆超载、超速等交通违法行为的；

（六）交通行政管理部门不依法查处发生在公路上的建筑废弃物处置违法行为的；

（七）国土房屋行政管理部门不依法查处非法用地填土案件的；

（八）发展改革、水务、林业园林、城乡规划、物价、质量技术监督、海事、港口、经贸、财政等行政管理部门不依法履行相关职责的；

（九）镇人民政府或者街道办事处不依法指导、监督、检查本辖区内居民住宅装饰装修废弃物处置活动的。

相关行政管理部门和管理机构不按照本条例第五十三条的规定提供相关信息的，依照《广州市信息化促进条例》的有关规定处理，并依法追究有关主管人员和其他责任人的责任。

第九章　附　　则

第六十八条　建筑散体物料的运输管理，依照本条例第三十四条第（一）项、第三十六条、第三十八条第三款、第四十六条、第五十五条第一款以及相对应的法律责任的规定执行。法律、法规另有规定的，从其规定。

第六十九条　本条例自 2012 年 6 月 1 日起施行。1999 年 10 月 1 日起施行的《广州市余泥渣土管理条例》同时废止。

2.《广州市建筑废弃物循环利用工作方案》《广州市建筑废弃物循环利用的主要技术路径》

广州市建筑废弃物循环利用工作方案

为积极探索我市建筑废弃物在工程建设领域循环利用的有效途径，促进广州生态文明建设，资源节约型、环境友好型社会建设和建筑废弃物等"城市矿产"的开发利用，根据住房城乡建设部《城市建筑垃圾管理规定》、《广州市建筑废弃物管理条例》等法规规定，结合我市实际制定如下方案：

一、指导思想与工作目标

（一）指导思想

以党的十八大关于大力推进生态文明建设的决定为指导，紧密围绕广州推进新型城市化发展提出的"低碳生态城市"、"美丽广州"的建设目标，以建筑废弃物排放源头减量化、运输规范化、处置资源化、利用规模化和排放无害化为主线，结合"三旧"改造，稳步推进建筑废弃物集中处理和分级循环利用试点示范工作，探索并逐步建立我市建筑废弃物循环利用的运行机制、管理模式和扶持政策。

（二）工作目标

1. 建立健全建筑废弃物分类处理和分级循环利用的技术体系，加快制定并出台从工程建设源头减排、建筑拆除现场分类管理、废弃物运输与消纳管理、废弃物循环利用再生建材财政补贴以及在建设工程推广应用的配套政策，逐步提高建筑废弃物再生建材的应用比例，以工程应用带动绿色再生建材产业发展。

2. 2013 年建设 1～2 个建筑废弃物再生建材生产试点示范基地，年利用量 100～200 万吨；力争 2016 年前建设 7～8 个达到一定规模的建筑废弃物循环利用项目，使全市年利用能力达到 1500 万吨以上，建筑废弃物再生利用率达到 30% 以上，其中拆除废弃物再生利用率达到 85% 以上。

3. 2013 年年底前确定 1～2 家条件较为成熟的废旧沥青的回收利用定点企业，2014 年实现全市废旧沥青混合料 80% 回收利用，之后逐步做到 100% 回收利用。

2013 年底确定 1～2 家建筑废玻璃回收利用定点企业，到 2014 年逐步实现我市建筑废玻璃回收利用率达到 60%。

二、主要任务与分工

借鉴其他城市的经验，结合我市目前建筑废弃物排放量大、处理利用能力严重不足、相关鼓励优惠政策缺失的实际情况，提出以下解决措施：

（一）推进建筑废弃物源头减量

1. 制定《广州市建筑工程减排废弃物技术规范》和《广州市绿色施工技术规范》，从建筑全寿命周期节材和循环利用的角度优化规划设计、推广绿色施工管理，优先考虑工程区域内挖填土石方平衡和推行建筑废料回收利用，有效减少建筑废弃物排放总量。2014 年底前完成。（牵头单位：市建委）

2. 建立健全建筑废弃物管理信息平台，建立"建筑余泥供需交换调剂平台"。对于施工过程产生的无法在工程内部实现土方平衡的外运余泥，及时通过该平台发布供给信息，以方便与其他填土工程交换利用。2014 年底前完成。（牵头单位：市城管委，配合单位：市建委、市交委、市林业和园林局、市水务局、市地铁总公司）

（二）规范建筑拆除工程现场分类管理

制定并实施《建筑拆除分类管理技术规范》，从源头上对建筑废弃物进行分类收集，提高回收利用效率和降低成本。2014 年底前选择一个建筑拆除量比较大的新区开展相应试点工作。（牵头单位：市建委，配合单位：市城管委）

（三）确定再生建材循环利用项目的选点布局，推进循环利用项目规划建设

按照因地制宜、先易后难、资源就近利用、总量控制的原则，分别采取移动式生产、固定场地生产和循环经济产业园模式，推动建筑废弃物循环利用项目建设。

1. 制定《建筑废弃物生产再生建材特许经营条件》及竞争性配置方案。2013 年底前完成 3～5 家企业特许经营招标，中标企业生产经营管理按照住建部相应资质条件执行。（责任单位：市城管委、市建委、市发改委）

2. 对可自行提供生产场地的混凝土与制品中标企业和沥青混凝土、废玻璃回收利用定点企业引入固定式生产线建设建筑废弃物循环利用项目。同时，充分利用场地面积较大、条件较好的萝岗区禾丰、花都区狮岭镇长岗村等建筑废弃物消纳场和白云区人和镇黄榜岭村等地块，通过调整用地性质或灵活采取临时建设用地等方式，引入固定式生产线建设建筑废弃物循环利用项目。力争 2013 年底前建成 1～2 个建筑废弃物循环利用试点项目。（牵头单位：市建委、市城管委、相关区政府，配合单位：市发改委、市规划局、市国土房管局、市供销总社）

3. 在建筑拆除量较大的区域引入移动式生产线，就地开展建筑废弃物循环利用。海珠、越秀、荔湾、天河等有"三旧"改造任务的区（县级市）政府要确定责任主体，结合"三旧"改造做好建筑废弃物循环利用规划。条件许可时可引入移动式生产线在拆除现场进行资源化利用。（牵头单位：相关区（县级市）政府，配合单位：市城管委、市建委）

4. 结合我市"三规合一"工作和循环经济产业园建设，在白云区李坑、萝岗区福山、花都区和增城市仙村镇碧潭村等循环经济产业园内或周边规划安排建设用地，建设建筑废弃物循环利用项目；每个项目年利用规模100万吨至200万吨，用地100亩至150亩。近期重点推动白云区李坑和萝岗区福山环境产业园项目规划建设。循环经济产业园项目所在的白云、花都、萝岗等区和增城市要大力支持、推动产业园内建筑废弃物循环利用项目的规划建设。（牵头单位：市城管委、白云区、花都区、萝岗区和增城市政府，配合单位：市发改委、市规划局、市国土房管局）

5. 黄埔区、番禺区、南沙区和从化市要落实属地管理职责，在辖区内分别选址建设1个以上建筑废弃物循环利用项目，消化利用辖区内产生的建筑废弃物，使本区、县级市建筑废弃物年利用能力达到100万吨以上。（责任单位：黄埔区、番禺区、南沙区和从化市政府）

（四）加快办理再生建材循环利用项目报批手续

将建筑废弃物再生建材生产基地建设项目视同市政建设配套工程，纳入广州市重点项目报批绿色通道管理，在规划、用地、环评等环节加快办理报批手续。（牵头单位：市建委，配合单位：市规划局、市国土房管局、市环保局）

（五）制定并落实配套扶持和管理政策

1. 制定并出台《推广使用建筑废弃物再生建材产品办法》，2013年底前报市政府审定后实施。明确各类政府投资项目按一定比例率先使用、社会投资项目推广使用等要求，并逐步提高再生建材在各类建设工程项目中的使用比例。到2015年市政工程使用建筑废弃物再生产品的比例力争达到30%，建筑工程使用比例力争达到15%。（牵头单位：市建委，配合单位：市林业和园林局、市水务局、市交委、市住保办）

2. 制定《建筑废弃物综合利用财政性资金补贴办法》，按照生产企业利用废弃物的数量予以核拨财政补贴资金，2013年底前完成。（牵头单位：市城管委，配合单位：市财政局）

3. 将建筑废弃物作为特许经营再生建材生产企业的生产原料进行就近统筹分配和调剂，并将相关运输与消纳管理措施等纳入《广州市建筑废弃物运输联单管理实施办法》、《广州市建筑废弃物运输诚信综合评价实施办法》之中。2014

年底前完成。（牵头单位：市城管委，配合单位：市交委）

4. 落实国家和省、市对建筑废弃物循环利用特许经营项目优惠鼓励政策：申报省资源综合利用产品认定和循环经济专项补贴资金由市经贸委负责组织；建筑废弃物综合利用财政补贴由市城管委会同市财政局按相关规定核拨；纳入战略新兴产业发展资金扶持范围由市发改委负责指导办理；税收优惠政策由市国税局负责落实。（牵头单位：市固废办，配合单位：市城管委、市经贸委、市财政局、市发改委、市国税局）

三、保障措施

（一）加强组织领导和责任落实。将建筑废弃物循环利用工作纳入市固体废弃物处理利用工作领导小组主要工作内容。由市固废办牵头，根据工作需要不定期召开领导小组会议，督促各区（县级市）政府和相关职能部门按照方案分工和要求抓好工作落实。

（二）开展示范总结和推广。对已建成的再生建材生产示范基地的成功经验进行总结和推广，对不足之处认真分析并吸取教训，为指导后续生产基地的科学、规范建设做好积累。

（三）加强政府监管。各相关部门应坚持日常监管与专项执法相结合，加强对建筑废弃物分类管理、专业运输和定点受纳、集中处置和综合利用全过程的监控力度，并使监管工作常态化和制度化，防范和查处建筑废弃物乱排乱放行为，保障建筑废弃物循环利用产业的健康持续发展。

（四）加强宣传教育，促进公众参与。利用各种渠道向社会广泛宣传建筑废弃物循环利用的政策法规，增强相关各方参与建筑废弃物循环利用的自觉性，鼓励和促进社会公众参与建筑废弃物循环利用的监督。

广州市建筑废弃物循环利用的主要技术路径

一、主要利用方向

根据市城管部门近几年对我市建筑废弃物的排放统计，我市建筑废弃物平均年产生量约为 4000 万吨左右，总利用量不到 100 万吨，主要处理方式是作为垃圾予以填埋。建筑废弃物的成分大致可分为建筑余泥、废混凝土块、废砖瓦、废砂浆、废沥青、废钢筋、废玻璃、废塑料、废木材等几类。其中建筑余泥占了总量的 60%；其次是拆除旧建筑物所产生的废混凝土块、废砖瓦、废砂浆（以下简称拆除废弃物），约占了排放总量的 25%，年产生量约 1000 万吨。全市废旧沥青混合料年产生量约 50 万吨，建筑废玻璃产生量约 50 万吨。

（一）建筑余泥利用

建筑余泥主要是基坑、管沟、隧道等工程施工开挖后，无法在本工程区域内实现挖、填土方平衡而外运产生的。建筑余泥一般不需要处理，可直接用于场地回填、堆山造景和绿化用土。

目前由于各类开挖工程与填土工程施工进度信息不对称，不能实时实现工程之间余泥的交换使用，造成了社会资源的浪费。为此，由政府部门主导搭建一个建筑余泥供需交换调剂平台，是当前减少余泥填埋量的有效途径。

（二）废混凝土块、废砖瓦、废砂浆的利用

这类拆除废弃物的直接利用价值很低，未经加工处理一般只能用于填埋，而且由于难以降解，给环境带来不利影响。目前国内外有不少城市对这类主要废弃物已进行了大规模的资源化利用，主要利用途径是在政府的主导下，大量用于生产各类再生建材及制品，并通过政府引导在适宜的工程项目中优先使用再生建材及制品。

建筑废弃物分类循环利用对应表

拆除废弃物	再生建材及制品
废混凝土块	再生混凝土骨料、行道砖、砌块、路基垫层、碎石桩
废砖瓦	砌块、墙体材料、路基垫层
废砂浆	砌块、砂浆、填料

拆除废弃物与加工处理后的再生建材及制品对应关系如下：

再生建材及制品的生产基本工艺流程如下：

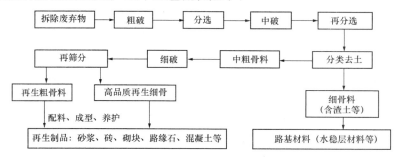

（三）废旧沥青混合料的再生利用

废旧沥青渣是在旧沥青路面升级改造过程中将旧路拆除过程中的产物，未经利用只能堆置、丢弃，造成大量的资源浪费以及环境压力。沥青的可溶解、沉淀等热力学可逆过程性质决定了废旧沥青混合料是一种可以再生利用的材料资源，国内外利用废旧沥青混合料制作再生沥青混合料已有成熟的技术和设备。因此，可由政府支持、鼓励沥青施工企业进行旧沥青混合料的回收再利用，在公路和市政道路等工程推广使用。

（四）建筑废玻璃利用

建筑废玻璃是指建筑物装修及拆除产生的废旧玻璃门窗、玻璃幕墙等，主要包括平板玻璃和特殊玻璃。目前主要是填埋处理。平板玻璃在拆除时不掺入水泥沙石等杂质可以直接回收利用。而其他特殊废玻璃也可以通过制作玻璃沥青、路床骨料、玻璃微珠、泡沫玻璃、绝缘材料等间接利用。

二、再生建材生产的基本规模与效益

从国内建筑废弃物利用工作起步较早的深圳、西安、昆明等地的经验来看，国内利用主要废弃物生产再生建材及制品的技术和设备已比较成熟，利用率可达95％以上。建设一条年综合利用建筑废弃物100万吨的生产线，占地约150亩，投资约0.5～1.3亿元（不含用地），在政府各项扶持和优惠政策到位的前提下，所生产的各类再生建材及制品可实现年产值2～3亿元。

在社会效益方面，每年循环利用100万吨建筑废弃物，可减少二氧化碳排放80万吨；减少二氧化硫排放9000吨；减少氮氧化物排放1000吨；减少150亩堆放建筑废料的土地，降低了建筑垃圾对地下水、土壤和空气环境的污染。

三、生产基地选址布局与建设总量

根据我市现有建筑废弃物消纳场的布局，结合今后5年广州城市建设与旧城改造规划，按照资源就近利用的原则，再生建材生产基地选址可采取固定式处理和移动式处理相结合：

（一）固定生产场地选择

根据深圳等地的经验，再生建材生产基地可以与长期消纳场位于同一场址，以处理利用以前填埋的废弃物为主。在生产基地正常运营几年之后，又可以释放部分消纳场地，在同一场地实现循环受纳和综合利用。

此外，我市有部分混凝土与制品生产企业提出可自行解决生产场地，希望投资建筑废弃物循环利用领域。可考虑对这部分企业进行公开招标择优，对其生产场地等各方面条件达标的企业授予特许经营资格，作为生产原料的废弃物由城管部门统筹分配和调剂。

（二）移动式生产场地选择

据了解，目前我市在建的建筑废弃物临时消纳场数量有10个之多。作为解决消纳场容量不足的有效措施，可考虑在场地面积比较大、条件较好的消纳场（或30公里半径范围）安排临时用地，引入移动式再生建材生产线。在该区域废弃物处理利用完成以后，再迁至其他临时消纳场继续生产。

此外，对于建筑拆除量比较大的广州国际金融城等城市开发新区，也可以通过招标选择投资主体在拆迁区域内予以安排临时用地，采取移动式生产线现场处理该区域的废弃物，所生产的再生建材也主要用于该区域新建工程。所在地块完成拆迁后，移动式生产线可迁至其他区域重新安装使用。

按照每个再生建材生产基地年处理能力100～200万吨估算，初步确定在

2016 年之前全市总共建设 8～10 个左右生产基地；分别设立 1～2 家废旧沥青混合料和建筑废玻璃回收利用定点企业。

四、投资方准入条件

根据我市目前混凝土与制品生产企业数量众多、部分企业对参与建筑废弃物再生建材项目积极性较高的情况，为充分发挥市场配置资源的基础性作用，建筑废弃物再生建材生产基地建设项目可分两种情况设定不同的准入条件：

（一）对于可自行解决生产场地、并具有相关产品生产经验的企业，在满足选址合理、处理能力和利用率达标等准入条件的情况下，按企业满足准入条件的程度及项目启动时间先后，两年内通过特许经营择优选择 4～5 家企业进入该领域，并按相关规定取得相应资质后开展生产经营活动。

（二）对于政府部门可提供临时用地、需要引入具有一定实力投资经营主体的综合利用项目，可采取公开招标的方式选择投资主体。三年内可通过招标选择 4～5 家企业进入该领域，由中标企业负责项目投资、建设，并按相关规定取得相应资质后开展生产经营活动。

由于废旧沥青混合料回收利用渠道相对比较单一，主要是用于各类沥青道路工程，可在广州市内选择 1～2 家具备一定基础条件的沥青路面施工企业作为市政府扶持的废旧沥青混合料回收利用定点企业，逐步做到全市废旧沥青混合料100％回收利用。建筑废玻璃的回收利用情况与废旧沥青类似，也可在广州市内选择 1～2 家具备一定基础条件的定点回收企业。

3. 深圳市建筑废弃物减排与利用条例

深圳市第四届人民代表大会常务委员会公告

（第 104 号）

《深圳市建筑废弃物减排与利用条例》经深圳市第四届人民代表大会常务委员会第二十五次会议于 2009 年 1 月 21 日通过，广东省第十一届人民代表大会常务委员会第十次会议于 2009 年 3 月 31 日批准，现予公布，自 2009 年 10 月 1 日起施行。

深圳市人民代表大会常务委员会

2009 年 5 月 31 日

第一条　为了减少建筑废弃物的排放，提高建筑废弃物的利用水平，促进循环经济发展，根据有关法律、法规的规定，结合本市实际，制定本条例。

第二条 本市建筑废弃物的减排与回收利用及其监督管理适用本条例。

第三条 本条例所称建筑废弃物，是指在新建、改建、扩建和拆除各类建筑物、构筑物、管网以及装修房屋等施工活动中产生的废弃砖瓦、混凝土块、建筑余土以及其他废弃物。

第四条 建筑废弃物的管理遵循减量化、再利用、资源化的原则。

建筑废弃物可以再利用或者再生利用的，应当循环利用；不能再利用、再生利用的，应当依照有关法律、法规的规定处置。

第五条 建筑废弃物实行分类管理、集中处置。

第六条 市、区人民政府（以下简称市、区政府）建设行政管理部门是建筑废弃物减排与回收利用的主管部门（以下简称主管部门）。

市、区政府城市管理部门负责建筑废弃物清运、受纳的监督管理工作。

市、区政府发改、贸工、财政、国土房产、规划、环保、物价等部门在各自职责范围内，协同做好有关建筑废弃物的管理工作。

第七条 市政府应当根据需要，在每年的财政预算中安排一定数额的资金，用于支持建筑废弃物的减排与回收利用活动。资金使用的具体办法由市政府另行制定。

资金使用应当公开透明，定期接受审计并向社会公布。

第八条 鼓励建筑废弃物减排与回收利用新技术、新工艺、新材料、新设备的研究、开发和使用。

市政府对建筑废弃物回收利用企业应当给予政策优惠或者资金补贴。具体办法由市主管部门会同相关部门另行制定，报市政府批准后施行。

第九条 市主管部门应当根据建筑废弃物减排与回收利用的需要，另行编制发布强制淘汰的施工技术、工艺、设备、材料和产品目录。

施工单位不得采用列入强制淘汰目录的施工技术、工艺、设备、材料和产品。违反本规定的，由市主管部门责令限期改正，并处五万元以上二十万元以下罚款。

第十条 市、区主管部门应当采用多种形式加强对建筑废弃物减排与回收利用的宣传，免费发放有关宣传资料。

企业以及相关行业协会应当加强对建筑业从业人员的教育及培训，提高从业人员的资源节约和回收利用意识。

第十一条 市规划部门应当会同市主管部门、城市管理部门根据城市发展实际情况，编制建筑废弃物受纳和回收利用场所的规划。

建筑废弃物受纳场所内应当划出专门区域，用于存放建筑余土。建筑废弃物受纳和回收利用场所应当按标准建设，并配备相应设施，防止二次污染。

第十二条　建设单位编制项目可行性研究报告或者项目申请报告，应当包含建筑废弃物减排与回收利用的内容，因此产生的费用列入投资估算。

第十三条　建设工程设计单位应当优化建筑设计，提高建筑物的耐久性，减少建筑材料的消耗和建筑废弃物的产生。优先选用建筑废弃物再生产品以及可以回收利用的建筑材料。

市主管部门应当另行编制发布建筑废弃物减排的设计指引。

第十四条　建设工程设计文件应当明确要求建设工程采用预拌混凝土、预拌砂浆以及新型墙体材料；在保证结构安全以及使用功能的前提下，采用高强高性能混凝土、高强钢筋等工艺或者产品。

施工单位违反规定在施工现场搅拌混凝土或者砂浆的，由主管部门责令改正，并按照混凝土每立方米二百元、砂浆每立方米四百元处以罚款。

第十五条　施工图设计文件审查机构应当根据本条例以及有关设计规范对建筑废弃物减排设计内容进行审查。审查合格的，报主管部门备案；审查不合格的，由设计单位改正后重新审查。

第十六条　推行建筑工业化，逐步实现建筑构配件的标准化设计、工厂化生产和现场装配。建筑工程的门、窗、墙板等非承重构件应当使用预制构配件。

第十七条　推行住宅装修一次到位。鼓励新建住宅的建设单位直接向使用者提供全装修成品房。

政府投资建设的保障性住房的装修应当一次到位。

政府投资建设的办公场所装修完成后八年内不得重新装修。确需重新装修的，应当经主管部门批准。

第十八条　施工单位应当按照设计文件以及绿色施工的有关技术规范开展施工活动。推广使用定型钢模、组合模板、喷洒批荡等施工方法。禁止使用竹制脚手架和实心黏土砖。

违反本条规定使用竹制脚手架和实心黏土砖的，由主管部门按照相关规定处罚。

第十九条　临时建筑以及施工现场临时搭设的办公、居住用房应当采用周转式活动房，工地临时围挡应当采用装配式可重复使用的材料。禁止采用砌筑式用房和围挡。

违反本条规定采用砌筑式用房的，由主管部门按照建筑面积每平方米一百元处以罚款；使用砌筑式围挡的，按照墙体面积每平方米一百元处以罚款。

第二十条　禁止擅自拆除或者改建既有建筑物、构筑物以及市政道路。但不符合城市规划、规划变更、存在质量问题或者违法建筑除外。

存在质量问题确需拆除或者改建的，应当委托专业机构进行评估和论证，并报市规划、国土房产和主管部门审批。

第二十一条 新建工程项目的建设和既有建筑物、构筑物、市政道路的拆除，建设单位应当编制建筑废弃物减排及处理方案，在工程项目开工前报主管部门备案。

新建工程项目的建筑废弃物减排及处理方案应当包括以下内容：

（一）工程名称、建筑面积、地点；

（二）建设单位、施工单位、监理单位、运输单位的名称及其法定代表人姓名；

（三）建筑废弃物的种类、数量；

（四）建筑废弃物减量措施、现场分类以及回收利用方案、污染防治措施；

（五）建筑废弃物的运输路线、受纳场所。

拆除工程项目的建筑废弃物减排及处理方案除前款内容外，还应当包括拆除步骤和方法。

第二十二条 建设单位应当按照规定委托具有相应资质的施工单位实施拆除，委托监理单位实施监理。

鼓励建筑废弃物回收利用企业按照国家有关规定取得专业资质后从事拆除工作。

第二十三条 施工单位应当按照建筑废弃物减排及处理方案施工。

建设单位、监理单位应当对施工单位落实建筑废弃物减排及处理方案的情况实施监督，发现施工单位违反规定处置建筑废弃物的，应当及时制止；制止无效的，应当及时向主管部门报告。

第二十四条 推行建筑废弃物现场分类制度。鼓励具备现场分类条件的施工单位按照分类要求结合施工或者拆除步骤对建筑废弃物进行分类。

第二十五条 鼓励施工单位在施工现场回收利用建筑废弃物。施工单位应当优先将施工现场产生并且可以利用的建筑废弃物作为填充物回用于建设工程。

鼓励回收利用企业进入施工现场，利用建筑废弃物移动处理设备回收利用建筑废弃物。

施工单位、监理单位和回收利用企业应当对施工现场回收利用处置建筑废弃物的种类、数量进行登记，并报主管部门备案。

第二十六条 对不能现场利用的建筑废弃物，施工单位应当交由符合规定的运输单位及车辆运至建筑废弃物受纳场所处置。

建筑废弃物的运输应当遵守相关规定。

第二十七条 鼓励不同工程项目建筑余土的交换利用。不同工程项目交换利用建筑余土的，建设单位应当在建筑废弃物减排与处理方案中注明。

市主管部门应当建立建筑余土调剂信息平台，建设单位或者施工单位应当将建筑余土排放或者需求信息提前发送到建筑余土调剂信息平台。

第二十八条 实行建筑废弃物排放收费制度。主管部门应当根据建筑废弃物的分类情况、排放数量、收费标准向建设单位或者业主收取建筑废弃物排放费（以下简称排放费）。排放费全额上缴财政，全部用于支持建筑废弃物减排与回收利用活动。排放费的具体征收办法由市主管部门会同市财政部门另行制定。

排放费的收费标准应当根据本市经济和社会发展水平、建筑废弃物回收处置的实际需要以及建筑废弃物的分类情况等因素确定。分类后的建筑废弃物实行优惠的收费标准。具体收费标准由市价格主管部门会同市主管部门另行制定，按照规定程序经批准后实施。

第二十九条 新建全装修成品房对建筑废弃物实行分类排放的，免收排放费。

第三十条 实行建筑废弃物联单管理制度。联单由市主管部门统一制作，一式多联。

施工单位应当在建筑废弃物运出工地前如实填写联单内容，经现场工程监理人员签字确认后交运输单位随车携带。建筑废弃物运输车辆进入建筑废弃物受纳场所后，受纳场所管理单位应当核实联单记载事项，并将第一联交回施工单位，将第二联于每月月底前送主管部门。

主管部门应当按照联单记载的分类情况、数量核收排放费。未按规定填写联单或者联单上记载的数量与可能排放量明显不一致的，按其应缴未缴部分加倍收取排放费。

运输建筑废弃物不能提供联单的，按其数量加倍征收排放费。受纳场所管理单位应当查明排放单位、车辆牌号、建筑废弃物分类情况以及运载数量后予以接收，并通知主管部门。

联单管理的具体办法由市主管部门会同市城市管理部门另行制定。

第三十一条 禁止将建筑废弃物混入生活垃圾。

禁止任何单位或者个人擅自设置建筑废弃物受纳场所。

禁止在建筑废弃物受纳场所以外倾倒抛洒建筑废弃物。

违反本条规定的，由城市管理部门按照相关规定处罚。

第三十二条 业主对建筑物进行装修时，应当将装修产生的建筑废弃物进行分类，并交由物业管理单位或者符合规定的运输单位及车辆运至建筑废弃物受纳场所。

第三十三条 鼓励投资兴办建筑废弃物回收利用企业。

在建筑废弃物受纳场所从事建筑废弃物回收利用的企业，由市主管部门招标确定。

第三十四条　市主管部门应当编制并发布建筑废弃物及其再生产品的使用技术规范或者指引，引导企业利用建筑废弃物以及生产再生产品。

第三十五条　实行建筑废弃物再生产品标识制度。建筑废弃物再生产品应当由专业检测机构进行质量检测。检测合格的，标注建筑废弃物再生产品标识，并列入绿色产品目录和政府绿色采购目录。

专业检测机构的名单由市主管部门公布。

第三十六条　道路工程的建设、施工单位应当优先选用建筑废弃物作为路基垫层。

新建、改建、扩建工程项目的非承重结构部位施工，应当在同等价格以及满足使用功能的前提下，优先使用建筑废弃物再生产品。市主管部门可以对政府投资工程与其他工程使用建筑废弃物再生产品的比例做出规定。

违反本条第二款规定的，由主管部门责令建设单位整改；拒不整改的，按照未使用建筑废弃物再生产品的体积每立方米一百元处以罚款。

第三十七条　预拌混凝土、预拌砂浆以及预制构配件等生产企业在保证产品质量的前提下，应当使用一定比例的建筑废弃物再生骨料。具体使用比例由市主管部门规定。

第三十八条　本条例规定另行制定的具体办法、强制淘汰目录、设计指引、收费标准等，有关部门应当自本条例施行之日起六个月内制定。

第三十九条　本条例规定罚款处罚的，市主管部门应当制定具体处罚办法，与本条例同时施行。

第四十条　本条例自 2009 年 10 月 1 日起施行。

4. 深圳市建筑废弃物运输和处置管理办法

（深圳市政府五届九十八次常务会议审议通过，深圳市人民政府令第 260 号，2013 年 11 月 29 日发布，自 2014 年 1 月 1 日起施行。）

深圳市建筑废弃物运输和处置管理办法

第一章　总　　则

第一条　为保护人民生命财产安全，维护城市市容环境卫生，妥善处置建筑废弃物，根据《深圳市建筑废弃物减排与利用条例》以及相关法律、法规、规章，结合本市实际，制定本办法。

第二条　本办法适用于本市行政区域内建筑废弃物排放、运输、中转、回填、受纳、利用等处置活动及其监督管理。

本办法所称建筑废弃物，是指在新建、改建、扩建和拆除各类建筑物、构筑物、管网以及装修房屋等工程施工活动中产生的废弃砖瓦、混凝土块和建筑余土以及其他废弃物。

法律、法规对建筑废弃物排放、利用已有规定的，从其规定。

第三条　建设行政主管部门（以下简称建设部门）负责建筑废弃物的减排与回收利用管理，向建设单位发放建筑废弃物管理联单并对其遵守联单制度的情况进行监管，规范建设项目建筑废弃物运输业务的发包行为，监管建设工程施工现场并督促施工单位文明施工，依法追究建设、施工等相关单位违法处置建筑废弃物行为的法律责任。

第四条　交通运输行政主管部门（以下简称交通部门）负责对建筑废弃物运输单位及其运输车辆的道路运输违法行为进行查处，指导、监督交通运输工程建筑废弃物处置活动。

第五条　公安交警部门负责对建筑废弃物运输车辆行驶禁行路段核发道路通行证，对建筑废弃物运输车辆在道路上的交通违法行为进行查处。

第六条　城市管理行政主管部门（以下简称城管部门）负责建筑废弃物受纳管理，对建筑废弃物受纳场所受纳建筑废弃物、运营及遵守联单制度等情况进行监管，对建筑废弃物处置过程中污染市容环境卫生的行为进行查处。

第七条　规划国土部门负责会同相关部门制定建筑废弃物受纳场和综合利用设施规划并纳入城市发展中长期规划，对在政府储备建设用地内乱倒建筑废弃物的行为依照相关法律、法规进行制止并及时报告城管部门。

环境保护部门负责建筑废弃物环境污染防治的监督管理，会同有关部门对在水源保护区内乱倒建筑废弃物的行为依照相关法律、法规进行查处。

水务部门负责对在供排水设施、河道、水库、沟渠等管理范围内乱倒建筑废弃物的行为依照相关法律、法规进行查处，指导、监督水务工程建筑废弃物处置活动。

农业、林业、海洋等部门根据各自职责分工，对在山地、林地、菜地、公园、绿地、海洋、海域等范围内乱倒建筑废弃物的行为依照相关法律、法规进行查处。

第八条　建立建筑废弃物运输和处置管理联席会议制度，统筹、协调、决策建筑废弃物管理工作中的重大、疑难问题。

联席会议由市政府指定的部门、机构负责召集，成员单位包括本办法第三条至第七条规定的部门以及与统筹、协调、决策事项有关的其他部门、单位。

第九条　建筑废弃物处置应当符合减量化、再利用、资源化和分类管理的原则。

鼓励建筑废弃物减排和回收利用新技术、新工艺、新材料、新设备的研究、开发和使用。建筑废弃物可以再利用或者再生利用的，应当循环利用；不能再利用、再生利用的，应当依照有关法律、法规及本办法的规定处置。

产生建筑废弃物的单位或者个人，应当承担依法分类收集排放和处置建筑废弃物、及时消除建筑废弃物污染的义务。

任何单位和个人不得将生活垃圾、危险废物和建筑废弃物混合排放和回填，不得在公共场所及其他非指定的场地倾倒、抛洒、堆放或者填埋建筑废弃物。

第十条　建筑废弃物管理联单由市建设部门统一格式制作。联单由建设、施工、运输单位和填埋、中转、回填、综合利用等受纳场所（以下统称受纳场所）分别签署，并交回城管、建设部门备案。

建设、施工单位应当按照本办法第十五条的规定指派监管员签署联单，运输单位应当指派执行当次运输任务的驾驶员签署联单，受纳场所应当指派办理受纳手续的当事值班人员签署联单。各联单签署人是联单管理的直接责任人。

根据管理实际和技术条件，建设部门可以会同城管等部门实行电子联单管理并按程序制定电子联单管理具体办法，电子联单应当附注排放单位、运输单位及车辆、受纳场所等必要的相关管理信息。

第二章　排　放　管　理

第十一条　市建设部门应当加强建设项目建筑废弃物运输业务的发包管理，要求市、区政府投资的建设工程建设单位在施工总承包合同中明确约定施工总承包企业违反建筑废弃物排放、运输等处置管理规定的违约责任。

第十二条　新建工程项目的建设和既有建筑物、构筑物的拆除，建设单位应当按照《深圳市建筑废弃物减排与利用条例》以及本市建筑废弃物减排利用技术规范的要求，确定建筑废弃物运输单位后，编制建筑废弃物减排及处理方案，在工程项目开工前报建设部门备案。

建筑废弃物减排及处理方案应当附有下列材料：

（一）建筑废弃物排放处置计划，如实填报建筑废弃物的种类、数量、运输路线和时间、处置场地等事项；

（二）建设单位或者工程总承包单位与运输单位签订的运输合同及运输车辆基本情况；

（三）合法建筑废弃物受纳场所同意受纳的证明材料或者在建工程需回填受纳土方的证明材料（含异地填埋、中转、回填、综合利用）；

（四）水务部门出具的水土保持方案批准文件；

（五）其他依法应当提交的材料。

建设部门核发建筑废弃物排放备案凭证时，应当一并向建设单位核发联单格式文本，建设单位根据建筑废弃物排放的实际需要自行印制。

第十三条 建设单位或者工程总承包单位确定的运输单位应当向市公安交警部门申请核定建筑废弃物运输路线，市公安交警部门根据道路交通流量、交通管理工作需要以及环境保护部门提供的环境噪声污染防治信息等情况，在受理申请材料后 7 个工作日内予以核定。

建筑废弃物运输时间应当符合市公安交警部门会同市建设、城管、环境保护等有关部门确定并公布的车辆通行时间。

确需变更建筑废弃物运输单位的，建设单位应当持新签订的运输合同、运输车辆基本信息资料到建设部门办理变更备案。

第十四条 施工单位应当加强施工现场周边和出入口的环境卫生管理，采取有效保洁措施：

（一）工地出入口内侧应当进行硬化处理；

（二）设置冲水槽，配备高压冲洗设备并对驶离工地的车辆进行冲洗、查验，确因现场条件限制不能按标准设置冲水槽的，应当提供情况说明及解决方案；

（三）设置排水设施和沉淀设施，防止泥浆、污水、废水外流，泥浆、污水、废水经处理达标后方能排入市政排水管道；

（四）工地泥浆应当经过沉淀、晾干或者采取固化措施后方可运送至指定受纳场所。

施工单位进行管线铺设、道路开挖、管道清污、绿化等工程的，必须设置围栏，隔离作业，采取有效保洁措施，并及时运输工程施工过程中产生的建筑废弃物，施工完毕 48 小时以内应当清理遗留的建筑废弃物并运至受纳场所。

第十五条 施工单位应当设置专职从事建筑废弃物装载、保洁的监管员，并在工地出入口配置视频监控系统，对建筑废弃物运输车辆出入情况进行实时监控，视频影像资料保存 1 个月。

未经监管员签署建筑废弃物管理联单的，建筑废弃物不得运出工地。监管员签署联单并经建筑废弃物运输车辆驾驶员核对签字后，监管员留存施工单位一联，将剩余联单交建筑废弃物运输车辆驾驶员。

施工单位应当将监管员记载的联单情况纳入施工日志。施工单位项目经理应当对监管员履行建筑废弃物装载、保洁的监管行为负责。

第十六条 建设单位、监理单位、施工单位不得允许有超载、未密闭化、车体不洁、车轮带泥、车厢外挂泥等情况的车辆出场，不得将建筑废弃物交给个人、未取得道路货物运输营运资质的运输单位或者未取得本办法第十九条规定的车辆检测合格证明的车辆运输。

施工单位违反建筑废弃物管理规定的情况，纳入建筑市场不良行为记录，并对单位和项目经理分别记录；监理单位对施工单位违反建筑废弃物管理规定的行为未尽监理职责的，其行为纳入建筑市场不良行为记录，并对单位和项目总监分别记录。

施工单位违反建筑废弃物管理规定的行为在 3 次及以上，或者因违反建筑废弃物管理规定的行为受到黄色警示 2 次及以上、红色警示 1 次及以上的，建设部门可以派员或者委托安监机构驻场监管。

第十七条 房屋内部装饰装修、修缮维护等依法不需要办理施工许可、建筑废弃物减排及处理方案备案的建设活动产生的零星建筑废弃物，由业主或者物业服务单位实施袋装，在物业服务单位指定的地点统一堆放且不得超过 48 小时，运输至合法的受纳场所进行处置。

运输前款规定零星建筑废弃物的车辆，应当具有道路货物运输营运证件和《广东省城市垃圾管理条例》规定的准运证。

第三章　运　输　管　理

第十八条 个人不得从事建筑废弃物运输经营业务。

建筑废弃物运输单位应当依法取得道路货物运输营运资质，按照《道路货物运输及站场管理规定》建立建筑废弃物运输车辆技术档案，并到交通部门办理运输单位及车辆的管理档案备案，取得备案凭证。

建筑废弃物运输单位及车辆管理档案备案的具体办法由市交通部门另行制定。

第十九条 在本市从事建筑废弃物运输的车辆应当安装符合国家和广东省规定标准的卫星定位行驶记录仪并符合相关标准和技术规范，至少每 6 个月进行一次检测，取得具备法定资质的检测机构出具的车辆检测合格证明。

建筑废弃物运输车辆安全性能、综合性能、环保排放、密闭性能等集中统一检测程序制度，由市交通部门会同公安交警、城管和市场监督管理部门在本办法施行起 12 个月内另行制定。

第二十条 运输单位在运输建筑废弃物时应当符合以下要求：

（一）在道路行驶的建筑废弃物运输车辆必须保持整洁，禁止车轮带泥、车厢外挂泥；

（二）建筑废弃物运输车辆实行密闭运输，不得沿途泄漏、遗洒，泥浆应当使用专用罐装器具装载运输；

（三）建筑废弃物运输车辆必须按规定的时间、路线行驶，不得超高超载超速；

（四）建筑废弃物运输车辆应当符合相关技术规范，并经依法确定的检测机构检测合格；

（五）建筑废弃物应当运输至经批准的受纳场所，进入受纳场所后应当服从场内人员的指挥进行倾倒；

（六）随车携带车辆管理档案备案凭证、检测合格证明、联单及相关运输证照。

第二十一条 建筑废弃物运输车辆驾驶员应当根据《深圳经济特区道路交通安全管理条例》的规定，取得市交通部门核发的从业资格证书。持有非本市交通部门核发的从业资格证书在本市驾驶建筑废弃物运输车辆的人员，应当到市交通部门备案，换领本市核发的从业资格证书，具体办法由市交通部门另行制定。

第二十二条 建筑废弃物运输车辆的驾驶员应当核对施工单位监管员签署、移交的联单，确认无误后签字；在建筑废弃物运至受纳场所并办理受纳手续后，应当交由受纳场所当事值班人员签字，并留存运输单位一联后，将剩余联单移交受纳场所当事值班人员。

第二十三条 对经备案的建筑废弃物减排和处理方案中确定的运输单位，纳入不良行为记录制度管理范畴。

运输单位及其运输车辆、驾驶员的不良行为记录，应当在建设、交通、公安交警、城管部门等政府网站、本市主要媒体进行公开警示。不良行为情节严重的，由交通、公安交警、城管等部门依法采取责令整改、处以行政处罚等措施。

建筑废弃物运输单位不良行为记录制度，由市交通部门会同市建设、公安交警、城管等部门另行制定。

第四章 受 纳 管 理

第二十四条 设立受纳场所的，应当向城管部门申请办理建筑废弃物受纳许可证。

工地内部或者工地之间进行土石方平衡回填的，无需办理建筑废弃物受纳许可证，由建设部门按照本市有关规定进行监管。

第二十五条 城管部门负责办理建筑废弃物受纳许可。市城管部门应当根据管理实际，明确市、区城管部门办理受纳许可的职责分工，经规定程序审查后向社会公布。

符合以下条件的，城管部门应当核发建筑废弃物受纳许可证：

（一）取得规划国土、建设、环境保护、水务等部门的批准文件；

（二）提供受纳场的场地平面图、进场路线图、受纳场运营管理方案、封场绿化计划、水土保持方案等资料；

（三）受纳现场作业摊铺、碾压、除尘、照明、计量等设备和排水、消防等设施符合本市规定的建筑废弃物受纳场管理规范要求；

（四）受纳场出入口按照建筑工地出入口管理要求设置视频监控系统、采取保洁措施，并经城管部门验收合格。

市城管部门应当在其网站公布经许可的本市建筑废弃物受纳场相关必要信息。

第二十六条　建筑废弃物受纳场应当加强作业现场周边和出入口环境卫生管理，根据有关规定建设水土保持设施，在出入口设置相应的冲洗设施、排水设施和沉淀设施，对出场车辆采取除泥、冲洗等保洁措施，防止车辆带泥污染道路。

建筑废弃物受纳场的管理规范由市城管部门会同建设等部门按照规定程序制定。

第二十七条　受纳场所当事值班人员在办理建筑废弃物受纳手续时，应当与建筑废弃物运输车辆驾驶员核对联单内容，确认无误后签字，并接收剩余联单。

填埋、中转、综合利用等受纳场所应当将联单留存一联，剩余联单在次月5日前经统计制表后送城管部门。

回填受纳场所应当将联单留存一联，剩余联单在次月5日前经统计制表后送建设部门。

异地填埋、中转、回填、综合利用的，受纳场所留存一联，剩余联单由运输单位在次月5日前经统计制表后送建设部门。

第二十八条　建筑废弃物受纳场未经批准不得受纳城市生活垃圾、危险废物等非建筑废弃物。

建筑废弃物受纳场应当在封场停止受纳30日前报原发证机关。受纳场停止受纳后，建筑废弃物受纳场运营单位应当按照封场计划实施封场。

第二十九条　建筑废弃物处置实行统一收费制度，具体办法由物价部门会同财政、建设、城管等部门制定，按规定程序经批准后执行。

第五章　监　督　检　查

第三十条　建设部门应当会同交通、公安交警、城管、环境保护等部门建立建筑废弃物处置管理综合信息平台及相关管理制度，实现以下管理信息互联互通、即时共享：

（一）建设项目、建设单位、施工单位基本情况及建筑废弃物减排、处理方案；

（二）运输单位资质及运输车辆情况；

（三）受纳场所地点、最大容量和实际容量等情况；

（四）建筑废弃物回填信息；

（五）施工单位与建筑废弃物处置相关的建筑市场不良行为记录；

（六）运输单位建筑废弃物运输不良行为记录；

（七）建筑废弃物运输时间和运输线路；

（八）在线填报的联单统计报表信息；

（九）建筑废弃物受纳场、综合利用场所相关信息；

（十）其他必要的监管信息。

第三十一条　建设、交通、公安交警、城管等部门应当依据各自职责加强建筑废弃物处置的监督检查，主要内容包括：

（一）建筑废弃物产生量的统计、运输合同履行等情况；

（二）联单制度的执行情况；

（三）建筑废弃物处置设施的运营、使用情况；

（四）建筑废弃物运输车辆情况；

（五）施工工地文明施工情况，包括保洁措施、建筑废弃物装载等情况。

监督检查的方式包括书面检查、现场检查、现场核定等。

第三十二条　交通、城管、水务等部门可以委托公安交警部门对在道路上的建筑废弃物违法处置行为实施行政执法。

前款所称"行政执法"包括行政检查、立案、调查取证、行政处罚、有关物品的处理等。

第三十三条　公众可以通过市政府统一设立的举报热线对建筑废弃物处置违法活动进行举报和投诉。

相关行政主管部门应当按照职责分工及时到现场调查、处理，并在15个工作日内将处理结果告知举报人或者投诉人。

第三十四条　违反规定处置建筑废弃物造成倾倒、污染，除依法责令限期清理、处以行政处罚外，对当事人逾期仍未清理的，由依法查处该违法行为的部门组织清理，依法应当由当事人承担的清理费用，由组织清理的部门依法追偿；但相关法律、法规对拒不清理行为规定了行政强制执行方式的，相应部门可以依法实施行政强制执行。

对无法查明违法倾倒、污染行为人的无主建筑废弃物，由被违法倾倒、污染场所的产权单位或者管理单位负责组织清理，依法应当由违法行为人承担的清理费用，组织清理的产权单位或者管理单位可以在明确违法行为人后依法追偿。

相关部门作为被违法倾倒、污染场所的产权单位或者管理单位，组织清理无主建筑废弃物前，应当制定处理方案，向市、区财政申请费用。

第六章 法 律 责 任

第三十五条 出租、出借、倒卖、转让、涂改、伪造建筑废弃物受纳许可证的，由城管部门责令其停止违法行为，给予警告，处以 2 万元罚款。

第三十六条 建设单位或者施工单位违反本办法第九条第四款规定，将建筑废弃物与生活垃圾混合进行排放的，由城管部门责令限期改正，给予警告，处以 3000 元罚款；将危险废物混入建筑废弃物进行排放的，由城管部门责令限期改正，给予警告，处以 3 万元罚款。

其他单位或者个人违反本办法第九条第四款规定，将建筑废弃物与生活垃圾混合进行排放的，由城管部门责令限期改正，给予警告，处以 1000 元罚款；将危险废物混入建筑废弃物进行排放的，由城管部门责令限期改正，给予警告，处以 2 万元罚款。

第三十七条 单位或者个人违反本办法第九条第四款规定，在非指定的场地倾倒、抛洒、堆放或者填埋建筑废弃物的，由本办法第三条至第七条规定的具有查处职责的相关部门责令其限期清理，按下列规定予以处罚：

（一）属第一次违法的，按每立方米 500 元的标准处以罚款，罚款总额最高不超过 5 万元，相关法律、法规对行政处罚另有规定的，从其规定；

（二）属第二次及以上违法的，按每立方米 750 元的标准处以罚款。

第三十八条 建设单位违反本办法第十二条第一款规定，未经备案排放建筑废弃物的，由建设部门责令限期改正，处以 3 万元罚款。

建设单位违反本办法第十三条第三款规定，变更建筑废弃物运输单位未办理变更备案的，由建设部门责令改正，处以 1 万元罚款。

施工单位违反本办法第十四条第一款规定，未按规定采取保洁措施的，由建设部门责令限期改正，处以 5000 元罚款。

第三十九条 建设单位或者施工单位违反本办法第十六条第一款规定，将建筑废弃物交给个人、未取得道路货物运输营运资质的运输单位或者未取得本办法第十九条规定的车辆检测合格证明的车辆运输的，由建设部门责令立即改正，处以 10 万元罚款。

施工单位违反本办法第十六条第一款规定，准许有超载、未密闭化运输、车体不洁、车轮带泥、车厢外挂泥等情况的车辆出场的，由建设部门责令立即改正，对施工单位按每次每车处以 5000 元罚款。

第四十条 施工单位违反本办法第十四条第二款规定，施工过程中造成市容环境污染的，由城管部门责令限期清理，按下列规定予以处罚：

（一）属第一次违法的，按污染面积每平方米处以 50 元罚款，罚款总额最高不超过 5 万元；

（二）属第二次及以上违法的，每增加一次按污染面积每平方米处以前次处罚标准 2 倍的罚款。

施工单位违反本办法第十四条第二款规定，未在施工完毕 48 小时以内清理遗留的建筑废弃物并运至合法受纳场所的，由城管部门责令限期清理，给予警告；逾期仍未清理的，处以 5000 元罚款。

第四十一条　违反本办法第十八条规定，未取得道路货物运输营运资质或者管理档案备案凭证从事建筑废弃物运输业务的，或者个人从事建筑废弃物运输经营业务的，由交通部门责令其停止违法行为，没收违法所得，处以违法所得 10 倍的罚款；没有违法所得或者违法所得不足 2 万元的，处以 10 万元的罚款。

第四十二条　建筑废弃物运输单位有下列违法行为的，由有关部门依法予以处理：

（一）违反本办法第二十条第（一）、（二）项规定，建筑废弃物运输车辆未密闭化运输，泥浆未使用专用罐装器具装载运输，车身不整洁，车轮带泥、车厢外挂泥的，由城管部门责令其停止违法行为，并按每次每车处以 5000 元罚款；在运输过程中沿途泄漏、遗洒建筑废弃物污染道路的，由城管部门、交通部门按照职责分工责令其限期清理，并按污染面积每平方米处以 200 元罚款；

（二）违反本办法第二十条第（三）、（四）项规定，建筑废弃物运输车辆有超高、超载、超速、冲禁令，不按规定时间和线路行驶，无通行证和未悬挂机动车号牌、使用伪造或者变造机动车号牌、故意遮挡或者污损号牌、拼装、改装建筑废弃物运输车辆等交通违法行为的，由公安交警部门依法实施行政强制措施或者处以行政处罚；违反本办法第二十条第（六）项规定，未随车携带车辆管理档案备案凭证、检测合格证明的，由公安交警部门按每次每车处以 3000 元罚款；

（三）违反本办法第二十条第（五）项规定，未将建筑废弃物运输至经批准的受纳场所的，或者建筑废弃物运输车辆入场后不服从场地管理人员指挥进行卸载的，由城管部门责令立即改正，并按每次每车处以 5000 元罚款；

（四）建筑废弃物运输车辆无《道路运输证》，驾驶员未取得市交通部门核发的从业资格证书的，由交通部门按相关法规进行处罚；建筑废弃物运输车辆未取得本办法第十九条规定的车辆检测合格证明的，由公安交警部门按每次每车处以 2 万元罚款，并根据《中华人民共和国道路交通安全法》的规定扣留运输车辆；

（五）强迫建筑废弃物运输车辆驾驶员违反道路交通安全法律、法规和机动车安全驾驶要求驾驶机动车，造成交通事故，尚不构成犯罪的，由公安交警部门依据《中华人民共和国道路交通安全法》相关规定对运输单位或者相关责任人处以拘留、罚款等行政处罚；

（六）建筑废弃物运输车辆超载或者有其他交通违法行为，造成市政道路、公路、路面井盖等公共设施损毁的，应当依法承担民事赔偿责任，并由公安部门依照《中华人民共和国治安管理处罚法》相关规定对运输单位或者相关责任人处以拘留、罚款等行政处罚；

（七）运输单位不良行为记录达到规定程度，或者发生较大级别以上（含较大）安全生产责任事故的，由交通部门按照《中华人民共和国道路运输条例》、《道路货物运输及站场管理规定》等相关规定，依法吊销《道路运输经营许可证》。

第四十三条 违反本办法第二十四条第一款规定，未取得建筑废弃物受纳许可证，擅自受纳建筑废弃物的，由城管部门责令其补办手续或者限期清理，按下列规定予以处罚：

（一）属第一次违法的，按违法受纳建筑废弃物每立方米处以50元罚款，罚款总额最高不超过5万元；

（二）属第二次及以上违法的，每增加一次按违法受纳每立方米处以前次处罚标准2倍的罚款。

建筑废弃物受纳场违反本办法第二十八条第一款规定，受纳建筑废弃物受纳许可范围以外的其他垃圾的，由城管部门责令停止违法行为，限期清理，按下列规定予以处罚：

（一）属第一次违法的，按受纳其他垃圾每立方米处以50元罚款，罚款总额最高不超过5万元；

（二）属第二次及以上违法的，每增加一次按受纳其他垃圾每立方米处以前次处罚标准2倍的罚款。

建筑废弃物受纳场在1年内具有前款规定违法行为5次以上的，城管部门应当依法吊销建筑废弃物受纳许可证。

本条规定清理费用的承担，参照本办法第三十四条规定办理。

第四十四条 建筑废弃物受纳场违反本办法第二十六条第一款规定，保洁措施不落实，污染周边环境的，由城管部门责令限期清理，按下列规定予以处罚：

（一）属第一次违法的，按污染面积每平方米处以50元罚款，罚款总额最高不超过5万元；

（二）属第二次及以上违法的，每增加一次按污染面积每平方米处以前次处罚标准2倍的罚款。

建筑废弃物受纳场违反本办法第二十八条第二款规定，超过受纳场的计划受纳容量继续受纳，或者未按计划实施封场的，由城管部门责令限期改正，处以5万元罚款。

第四十五条　违反本办法第十七条第二款规定，业主或者物业服务单位委托无道路货物运输营运证件或者无准运证的车辆运输零星建筑废弃物的，由城管部门责令停止违法行为，处以 3000 元罚款。

违反本办法第十七条第一款规定，业主或者物业服务单位统一堆放零星建筑废弃物超过 48 小时的，由城管部门责令改正，给予警告；拒不改正的，处以 500 元罚款。

违反本办法第十七条第一款规定，未将零星建筑废弃物运送至合法受纳场所的，由城管部门责令停止违法行为，对车主按每次每车处以 3000 元罚款。

违反本办法第十七条第二款规定，未领取准运证运输零星建筑废弃物的，由城管部门责令停止违法行为，对车主按每次每车处以 3000 元罚款。

第四十六条　违反建筑废弃物联单管理制度，具有下列情形之一的，由建设、城管部门按照各自职责，责令停止违法行为，处以罚款：

（一）伪造、擅自涂改、变造联单的，处以 1 万元罚款；

（二）拒不执行联单制度的，处以 3 万元罚款；

（三）违反联单管理其他具体规定的，按每次每车处以 500 元罚款。

建设、施工单位违反前款规定的，由建设部门实施处罚；受纳场所（回填除外）违反前款规定的，由城管部门实施处罚；建设、城管部门发现运输单位有违反联单管理行为的，应当通知交通部门纳入运输单位不良行为记录。

按照本条规定对单位处以罚款的，对联单管理直接责任人处以 5000 元罚款。

第四十七条　建设、交通、公安交警、城管等部门及其工作人员在监管过程中不履行职责或者不正确履行职责的，依法追究行政责任；涉嫌犯罪的，依法移送司法机关处理。

第七章　附　　则

第四十八条　流（液）体、沙石、粉状煤灰、矿渣或者其他原材料、废弃物在运输过程泄漏或者乱倒卸，造成道路污染的，按照本办法第四十二条第（一）项的规定由交通、城管部门分别依法处理。

货物堆场、停车场、混凝土搅拌场、矿场、采石场、沙场、取土场等场地未采取保洁措施，造成周边环境污染的，按照本办法第四十条第一款的规定，由城管部门依法处理。

本办法施行前尚未清理的无主建筑废弃物，参照本办法的规定组织清理。

第四十九条　依照本办法规定对违法行为处罚计算罚款时，违法排放、造成污染、受纳的建筑废弃物以及违法受纳的其他垃圾不足 1 平（立）方米的，按 1 平（立）方米计算。

第五十条 本办法自 2014 年 1 月 1 日起实施。1998 年 4 月 3 日深圳市人民政府令第 70 号发布，根据 2004 年 8 月 26 日深圳市人民政府令第 135 号修订的《深圳经济特区余泥渣土管理办法》同时废止。

5. 深圳市住房和建设局关于公布深圳市再生建材产品适用工程部位目录及综合利用企业信息名录的通知

深圳市再生建材产品主要种类及适用工程部位目录

序号	主要产品	常见规格尺寸	性能指标	适用的工程部位
1	再生骨料混凝土小型空心砌块	供需双方协商确定	参考国家标准《普通混凝土小型砌块》GB/T 8239—2014	建筑工程：非承重墙体、围墙、基础砖胎膜等部位；市政工程：基础砖胎膜、护坡等部位。
2	再生骨料混凝土实心砖	供需双方协商确定	参考国家标准《混凝土实心砖》GB/T 21144—2007	建筑工程：非承重墙体、围墙、基础砖胎膜等部位；市政工程：管井、管沟、电缆沟、基础砖胎膜、护坡等部位。
3	再生骨料非承重混凝土多孔砖	供需双方协商确定	参考国家标准《非承重混凝土空心砖》GB/T 24492—2009	建筑工程：非承重墙体、围墙、基础砖胎膜等部位；市政工程：基础砖胎膜、护坡等部位。
4	再生骨料承重混凝土多孔砖	供需双方协商确定	参考国家标准《承重混凝土多孔砖》GB 25779—2010	建筑工程：承重墙体、围墙、基础砖胎膜等部位；市政工程：管井、管沟、电缆沟、基础砖胎膜、护坡等部位。
5	再生骨料混凝土路缘石	供需双方协商确定	参考行业标准《混凝土路缘石》JC 899—2002	建筑工程：小区道路的路缘部位；市政工程：机动车道、人行道、自行车道、立交、铁路、地铁、广场等道路交通工程的路缘部位。
6	再生骨料混凝土路面砖	供需双方协商确定	参考国家标准《混凝土路面砖》GB 28635—2012	建筑工程：小区道路的路面部位；市政工程：人行道、自行车道、景观道路（绿道）、停车场、广场等市政工程的路面部位。

序号	主要产品	常见规格尺寸	性能指标	适用的工程部位
7	再生骨料混凝土透水砖	供需双方协商确定	参考国家标准《透水路面砖和透水路面板》GB/T 25993—2010	建筑工程：小区道路中人行道、自行车道的路面部位。 市政工程：人行道、自行车道、景观道路（绿道）、广场等市政工程的路面部位；绿化小品的围护部位。
8	再生骨料混凝土植草砖	供需双方协商确定	参考行业标准《植草砖》NY/T 1253—2006	建筑工程：小区道路、停车场的路面部位；绿化小品的围护部位。 市政工程：景观道路（绿道）、广场、停车场等市政工程的路面部位；绿化小品、绿化护坡的围护部位；河岸及海岸的水工部位。
9	工程弃土烧结多孔砖	供需双方协商确定	参考国家标准《烧结多孔砖和多孔砌块》GB 13544—2011	建筑工程：承重墙体、围墙、基础砖胎膜等部位； 市政工程：管井、管沟、电缆沟、基础砖胎膜、护坡等部位。
10	工程弃土烧结空心砖	供需双方协商确定	参考国家标准《烧结空心砖和空心砌块》GB 13545—2014	建筑工程：非承重墙体、围墙、基础砖胎膜等部位； 市政工程：管井、管沟、电缆沟、基础砖胎膜、护坡等部位。
11	再生骨料混凝土墙板	供需双方协商确定	参考行业标准《再生骨料应用技术规程》JGJ/T 240—2011	建筑工程：非承重内墙体等部位。
12	再生粗骨料	粒径>4.75mm	参考国家标准《混凝土用再生粗骨料》GB/T 25177—2010	建筑工程：地基回填等部位； 市政工程：路基垫层、地下管廊回填等部位。
13	再生细骨料	粒径<4.75mm	参考国家标准《混凝土和砂浆用再生细骨料》GB/T 25176—2010	建筑工程：地基回填等部位； 市政工程：路基垫层、地下管廊回填等部位。

续表

序号	主要产品	常见规格尺寸	性能指标	适用的工程部位
14	再生骨料干混砌筑砂浆	散装、袋装：M5、M7.5、M10、M15	参考国家标准《预拌砂浆术语》GB/T 31245—2014	建筑工程：砌筑隔墙、批荡等部位使用； 市政工程：市政道路水沟、公共配套设施等部位使用。
15	再生骨料干混抹灰砂浆	散装、袋装：M7.5、M10、M15、M20	参考国家标准《预拌砂浆术语》GB/T 31245—2014	建筑工程：砌筑隔墙、批荡等部位使用； 市政工程：市政道路水沟、公共配套设施等部位使用。
16	再生骨料干混地面砂浆	散装、袋装：M10、M15、M20	参考国家标准《预拌砂浆术语》GB/T 31245—2014	使用于室内室外地坪工程。

2016 年 12 月 22 日

6. 深圳市建筑废弃物管理办法（征求意见稿）

第一章　总　　则

第一条　【目的依据】为进一步加强我市建筑废弃物处置监管，推进减排与综合利用，根据《深圳市建筑废弃物减排与利用条例》以及相关法律、法规、规章，结合本市实际，制定本办法。

第二条　【适用范围及定义】本办法适用于本市行政区域内建筑废弃物分类、排放、运输、中转、回填、受纳、综合利用等处置活动及其监督管理。

本办法所称建筑废弃物，是指在新建、改建、扩建、拆除、装饰装修各类建筑物、构筑物、管网、交通设施等工程施工活动中产生的建筑余土、余泥、余渣以及其他废弃物。

【增加】前款规定行为产生的有毒有害废弃物以及家庭装修废弃物，按照相关法律、法规规定处理，不纳入本办法处理范围。

第三条　【机构职责】建设行政主管部门（以下简称建设主管部门）负责建筑废弃物减排、受纳与综合利用管理，对建筑废弃物处置联单制度执行情况进行监管，对本部门监管的建设工程及受纳场在施工过程中违法处置建筑废弃物行为依法查处。

规划国土部门负责会同相关部门制定建筑废弃物受纳场和综合利用设施规划并纳入城市发展中长期规划，制定受纳场和综合利用设施专项用地政策并优先保障项目用地，对受纳场建设项目选址、用地规划和工程规划申请进行审批，优化建设项目规划设计促进建筑废弃物减量排放，对政府储备建设用地、基本农田等管理范围内乱倒建筑废弃物的行为依照相关法律、法规进行制止并查处。

交通行政主管部门（以下简称交通部门）负责对建筑废弃物运输单位、驾驶员和车辆实行备案管理，对建筑废弃物运输单位及其运输车辆的道路运输违法行为依法查处，对交通建设工程在施工过程中违法处置建筑废弃物行为依法查处。

城市管理行政主管部门（以下简称城管部门）负责对建筑废弃物处置过程中沿途撒漏、偷排乱倒等污染市容环境卫生行为，对山地、林地、绿地及公园范围内乱倒建筑废弃物的行为依照相关法律、法规进行查处，对纳入城市管理综合执法的建筑废弃物执法事项开展执法活动。

公安交警部门负责对建筑废弃物运输车辆行驶禁行、限行路段核发道路通行证，对建筑废弃物运输车辆在道路上的交通违法行为依法查处。

环境保护部门负责建筑废弃物环境污染防治的监督管理，会同有关部门对水源保护区内乱倒建筑废弃物行为依法查处。

水务部门负责对在供排水设施、河道、水库、沟渠等管理范围内乱倒建筑废弃物的行为依照相关法律、法规进行查处，对水务工程在施工过程中违法处置建筑废弃物行为依法查处。

财政行政主管部门（以下简称财政部门）负责建筑废弃物减排及综合利用专项资金规划及审批，监督建筑废弃物处理费、减排及综合利用财政补贴使用情况。

市、区发改、市场监管、安监、海事、海洋等行政主管部门按照各自职责实施本办法。

第四条　【增加政府职责】各区人民政府、新区管委会应按属地消纳原则制定建筑废弃物处置目标，落实建筑废弃物减量、分类、排放、运输、中转、回填、受纳、综合利用的保障措施。

第五条　【治理原则】建筑废弃物处置应当符合减量化、再利用、资源化、无害化、分类管理和谁产生、谁负责、谁承担处置责任的原则，应当依法实施环境卫生及扬尘防治措施，防止环境污染。

第六条　【联单管理】建筑废弃物实行联单管理，联单应当附注项目工程名称、施工许可审批文号、建筑废弃物类别、数量、排放单位、排放和装载地点、运输单位及车辆、运输路线及时间、受纳场所等必要信息。

第七条 【处理收费原则】政府投资建设的建筑废弃物受纳场所处理收费实行收支两条线管理，收取的建筑废弃物处理费专项用于政府投资建设的建筑废弃物受纳场建设运营、综合利用项目扶持、再生产品的推广应用等工作。其他建筑废弃物末端处理收费以促进减排利用和无害化处理为原则，由市场自行定价为主。相关收费指导意见由市物价部门会同市财政、建设等部门制定。

第二章 分类和排放管理

第八条 【增加现场分类】建筑废弃物实行施工现场分类制度。具体分类指引由市建设主管部门牵头制定，按规定程序报经批准后执行。

第九条 【增加主体责任】建筑废弃物分类实行管理责任人制度，由建设单位（项目实施主体单位）承担主体责任，其工作职责：

（一）建立建筑废弃物分类管理制度，记录产生的建筑废弃物类别、排放量、回收利用、去向等，接受建设主管部门的监督检查；

（二）开展建筑废弃物分类知识宣传，监督施工单位和作业人员开展建筑废弃物分类；

（三）监督检查建筑废弃物分类，并应交由相关单位依法处理；

（四）建设主管部门要求的其他工作职责。

施工单位、受纳场所运营单位应当根据建筑废弃物产生量和分类方法，按照有关标准和分类要求进行分类，并采取有效措施防止已分类的建筑废弃物再混合。

【增加】本办法所称受纳场所，包含建筑废弃物填埋、中转、回填场所以及综合利用厂。

第十条 【规范排放】建筑废弃物应当依法排放。

任何单位和个人不得将生活垃圾、有毒有害废弃物和建筑废弃物混合排放和回填，不得在公共场所及其他非指定的场地倾倒、抛洒、堆放或者填埋建筑废弃物。

第十一条 【处置核准】新建工程项目的建设和既有建筑物、构筑物的拆除，建设单位应当按照国家、省以及本市建筑废弃物减排利用技术规范的要求，制定建筑废弃物减排及处理方案，报建设主管部门申请建筑废弃物处置核准。

【增加】法律、法规或者规章对既有建筑物、构筑物拆除工程的建筑废弃物处置监管另有规定的，从其规定。

第十二条 【增加核准材料】建筑废弃物减排及处理方案应当附有下列材料：

（一）【增加】施工图设计文件审查机构出具的审查意见，施工图设计应当包含优化规划、片区竖向标高和建设工程土方平衡设计等内容；

（二）建筑废弃物排放处置计划，如实填报建筑废弃物的种类、数量、处置场地、【增加】建筑废弃物控制计划和减量措施、现场分类及综合利用方案、污染防治措施等事项；

（三）建设单位或者工程总承包单位与依法备案的运输单位签订的运输合同及运输车辆基本情况；

（四）合法建筑废弃物受纳场所（含已备案的临时纳土工程）同意受纳的证明材料。进行建筑废弃物综合利用的，需提供建设单位或者工程总承包单位与依法备案的综合利用企业签订的综合利用协议；

（五）运往其他地级以上市行政区域处置建筑废弃物的，需提供异地建筑废弃物受纳场所所在地主管部门同意受纳的证明材料；

（六）其他依法应当提交的材料。

【增加】建设单位、施工单位应当按照建筑废弃物减排及处理方案执行。确需变更的，应当经建设主管部门核准变更后方可实施。

第十三条 【增加海域排放】任何单位和个人未经国家海洋行政主管部门批准，不得向海域倾倒建筑废弃物。

需要向海域倾倒建筑废弃物的，应当根据《中华人民共和国海洋环境保护法》等法律法规报经批准后，在指定的海域范围内倾倒指定种类的建筑废弃物。

第十四条 【出场规范】建设单位、施工单位不得将建筑废弃物交给个人、未取得道路货物运输营运资质的运输单位或者未取得本办法第十六条规定的运输车辆标识的车辆运输。

施工单位不得允许有未密闭化装载、车体不洁等情况的车辆出场，不得允许未经干化、固化处理的工地泥浆运至指定受纳场所。

第十五条 【监管员及视频监控】监理单位应当设置专职从事建筑废弃物装载、保洁的监管员。工地出入口应配置视频监控系统，对建筑废弃物运输车辆出入情况进行实时监控，视频影像资料保存 1 个月。

未经监管员确认的，建筑废弃物不得运出工地。

监理单位应当将监管员记载的建筑废弃物处置情况纳入监理范围，并对监管员履行建筑废弃物装载、保洁的监管行为负责。

第三章 运 输 管 理

第十六条 【运营资格及备案】个人不得从事建筑废弃物运输经营业务。

单位从事建筑废弃物运输，应向交通部门申请运输单位及车辆管理档案备案，并应当具备以下条件：

（一）取得《道路运输经营许可证》、《道路运输证》；

（二）所属建筑废弃物运输车辆具有本市公安交警部门核发的《机动车辆行驶证》和年审合格证明；

（三）在本市行政区域内与企业经营规模相适应的自有运输车辆、驾驶员、车辆停放场地、维修保养场所、车辆冲洗设备等；

（四）具备健全的企业运营管理制度，配备安全监管员；

（五）运输车辆必须符合本市相关标准和技术规范，并正常接入政府部门建立的监控平台；

（六）自有运输车辆总核定载质量达到规定数量；

（七）法律法规规定的其他条件。

符合条件的申请人，由市交通部门核发建筑废弃物运输备案凭证，对符合本市建筑废弃物车辆技术规范的车辆同时发放建筑废弃物运输车辆标识。上列材料变更时，申请人应当及时办理变更备案手续。

第十七条 【车辆检测合格证明】在本市从事建筑废弃物运输的车辆应当符合相关标准和技术规范，定期进行检测，取得具备法定资质的检测机构出具的车辆检测合格证明。【增加】检测不合格的车辆不得从事建筑废弃物运输。

第十八条 【驾驶员资格】建筑废弃物运输车辆驾驶员应当根据《深圳经济特区道路交通安全管理条例》的规定，取得市交通部门核发的从业资格证书。持有非本市交通部门核发的从业资格证书在本市驾驶建筑废弃物运输车辆的人员，应当到市交通部门备案，换领本市核发的从业资格证书。

【增加】市交通部门应当组织或委托行业协会定期组织驾驶员安全教育培训，并发放教育培训记录。

第十九条 【核定运输路线、时间】建设单位或者工程总承包单位确定的运输单位应当向市公安交警部门申请核定建筑废弃物运输路线，市公安交警部门根据道路交通流量、交通管理工作需要以及环境保护部门提供的环境噪声污染防治信息等，在受理申请材料后 7 个工作日内予以核定。

建筑废弃物运输时间应当符合市公安交警部门确定并公布的车辆通行时间。

第二十条 【运输行为规范】运输单位在运输建筑废弃物时应当符合以下要求：

（一）在道路行驶的建筑废弃物运输车辆必须保持整洁，禁止车轮带泥、车厢外挂泥；

（二）建筑废弃物运输车辆实行密闭运输，不得沿途泄漏、遗撒，泥浆应当使用专用罐装器具装载运输；

（三）建筑废弃物运输车辆必须按规定的时间、路线行驶；

（四）建筑废弃物运输车辆应当符合相关技术规范，并经依法确定的检测机构检测合格；

（五）随车携带【增加】建筑废弃物运输车辆标识及其他相关运输证照；

（六）建筑废弃物应当运输至合法的受纳场所（含已备案的临时纳土工程）；

（七）建筑废弃物运输车辆进入受纳场所后应当服从场内人员的指挥进行倾倒。

第二十一条 【增加水上运输管理】鼓励采用水上运输等方式进行建筑废弃物长途、跨区域运输。

建筑废弃物的水上运输单位应当遵循水上运输的规定，向相关部门申请运输许可。

经营建筑废弃物水运中转港口设施的，应当取得交通部门同意，并配备符合规定的视频监控系统、洗车槽、车辆冲洗设备、沉淀池、道路硬化设施以及除尘、防污设施，设置建筑废弃物分类堆放分类场地，并向市建设主管部门备案。

船只运输建筑废弃物，应当保持密闭装载，不得沿途泄露、遗撒，不得向水域倾倒建筑废弃物。

第四章 受 纳 管 理

第二十二条 【增加受纳场所建设规划】市规划国土部门应当会同市建设、城管、环境保护、水务、交通等部门，制定建筑废弃物受纳场所（回填除外）专项规划。鼓励建筑工务署、地铁集团和水务集团等单位建设和经营政府重大项目、轨道交通和水务等工程专用建筑废弃物受纳场。鼓励社会参与本市建筑废弃物受纳场、综合利用厂投资建设和经营。

经规划确定的建筑废弃物受纳场所（回填除外）建设用地，未经法定程序，不得改变用途。

第二十三条 【增加受纳场规划和建设审批管理】任何单位和个人不得擅自受纳建筑废弃物。新建建筑废弃物受纳场应当向规划国土部门申请办理受纳场建设项目选址、用地规划和工程规划审批手续，按照建设工程基本程序实施，并符合受纳场建设运营技术规范。

建筑废弃物受纳场未取得建设主管部门核发的《建筑工程施工许可证》，不得开工。

第二十四条 【增加 其他受纳场所备案管理】建设建筑废弃物临时中转场所的，应当报所在辖区街道办事处备案，并接受监督管理。临时中转场所办理备案时，应当提交下列材料：

（一）土地使用证明文件；

（二）场地平面图、进场路线图、受纳场运营管理方案、水土保持方案、安全巡查计划书等资料；

（三）其他依法应当提交的材料。

【增加】生态修复、土地整理、园林绿化，基本农田和集体用地改造，报废水库、报废鱼塘、报废石场和废弃河道治理等临时纳土工程，由相应的项目主管部门会同所在区建设主管部门共同管理。开工前，建设单位应将临时纳土工程的基本信息（含地点、纳土时间、纳土总量等）、项目主管部门批准文件报区建设主管部门备案。

工地内部或工地之间进行土石方平衡回填的，应当提供相关施工许可审批或其他证明资料，报区建设主管部门备案。回填土石方总量不足一万立方米的建设工程，免于备案。

第二十五条 【增加受纳管理】建筑废弃物受纳场应当遵守下列规定：

（一）按照规定受纳指定种类的建筑废弃物，未经批准不得受纳工业垃圾、城市生活垃圾、污泥、有毒有害废弃物等。居民房屋装饰装修产生的建筑废弃物，经依法分类后由环境卫生作业服务单位收运至受纳场所集中处理；

（二）严格落实建筑废弃物分类、安全防护、水土保持、扬尘防治等措施；

（三）建立规范完整的建筑废弃物受纳、中转台账，定期报送台账至建设主管部门；

（四）建立监测预警系统，委托有资质的第三方监测机构对受纳场的挡坝及高于挡坝的堆体进行地质沉降、位移动态等情况进行连续监测；

（五）受纳场满容后应组织安全稳定性评估，并依法进行封场绿化、复垦或平整。

临时中转场所堆填土石方总量不得超过一万立方米且占地面积不得超过一公顷，堆放高度不得高于周围平均地面高度3米，堆体压实度及边坡坡率应符合相关技术标准，并做好扬尘污染防治及水土保持措施。

第二十六条 【增加设施占用、改变用途、关闭、闲置或拆除】任何单位和个人不得擅自占用、关闭、闲置、拆除建筑废弃物受纳场，不得擅自改变建筑废弃物受纳场用途。

【增加】达到原设计容量或者因其他原因导致无法继续受纳需关闭的，建筑废弃物受纳场应当在封场停止受纳30日前报建设主管部门。建筑废弃物受纳场运营单位应当按照规范实施封场绿化、复垦或者平整，建设单位应当依法组织工程竣工验收。

第二十七条 【后续监测及移交】竣工验收后，第三方监测机构应当继续执行建筑废弃物受纳场监测工作。受纳场达到安全稳定性要求的，由建设单位移交原土地权属单位管理。

第二十八条 【增加环境监测】环境保护部门应当对建筑废弃物处置及受纳场所的污染物排放情况进行监测，并实时发布监测信息。

第五章　综合利用管理

第二十九条 【增加综合利用原则】建筑废弃物可回收物应当交由建筑废弃物综合利用企业处置。

具备条件的建设工程应当进行建筑废弃物现场综合利用，现场无法处理的可回收物应交由建筑废弃物综合利用企业集中处理。其他不可回收的建筑废弃物、生活垃圾、工业垃圾、有毒有害废弃物等，应当按照相关法律、法规规定妥善处理。

第三十条 【增加拆除工程建筑废弃物综合利用管理】既有建筑物、构筑物拆除工程实行房屋拆除、建筑废弃物综合利用及清运一体化管理。

第三十一条 【增加企业备案管理】企业从事建筑废弃物综合利用生产经营，应报建设主管部门登记备案。

采用固定式生产方式的企业应提交下列材料：

（一）独立法人资格证明文件；

（二）土地使用证明文件；

（三）生产经营方案，应包括综合利用经营范围、生产工艺及设备、年处置能力、安全评估报告及应急预案等；

（四）环境保护部门批准的建筑废弃物综合利用项目环境影响评价文件，及配备封闭式生产、除尘、降噪和废水处理等环境污染防护工艺和设备的证明文件；

（五）综合利用厂出入口按照建筑工地出入口管理要求设置视频监控系统、采取保洁措施的证明文件；

（六）建设主管部门要求提供的其他材料。

采用移动式生产方式的企业应提交下列材料：

（一）独立法人资格证明文件；

（二）生产经营方案，应包括综合利用经营范围、生产工艺及设备、年处置能力、安全评估报告及应急预案等；

（三）配备除尘、降噪和废水处理等环境污染防护工艺和设备的证明文件；

（四）建设主管部门要求提供的其他材料。

如备案内容变更的，应自变更之日起 30 日内到建设主管部门办理变更备案登记。

第三十二条 【增加综合利用生产规范】建筑废弃物综合利用企业从事生产活动应当遵守下列规定：

（一）全面接收可回收建筑废弃物，不得接收生活垃圾、工业垃圾、有毒有害废弃物；

（二）在规划区域内按设计方案要求堆放建筑废弃物原材料，不得超高超量堆放，严格落实建筑废弃物分类、安全防护、水土保持、扬尘防治等措施；

（三）建立规范完整的台账，应包括建筑废弃物来源、数量、类型、综合利用处理工艺、产出及产品流向等信息，并定期报送综合利用厂所在辖区建设主管部门；

（四）建立生产质量管理体系，生产及产出应当符合国家和地方的产业政策、建材革新的有关规定及产品质量标准，不得以其他原料代替建筑废弃物作为产品主要原料，不得采用列入淘汰名录的技术、工艺和设备生产建筑废弃物再生产品；

（五）建立安全生产和职业病防治责任制度，确保安全生产；

（六）建立职业教育培训管理制度，工程技术人数和生产工人应定期接受培训。

第三十三条 【增加再生产品规范】建筑废弃物再生产品应当由建设主管部门公布的专业检测机构进行质量检测。检测合格的，标注建筑废弃物再生产品标识，并列入绿色产品目录和政府绿色采购名录。

第三十四条 【增加政策鼓励和优惠】市、区建设主管部门应当制定优惠政策，扶持和发展建筑废弃物减排和综合利用项目，鼓励建筑废弃物减排和回收利用新技术、新工艺、新材料、新设备的研究、开发和使用，鼓励企业利用建筑废弃物生产建筑材料和进行再生利用。

第三十五条 【增加推广利用】市建设主管部门应当制定推广使用建筑废弃物再生产品办法，确定建筑废弃物再生产品在建设工程项目中的使用比例。

第六章 监 督 检 查

第三十六条 【信息平台】市建设主管部门应当会同市交通、公安交警、城管、环境保护等部门建立建筑废弃物处置管理综合信息平台及相关管理制度，实现管理信息互联互通、即时共享。

区建设主管部门应按市建设主管部门要求定期上报并共享备案信息。

第三十七条 【部门监督及第三方监管】建设、交通、公安交警、城管、环境保护等部门应当依据各自职责加强建筑废弃物处置的监督检查，监督检查的方式包括资料核查、现场检查等。

【增加】建设主管部门可以委托专业机构、行业协会等，对建筑废弃物处置数量、服务质量、运营管理等情况进行监管和评价。

第三十八条 【增加诚信评价】市交通部门会同市建设、城管、公安交警等部门建立健全建筑废弃物运输单位及其从业人员的不良信用记录和联合惩戒机制。

市、区建设主管部门应当建立建筑废弃物受纳场运营单位、综合利用企业信用体系和失信惩戒机制、黑名单制度；将建设工程建设、施工和监理单位处理建筑废弃物情况纳入建筑业诚信综合评价体系进行管理；对建筑废弃物综合利用企业、受纳场运行情况开展年度评价，并公开评价结果。

第三十九条 【委托及综合执法】交通、城管、水务等部门可以委托公安交警部门对在道路上的建筑废弃物违法处置行为实施行政执法。【增加】建设主管部门执法事项可委托下属建设工程质量安全监督部门实施。

【增加】本办法规定执法事项已明确纳入综合执法的，由城市管理综合执法部门机构负责。

第四十条 【清理责任】违反规定处置建筑废弃物造成倾倒、污染，由第三条规定的具有查处职责的相关职能部门责令限期清理、处以行政处罚，逾期未清理的，由相关职能部门组织清理并负责清理费用追偿或者依法强制执行。

对无法查明违法倾倒、污染行为人的无主建筑废弃物，由被违法倾倒、污染场所的产权单位或者管理单位负责组织清理，依法应当由违法行为人承担的清理费用，组织清理单位可以在明确违法行为人后追偿。

相关部门作为被违法倾倒、污染场所的产权单位或者管理单位，组织清理无主建筑废弃物前，应当制定处理方案，向市、区财政申请费用。

第四十一条 【增加信息公开】建设、交通、公安交警、城管等部门应当建立建筑废弃物处置信息公开制度，依法向社会公布建筑废弃物分类、排放、运输、综合利用、受纳等状况。

建筑废弃物受纳场所运营单位应当向社会公开主要污染物的名称、排放方式、排放浓度和总量、超标排放情况，以及建筑废弃物受纳场和综合利用厂的运行情况、主要污染物排放数据、环境监测数据、主要建筑废弃物再生建材生产、销售情况等，接受政府监管和社会监督。

第四十二条 【公众监督】公众可以通过市政府统一设立的举报热线对建筑废弃物处置违法活动进行举报和投诉。【增加】市、区建设主管部门可制定奖励政策，鼓励公众参与建筑废弃物处置的监督工作。

相关行政主管部门应当按照职责分工及时到现场调查、处理，并在规定时间内将处理结果告知举报人或者投诉人。

第七章 法 律 责 任

第四十三条 【增加违反分类规定】建设单位未按本办法第九条第一款规定履行分类工作职责的,由建设、交通和水务部门按职责分工责令立即改正,并处以 3 万元罚款。

施工单位、受纳场所运营单位未按本办法第九条第二款规定执行的,由建设、交通和水务部门按职责分工责令立即改正,并处以 3 万元罚款。

第四十四条 【混合排放】建设单位或者施工单位违反本办法第十条规定,将生活垃圾混入建筑废弃物进行排放的,由建设、交通和水务部门按职责分工责令限期改正,给予警告,处以 3000 元罚款;将有毒有害废物混入建筑废弃物进行排放的,由建设、交通和水务部门按职责分工责令限期改正,给予警告,处以 3 万元罚款。

其他单位或者个人违反本办法第十条规定,将建筑废弃物与生活垃圾混合进行排放的,由城管部门责令限期改正,给予警告,处以 1000 元罚款;将有毒有害废弃物混入建筑废弃物进行排放的,由城管部门责令限期改正,给予警告,处以 2 万元罚款。

第四十五条 【乱排放】单位或者个人违反本办法第十条规定,在道路、政府储备建设用地、水源保护区、供排水设施、河道、水库、沟渠、山地、林地、菜地、农田、公园、绿地、海域等非指定的场地倾倒、抛洒、堆放或者填埋建筑废弃物的,由本办法第三条规定的具有查处职责的相关职能部门责令其限期清理,按每立方米 500 元的标准处以罚款,相关法律、法规对行政处罚另有规定的,从其规定。

第四十六条 【违反核准规定】建设单位违反本办法第十一条规定,未经核准排放建筑废弃物的,由建设主管部门责令限期改正,处以 3 万元罚款。

建设单位违反本办法第十二条第二款规定,由建设主管部门责令改正,处以 1 万元罚款。

第四十七条 【增加违反海域排放规定】单位或者个人违反本办法第十三条规定,由相关职能部门责令改正,并依法处罚。

第四十八条 【违反出场规范】建设单位或者施工单位违反本办法第十四条第一款规定,将建筑废弃物交给个人、未取得道路货物运输营运资质的运输单位或者未取得本办法第十六条规定的运输车辆标识的车辆运输的,由建设主管部门责令立即改正,处以 10 万元罚款。

施工单位违反本办法第十四条第二款规定,允许有未密闭化装载、车体不洁等情况的车辆出场的,或者允许未经干化或者固化处理的工地泥浆运至指定受纳场所，由建设主管部门责令立即改正，并按每次每车处以 5000 元罚款。

第四十九条 【增加 违反监理职责】监理单位未按本办法第十五条规定履行职责的，由建设主管部门责令立即改正，处以 3 万元罚款。

第五十条 【违反运营资格和备案规定】违反本办法第十六条第一款、第二款规定，个人从事建筑废弃物运输经营业务的，或者运输单位未经备案或未取得运输车辆标识从事建筑废弃物运输的，交通部门责令停止违法行为，没收违法所得，处以违法所得 10 倍的罚款；没有违法所得或者违法所得不足 1 万元的，处以 10 万元的罚款。

建筑废弃物运输单位违反本办法第十六条第三款规定，未及时办理变更备案的，由交通部门责令改正，处以 1 万元罚款。

第五十一条 【违反联单制度】建设、施工、监理、运输单位和建筑废弃物受纳场所违反建筑联单管理制度的，由建设主管部门责令停止违法行为，处以罚款：

（一）拒不执行联单制度的，处以 3 万元罚款；

（二）违反联单管理其他具体规定的，按每次每车处以 500 元罚款。

按照本条规定对单位处以罚款的，对联单管理直接责任人处以 5000 元罚款。

第五十二条 【违反运输行为规范等规定】建筑废弃物运输单位有下列违法行为的，由有关部门依法予以处理：

（一）【增加】违反本办法第十六条第二款第（五）项规定，建筑废弃物运输车辆不符合本市相关标准和技术规范或者未正常接入政府部门建立的监控平台的，由交通部门责令改正，并按每次每车次处以 2000 元罚款；建筑废弃物运输车辆无《道路运输证》，驾驶员未取得本市交通部门核发的从业资格证书的，由交通部门按相关法规进行处罚；建筑废弃物运输车辆未取得本办法第十七条规定的车辆检测合格证明的，由公安交警部门按每次每车处以 2 万元罚款，并根据《中华人民共和国道路交通安全法》的规定扣留运输车辆；

（二）违反本办法第二十条第（一）、（二）项规定，建筑废弃物运输车辆未密闭化运输，泥浆未使用专用罐装器具装载运输，车身不整洁，车轮带泥、车厢外挂泥的，由城管部门责令其停止违法行为，并按每次每车处以 5000 元罚款；在运输过程中沿途泄漏、遗撒建筑废弃物污染道路的，由城管部门、交通部门按照职责分工责令其限期清理，并按污染面积每平方米处以 200 元罚款；

（三）违反本办法第二十条第（三）项规定，建筑废弃物运输车辆不按规定时间和线路行驶的，由公安交警部门依法实施行政强制措施或者处以行政处罚；

（四）违反本办法第二十条第（五）项规定，建筑废弃物运输车辆未随车携带【增加】建筑废弃物运输车辆标识、检测合格证明的，由公安交警部门按每次每车处以 3000 元罚款；

（五）违反本办法第二十条第（七）项规定，建筑废弃物运输车辆入场后不服从场地管理人员指挥进行卸载的，由建设主管部门责令立即改正，并按每次每车处以 5000 元罚款。

第五十三条 【擅自受纳建筑废弃物】违反本办法第二十三条第一款规定，擅自受纳建筑废弃物的，由城管部门责令停止违法行为，限期清理，并按违法受纳建筑废弃物每立方米处以 50 元罚款，相关法律、法规对行政处罚另有规定的，从其规定。

第五十四条 【受纳场违反建设审批规定】违反本办法第二十三条第一款规定，建筑废弃物受纳场建设、运营不符合受纳场建设运营技术规范，由市建设主管部门责令其停止违法行为，给予警告，处以 3 万元罚款。

违反本办法第二十三条第二款规定，建筑废弃物受纳场未取得《建筑工程施工许可证》擅自开工的，由建设主管部门责令停止施工，限期改正，并按相关法律法规规定处以罚款。

第五十五条 【其他受纳场所违反备案规定】违反本办法第二十四条第一款规定，建设临时中转场所未按规定报所在辖区街道办事处备案的，由街道办事处责令整改，并处 3 万元罚款。

违反本办法第二十四条第三款规定，土石方平衡回填工程未按规定报建设主管部门备案的，由建设主管部门责令整改，并处 3 万元罚款。

第五十六条 【超范围受纳】建筑废弃物受纳场违反本办法第二十五条第一款第（一）项规定受纳非指定种类的建筑废弃物或者其他废弃物的，或受纳工业垃圾、城市生活垃圾、污泥、有毒有害等其他废弃物的，由建设主管部门责令停止违法行为，限期清理，并按受纳其他废弃物每立方米处以 50 元罚款，相关法律、法规对行政处罚另有规定的，从其规定。

建筑废弃物受纳场在 1 年内具有前款规定违法行为 5 次以上的，由建设主管部门责令停工并限期整改；逾期不整改或者整改不合格的，由建设主管部门按照建设工程质量安全监管有关法律规定及监管协议实施处罚。

本条规定清理费用的承担，参照本办法第四十条规定办理。

第五十七条 【增加受纳场、临时中转场所违反运行规范】建筑废弃物受纳场违反本办法第二十五条第一款第（二）、（三）、（四）、（五）项规定，由建设主管部门责令限期整改，处 5000 元以上 5 万元以下的罚款。

临时中转场所违反本办法第二十五条第二款规定，由城管部门责令停止违法行为，处以 3 万元的罚款。

第五十八条 【增加违反受纳场关闭、闲置、拆除规定】违反本办法第二十六条第一款规定，擅自占用、关闭、闲置、拆除建筑废弃物受纳场或者擅自改变建筑废弃物受纳场用途的单位或个人，由建设主管部门责令停止违法行为，限期改正，处1万元以上10万元以下的罚款。

建筑废弃物受纳场违反本办法第二十六条第二款规定，超过受纳场的计划受纳容量继续受纳，或者未按计划实施封场的，由建设主管部门责令限期改正，【增加】消除安全隐患，处以5万元罚款。

第五十九条　【违反综合利用备案规定】企业违反本办法第三十一条规定，未经备案从事建筑废弃物综合利用生产经营或未及时办理变更备案的，由建设主管部门责令限期改正，并处5万元罚款。

第六十条　【违反综合利用规范规定】建筑废弃物综合利用企业有下列违法行为的，由相关部门依法予以处理：

（一）违反本办法第三十二条第（一）项规定，受纳生活垃圾、工业垃圾、有毒有害废弃物的，由建设主管部门责令停止违法行为，限期清理，并按受纳其他废弃物每立方米处以50元罚款，相关法律、法规对行政处罚另有规定的，从其规定；

（二）违反本办法第三十二条第（二）、（三）、（五）、（六）项规定，由建设主管部门责令限期整改，处5000元以上5万元以下的罚款；

（三）违反本办法第三十二条第（四）项规定，以其他原料作为主要原料替代建筑废弃物生产建筑废弃物综合利用产品的，由建设主管部门责令停止违法行为，没收违法所得，处以违法所得十倍的罚款；没有违法所得或者违法所得不足2万元的，处以10万元的罚款；

（四）违反规定采用列入淘汰名录的技术、工艺和设备生产建筑废弃物综合利用产品的，依照《中华人民共和国循环经济促进法》的规定处罚。

第六十一条　【增加妨碍建筑废弃物处置工作的责任】违反本办法规定，妨碍、阻挠建筑废弃物监督、检查工作的，围堵建筑废弃物受纳场所，阻碍建筑废弃物受纳场所建设和正常运行的，由公安机关依法查处。

第六十二条　【公职人员违法】建设、交通、公安交警、城管等部门及其工作人员在监管过程中不履行职责或者不正确履行职责的，依法追究行政责任；涉嫌犯罪的，依法移送司法机关处理。

第八章　附　　则

第六十三条　【其他废弃物违法处置】流（液）体、沙石、水泥、粉状煤灰、矿渣或者其他原材料、废弃物在运输过程泄漏或者乱倒卸，造成道路污染的，按照本办法第五十二条第（二）项的规定由交通、城管部门分别依法处理。

本办法施行前尚未清理的无主建筑废弃物，参照本办法的规定组织清理。

第六十四条 【罚款计算】依照本办法规定对违法行为处罚计算罚款时，违法排放、造成污染、受纳的建筑废弃物以及违法受纳的其他废弃物不足 1 平（立）方米的，按 1 平（立）方米计算。

【增加】违法单位或个人对建筑废弃物排放量测量、核定有异议的，可依法向查处部门提请复核，由查处部门委托有资质的第三方检测机构进行检测。

第六十五条 【施行日期】本办法自年月日起实施。2013 年 11 月 29 日深圳市人民政府令第 260 号发布实施的《深圳市建筑废弃物运输和处置管理办法》同时废止。

2017 年 11 月 6 日

7. 东莞市建筑垃圾管理规定（征求意见稿）

东综管告（2018）44 号

第一章 总　　则

第一条 【目的依据】为加强对城市建设工程、修缮工程的建筑垃圾的管理，维护城市市容和环境卫生，根据相关法律、法规、规章，结合本市的实际，制定本规定。

第二条 【适用范围】本市行政区域内建筑垃圾的排放、运输、中转、回填、受纳和资源化利用等处置活动以及相关监督管理工作，适用本规定。

第三条 【名词解析】本规定所称建筑垃圾，是指建设、施工单位或个人对各类建筑物、构筑物、管网等进行建设、铺设或拆除、修缮过程中所产生的渣土、弃土、弃料、淤泥及其他废弃物。施工过程中产生的危险废物，按照相关法律、法规的规定处理。

本规定所称建筑垃圾受纳场所是指由本市统筹管理的建筑垃圾消纳场、资源化利用处理场，及以建筑垃圾作为回填料的建筑工地等。

第四条 【处理原则】建筑垃圾的处置实行"减量化、资源化、无害化和先利用、再消纳"和"谁产生，谁承担处置责任"的原则。市政府应当将建筑垃圾综合利用工作纳入循环经济发展中长期规划，统筹考虑减少建筑垃圾的产生量和危害性，并出台有利于建筑垃圾综合利用的经济、技术政策和措施，支持和鼓励建筑垃圾综合利用，鼓励建设单位、施工单位优先采用建筑垃圾综合利用产品，政府采购项目或政府工程应优先采用建筑垃圾综合利用产品。

第五条 【部门职责】市城市综合管理局作为本市市容环境卫生行政主管部

门，负责建筑垃圾排放、运输、受纳、资源化等的监督管理和执法查处工作，并将建筑垃圾处理处置等内容纳入本市市容环境卫生专项规划，或组织编制建筑垃圾处理处置专项规划。市市容环卫中心，负责协助市城市综合管理局开展建筑垃圾处理处置的监督和管理工作。

市住房和建设局负责督促建设工程施工单位文明施工，规范建筑垃圾资源化产品的推广和应用（监管）。

市公安交通管理部门负责对建筑垃圾运输车辆的交通违法行为进行查处。

市交通运输管理部门、公路管理部门负责监管公路、道路工程施工现场建筑垃圾的排放，督促施工单位文明施工。

市环境保护部门负责建筑垃圾环境污染防治的监督管理，并依照相关法律、法规对危险废物污染环境的行为进行查处。

市经信部门负责出台有利于建筑垃圾综合利用的扶持政策和措施。

市质量技术监督部门负责监督建筑垃圾综合利用产品质量，组织研究提出建筑垃圾资源化的目标，编制过程控制等技术标准。

市规划、国土、发改、工商等相关部门以及各园区、镇（街）人民政府应按照各自职责，协同实施本规定。

第六条 【收费制度】建筑垃圾处置实行收费制度，具体办法由发改部门会同财政、建设、城管等部门制定，按规定程序经批准后执行。

第二章 排 放 管 理

第七条 【建筑垃圾排放要求】因建设施工、拆除建筑物、临时开挖和房屋修缮、装修等产生的建筑垃圾等应当及时清运。施工单位应当根据建筑垃圾减排处理和绿色施工有关规定，采取措施，分类回收利用施工过程中产生的建筑垃圾，减少建筑垃圾的产生，严禁混入生活垃圾进行处理。

第八条 【临时开挖】建设单位或施工单位进行管线铺设、道路开挖、管道清污、绿化等工程时，必须设置围栏，隔离作业，采取有效保洁措施，并及时清运施工过程中产生的建筑垃圾。

第九条 【排放许可】建设单位或施工单位因工程施工需要，向施工场地外排放的建筑垃圾前，应向当地市容环境卫生行政主管部门提出申请，经核准取得建筑垃圾处置（排放）许可证后方可排放。

申请办理建筑垃圾处置（排放）许可证的，应当提交下列材料：

（一）《东莞市建筑垃圾处置（排放）审批表》；

（二）《营业执照》；

（三）企业法人身份证；

（四）《建设工程规划许可证》；

（五）《建设工程施工许可证》；

（六）与持有城市建筑垃圾处置（准运）许可证的运输单位签订的运输合同以及运输单位提供的运输车辆行驶路线图；

（七）与建筑垃圾受纳场所签订的建筑垃圾排放合同或协议；

（八）提供施工工地出入口设置的符合规定的硬底化、洗车槽、冲洗设备、沉淀池以及工地现场的彩色照片（照片需显示有拍照日期）；

（九）《文明施工承诺书》。

第十条 【周边保洁要求】建设单位或施工单位应加强施工现场周边和入口的环境卫生管理，采取有效保洁措施：

（一）施工工地出入口应当进行硬底化处理；

（二）施工工地出口处应按照相关标准设置洗车槽、洗车散水平台、散水渠以及拦截带，配备高压冲洗设备，各类车辆驶离工地前，应先进行冲洗（有条件的施工工地可在洗车散水平台上安装自动感应冲洗设备）；

（三）洗车槽及洗车散水平台应设置排水设施及沉淀设施，防止泥浆、污水、废水外流，泥浆、污水、废水须经处理达标后方可排入市政排水管道；

（四）工地泥浆须经过沉淀、晾干等处理后，在含水率低于40％时方可进行排放，防止在运输过程中滴漏污水。

第十一条 【排放单位监督责任】建设单位或施工单位、监理单位不得允许有超载、未密闭化、车体不洁、车轮带泥、车厢外挂泥等情况的车辆出场，不得将建筑垃圾交给个人或未取得建筑垃圾处置（准运）许可证的运输单位。

第十二条 【居民装修】个人在房屋改造、维修、装修施工过程中需排放建筑垃圾的，可不办理建筑垃圾处置（排放）许可手续，但应当经所在村（社区）同意，并向当地市容环境卫生行政主管部门报备。建筑垃圾必须排放至在村（社区）设置的建筑垃圾临时堆放点，并由村（社区）统一将建筑垃圾交由依法取得建筑垃圾处置（准运）许可的单位清运至指定的建筑垃圾受纳场所。

第十三条 【禁止行为】任何单位和个人不得将生活垃圾、危险废物与建筑垃圾混合排放，不得在道路、桥梁、河涌边、沟渠、绿化带等公共场所及其他非指定的场地倾倒建筑垃圾。

第三章 运输、中转管理

第十四条 【准运许可】凡在本市从事建筑垃圾运输的企业，应当向当地市容环境卫生行政主管部门申请核发建筑垃圾处置（准运）许可证。

申请办理建筑垃圾处置（准运）许可证的，应当提交下列材料：

（一）《东莞市建筑垃圾处置（准运）审批表》；

（二）《营业执照》；

（三）《道路运输经营许可证》；

（四）车辆的行驶证及近一个月车辆彩照 2 张；

（五）运输车辆安装行驶及装卸记录仪证明材料；

（六）《城市垃圾运输管理承诺书》。

第十五条 【运输车辆要求】建筑垃圾运输单位在运输建筑垃圾时，应当符合以下要求：

（一）应当随车携带建筑垃圾处置（排放）许可证复印件及建筑垃圾处置（准运）许可证（副证），并按照规定的运输路线、时间运行，不得超高、超载行驶；

（二）必须保持整洁，实行密闭运输，不得丢弃、遗撒建筑垃圾，禁止车轮带泥、车厢挂泥行驶；

（三）建筑垃圾运输车辆应当符合相关技术规范，严禁进行加高、加宽改装，不得超出核准范围运输、处理建筑垃圾，泥浆应当使用专门灌装器具装载运输；

（四）建筑垃圾应当运至指定的受纳场所进行处理，严禁擅自倾倒至路边、闲置地等。

第四章　受纳、资源化利用管理

第十六条 【规划保障】建筑垃圾消纳场、资源化利用处理场的建设应当纳入市容和环境卫生事业发展规划。市容环境卫生管理部门应当会同市规划、建设、国土、环保等部门，根据城市建设和管理需要，统一规划、合理布局。

第十七条 【建筑垃圾资源化利用】建筑垃圾作为资源化利用的原料时，应依次进行分选、破碎、生产等程序。原料及产品应符合《建筑垃圾处理技术规范》（CJJ 134—2009）中的相关规定和标准要求。

第十八条 【受纳许可】建筑垃圾消纳场或资源化利用处理场的运营单位应当向本市市容环境卫生行政主管部门申请办理建筑垃圾处置（受纳）许可证。

申请办理建筑垃圾处置（受纳）许可证的，应当提交下列材料：

（一）《东莞市城市建筑垃圾处置（受纳）审批表》；

（二）《营业执照》；

（三）企业法人身份证；

（四）建设用地红线图复印件；

（五）提供现场洗车设施（洗车槽、沉淀池、路面硬底化、高压水枪、排水设施）的照片；

（六）环境卫生和安全管理制度；

（七）建筑垃圾消纳场的土地用途证明；

（八）《文明施工承诺书》；

（九）场地平面图；

（十）相应的摊铺、碾压、除尘、照明等机械设备的照片；

（十一）建筑垃圾分类处置的方案和对废混凝土、金属、木材等回收利用等方案。

第十九条 【环境卫生管理】建筑垃圾消纳场或资源化利用处理场应当加强作业现场周边和出入口环境卫生管理，并应按照有关规定建设水土保持设施，在出入口设置相应的冲洗设施、排水设施、沉淀设施等，对出场车辆采取进行冲洗、除泥，防止车辆带泥污染道路。

第二十条 【管理要求】建筑垃圾消纳场或资源化利用处理场不得接收城市生活垃圾、工业垃圾、危险废物等非建筑垃圾。建筑垃圾消纳场或资源化利用处理场达到原设计容量或者因其他原因导致无法继续从事消纳活动的，须向市城市管理局提交封场申请，并对场内所有堆高的渣土进行推平、压实、整理，除险加固等，对裸露渣土进行全覆盖（或绿化）。经市、属地两级环境卫生主管部门验收合格后正式封场。

第二十一条 【建筑垃圾消纳场收费】建筑垃圾消纳场、资源化利用处理场的运营单位，可按照发改部门核定的收费标准，收取建筑垃圾处理费。

第五章 监 督 管 理

第二十二条 【设置监督员】施工单位、建筑垃圾消纳场或资源化利用处理场运营管理单位应当设置专职从事建筑垃圾装卸载、保洁的监督员，并在车辆出入口设置视频监控系统，与本市数字城管系统进行联网，对建筑垃圾运输车辆出入情况进行实时监控。

第二十三条 【联单管理制度】本市建筑垃圾管理实行产生、运输、处置全过程联单管理，具体实施方案由市城市综合管理局牵头制定。

第二十四条 【不良行为记录制度】施工单位违反建筑垃圾管理规定的，工程监理单位对施工单位违反建筑垃圾管理规定的行为未尽监理职责的，纳入建筑市场企业不良行为记录，并对责任单位、项目经理、项目总监分别记录。被纳入不良行为记录3次或以上的，由市住建部门进行通报，并按照相关规定进行处理。

第二十五条 【许可证使用要求】任何单位和个人不得伪造、涂改、倒卖、出租、出借或者以其他形式非法转让建筑垃圾处置许可文件。禁止使用伪造、涂改或者通过购买、租赁、借用方式取得的建筑垃圾处置许可文件。

第二十六条 【举报奖励制度】任何单位和个人应自觉遵循建筑垃圾处理处置规范，对违反建筑垃圾规范处置的行为，应当积极制止或者举报。各园区、镇（街）可根据实际情况，设立专项奖励资金，对在建筑垃圾管理工作中做出突出贡献的单位和个人，给予适当表彰或者奖励。

第六章 法 律 责 任

第二十七条 【政府部门及工作人员职责】有下列情形之一的，参照《城市建筑垃圾管理规定》（建设部 139 号令）由其上级行政机关或者监察机关责令纠正，对直接负责的主管人员和其他直接责任人员依法给予行政处分；构成犯罪的，依法追究刑事责任：

（一）对不符合法定条件的申请人核发城市建筑垃圾运输、处置核准文件或者超越法定职权核发城市建筑垃圾运输、处置核准文件的；

（二）对符合条件的申请人不予核发城市建筑垃圾运输、处置核准文件或者不在法定期限内核发城市建筑垃圾运输、处置核准文件的。

第二十八条 【混合处理建筑垃圾处罚】任何单位和个人有下列情形之一的，参照《城市建筑垃圾管理规定》（建设部 139 号令）第二十条，由市容环境卫生主管部门责令限期改正，给予警告，处以罚款：

（一）将建筑垃圾混入生活垃圾的；

（二）将危险废物与建筑垃圾混合排放的；

（三）擅自设立弃置场受纳建筑垃圾的；

单位有前款第一项、第二项行为之一的，处 3000 元以下罚款；有前款第三项行为的，处 5000 元以上 1 万元以下罚款。个人有前款第一项、第二项行为之一的，处 200 元以下罚款；有前款第三项行为的，处 3000 元以下罚款。

第二十九条 【消纳场受纳其他垃圾处罚】建筑垃圾消纳场受纳工业垃圾、生活垃圾和有毒有害垃圾的，参照《城市建筑垃圾管理规定》（建设部 139 号令）第二十一条，由市容环境卫生主管部门责令限期改正，给予警告，处 5000 元以上 1 万元以下罚款。

第三十条 【施工单位违规处置建筑垃圾】施工单位未及时清运工程施工过程中产生的建筑垃圾，造成环境污染的，参照《城市建筑垃圾管理规定》（建设部 139 号令）第二十二条，由市容环境卫生主管部门责令限期改正，给予警告，处 5000 元以上 5 万元以下罚款。

施工单位将建筑垃圾交给个人或者未经核准从事建筑垃圾运输的单位处置的，参照《城市建筑垃圾管理规定》（建设部 139 号令）第二十二条，由市容环境卫生主管部门责令限期改正，给予警告，处 1 万元以上 10 万元以下罚款。

第三十一条 【运输车辆违章处罚】建筑垃圾运输车辆有超高、超载、超速、违反禁令标志/标线、违反交通信号灯、未悬挂机动车号牌、使用伪造或者变造机动车号牌、故意遮挡或者污损号牌、拼装、改装建筑垃圾运输车辆等交通违法行为的，由市公安交通管理部门依法处罚。

从事建筑废弃物运输经营的单位未取得道路运输经营许可、擅自从事道路运输经营的，或不按照规定随车携带道路运输证的，由市交通运输部门依法实施行政强制措施或者处以行政处罚。

第三十二条 【处理单位违法处罚】处置建筑垃圾的单位在运输建筑垃圾过程中沿途丢弃、遗撒建筑垃圾的，参照《城市建筑垃圾管理规定》（建设部 139号令）第二十三条，由市容环境卫生主管部门责令限期改正，给予警告，处5000 元以上 5 万元以下罚款。

任何单位和个人随意倾倒、抛撒或者堆放建筑垃圾的，参照《城市建筑垃圾管理规定》（建设部 139 号令）第二十六条，由市容环境卫生主管部门责令限期改正，给予警告，并对单位处 5000 元以上 5 万元以下罚款，对个人处 200 元以下罚款。

第三十三条 【违反许可文件使用规定】涂改、倒卖、出租、出借或者以其他形式非法转让城市建筑垃圾处置核准文件的，参照《城市建筑垃圾管理规定》（建设部 139 号令）第二十四条，由市容环境卫生主管部门责令限期改正，给予警告，处 5000 元以上 2 万元以下罚款。

第三十四条 【超出许可处置废弃物】违反本规定，有下列情形之一的，参照《城市建筑垃圾管理规定》（建设部 139 号令）第二十五条，由市容环境卫生主管部门责令限期改正，给予警告，对施工单位处 1 万元以上 10 万元以下罚款，对建设单位、运输建筑垃圾的单位处 5000 元以上 3 万元以下罚款：

（一）未经核准擅自处置建筑垃圾的；

（二）处置超出核准范围的建筑垃圾的。

第七章 附 则

第三十五条 【解析部门】本规定由东莞市城市综合管理局负责解释。

第三十六条 【实施时间】本规定自 年 月 日起开始实施，原《东莞市市区余泥渣土管理办法》同时废止。

2018 年 4 月 25 日

8. 佛山市城市建筑垃圾管理办法（第二次征求意见稿）

第一章 总 则

第一条 （制定目的和依据）为了加强我市建筑垃圾管理，维护市容和环境卫生，根据《中华人民共和国固体废物污染环境防治法》《中华人民共和国大气污染防治法》《城市建筑垃圾管理规定》《建设部关于纳入国务院决定的十五项行政许可的条件的规定》《佛山市城市市容和环境卫生管理规定》等有关法律、法规、规章的规定，结合本市实际，制定本办法。

第二条 （适用范围和定义）本办法适用于本市行政区域内建筑垃圾排放、运输、中转、回填、消纳、利用等处置活动及其监督管理。

本办法所称建筑垃圾，是指在新建、改建、扩建和拆除各类建筑物、构筑物、管网、场地、道路以及修缮、装修等工程施工活动中产生的废弃砖瓦、混凝土块、渣土余泥及其他废弃物。

第三条 （处理原则）建筑垃圾处理实行减量化、资源化、无害化和产生者承担处理责任的原则。

建立建筑垃圾处理调剂机制，建筑废弃物优先用于工程建设项目回填，可以再利用、再生利用的，应当综合利用；不能再利用、再生利用的，应当依照有关法律、法规和本办法的规定处理。

第四条 （经费预算）市、区人民政府应当将建筑垃圾管理经费纳入财政预算。

第五条 （职责分工）市住房和城乡建设管理部门（以下简称市住建管理部门）负责本市建筑垃圾的综合管理工作，建立全市建筑垃圾处置综合信息平台，组织实施本办法。各区城市管理行政主管部门（以下简称城管部门）负责辖区内建筑垃圾具体管理工作：核准建筑垃圾处置活动；对违法处置、倾倒建筑垃圾，在城市道路抛洒建筑垃圾污染路面等行为进行查处。市、区应当成立建筑垃圾管理专门机构。

各区建设行政主管部门负责监管房屋建筑建设工程施工现场并督促施工单位文明施工，依法追究建设、施工等相关单位违法处置建筑垃圾行为的法律责任及诚信责任。

交通运输、航道、水务、铁路、农业等行政主管部门根据各自职责，对道路、港口、航道工程和水利水电工程、铁路工程、农林等工程实施监督管理，督促建设单位、施工单位遵守法律法规以及本办法的规定。

第六条 （职责分工）交通运输行政主管部门负责对建筑垃圾运输单位及运

输车辆的公路运输违法行为进行查处。

第七条 （职责分工）公安交警部门负责对建筑垃圾运输车辆行驶限制货车通行路段核发货车通行证，对建筑垃圾运输车辆在道路上的交通违法行为进行查处。

第八条 （职责分工）国土规划、环境保护、质监、安全监管、海事等行政管理部门按照各自职责协助实施本办法。

第九条 （公众监督）任何单位和个人有权对建筑垃圾管理违法行为进行监督举报，市住建管理部门应当公布投诉举报热线。

第十条 （考评机制）市、区人民政府应当将建筑垃圾管理工作纳入城市管理考评，建立建筑垃圾管理的考评制度并组织实施。

第十一条 （行业管理）鼓励建筑垃圾运输企业成立行业自治组织，建立运输企业管理档案，制定安全生产行业规范、行业诚信制度，开展安全运输专业技能培训等活动。维护会员的合法权益，对违反自律规范的会员，行业自治组织可以按照有关规定，采取相应的惩戒性行业自律措施。我市的建筑垃圾运输企业应加入行业自治组织，接受其行业监管。

第二章 排 放 管 理

第十二条 （排放规定）任何单位和个人不得随意倾倒、抛撒、堆放建筑垃圾；不得将建筑垃圾或施工产生的泥浆水直接排入水体或下水道；不得将建筑垃圾和生活垃圾、危险废物混合排放和回填。

第十三条 （资格申请与审核）建设单位或施工单位向施工场地外处置建筑垃圾的，应在工程开工前向项目所在地的区城管部门申请核发《佛山市建筑垃圾处置证》（排放）。申请单位应当向城管部门提交以下材料：

（一）国土、规划、城乡建设、交通运输、水务、城管等行政管理部门核发的土地使用、场地平整、建筑施工、建（构）筑物拆除、道路开挖、河道清淤等文件；

（二）建筑垃圾排放处置方案及相关资料（应如实填报建筑垃圾的种类、数量、运输路线和时间、消纳场地、回收利用等事项）；

（三）符合建设工程文明施工规定的相关材料；

（四）与取得建筑垃圾运输许可的运输单位签订运输处置合同；

（五）消纳处置合同；

（六）法律、法规、规章规定的其他条件。

申请单位完整提交材料后，城管部门经审核，对符合审批条件，在受理后二十日内核发《佛山市建筑垃圾处置证》（排放）。

第十四条 （处置证的变更）有下列情形之一的，建设单位或施工单位应当向原发证机构提出变更申请：

（一）建设工程施工等相关批准文件发生变更的；

（二）建筑垃圾处置方案中装载地点、消纳场地或者现场分类消纳方案需要调整的；

（三）建筑垃圾运输合同主体发生变更的。

第十五条 （处置权限及处置证的管理）建设单位或施工单位不得将建筑垃圾交给个人或未取得建筑垃圾处置许可的单位处置。

禁止伪造、涂改、买卖、出租、出借、转让建筑垃圾处置证。

第十六条 （施工单位义务）施工单位应当履行下列义务：

（一）产生的建筑垃圾除回填利用外的应及时清运，保持工地和周边环境整洁；

（二）按相关技术要求设置围挡、公示牌，工地内主要道路和出入口道路硬底化；

（三）设置符合要求的车辆冲洗设施，配置专职保洁员，进出工地的车辆应当冲洗干净后，方可驶离工地；设置排水设施和沉淀设施，防止泥浆、污水、废水外流；

（四）定期对施工现场洒水降尘，对裸露泥土及建筑垃圾采取覆盖措施；

（五）市政工程及零星工程施工过程中产生的建筑垃圾应每日清理；

（六）法律、法规、规章规定的其他义务。

第十七条 （监管员和监控配备）建设单位或施工单位应当在取得《佛山市建筑垃圾处置证》（排放）前按照有关规定在工地出入口设置视频监控系统，接入市、区数字城管平台，对建筑垃圾运输情况进行实时监控，视频影像资料应保存 1 个月以上。

第十八条 （车辆出场管理）施工单位应配置专职从事建筑垃圾装载、运输车辆冲洗的监管员。建设单位、监理单位、施工单位不得允许有超载、未密闭、车体不洁、车轮带泥、车厢外挂泥等情况的车辆出场。

第十九条 （居民建筑垃圾管理）居民因装饰装修房屋产生的建筑垃圾，已实行物业管理的，应当在其物业管理区域内的环卫用房等指定地点临时堆放，并在 48 小时内清运；未实行物业管理的，应当按照市容环境卫生管理部门或村（居）委等部门指定地点临时堆放，并在 48 小时内清运。

居民装饰装修房屋产生的建筑垃圾，应当委托经核准的运输企业清运。居民处置住宅装饰装修垃圾造成污染的，应当立即清除污染，未能及时清除的，由市容环境卫生管理部门或镇人民政府、街道办事处依法实施代履行。

第三章 运 输 管 理

第二十条 （运输资格管理）本市通过行政许可或特许经营等方式确定建筑垃圾陆上运输单位。建设单位、施工单位应选择已取得许可的陆上运输单位。建筑废弃物水上运输由交通运输、航道、海事等部门依法管理。

建筑垃圾运输单位在工商部门注册成立后，应当向注册所在地的区城管部门申请核发《佛山市建筑垃圾处置证》（运输），核准后方可在全市范围内从事建筑垃圾运输活动。个人不予核准建筑垃圾处置申请。

第二十一条 （运输资格申请和审批）建筑垃圾运输企业向城管部门申请办理《佛山市建筑垃圾处置证》（运输），应提交以下材料：

（一）《道路运输经营许可证》、《工商营业执照》；

（二）企业自有建筑垃圾运输车辆不少于 20 辆（总载质量不少于 250 吨），建筑垃圾运输车辆不得挂靠；具有固定的停放场地和相应的驾驶人员；具有健全的安全生产管理制度以及培训、运营、保养和监测措施等证明文件；

（三）建筑垃圾运输车辆的《机动车辆行驶证》和《道路运输证》；

（四）建筑垃圾运输车辆符合本市建筑垃圾运输车辆行业专用功能规范的证明材料（含安装限速、卫星定位装置、封闭裙边，转弯、倒车视频影像系统或者雷达报警等装置，喷印所属企业名称、标识、编号、举报热线、反光标贴及放大号牌，安装车顶标识灯等证明材料）；

（五）其他依法应当提交的材料。

建筑垃圾运输企业完整提交材料后，城管部门经审核，并委托具相应资质的社会机构对车辆行业专用功能进行检验，对符合审批条件的，在受理后二十日内核发《佛山市建筑垃圾处置证》（运输）。

本市建筑垃圾运输车辆行业专用功能规范由市住建管理、公安、交通运输、质监等部门联合制定。

第二十二条 （运输资格期限与续期）《佛山市建筑垃圾处置证》（运输）有效期 1 年。建筑垃圾运输企业可在《佛山市建筑垃圾处置证》（运输）有效期到期前一个月内，向原发证机构申请对《佛山市建筑垃圾处置证》（运输）续期。城管部门可委托具相应资质的社会机构对建筑垃圾运输企业的运输车辆行业专用功能进行检验，检验合格后按照规定予以续期。

第二十三条 （运输车辆登记与限货通行）市住建管理部门应当在建筑垃圾处置综合信息平台对建筑垃圾运输企业及其车辆信息予以登记，并向社会公布。

在本市限制货车通行路段行驶的建筑垃圾运输车辆由市住建管理部门或各区城管部门提交市或区公安交警部门按照规定核发货车通行证。

第二十四条 （运输资格变更申请）有下列情形之一的，建筑垃圾运输企业应当向原发证机构提出变更申请：

（一）营业执照登记事项发生变更的；

（二）《道路运输经营许可证》和所属运输车辆《道路运输证》登记事项发生变更的；

（三）新增、变更过户、报废、遗失建筑垃圾运输车辆的。

第二十五条 （运输要求）运输单位在运输建筑垃圾时应当符合以下要求：

（一）保持车辆整洁、密闭装载，不得沿途泄漏、遗撒，禁止车轮、车厢外侧带泥行驶；

（二）承运经批准排放的建筑垃圾；

（三）建筑垃圾运输车辆必须按规定的时间、路线行驶，不得超高超载超速；

（四）建筑垃圾应当运输至经登记的消纳场所，进入消纳场所后应当服从场内人员的指挥进行倾倒。

第二十六条 （超载管理）施工单位要求运输单位违反规定超载装载时，运输车辆驾驶员应当拒绝装载，并立即向辖区交通运输部门报告。交通运输部门接到报告后，应当联合有关部门及时依法查处。

第二十七条 （水上运输管理）鼓励采用水上运输方式进行建筑垃圾运输。

经营建筑垃圾水运中转码头的，应当符合相关部门的要求，设置围墙、车辆冲洗设施、沉淀池、道路硬化以及降尘防污设施，设置建筑垃圾分类堆放场地。水上运输建筑垃圾，应当保持密闭装载，不得沿途泄漏、遗撒，不得向水域倾倒建筑垃圾。

第二十八条 （运输车辆标准）市人民政府可划定区域禁止使用不符合我市建筑垃圾运输车辆行业专用功能规范的建筑垃圾运输车辆，逐步淘汰落后的建筑垃圾运输车辆。市政工程、轨道工程应当优先使用符合我市建筑垃圾运输车辆行业专用功能规范的建筑垃圾运输车辆。

第四章 消 纳 管 理

第二十九条 （综合利用场、消纳场的规划建设管理）市人民政府应当将建筑垃圾综合利用场（项目）、消纳场的建设纳入城乡总体规划、土地利用规划和固体废物污染防治等规划，并组织实施。各级人民政府应当建立健全建筑垃圾综合利用、消纳管理工作机制，组织实施建筑垃圾综合利用场（项目）、消纳场建设规划，优先保障建筑垃圾综合利用场（项目）、消纳场的建设用地，并鼓励社会投资建设和经营，可实行特许经营的方式。

第三十条 （消纳资格的申请与登记）设立建筑垃圾消纳场的单位，应当向建筑垃圾消纳场所在地的区城管部门提出申请。申请单位应向城管部门提交消纳场所在地的镇（街道）相关部门或村（居）委开具的建筑垃圾受纳证明材料，和消纳场设置符合相关标准的洗车槽、车辆冲洗设备、沉淀池以及道路硬化设施，或者因施工条件限制不能设置前述设施的替代保洁方案的材料。

申请单位提交材料后，城管部门核实后在建筑垃圾处置综合信息平台予以登记。

建筑垃圾消纳场的管理规范由市住建管理部门制定。建筑垃圾消纳场的环境影响由环境保护部门监管。

第三十一条 （受纳范围规定）建筑垃圾消纳场不得受纳城市生活垃圾、危险废物等非建筑垃圾。

本市行政区域外的建筑垃圾不得擅自在本市消纳；如需消纳，运输单位应当向我市住建管理部门提出申请，经同意后方可消纳。

第三十二条 （消纳场退出管理）建筑垃圾消纳场封场的，应当在停止受纳30日前报城管部门。消纳停止受纳后，建筑垃圾消纳场运营单位应当按照封场计划实施封场。

第三十三条 （禁止乱倾倒）禁止将建筑垃圾倾倒在道路、桥梁、公共场地、公共绿地、农田、河流、湖泊、供排水设施、水利设施以及其他非指定场地。

第五章 综 合 利 用

第三十四条 （政府支持）市、区人民政府应当采取措施，引进、扶持和发展建筑垃圾综合利用项目，鼓励企业利用建筑垃圾生产建筑材料和进行再生利用。

市、区人民政府应当将建筑垃圾综合利用项目列入高新技术产业发展、循环经济发展等规划，并安排财政性资金予以支持。利用财政性资金引进建筑垃圾综合利用重大技术、装备的，城管部门应当会同发展改革、经贸、财政等部门制定消化、吸收和推广方案，并组织落实。

第三十五条 （综合利用要求）相关企业生产建筑垃圾综合利用产品，应当符合国家和地方的产业政策、建材革新的有关规定以及产品质量标准。

建筑垃圾综合利用产品的主要原料应当使用建筑垃圾。不得采用列入淘汰名录的技术、工艺和设备生产建筑垃圾综合利用产品。

第三十六条 （优惠政策）市人民政府应当制定生产、销售、使用建筑垃圾综合利用产品的优惠政策。

建筑垃圾综合利用产品符合国家资源化利用鼓励和扶持政策的，按照国家有关规定享受增值税返退等优惠政策。

第三十七条 （推动使用）政府投资的城市道路、河道、公园、广场等市政工程和建筑工程均应优先使用建筑垃圾综合利用产品，鼓励社会投资项目使用建筑垃圾综合利用产品。

第六章 监 督 检 查

第三十八条 （建立信息管理平台）市住建管理部门和各区城管部门应建立建筑垃圾处置综合信息平台，对建筑垃圾处置进行核准、监督、管理。建设、交通运输、公安交警、环境保护、安全监管、航道、海事等部门提供建筑垃圾管理相关信息，实现信息互通共享。

（一）城管部门应当提供建筑垃圾排放和需求、消纳场建设与管理、排放运输消纳处置许可、建设与运输单位管理等信息；

（二）国土、城乡规划部门应当提供建设用地审批、建筑垃圾消纳场选址的用地规划信息；

（三）建设、环境保护等部门应当提供建设工程施工许可、夜间连续施工作业审批许可、施工监理等信息；

（四）交通运输部门应当提供建筑垃圾运输车辆营运资质、驾驶人员从业资格等信息；

（五）公安交警应当提供建筑垃圾运输车辆行驶禁货路段的货车通行证、交通违法行为处理情况和交通事故等信息；

（六）航道、海事部门提供建筑垃圾水上运输的相关信息；

（七）其他必要的监管信息。

建筑垃圾处置核准、施工工地视频监控、违法行为处罚、施工单位文明施工、运输企业诚信考核等信息均应通过建筑垃圾处置综合信息平台操作完成。

第三十九条 （鼓励公众参与）市、区各级部门应加大建筑垃圾处置宣传力度，充分发挥电视、广播、网络、报纸等媒体的作用，及时曝光建筑垃圾违规处置行为。鼓励群众对建筑垃圾处置违法活动进行举报和投诉，对群众举报的案件要及时组织查处并给予奖励。

第四十条 （建立执法协作机制）各级政府应当建立执法协作机制，城管部门联合公安、建设、交通运输、安全监管等部门开展建筑垃圾处置联合执法。

第七章 责 任 管 理

第四十一条 （政府责任）建筑垃圾管理相关部门及其工作人员有下列情形之一的，由其上级主管部门责令改正，通报批评；对相关责任人员依法给予行政处分的，由其上级主管部门或者移送监察机关处理；构成犯罪的，依法追究刑事责任。

（一）投资入股建筑垃圾运输企业、消纳场地或者购买车辆挂靠建筑垃圾运输企业的；

（二）违法核准许可或者颁发证件，谋取不正当利益的；

（三）利用职权要求企业购买指定产品、服务的；

（四）对违法行为不查处或者查处不力，执法裁量显失公平、公正，造成不良社会影响的；

（五）接到投诉举报不及时核查并依法处理的；

（六）在联合执法中不履行或者不正确履行职责的；

（七）法律、法规、规章规定的其他情形。

第八章　附　　则

第四十二条　（实施时间）本办法自××年××月××日起施行。

2017 年 11 月 27 日

9. 佛山市建筑垃圾智能管理信息系统平台网关数据交换协议（征求意见稿）

1　范围

本规范规定了佛山市建筑垃圾智能管理信息系统平台（以下简称平台）和建筑垃圾运输车辆车载智能终端（以下简称终端）之间的通信协议与数据格式。

2　规范性引用文件

下列文件对于本文件的应用是必不可少的。凡是注日期的引用文件，仅所注日期的版本适用于本文件。凡是不注日期的引用文件，其最新版本（包括所有的修改单）适用于本文件。

GBT 19056—2012 汽车行驶记录仪

JT/T 794—2013 道路运输车辆卫星定位系统北斗兼容车载终端技术规范

JT/T 808—2013 道路运输车辆卫星定位系统北斗兼容车载终端　通讯协议技术规范

JT T 1076—2016 道路运输车辆卫星定位系统 车载视频终端技术要求

JT/T 1078—2016 道路运输车辆卫星定位系统 视频通信协议

《佛山市住房和城乡建设管理局 佛山市公安局 佛山市交通运输局 佛山市质

量技术监督局关于印发〈佛山市建筑垃圾运输车辆行业专用功能指导意见〉的通知》（佛建管〔2017〕155 号）

3　术语和定义、缩略语

GBT 19056—2012、JT/T 794—2013、JT/T 808—2013、JT T 1076—2016、JT/T 1078—2016 界定的术语和定义、缩略语适用于本文件。

4　协议基础

4.1　通信方式

协议采用的通信方式应符合 JT/T 794 中的相关规定，通信协议采用 TCP 或 UDP，平台作为服务器端，终端作为客户端。当数据通信链路异常时，终端可以采用 SMS 消息方式进行通信。

4.2　数据类型

协议消息中使用的数据类型如表 1 所示。

表 1　数据类型

数据类型	描述及要求
BYTE	无符号单字节整型（字节，8 位）
WORD	无符号双字节整型（字，16 位）
DWORD	无符号四字节整型（双字，32 位）
BYTE〔n〕	n 字节
BCD〔n〕	8421 码，n 字节
STRING	GBK 编码，采用 0 终结符，若无数据，则放一个 0 终结符

4.3　传输规则

协议采用大端模式（big－endian）的网络字节序来传递字和双字。

约定如下：

——字节（BYTE）的传输约定：按照字节流的方式传输；

——字（WORD）的传输约定：先传递高八位，再传递低八位；

——双字（DWORD）的传输约定：先传递高 24 位，然后传递高 16 位，再传递高八位，最后传递低八位。

4.4　消息的组成

4.4.1　消息结构

每条消息由标识位、消息头、消息体和校验码组成，消息结构如表 2 所示。

表 2　消息结构

标识位	消息头	消息体	校验码	标识位

4.4.2 标识位

采用 0x7e 表示，若校验码、消息头以及消息体中出现 0x7e，则要进行转义处理，转义规则定义如下：

0x7e 〈——〉 0x7d 后紧跟一个 0x02；

0x7d 〈——〉 0x7d 后紧跟一个 0x01。

转义处理过程如下：

发送消息时：消息封装——〉计算并填充校验码——〉转义；

接收消息时：转义还原——〉验证校验码——〉解析消息。

示例：发送一包内容为 0x30 0x7e 0x08 0x7d 0x55 的数据包，则经过封装如下：0x7e 0x30 0x7d 0x02 0x08 0x7d 0x01 0x55 0x7e。

4.4.3 消息头

消息头内容详见表3。

表3 消息头

起始字节	字段	数据类型	描述及要求
0	消息 ID	WORD	
2	消息体属性	WORD	消息体属性格式结构见表4
4	终端手机号	BCD [6]	根据安装后终端自身的手机号转换。手机号不足 12 位，则在前补充数字，大陆手机号补充数字 0，港澳台则根据其区号进行位数补充
10	消息流水号	WORD	按发送顺序从 0 开始循环累加
12	消息包封装项		如果消息体属性中相关标识位确定消息分包处理，则该项有内容，否则无该项

消息体属性格式结构如表4所示。

表4 消息体属性格式结构

15	14	13	12	11	10	9	8	7	6	5	4	3	2	1	0
保留		分包	数据加密方式			消息体长度									

数据加密方式：

——bit10-bit12 为数据加密标识位；

——当此三位都为 0，表示消息体不加密；（先采用不加密处理）

——当第 10 位为 1，表示消息体经过 RSA 算法加密；

——其他保留。

分包：

当消息体属性中第 13 位为 1 时表示消息体为长消息，进行分包发送处理，具体分包信息由消息包封装项决定；若第 13 位为 0，则消息头中无消息包封装项字段。

消息包封装项内容见表 5。

表 5 消息包封装项内容

起始字节	字段	数据类型	描述及要求
0	消息总包数	WORD	该消息分包后的总包数
2	包序号	WORD	从 1 开始

4.4.4 校验码

校验码指从消息头开始，同后一字节异或，直到校验码前一个字节，占用一个字节。

5 智能监管信息实现

当电子围栏事件或违规事件发生时触发本条任务执行，本条任务执行包括两类信息上报。状态、位置信息、事件类型等信息通过事件信息上报；图片数据通过"多媒体数据上传"上报平台。

6 消息体数据格式定义

6.1 继承指令

继承使用 JT/T 808—2013 和 JT/T 1078—2016 中所有指令。为满足佛建管〔2017〕155 号文件要求，扩展消息定义如下章节所示。

6.2 锁车解锁指令

消息 ID：0x8F01

终端采用通用应答，锁车解锁指令消息体数据格式见表 6。

表 6 锁车解锁指令消息体数据格式

起始字节	名称	数据类型	备　　注
0	业务 ID	WORD	0x8F01
2	业务流水	DWORD	
6	命令值	BYTE	0：解锁；1：锁车

注：本消息对应佛建管〔2017〕155 号文件中的二、车载终端技术规范及功能要求的（六）接收指令功能要求。

6.3 限速指令

消息 ID：0x8F02

终端采用通用应答，限速指令消息体数据格式见表7。

表7　限速指令消息体数据格式

起始字节	名称	数据类型	备　　注
0	业务 ID	WORD	0x8F02
2	业务流水	DWORD	
6	命令值	BYTE	0～255，限制的具体时速。单位：km/h

注：本消息对应佛建管〔2017〕155号文件中的二、车载终端技术规范及功能要求的（六）接收指令功能要求。

6.4　限举指令

消息 ID：0x8F03

终端采用通用应答，限举指令消息体数据格式见表8。

表8　限举指令消息体数据格式

起始字节	名称	数据类型	备　　注
0	业务 ID	WORD	0x8F03
2	业务流水	DWORD	
6	命令值	BYTE	0：解除限制举升；1：限制举升

注：本消息对应佛建管〔2017〕155号文件中的二、车载终端技术规范及功能要求的（六）接收指令功能要求。

6.5　管控解锁信息

消息 ID：0x8F04

终端采用通用应答，管控解锁信息消息体数据格式见表9。

表9　管控解锁信息消息体数据格式

起始字节	名称	数据类型	备　　注
0	业务 ID	WORD	0x8F04
2	业务流水	DWORD	
6	命令值	BYTE	1：关闭指纹功能；2：关闭管控功能；3：打开指纹功能；4：打开管控功能

注：本消息对应佛建管〔2017〕155号文件中的二、车载终端技术规范及功能要求的（六）接收指令功能要求。

6.6　处置证

消息 ID：0x8F05

终端采用通用应答，处置证消息体数据格式见表10。

表 10　处置证消息体数据格式

起始字节	字段	数据类型	备　　注
0	业务 ID	WORD	0x8F05
2	处置证 ID	WORD	处置证编号，处置证的唯一标识
4	操作类型	WORD	1：新增；2：删除；3：清空（操作类型为 3 时无以下字段）
6	业务值	WORD	1：运输证；2：排放证
8	开始时间	BCD [4]	YY-MM-DD（GMT＋8 时间，本标准中之后涉及的时间均采用此时区）
12	结束时间	BCD [4]	YY-MM-DD（GMT＋8 时间，本标准中之后涉及的时间均采用此时区）（失效后自动删除证件）
16	内容	STRING	运输证： 格式：运输企业，运输证编号，车辆编号 排放证： 格式：工程名称，工地名称，建设单位，施工单位，运输企业，消纳场，排放证编号，运输路线 注：内屏需要显示排放证和运输证，外屏只显示运输证有效性

注：本消息对应佛建管〔2017〕155 号文件中的二、车载终端技术规范及功能要求的（四）接收数据功能要求的 2. 处置证数据。

6.7　提示数据

消息 ID：0x8F06

终端采用通用应答，提示数据消息体数据格式见表 11。

表 11　提示数据消息体数据格式

起始字节	字段	数据类型	备　　注
0	业务 ID	WORD	0x8F06
2	ID	DWORD	提示数据编号，提示数据的唯一标识
6	提示类型	BYTE	1：提示
7	业务值	BYTE	保留
8	内容	STRING	注：收到时应对文本进行语音播报，文本内容显示在内屏上，应与本地的信息通过不同颜色区分开

注：本消息对应佛建管〔2017〕155 号文件中的二、车载终端技术规范及功能要求的（四）接收数据功能要求的 4. 提示数据。

6.8　指纹数据

消息 ID：0x8F07

终端采用通用应答，指纹数据消息体数据格式见表 12。

199

表 12　指纹数据消息体数据格式

起始字节	字段	数据类型	备　　注
0	业务 ID	WORD	0x8F07
2	ID	DWORD	指纹数据编号，指纹数据的唯一标识
6	操作类型	BYTE	1：新增；2：删除；3：清空（操作类型为 3 时无以下字段）
7	业务值	DWORD	保留
8	内容	STRING	格式：用户 ID，用户名称，特征码（原始指纹数据）

注：本消息对应佛建管〔2017〕155 号文件中的二、车载终端技术规范及功能要求的（四）接收数据
功能要求的 3. 提示数据。

6.9　新增电子围栏

消息 ID：0x8F08

终端采用通用应答，新增电子围栏消息体数据格式见表 13。

表 13　新增电子围栏消息体数据格式

起始字节	名称	数据类型	备　　注
0	业务 ID	WORD	0x8F08
2	标识 ID	DWORD	区域 ID，与线路 ID 为一类
6	管理类型	BYTE	1：工地；2：消纳场；3：限速圈；4：禁区；5：停车场
7	业务值	BYTE	0～255，表示限速时速值
8	点数	WORD	点的个数
10	经度	DWORD	以度为单位的经度值乘以 10 的 6 次方，精确到百万分之一度
14	纬度	DWORD	以度为单位的纬度值乘以 10 的 6 次方，精确到百万分之一度

注：本消息对应佛建管〔2017〕155 号文件中的二、车载终端技术规范及功能要求的（四）接收数据
功能要求的 1. 电子围栏数据。

6.10　新增线路

消息 ID：0x8F0B

终端采用通用应答，新增线路消息体数据格式见表 14。

表 14　新增线路消息体数据格式

起始字节	名称	数据类型	备　　注
0	业务 ID	WORD	0x8F0B
2	标识 ID	DWORD	线路 ID，与区域 ID 为一类
6	线宽	BYTE	0～255，单位：米
7	业务值	BYTE	0～255，表示限速时速值
8	点数	WORD	线路点的个数

起始字节	名称	数据类型	备注
10	经度	DWORD	以度为单位的经度值乘以 10 的 6 次方，精确到百万分之一度
14	纬度	DWORD	以度为单位的纬度值乘以 10 的 6 次方，精确到百万分之一度

注：本消息对应佛建管〔2017〕155 号文件中的二、车载终端技术规范及功能要求的（四）接收数据功能要求的 1. 电子围栏数据。

6.11 删除电子围栏

消息 ID：0x8F09

终端采用通用应答，删除电子围栏消息体数据格式见表15。

表 15　删除电子围栏消息体数据格式

起始字节	名称	数据类型	备注
0	业务 ID	WORD	0x8F09
2	操作类型	BYTE	1：删除；2：清空（操作类型为 2 时无以下字段）
3	删除数量	BYTE	
4	标识 ID	DWORD	待删除的区域线路的唯一标示 ID
……	……	……	……
	标识 IDn	DWORD	待删除的区域线路的唯一标示 ID

注：本消息对应佛建管〔2017〕155 号文件中的二、车载终端技术规范及功能要求的（四）接收数据功能要求的 1. 电子围栏数据。

6.12 车辆状态

消息 ID：0x0F01

终端定时上报，平台采用通用应答。车辆状态消息体数据格式见表16。

表 16　车辆状态消息体数据格式

起始字节	字段	数据类型	备注
0	状态	DWORD	用 bit 表示 0：表示否；1：表示是 0bit：保留 1bit：闯禁（闯入禁区） 2bit：保留 3bit：超速（超过 80km/h） 4bit：无证（没有运输证） 5bit：ACC 点火 6bit：GPS 故障 7bit：保留 8bit：非法举斗（在排放证规定的工地和消纳场外进行举斗） 其余位：保留

起始字节	字段	数据类型	备　注
2	经度	DWORD	以度为单位的经度值乘以 10 的 6 次方，精确到百万分之一度
6	纬度	DWORD	以度为单位的纬度值乘以 10 的 6 次方，精确到百万分之一度
10	高程	WORD	海拔高度，单位为米
12	速度	WORD	1/10km/h
14	方向	WORD	0-359，正北为 0，顺时针
16	时间	BCD〔6〕	YY-MM-DD-hh-mm-ss（GMT＋8 时间，本标准中之后涉及的时间均采用此时区）
22	车牌号码	BYTE〔8〕	车牌号码
30	司机 ID	BYTE〔10〕	通过指纹验证的司机 ID，没有验证则全以 0 补充
40	运输证 ID	BYTE〔10〕	运输证 ID，如无运输证则全以 0 补充
50	车厢状态	BYTE	0：关闭；1：打开
51	举升状态	BYTE	0：平放；1：举升
52	空重状态	BYTE	0：空车；1：重车
53	违规情况	BYTE	0：未违规；1：违规
54	载重数值	WORD	称重传感器原始数值

注：本消息对应佛建管〔2017〕155 号文件中的二、车载终端技术规范及功能要求的（五）上报数据功能要求的 1、基本信息上报功能。新增加一条消息 ID 专门用于车辆状态上报，其目的为不破坏 JT/T 808 协议原有消息 ID，同时避免 JT/T 808 协议后续新版升级时产生冲突。

6.13 事件上报

消息 ID：0x0F02

事件触发主动上报，平台采用通用应答。事件上报消息体数据格式见表 17。

表 17　事件上报消息体数据格式

起始字节	字段	数据类型	备　注
0	事件流水号	DWORD	
4	事件类型	WORD	电子围栏事件： 1：进入路线 2：离开路线 3：进入工地 4：离开工地 5：进入消纳场 6：离开消纳场 7：进入限速圈 8：离开限速圈 9：进入停车场 10：离开停车场 限制性触发事件： 30：开箱重车 限制性触发事件恢复： 130：开箱重车恢复

续表

起始字节	字段	数据类型	备 注
5	经度	DWORD	以度为单位的经度值乘以 10 的 6 次方，精确到百万分之一度
9	纬度	DWORD	以度为单位的纬度值乘以 10 的 6 次方，精确到百万分之一度
13	高程	WORD	海拔高度，单位为米（m）
15	速度	WORD	1/10km/h
17	方向	WORD	0-359，正北为 0，顺时针
19	时间	BCD〔6〕	YY-MM-DD-hh-mm-ss（GMT＋8 时间，本标准中之后涉及的时间均采用此时区）
25	车牌号码	BYTE〔8〕	车牌号码
33	司机 ID	BYTE〔10〕	通过指纹验证的司机 ID，没有验证则全以 0 补充
43	运输证 ID	BYTE〔10〕	运输证 ID，如无运输证则全以 0 补充
53	车厢状态	BYTE	0：关闭；1：打开
54	举升状态	BYTE	0：平放；1：举升
55	空重状态	BYTE	0：空车；1：重车
56	违规情况	BYTE	0：未违规；1：违规

注：本消息对应佛建管〔2017〕155 号文件中的二、车载终端技术规范及功能要求的（五）上报数据功能要求的 2. 事件上报功能。

6.14 自检信息

消息 ID：0x0F03

终端上电后开始自检，并上报自检信息到平台，平台采用通用应答。自检信息消息体数据格式见表 18。

表 18 自检信息消息体数据格式

起始字节	字段	数据类型	备 注
0	时间	BCD〔6〕	YY-MM-DD-hh-mm-ss（GMT＋8 时间，本标准中之后涉及的时间均采用此时区）
6	车牌号码	BYTE〔8〕	车牌号码
14	司机 ID	BYTE〔10〕	通过指纹验证的司机 ID，没有验证则全以 0 补充
24	运输证 ID	BYTE〔10〕	运输证 ID，如无运输证则全以 0 补充
34	经度	DWORD	以度为单位的经度值乘以 10 的 6 次方，精确到百万分之一度
38	纬度	DWORD	以度为单位的纬度值乘以 10 的 6 次方，精确到百万分之一度

注：本消息对应佛建管〔2017〕155 号文件中的二、车载终端技术规范及功能要求的（二）自检及指纹启动功能要求。

2018 年 4 月 27 日

（三）山　东　省

1. 山东省人民政府办公厅转发省经济和信息化委等部门关于进一步做好建筑垃圾综合利用工作的意见的通知

鲁政办发〔2010〕11 号

为大力发展循环经济，提高资源利用效率，促进资源节约型、环境友好型社会的建设，结合我省实际，现就进一步做好建筑垃圾综合利用工作提出如下意见。

一、充分认识综合利用建筑垃圾的重要意义

近年来，随着经济快速发展、城市化进程加快，旧城改造、基础设施建设等产生了大量的建筑垃圾。传统处理方式基本上采用露天堆放或者简易填埋，既占用了大量土地、影响了城市面貌，又对环境造成了污染，同时也是资源的巨大浪费。

综合利用建筑垃圾是节约土地、节约资源的重要途径，是抑制城市扬尘、减少环境污染的迫切需要。潍坊市高度重视建筑垃圾综合利用工作，建立了部门协调配合、共同推进的工作机制，在建筑垃圾的供应、新型建材的市场准入、资源综合利用等方面制定了鼓励政策，积极引导企业加快建筑垃圾综合利用项目建设进度，多渠道利用建筑垃圾，基本实现了城区建筑垃圾全部综合利用，取得了良好的经济效益、社会效益和生态效益。各级、各部门要认真学习借鉴潍坊市的经验和做法，把建筑垃圾的综合利用作为发展循环经济、提高资源综合利用效率的一项重要工作，作为城乡环境综合整治的重要内容，切实抓紧抓好，抓出成效。

二、指导思想和主要目标

（一）指导思想。深入贯彻科学发展观，按照循环经济理念，坚持"统筹规划、合理布局、政策引导、企业实施、政府推动、公众参与"的原则，以提高资源综合利用效率为目标，充分发挥政策的扶持和引导作用，调动全社会力量参与，实现建筑垃圾的"减量化、资源化、无害化"，促进全省经济社会可持续发展。

（二）主要目标。到 2011 年，各设区市建立起建筑垃圾综合利用企业，建筑垃圾综合利用率达到 60％以上。到 2012 年末，建筑垃圾综合利用率达到 80％以上。有条件的设区市要全面采用新型建材，并提前实现粘土砖禁产目标。各地通过建筑垃圾综合利用后不再新设建筑垃圾填埋场，并根据建筑垃圾资源利用情况，逐步关闭原有填埋场。

三、政策措施

（一）加强规划引导。要根据区域建筑垃圾存量及增量预测情况，结合城乡环境综合整治，按照资源就近利用原则，尽快制定切实可行的建筑垃圾科学治理和综合利用中长期规划，合理规划布局企业数量和生产规模，控制建筑垃圾综合利用企业的数量和规模，确保各地建筑垃圾综合利用有序、健康发展。

（二）加大资金与政策支持力度。综合利用财政、税收、投资等经济杠杆支持建筑垃圾的综合利用，鼓励采取企业直接投资、BOT 等投资方式推进建筑垃圾综合利用项目建设。凡按照规划建设建筑垃圾综合利用处理厂的，投资主管部门、国土资源部门要在项目立项、土地审批等环节给予优先考虑；经济和信息化、财政、税务部门要按照资源综合利用有关政策给予税收优惠，以增强建筑垃圾综合利用企业的自我生存能力。科技部门要大力支持企业技术进步，着力推动企业产品结构优化升级。各地可采取向建筑垃圾产生单位收取处置费、政府补贴等方式，支持建筑垃圾综合利用企业发展。

（三）加强对建筑垃圾的综合管理。贯彻执行国家、省有关规定，严把拆迁项目审批关，统筹安排拆迁项目，合理确定拆迁规模，最大限度地减少建筑垃圾的产生。对已经产生的建筑垃圾，要制定有效措施，确保建筑垃圾优先并无偿供应给建筑垃圾综合利用企业。要严格执法，强化城市管理、环境保护、资源利用的监督管理，加大对建筑垃圾乱堆乱放和就近填埋行为的查处力度，减少或者避免建筑垃圾污染环境和乱占土地问题的发生。

（四）加快建筑垃圾综合利用的科技创新步伐。积极引进国外先进、成熟的建筑垃圾综合利用技术与设备，引导、鼓励高校、科研机构、建材生产企业研究开发建筑垃圾综合利用的新技术、新工艺、新设备，不断提高建筑垃圾综合利用的技术水平和产业化水平。各建筑垃圾综合利用企业要根据市场需求，不断开拓建筑垃圾新型建材的应用领域，扩展建筑垃圾制取新型建材的品种、规格。

（五）加大建筑垃圾综合利用产品推广应用力度。将建筑垃圾综合利用产品纳入政府采购目录，各级财政、市政、住房建设部门在城市公用设施和公共建筑建设中，要优先采用建筑垃圾综合利用产品。在新型墙材认定中优先支持建筑垃圾综合利用产品，及时组织编制建筑垃圾综合利用产品的技术导则、设计标准、图集和施工与验收规范。建筑设计部门在设计环节要优先采用建筑垃圾综合利用产品。在保证建筑质量和相关要求的前提下，任何部门、单位不得以任何理由拒绝采用建筑垃圾综合利用产品。

四、切实加强建筑垃圾综合利用工作的组织领导

建筑垃圾综合利用涉及多个部门，需要政府有关部门、建材生产企业以及建筑企业的共同努力。各级政府节能办要切实担负起组织协调的职责，会同住房城乡建设、城市管理等行政主管部门加强对建筑垃圾综合利用的指导，积极推动建筑垃圾综合利用产业化。各级财政、税务、环保等部门要依据各自职能，认真研究落实政策措施，加快推进建筑垃圾综合利用产业又好又快发展。各新闻媒体要加大对建筑垃圾综合利用工作的宣传力度，让社会公众了解综合利用建筑垃圾的重要性，提高全社会的资源节约意识，理解和支持建筑垃圾的综合利用，促进经济与资源、环境协调可持续发展。

2010 年 3 月 4 日

2. 关于进一步加强城市建筑垃圾管理促进资源化利用的意见

鲁建城管字〔2017〕11 号

为进一步加强城市建筑垃圾管理，提高建筑垃圾资源化利用水平，根据《循环经济促进法》《城市市容和环境卫生管理条例》《山东省循环经济条例》《城市建筑垃圾管理规定》等法律法规规定，结合山东省实际提出以下意见，请认真贯彻落实。

一、指导思想

牢固树立创新、协调、绿色、开放、共享发展理念，建立健全政府主导、属地管理、部门配合、社会参与的建筑垃圾管理和资源化利用体系，深入推进建筑垃圾减量化、资源化、无害化，不断改善城市人居环境，促进经济社会健康可持续发展。

二、工作目标

到 2020 年，基本建立建筑垃圾回收和再生利用体系，资源化利用率达到60%以上。

三、重点任务

（一）加强源头管理

1. 严格处置核准。建设（拆除）单位、施工单位在施工前，应到所在县（市、区）市容环卫主管部门申请建筑垃圾处置核准手续，严禁任何单位、个人未经核准处置建筑垃圾。将土石方工程纳入建设工程程序管理，限额以上建设工程，建设单位要取得《施工许可证》和建筑垃圾处置核准等相关文件，方可动工开挖。加强土石方施工管理，规模以上土石方工程推广安装在线监测监控系统。

2. 狠抓源头减量。工程建设单位要将建筑垃圾处置费用纳入工程预算，工程可行性研究报告、初步设计概算和施工方案等文件应包含建筑垃圾产生量和处置方案。工程设计单位、施工单位应根据建筑垃圾减量化有关规定，优化建筑设计，科学组织施工，在地形整理、工程填垫等环节充分利用建筑垃圾。积极发展装配式建筑，新建居住建筑推广精装修，大幅降低建筑施工和房屋装修建筑垃圾产生。

3. 规范装修垃圾处置。装饰装修施工单位应当按照城市人民政府市容环卫主管部门的有关规定处置装修垃圾。居民进行房屋装饰装修活动产生的建筑垃圾，应当按照物业服务企业或者社区居民委员会指定的地点堆放，承担清运费用，并由市容环卫主管部门按照地方政府有关规定进行规范处置。

4. 加强拆除性垃圾管控。房屋拆除后产生的建筑垃圾，资源化利用企业应优先使用移动式处理设备实行就地处理。不能就地处理的，运至资源化利用企业厂区。落实拆除性垃圾清运责任单位和监管部门，拆除施工结束一个月内，将建筑垃圾全部清运完毕。

（二）严格运输管理

1. 加强运输企业和车辆管理。建筑垃圾运输企业应取得建筑垃圾处置核准，所属车辆具有货箱密闭设施，加装卫星定位系统。需外运建筑垃圾的建设（拆除）工地，施工企业要与经核准的建筑垃圾运输企业、建筑垃圾消纳场签订运输、处置合同。严禁将建筑垃圾交给个人或未经核准的单位运输，违者倒追委托处置单位责任。鼓励建筑垃圾资源化利用企业组建绿色车队，参与建筑垃圾清运工作。加快建筑垃圾运输车辆升级换代，大力推广智能化环保车和帆布顶棚平滑式全密闭箱盖车。建筑垃圾运输车辆要按照当地交警、城管部门指定时间、路线行驶。坚持疏堵结合原则，加大未经核准渣土运输行为的整治力度。各地市容环卫主管部门要建立应急队伍，及时清理城市道路上撒漏的建筑垃圾，以及违法乱倒的建筑垃圾。

2. 落实项目经理责任。加强各类建设工地监管，将建筑垃圾运输管理纳入项目经理责任制。建设工地要严格执行"两不进、两不出"制度，即：无建筑垃圾处置核准手续的车辆不许进入工地，无密闭装置或密闭装置破损的车辆不许进入施工工地；超量装载的车辆不许驶出施工工地，遮挡污损号牌、车身不洁、车轮带泥的车辆不许驶出施工工地。对违反上述规定的建设工地，各级住房城乡建设部门要对该工地的项目经理依法依规追责。

（三）规范消纳管理

1. 加强消纳场建设管理。各地要根据建筑垃圾产生量预测，规划建设布局合理、满足需要的正规建筑垃圾消纳场，逐步取缔个人、单位擅自设立的消纳场。建筑垃圾消纳场要合理划分功能区域，按照工程渣土、建筑拆除垃圾、装修垃圾等有序分类存放，不得接收生活垃圾、工业垃圾及有毒有害垃圾。加强建筑垃圾消纳场扬尘污染控制，落实出入道路硬化、车辆冲洗、洒水、喷淋、作业现场覆盖、周边道路保洁等措施。已封场的建筑垃圾消纳场应及时推平、压实，按照相关标准复垦或绿化。

2. 治理存量建筑垃圾。对现有占用农田、河渠、绿地、铁路及公路保护用地的存量建筑垃圾，市容环卫主管部门要会同有关部门，制定切实可行的治理计划和措施，确保 2018 年年底前完成治理工作。对城市建成区和城乡结合部现存的渣土堆，短期内不能清理的，应在安全加固、地形整理基础上，由城市园林绿化部门进行绿化，所占土地产权人应予支持、配合。

（四）强力推进资源化利用

1. 拓宽应用领域。各地要多措并举，积极引导、大力推进建筑垃圾资源化利用工作，变废为宝。在符合环保要求和有关规划的前提下，鼓励将建筑垃圾用于废弃矿坑和采矿塌陷地治理、破损山体修复、填海造地。城市道路、公路、铁路的路基施工和海绵城市建设项目，要优先使用建筑垃圾作为路基和填垫材料。各市、县要科学测算建筑垃圾产生量，5～10 年内建筑垃圾产生量稳定，能满足利废建材生产需要的，要建设相应规模的利废建材项目。预拌混凝土、预拌砂浆、预制构件等生产企业，要使用一定比例的建筑垃圾再生骨料。建筑垃圾资源化利用要采取固定与移动、厂区和现场相结合方式，尽可能实现就地处理、就地就近回用，降低运输成本。各类建筑垃圾资源化利用项目应严格执行环境保护有关规定，防止产生二次污染。

2. 实行特许经营管理。各市、县（市）应依法将建筑垃圾资源化利用纳入特许经营管理，明确特许经营准入条件，通过公开招标确定特许经营企业，授予一定期限的特许经营权。获得特许经营权的企业，享有本市、县建筑垃圾的优先收集权和使用权。鼓励采取 PPP 模式，引进社会资本参与建筑垃圾资源化利用工作。

3. 完善技术体系。研究制订建筑垃圾分类、收集、运输、处理等标准规范和再生产品的工程应用技术规程，为推广应用提供技术和标准依据。鼓励高校、科研单位、建材生产企业成立建筑垃圾资源化利用技术创新联盟，研究开发、组织引进建筑垃圾资源化利用共性关键技术，提升行业技术水平。鼓励利用建筑垃圾生产再生骨料、路面透水砖、自保温砌块、市政工程构配件等附加值高的新型绿色建材，推动企业产品结构优化升级，拓展建筑垃圾再生产品的应用领域。

四、推进措施

（一）健全收费制度。按照谁产生谁承担处理责任原则，由建设单位或个人承担建筑垃圾处理费。各地价格主管部门要会同市容环卫主管部门，按照"补偿垃圾收集、运输和处置成本，合理盈利"原则，尽快研究完善建筑垃圾处理费政策，促进规范的建筑垃圾运输和处置市场形成。切实加强建筑垃圾处理费收缴与使用监管，建立建筑垃圾产生方、运输方、处置方、监管方互通信息、相互监督、配合联动的工作机制。

（二）完善支持政策。建筑垃圾资源化利用项目属国家和省鼓励支持项目，各地各有关部门要认真执行国家和省相关优惠政策。国土部门要优先供地，属于《划拨用地目录》的应以划拨方式供应土地。税务部门要落实资源综合利用项目税收优惠政策，建筑垃圾资源化利用企业产品增值税实行即征即退。住房城乡建设、经济和信息化等部门要将建筑垃圾资源化利用产品纳入建筑节能技术产品认定范围、绿色建材推广目录、《山东省重点节能技术、产品和设备推广目录》。政府投资的公共建筑、保障性安居工程、建筑节能与绿色建筑示范工程、城市基础设施建设项目，要优先采用符合国家、省相关标准的建筑垃圾资源化利用产品。使用通过省、市有关部门认定的建筑垃圾再生产品的建设项目，市容环卫主管部门应根据使用量等因素，按一定比例返还建筑垃圾处理费。各地要制定支持政策，通过以奖代补、贷款贴息等方式，支持建筑垃圾资源化利用企业发展。省级将组织开展建筑垃圾资源化利用试点，促进我省建筑垃圾资源化利用工作的深入开展。

（三）建立信息平台。各市、县（市）市容环卫主管部门要建立建筑垃圾综合信息管理平台，公布建筑垃圾产生量、运输量、资源化利用企业及处置能力、消纳场位置及容量、有资质的运输企业和车辆等基础信息，公开建筑垃圾产生量、各类资源化利用需求等信息，实现信息共享。信息平台要同步建设渣土车管理和建筑垃圾运输与处置违法信息模块，加强渣土车动态监管，公开违反建筑垃圾运输与处置法律法规规定的施工企业、建筑垃圾运输企业、渣土消纳场名单，以及处理处罚情况。

五、加强领导

（一）密切部门配合。省住房城乡建设厅、省发展改革委、省经济和信息化委、省公安厅、省国土资源厅、省交通运输厅、省财政厅、省环保厅、省地税局、省物价局等部门要根据工作职责，认真做好建筑垃圾管理和资源化利用相关工作，加强工作配合，形成工作合力。要用足用好国家和省在生态文明建设、循环经济、大气污染防治、建筑节能与绿色建筑、PPP 项目等方面的有关优惠政策，为建筑垃圾资源化利用创造良好政策环境。各市、县（市）政府要建立由市容环卫主管部门牵头，住房城乡建设、规划、发展改革、经信、财政、公安交警、交通运输、国土资源、环保等部门各负其责的协调推进机制，解决工作推进中遇到的困难和问题。

（二）加强监督考核。从 2017 年开始，将建筑垃圾管理和资源化利用工作纳入省新型城镇化考核，并列入对各地贯彻落实中央、全省城市工作会议精神督查范围。将建筑垃圾资源化利用纳入省节能目标责任考核体系，对工作不力的市、县（市）进行约谈或问责。各市、县（市）要将建筑垃圾管理和资源化利用纳入城市管理综合考核，并适当增加考核权重。各地城管（环卫）、公安交警、环保等部门要进一步加强对建筑垃圾运输与处置的监督检查，严厉打击违法违规行为。

（三）加大宣传力度。要充分发挥舆论导向和媒体监督作用，通过广播、电视、报刊、网络等媒体，广泛宣传建筑垃圾综合利用的重要性，增强公众的资源节约意识、环保意识，提高公众参与建筑垃圾综合利用工作的自觉性和积极性，营造全社会理解和支持建筑垃圾综合利用的良好氛围。

建立城市建筑垃圾管理及资源化利用工作定期报告制度，各市市容环卫主管部门在每年的 6 月 30 日和 12 月 31 日前，将本地工作开展情况书面报省住房城乡建设厅。

2017 年 5 月 22 日

3. 济南市城市建筑垃圾管理条例

（2018 年 2 月 27 日济南市第十六届人民代表大会常务委员会第十一次会议通过，2018 年 3 月 29 日山东省第十三届人民代表大会常务委员会第二次会议批准）

第一章　总　　则

第一条　为了加强建筑垃圾管理，维护城市市容环境卫生，完善城市建筑垃圾处置基础设施，推进建筑垃圾综合利用，保护和改善生态环境，根据有关法律、法规的规定，结合本市实际，制定本条例。

第二条　本条例适用于本市市辖区范围内建筑垃圾的排放、运输、消纳、综合利用等处置活动及其监督管理。

本条例所称建筑垃圾，是指各类建（构）筑物、地下管网、道路桥隧、水利河道、园林绿化等建设工程以及拆除工程、装饰装修工程产生的渣土、弃料、泥浆及其他废弃物。

第三条　建筑垃圾处置应当遵循减量化、资源化、无害化和谁产生、谁承担处置责任的原则。

第四条　市人民政府应当将建筑垃圾消纳场建设和综合利用纳入国民经济和社会发展规划，制定建筑垃圾源头减量措施和综合利用扶持政策，组织设立建筑垃圾管理服务信息平台，并建立联席会议制度，协调处理建筑垃圾管理中的重大事项。

第五条　市城市管理局负责建筑垃圾处置的统一监督管理工作；区城市管理局依照职责分工具体负责本辖区建筑垃圾监督管理工作。

发展和改革、经济和信息化、公安、财政、国土资源、城乡规划、城乡建设、环境保护、城管执法、城乡交通运输、城乡水务、住房保障和房产管理（城市更新）等部门依照各自职责，做好建筑垃圾管理相关工作。

第六条　本市实行建筑垃圾分类制度。市人民政府应当制定建筑垃圾分类规范，并向社会公布。

各类建设工程在项目立项、规划设计和施工管理阶段，应当采取有利于建筑垃圾源头减量、循环利用的措施。推广装配式施工和一体化装修。

第七条　任何单位和个人不得随意倾倒、堆放、填埋建筑垃圾，不得将危险废物、工业垃圾、生活垃圾以及其他有毒有害垃圾混入建筑垃圾。

第八条　任何单位或者个人都有权对违法处置建筑垃圾的行为进行举报；对举报属实的，市城市管理局应当依照规定给予奖励。

第九条　市、区人民政府应当对在建筑垃圾综合利用科技研究、产品开发、再生产品示范推广以及处置管理工作中做出显著成绩的单位和个人给予表彰和奖励。

第二章　排放、运输和消纳

第十条　市人民政府应当组织市发展和改革、国土资源、城乡规划、城乡建设、城市管理、环境保护、城乡水务等部门和相关区人民政府，依法合理确定建筑垃圾长期消纳场、装饰装修垃圾无害化处理厂的布局、选址和规模，纳入城市基础设施建设体系；区人民政府负责组织建设建筑垃圾临时消纳场。

鼓励社会资本投资建设和经营建筑垃圾长期消纳场、临时消纳场和装饰装修垃圾无害化处理厂。

对建筑垃圾消纳场建设与运营，实行财政补助制度，具体办法由市城市管理局会同市财政部门制定公布。

第十一条　禁止在下列区域选址建设建筑垃圾长期消纳场、临时消纳场和装饰装修垃圾无害化处理厂：

（一）自然保护区、风景名胜区；

（二）饮用水水源保护区；

（三）基本农田和生态公益林地；

（四）河流、湖泊、水库、渠道、山体保护范围；

（五）市人民政府划定并公布的泉水补给区；

（六）法律、法规禁止的其他区域。

第十二条 除本条例第十一条规定的区域外，其他农用地、林地以及建设用地，经产权单位或者个人同意的，可以申请建设建筑垃圾临时消纳场。

第十三条 建设建筑垃圾临时消纳场的，应当向所在地的区人民政府指定的部门申报，经区人民政府组织相关部门审批后，报市城市管理局备案。

第十四条 建筑垃圾长期消纳场、临时消纳场和装饰装修垃圾无害化处理厂的运营和封场关闭应当执行国家、省和市有关规定，不得擅自拒绝受纳建筑垃圾，不得接收工业垃圾、生活垃圾和其他有毒有害垃圾，不得擅自封场关闭。

第十五条 排放建筑垃圾的建设工程、装饰装修工程（不含居民家庭装饰装修）的建设单位和拆除工程组织实施单位，应当在工程开工前向城市管理局提交建筑垃圾处置方案和核算建筑垃圾排放量的相关资料，申请建筑垃圾处置核准。

历下区、市中区、槐荫区、天桥区、历城区的建筑垃圾处置核准，向市城市管理局申请；长清区、章丘区的建筑垃圾处置核准，向所在区的城市管理局申请。

第十六条 建筑垃圾处置方案应当由建设工程、装饰装修工程的建设单位（以下统称工程建设单位）和拆除工程组织实施单位编制，内容包括：

（一）建筑垃圾排放总量、排放种类、处置时限、排放时段；

（二）在建筑垃圾管理服务信息平台公布名录中选定的长期消纳场、临时消纳场、综合利用企业、无害化处理厂及双方签订的消纳合同；

（三）异地工程填垫、土地复耕等可将建筑垃圾作为资源直接利用的处置地点及供需双方签订的协议；

（四）在建筑垃圾管理服务信息平台公布的运输企业准入名录中选定的运输企业及双方签订的运输合同。

前款第三项拟将土石方施工产生渣土用于废弃矿坑回填、山体修复、土地复耕、园林绿化的，应当取得相关管理部门的确认意见。

第一款第四项在选定运输企业时，对建筑垃圾排放总量超过一万立方米的，鼓励以招投标方式确定。

第十七条 城市管理局应当自受理申请之日起七个工作日内作出是否核准的决定。对予以核准的，发放《建筑垃圾处置核准通知书》；不予核准的，书面告知申请人并说明理由。

在建筑垃圾处置核准前，城市管理局应当进行现场核查。对需要现场就地消纳建筑垃圾的，予以核减相应建筑垃圾排放量。

第十八条 工程建设单位、拆除工程组织实施单位或者建筑垃圾运输企业应当持《建筑垃圾处置核准通知书》向公安机关交通管理部门申领临时通行证。临时通行证应当载明建筑垃圾运输时间、运输路线和倾倒地点。

第十九条 建筑垃圾处置核准内容发生变化的，应当及时向原核准机关提出变更申请。

第二十条 排放建筑垃圾的各类单位或者个人应当承担建筑垃圾处置费，费用标准由市价格主管部门依据国家和省的有关规定制定。

建筑垃圾处置费专项用于建筑垃圾消纳场建设、综合利用项目扶持、综合利用产品推广应用、综合信息平台建设维护和建筑垃圾处置的服务管理等事项。

第二十一条 因抢险、救灾等特殊情况需要紧急排放建筑垃圾的，不适用本条例第十五条规定。但是，建设单位或者施工单位应当在险情、灾情消除后三个工作日内报市城市管理局或者所在区城市管理局备案。

第二十二条 工程建设单位、拆除工程组织实施单位应当在发包合同中明确施工单位为施工现场建筑垃圾装载处置管理单位，支付相应的管理费用，并监督施工单位落实运输车辆适量装载、密闭运输、车辆洁净等措施。

发包合同中未明确施工单位前款责任的，建设单位为施工现场建筑垃圾装载处置管理单位。

第二十三条 排放建筑垃圾的施工工地应当遵守下列规定：

（一）设置符合标准的硬质围挡；

（二）工地进出路口、车行道路路面硬化处理；

（三）配备车辆冲洗设施并有效使用；

（四）现场配备洒水降尘设备并有效使用；

（五）建筑垃圾及时清运，暂时不能清运的应当采取覆盖、压实、临时绿化等防尘措施；

（六）施工中产生的建筑垃圾在施工现场范围内分类收集、分类堆放；

（七）大型建设工程按照规定安装在线视频监控设施。

在建设工程竣工验收前，应当将工程所产生的建筑垃圾全部清运。

第二十四条 市城市管理局对从事建筑垃圾运输的企业及车辆实行市场准入和退出制度。个人以及未纳入运输企业准入名录的单位、车辆，不得从事建筑垃圾运输。

符合下列条件的企业，经申请获得核准后，由市城市管理局纳入建筑垃圾运输企业名录管理：

（一）具有合法的道路运输经营许可证、车辆行驶证；

（二）运输车辆具备厢体密闭、安装具有卫星定位功能的行驶记录仪等电子装置；

（三）拥有适度数量规模的自有运输车辆；

（四）具备符合条件的驾驶人员；

（五）具有健全的运输车辆营运、安全、质量、保养、管理等制度。

建筑垃圾运输企业的准入条件、申请程序、准入名录、退出条件、退出名录和运输车辆信息，由市城市管理局制定并通过建筑垃圾管理服务信息平台向社会公布。

建筑垃圾运输企业或者其运输车辆信息发生变化的，应当及时向市城市管理局申请变更。

第二十五条　运输建筑垃圾的，应当遵守下列规定：

（一）运输经核准排放的建筑垃圾；

（二）随车携带临时通行证；

（三）全密闭运输，不得遗撒、泄漏；

（四）保持车体整洁，车轮不得带泥行驶；

（五）规范使用行驶记录仪等电子装置；

（六）按规定的时间、路线行驶，并按照指定的地点倾倒；

（七）车辆号牌（放大号）清晰完整，悬挂城建标识牌。

第二十六条　建筑垃圾运输过程中造成道路污染的，违法行为责任人应当及时清理；责任人不能自行清理或者拒不清理的，由城市管理局组织代为清理，清理费用由责任人承担。

第二十七条　城市管理局和公安机关交通管理部门应当建立驾驶人员档案，加强日常监督管理。

建筑垃圾运输企业与驾驶人员签订或者解除劳动合同、聘用协议的，运输企业应当在二十个工作日内书面告知城市管理局和公安机关交通管理部门。

第二十八条　建筑垃圾排放、运输、消纳实行联单管理制度，保证建筑垃圾排放量与消纳量的一致。联单运输管理的具体办法由市城市管理局制定并公布。

建筑垃圾消纳场和综合利用场应当建立受纳建筑垃圾日报制度，向城市管理局报告受纳建筑垃圾情况。

第二十九条　居民家庭装饰装修垃圾应当袋装收集，不得与生活垃圾混同，并投放到指定地点。

区城市管理局负责组织实施居民家庭装饰装修垃圾的收集和中转，并运送至市城市管理局指定的无害化处理场所处置。

居民家庭装饰装修垃圾的具体管理办法，由市城市管理局制定。

第三章 综 合 利 用

第三十条 建筑垃圾的综合利用包括建筑垃圾的直接利用和再生利用。可以直接利用或者再生利用的，应当循环利用；无法直接利用、再生利用的，应当运送到建筑垃圾消纳场或者指定的无害化处理场所处置。

第三十一条 鼓励将土石方施工产生的渣土用于废弃矿坑回填、山体修复、土地复耕、园林绿化等项目或者用于生产再生利用产品。

鼓励将拆除建（构）筑物、建设工程弃料中可利用建筑垃圾生产再生骨料、砌块、填料、路基垫层和墙体材料等再生利用产品。

工程建设单位、拆除工程组织实施单位按照核准的建筑垃圾处置方案要求实现了本条第一款、第二款规定用途的，市城市管理局应当自建筑垃圾清运完毕之日起三十个工作日内予以核实，并按照市政府规定的建筑垃圾源头减量措施和综合利用扶持政策的规定，给予相应补贴。

第三十二条 市、区人民政府应当在产业、财政、金融等方面对建筑垃圾综合利用给予扶持，鼓励和引导社会资本参与建筑垃圾综合利用项目，鼓励和支持建筑垃圾再生产品的研发和生产。

市人民政府及其有关部门应当将建筑垃圾综合利用项目列入重点投资领域，并对利用下列方式进行综合利用的，优先安排相关用地：

（一）在拆除工程、建设工程施工现场开展就地分类、加工、利用的；

（二）利用建筑垃圾消纳场所进行再生利用的；

（三）使用临时用地建设再生利用场所的；

（四）选址建设建筑垃圾再生利用企业的。

长期消纳场应当作为建筑垃圾综合利用场址。

第三十三条 建筑垃圾再生利用企业应当采取措施，防止存放的建筑垃圾污染周边环境。

建筑垃圾再生利用企业应当按照环境保护有关规定，处理生产过程中产生的污水、粉尘、噪声等，防止再次污染。

第三十四条 建筑垃圾再生利用企业生产的再生利用产品应当符合国家标准、行业标准，经市经济和信息化主管部门认定后标注建筑垃圾再生产品统一标识。

对符合国家标准、行业标准的再生利用产品，市城乡建设主管部门、市财政主管部门应当纳入建筑节能产品推荐目录和政府采购目录，及时向社会公布。

第三十五条 政府投资的公共建筑、城市基础设施建设等项目，在规划设计、招标采购中应当优先使用建筑垃圾再生利用产品。

第四章 监 督 管 理

第三十六条 市、区城市管理局应当组织建筑垃圾处置日常巡查，实施对建筑垃圾排放、运输、消纳、综合利用的日常监管，并建立考核评价机制。

考核评价办法由市城市管理局会同相关部门制定。

第三十七条 市人民政府组织设立的建筑垃圾管理服务信息平台应当包含市、区城市管理局建筑垃圾处置管理基本信息和相关部门提供的其他信息，由市城市管理局负责管理运行。

下列基本信息应当依法向社会公开：

（一）建筑垃圾排放量核算标准及排放处置核准情况；

（二）运输企业名录及运输车辆信息；

（三）临时消纳场、长期消纳场的地点、容量信息；

（四）装饰装修垃圾无害化处理厂运营信息；

（五）建筑垃圾消纳供需和综合利用信息；

（六）建筑垃圾处置违法行为查处情况；

（七）本条例规定的其他应当公开的信息。

第三十八条 市城市管理局应当与国土资源、城乡建设、环境保护、城管执法、城乡交通运输、城乡水务、林业和城乡绿化、人防、住房保障和房产管理（城市更新）、公安交通管理等部门相互提供有关管理信息，实现管理信息共享。

第三十九条 各类建设工程、拆除工程主管部门或者管理机构应当于每年三月底前将建设工程建筑垃圾年度排放计划，提供给市城市管理局进行统筹安排消纳和综合利用。

第四十条 未及时申请建筑垃圾处置核准内容变更、建筑垃圾运输企业及车辆信息变更的，由城市管理局责令限期办理变更。

第四十一条 市城市管理局应当将建设单位、施工单位、运输企业及车辆、消纳场运营企业、再生利用企业在建筑垃圾处置活动中的违法行为记录依法纳入社会信用平台。

第四十二条 城乡建设、国土资源、环境保护、公安交通管理等部门在日常管理活动中发现违法处置建筑垃圾行为的，应当依照各自职责依法给予行政处罚或者在三个工作日内移送有管辖权的城管执法部门并提供技术支持。城管执法部门应当自行政处罚执行完毕之日起七个工作日内告知移送部门。

第四十三条 建筑垃圾运输企业有下列违法行为在一年之内被处罚三次以上的，由市城市管理局决定其退出建筑垃圾运输企业名录，三年内不得从事建筑垃圾运输：

（一）车辆未实行密闭或者覆盖运输的；

（二）使用未纳入名录中的车辆从事建筑垃圾运输的；

（三）未按照核准确定的地点倾倒建筑垃圾的；

（四）承运未经核准的建筑垃圾的。

运输企业有前款第三项、第四项违法行为，情节严重的，由市城市管理局决定其退出建筑垃圾运输企业名录。

第五章 法 律 责 任

第四十四条 违反本条例规定，工程建设单位或者拆除工程组织实施单位，未经核准擅自处置建筑垃圾的，由城管执法部门责令限期改正，处一万元以上十万元以下罚款。

第四十五条 违反本条例规定，将建筑垃圾交给个人或者未纳入建筑垃圾运输企业名录的企业运输的，由城管执法部门责令限期改正，对工程建设单位或者拆除工程组织实施单位处一万元以上十万元以下罚款。

第四十六条 违反本条例规定，未落实施工现场建筑垃圾装载处置管理责任，致使运输车辆未适量装载或者未密闭运输的，由城管执法部门责令限期改正，处一万元以上四万元以下罚款，对工程建设单位或者拆除工程组织实施单位给予警告。

第四十七条 违反本条例规定，未纳入名录的建筑垃圾运输企业、车辆从事建筑垃圾运输的，由城管执法部门责令限期改正，处五千元以上三万元以下罚款。

第四十八条 违反本条例规定，使用虽纳入名录但未取得临时通行证的车辆运输建筑垃圾的，由城管执法部门责令限期改正，处五千元以上三万元以下罚款。

第四十九条 违反本条例第二十三条第一、二、三、四、五项规定未采取扬尘防治措施的，由城管执法部门责令限期改正，处一万元以上十万元以下罚款；拒不改正的，责令停工整治，并可自责令改正之日的次日起，按照原处罚数额按日连续处罚。

第五十条 违反本条例规定，建筑垃圾运输车辆未随车携带临时通行证、车体不洁或者车轮带泥行驶的，由城管执法部门责令限期改正，处一百元以上五百元以下罚款。

第五十一条 违反本条例规定，建筑垃圾运输车辆未按照规定的路线、时间行驶的，由公安部门责令限期改正，处二千元以上二万元以下罚款；拒不改正的，不得上道路行驶。

违反本条例规定，未规范使用行驶记录仪等电子装置的，由公安部门责令限期改正，处二百元罚款。

第五十二条 违反本条例规定，随意倾倒、抛撒或者堆放建筑垃圾的，由城市管理局责令限期清理，并由城管执法部门处五千元以上五万元以下罚款。

第五十三条 违反本条例规定，建筑垃圾消纳场拒绝受纳建筑垃圾，接收工业垃圾、生活垃圾和其他有毒有害垃圾，或者擅自关闭的，由城管执法部门责令改正，处五万元以上十万元以下罚款。

第五十四条 城市管理局、城管执法部门和其他行政管理部门工作人员，拒不履行法定职责或者玩忽职守、滥用职权、徇私舞弊的，依法给予处分；给当事人造成损失的，依法承担赔偿责任；构成犯罪的，依法追究刑事责任。

第五十五条 阻碍城市管理及相关行政机关工作人员依法履行职责，构成违反治安管理行为的，由公安机关依法予以处罚；构成犯罪的，依法追究刑事责任。

第五十六条 违反本条例规定的其他行为，法律、法规有规定的，从其规定。

第六章 附 则

第五十七条 各县建筑垃圾管理参照本条例执行。

济南高新技术产业开发区管理委员会、济南市南部山区管理委员会、济南新旧动能转换先行区管理委员会等政府派出机构，按照市人民政府规定的职责权限执行本条例。

第五十八条 本条例自 2018 年 5 月 1 日起施行。

4. 青岛市建筑废弃物资源化利用管理条例

（2012 年 11 月 1 日青岛市第十五届人民代表大会常务委员会第五次会议通过，2012 年 11 月 29 日山东省第十一届人民代表大会常务委员会第三十四次会议批准，2012 年 11 月 29 日青岛市人民代表大会常务委员会公告公布，自 2013 年 1 月 1 日起施行。）

第一章 总 则

第一条 为了推进本市建筑废弃物资源化利用，提高资源利用效率，促进循环经济发展，根据有关法律、法规，结合本市实际，制定本条例。

第二条　本市行政区域内建筑废弃物的资源化利用活动，适用本条例。

第三条　本条例所称建筑废弃物，是指新建、改建和拆除各类建筑物、构筑物、市政道路、管网等过程中所产生的弃土、弃料等废弃物。

本条例所称建筑废弃物资源化利用，是指对建筑废弃物进行再生利用。

第四条　市城乡建设行政主管部门负责全市建筑废弃物资源化利用的管理工作。具体工作由市建筑废弃物资源化利用管理机构承担。

各县级市城乡建设行政主管部门按照规定负责本行政区域内建筑废弃物资源化利用的管理工作。

环境卫生、发展改革、城管执法等有关部门按照职责分工，做好建筑废弃物资源化利用相关管理工作。

第五条　建筑废弃物资源化利用遵循统筹规划、政府推动、市场引导、物尽其用的原则，实现建筑废弃物的资源化、减量化、无害化。

第二章　资源化利用方案的编制与审核

第六条　建设单位编制的项目可行性研究报告或者项目申请报告，应当包含建筑废弃物减量、分类和资源化利用的内容，并将相关费用列入投资预算。

第七条　建设单位应当在新建、改建工程申请办理施工许可证前，编制建筑废弃物资源化利用方案，报送市、县级市城乡建设行政主管部门审核。

对市、区（市）人民政府决定征收的或者经城乡规划主管部门批准拆除的建筑物、构筑物，征收实施单位或者建筑物、构筑物的所有权人，应当向市、县级市城乡建设行政主管部门办理拆除工程施工备案。备案申请人应当在办理拆除工程施工备案前，编制建筑废弃物资源化利用方案，报送市、县级市城乡建设行政主管部门审核。

第八条　建筑废弃物资源化利用方案应当包括以下内容：

（一）工程名称、地点、建筑面积或者拆除面积；

（二）建设单位、施工单位、运输单位的名称及其法定代表人姓名；

（三）建筑废弃物的种类、数量；

（四）建筑废弃物减量、分类、运输、污染防治措施；

（五）建筑废弃物直接利用数量；

（六）建筑废弃物资源化利用数量。

第九条　市、县级市城乡建设行政主管部门应当在收到建筑废弃物资源化利用方案之日起五个工作日内，提出审核意见，书面通知报送方案的单位或者个人，并将审核意见告知市、县级市环境卫生行政主管部门。

建设单位、房屋征收实施单位或者建筑物、构筑物的所有权人，应当按照产生建筑废弃物的数量向城乡建设行政主管部门交纳处置费，并严格按照经审核的建筑废弃物资源化利用方案处置建筑废弃物。

对经审核确定不宜进行资源化利用的建筑废弃物，按照有关规定到市、县级市环境卫生行政主管部门办理处置核准并交纳处置费。

第十条 鼓励具备条件的施工单位对建筑废弃物进行现场分类。

禁止将生活垃圾、工业垃圾、危险废物等混入建筑废弃物。

建筑废弃物运输车辆在运输过程中应当密闭装载，不得裸露、扬撒、超载。

第三章 再生产品的生产

第十一条 市城乡建设行政主管部门应当会同发展改革、城乡规划等部门根据城市发展实际情况，编制建筑废弃物资源化利用场所布局规划。

第十二条 企业从事建筑废弃物资源化利用生产经营应当具备以下条件：

（一）企业选址应当符合布局规划；

（二）年处理能力一百万吨以上；

（三）采取封闭式生产工艺；

（四）生产条件符合环境保护有关规定。

第十三条 企业从事建筑废弃物资源化利用生产经营，应当到市城乡建设行政主管部门办理备案手续，备案时应当提交以下材料：

（一）建筑废弃物资源化利用生产经营备案申请表；

（二）发展改革部门立项批复、核准、备案文件；

（三）土地使用证明；

（四）厂区规划图；

（五）环境影响评价审批文件；

（六）营业执照、组织机构代码证、税务登记证；

（七）人员及设备情况资料。

第十四条 市城乡建设行政主管部门对企业的备案申请进行审核，符合条件的，办理备案手续；不符合条件的，不予备案，并书面说明理由。

第十五条 建筑废弃物资源化利用企业应当划定专门区域，用于存放建筑废弃物，并采取措施，防止建筑废弃物污染周边环境。鼓励有条件的企业对建筑废弃物实行库房式储存。

建筑废弃物资源化利用企业应当按照环境保护有关规定处理生产过程中产生的污水、粉尘、噪声等，防止二次污染。

鼓励建筑废弃物资源化利用企业利用中水和其他再生水进行生产。

鼓励建筑废弃物资源化利用企业进入施工现场，利用移动处理设备回收利用建筑废弃物。

第十六条　建筑废弃物资源化利用企业不得将根据建筑废弃物资源化利用方案接收的建筑废弃物直接转让或者随意倾倒，不得以其他原料假冒建筑废弃物生产再生产品。

建筑废弃物资源化利用企业对无法利用的弃土、弃料等，应当按照规定到市、县级市环境卫生行政主管部门办理建筑废弃物处置核准。

第十七条　建筑废弃物资源化利用企业使用建筑废弃物生产的再生产品，应当符合国家标准、地方标准、行业标准或者经备案的企业标准，出厂时应当出具产品质量合格证明，并按照《青岛市建设工程材料管理条例》的规定办理备案。

经备案的建筑废弃物再生产品由市城乡建设行政主管部门标注建筑废弃物再生产品统一标识，并列入建筑节能产品推荐目录和政府采购目录，定期向社会公布。

第四章　再生产品的推广应用

第十八条　市、区（市）人民政府应当在年度财政预算中安排资金，用于建筑废弃物资源化利用工作。

市、区（市）人民政府应当制定政策、宣传推广，鼓励使用建筑废弃物再生产品，提高建筑废弃物再生产品在建设工程项目中的使用比例。

第十九条　市、区（市）发展改革部门应当将建筑废弃物资源化利用项目列为重点投资领域。

鼓励企业和个人投资建筑废弃物资源化利用项目。

第二十条　市城乡建设行政主管部门应当建立信息平台，每年预测并公布建筑废弃物产生量和种类，公布建筑废弃物资源化利用企业的名称、地址、消纳建筑废弃物的种类和所生产建筑废弃物再生产品的品种、数量。

市、县级市城乡建设行政主管部门应当定期统计、分析建筑废弃物资源化利用活动情况，并向社会公布。建设单位、拆除单位、施工单位和建筑废弃物资源化利用企业应当按照规定报送相关统计数据。

第二十一条　以建筑废弃物为原料从事生产经营活动的，按照国家有关规定享受税收优惠政策。

第二十二条　生产预拌混凝土、预拌砂浆、预制构件等的企业，应当按照规定使用一定比例的建筑废弃物再生骨料。

第二十三条　全部或者部分使用财政性资金的建设工程项目，使用建筑废弃物再生产品能够满足设计规范要求的，应当采购和使用建筑废弃物再生产品。

建设单位使用建筑废弃物再生产品的，在设计招标时应当将使用建筑废弃物再生产品的相关要求列入设计招标文件，并按照设计文件的要求使用建筑废弃物再生产品。

建设单位使用经市城乡建设行政主管部门备案的建筑废弃物再生产品的，按照比例返还建筑废弃物处置费。具体办法由市人民政府制定。

第二十四条 鼓励高等院校、科研机构、建筑废弃物资源化利用企业开展建筑废弃物资源化利用科学研究和技术合作，参与相关行业标准、国家标准的制定，推广建筑废弃物资源化利用新技术、新工艺、新材料、新设备。

第二十五条 鼓励和支持行业协会在建筑废弃物资源化利用中发挥技术指导和服务作用，推动和规范建筑废弃物资源化利用工作的发展。

第五章 法 律 责 任

第二十六条 违反本条例第七条、第九条第二款规定，未按照规定报送建筑废弃物资源化利用方案或者未按照经审核的建筑废弃物资源化利用方案处置建筑废弃物的，由市、县级市城乡建设行政主管部门责令限期改正，处一万元以上二十万元以下的罚款。

第二十七条 未经备案从事建筑废弃物资源化利用生产经营活动的，由市城乡建设行政主管部门责令限期改正，处五万元以上二十万元以下的罚款。

第二十八条 违反本条例第十六条第一款规定，直接转让或者随意倾倒接收的建筑废弃物，或者以其他原料假冒建筑废弃物生产再生产品的，由市、县级市城乡建设行政主管部门责令限期改正，处二万元以上十万元以下的罚款。

第六章 附 则

第二十九条 装饰装修产生的建筑废弃物、含有或者可能含有有毒有害污染物的建筑废弃物以及其他不能资源化利用的建筑废弃物的管理，按照有关规定执行。

第三十条 本条例自 2013 年 1 月 1 日起施行。

5. 青岛市建筑废弃物管理办法

（青岛市人民政府令第 240 号，于 2015 年 11 月 20 日经市十五届人民政府第 90 次常务会议审议通过，自 2016 年 1 月 1 日施行。）

第一条 为加强建筑废弃物处置管理，保护和改善环境，根据有关法律法规的规定，结合本市实际，制定本办法。

第二条　本办法所称建筑废弃物，是指在建设施工（包括建筑拆除）和装饰装修活动中所产生的渣土、弃土、余泥、废石、弃料等废弃物。

第三条　本办法适用市南区、市北区、李沧区和其他各区市城区内的建筑废弃物的排放、运输、中转、异地回填、消纳等处置及其管理活动；其中进行资源化利用管理的，按照《青岛市建筑废弃物资源化利用条例》规定执行。

前款规定以外区域的建筑废弃物处置管理参照本办法执行。

第四条　建筑废弃物管理实行属地化管理与分级负责相结合，以属地化管理为主的原则。

建筑废弃物处置实行减量化、资源化、无害化和谁产生谁承担处置责任的原则，优先进行资源化利用，以减少建筑废弃物的产生。

第五条　市环境卫生行政主管部门负责全市建筑废弃物处置管理工作，具体工作由市市容环境卫生管理机构承担。

区（市）环境卫生行政主管部门或者区（市）人民政府确定的部门（以下统称环境卫生行政主管部门）按照规定的职责权限，负责辖区内建筑废弃物处置管理工作。

城乡建设行政主管部门负责建筑废弃物资源化利用管理工作，配合环境卫生行政主管部门做好建筑废弃物处置工作。

公安交通、交通运输、环保、城乡规划、国土资源房管、城管执法、财政、物价等部门应当按照各自职责，做好建筑废弃物的处置管理工作。

街道办事处、镇人民政府负责对本区域范围内的建筑废弃物处置管理工作进行协调、监督检查。

居（村）民委员会协助有关部门做好与居（村）民利益有关的建筑废弃物处置等工作。

第六条　建设工程、拆除工程的建设单位应当持城乡建设行政主管部门核定的建筑废弃物资源化利用方案审核意见，到区（市）环境卫生行政主管部门按照以下规定办理建筑废弃物处置核准手续。

（一）产生建筑废弃物除资源化利用部分外需要处置的，应当制定建筑废弃物处置计划，向工程所在地的区（市）环境卫生行政主管部门办理建筑废弃物处置核准手续。处置计划应当包括下列内容并提供相关材料：

1. 工程名称、地址，建筑废弃物的种类、数量；

2. 建设单位、施工单位、建筑废弃物运输企业、运输车辆信息；

3. 施工单位与建筑废弃物运输企业签订的合同；

4. 建筑废弃物处置方式、消纳地点和期限。

（二）经城乡建设行政主管部门核定进行资源化利用的，建设单位应当向工程所在地的区（市）环境卫生行政主管部门提供以下材料，办理运输手续：

1. 工程名称、地址，运输数量；

2. 建设单位、施工单位、建筑废弃物运输企业、运输车辆信息；

3. 施工单位与建筑废弃物运输企业签订的合同；

4. 资源化利用企业名称、地点和运输期限。

前款以外的，经城乡建设行政主管部门核定进行资源化利用且不需要外运的，由所在地的区（市）环境卫生行政主管部门进行信息登记。

城乡建设行政主管部门应当将有关建筑废弃物资源化利用审核信息告知项目所在地环境卫生行政主管部门。

第七条 300平方米以上或者工程投资额30万元以上的装饰装修工程等其他排放建筑废弃物的单位，应当参照本办法第六条第一款的内容编制处置计划，向工程所在地的区（市）环境卫生行政主管部门办理建筑废弃物处置核准手续。

前款规定规模以下的装饰装修工程产生的建筑废弃物由产生单位自行分类、收集，委托建筑废弃物运输企业或者环卫专业单位有偿清运。

第八条 区（市）环境卫生行政主管部门应当自收到申请之日起3日内进行核实，依法核发建筑废弃物处置证明。

建筑废弃物处置证明由市环境卫生行政主管部门统一印制。

第九条 排放建筑废弃物的单位应当按照核定的不能进行资源化利用的建筑废弃物的排放数量，向环境卫生行政主管部门缴纳建筑废弃物处置费。建筑废弃物处置费专项用于建筑废弃物消纳处置，严禁挪作他用。

第十条 市、区（市）环境卫生行政主管部门应当建立环境卫生数字化管理系统，实施互联互通、实时监控和信息共享，有关费用由同级财政承担。

建设单位应当将工地出入口的视频监控设备接入区（市）环境卫生数字化管理系统，并设专人负责维护，确保视频监控设备正常使用。

第十一条 从事建筑废弃物运输的企业应当符合下列条件，经所在地区（市）环境卫生行政主管部门核准后，方可从事建筑废弃物运输经营业务。

（一）有8辆以上载质量5吨以上符合国家、省、市有关标准和要求的自卸车辆；

（二）有固定的办公场所和与经营规模相适应的停车场地；

（三）具有道路运输经营许可证，车辆具有行驶证和道路运输证，驾驶人员具有与准驾车型相符的驾驶证和从业资格证；

（四）运输车辆安装使用符合产品标准的全密闭运输装置；

（五）运输车辆安装卫星定位设备，接入区（市）环境卫生数字化管理系统；

（六）良好的社会信用；

（七）建立安全生产管理制度，配备专职的安全生产管理人员；

（八）法律、法规、规章规定的其他条件。

市环境卫生行政主管部门应当将核准的建筑废弃物运输企业名录及车辆号牌定期向社会公布，提供免费查询服务，接受社会监督。

第十二条 实行建筑废弃物运输企业信用承诺制度。拟从事建筑废弃物运输的企业应当按照规范格式向社会作出依法运输承诺，从业期间有违法行为的将自愿接受约束和惩戒。信用记录纳入企业信用档案，接受社会监督，并作为有关部门监管的依据。

市、区（市）环境卫生行政主管部门应当建立健全建筑废弃物运输企业综合评价体系，加强监管，对信誉优良的建筑废弃物运输企业给予扶持支持，对违法失信企业依法予以限制。

第十三条 建筑废弃物运输实行政府引导，市场化运作。

市城乡建设行政主管部门应当会同市环境卫生行政主管部门，委托价格认证机构测算并公布建筑废弃物运输市场平均成本。

建设单位、施工单位与建筑废弃物运输企业协议的运输价格，可以参照公布的建筑废弃物运输市场平均成本协商确定。

第十四条 建筑废弃物运输企业在运输建筑废弃物时，应当随车携带建筑废弃物处置证明，以及公安机关交通管理部门核发的通行证，按照公安机关交通管理部门核定的路线、时间行驶。

第十五条 施工单位应当及时清运工程施工过程中产生的建筑废弃物，防止环境污染。

施工单位参与工程施工招投标时，应当按规定将建筑废弃物处置方案纳入招投标文件。

施工单位不得将建筑废弃物交给个人或者未经核准的建筑废弃物运输企业运输。

第十六条 建筑废弃物运输企业应当按照核准的范围承运建筑废弃物，在运输过程中应当装载适量、密闭运输，并防止撒漏、扬尘。

第十七条 因建设、维护、堆坡造景、山体恢复等需要对外接收建筑废弃物回填使用的，应当持用地证明和单位证明，到工程所在地区（市）环境卫生行政主管部门进行预约登记。

区（市）环境卫生行政主管部门应当根据辖区工程施工及回填登记情况，组织调配建筑废弃物。

第十八条 建筑废弃物消纳场应当符合城市规划、环境保护的要求，由区

（市）环境卫生行政主管部门会同有关部门予以确定。

第十九条 建筑废弃物消纳场应当保持场地设施完好，环境整洁，按照规定对建筑废弃物进行处置，不得受纳工业垃圾、生活垃圾、有毒有害和易燃易爆危险废物。

第二十条 建筑废弃物消纳场无法继续接收建筑废弃物的，应当在停止接收30日前向所在地区（市）环境卫生行政主管部门提出申请。未经核准，不得关闭或者拒绝受纳建筑废弃物。

第二十一条 居（村）民委员会或者物业服务企业应当公示确定的装饰装修废弃物集中堆放点，并做好日常管理服务工作。

个人在装饰装修房屋过程中产生的建筑废弃物，应当袋装收集，堆放到确定的集中堆放点，由建筑废弃物运输企业或者环卫专业单位清运，清运费用由产生建筑废弃物的个人承担。

第二十二条 无主建筑废弃物由所在地区（市）环境卫生行政主管部门负责组织清运，所需费用由同级财政承担。

第二十三条 禁止下列行为：

（一）随意倾倒、抛撒或者堆放建筑废弃物；

（二）将工业垃圾、生活垃圾、有毒有害和易燃易爆危险废物等混入建筑废弃物；

（三）擅自受纳建筑废弃物；

（四）涂改、倒卖、租借或者以其他形式非法转让建筑废弃物处置证明；

（五）未经核准从事建筑废弃物运输。

第二十四条 相关部门应当按照本办法规定，履行监督管理职责，承担以下具体工作：

（一）环境卫生行政主管部门负责建筑废弃物处置管理工作，承担建筑废弃物相关审批及批后监管工作；

（二）城乡建设行政主管部门负责对施工现场内工地出入口地面硬化及设置车辆清洗、冲刷、清扫设施，运输车辆是否密闭加盖等行为进行监督管理，依法对违法行为实施处罚；

（三）交通运输行政主管部门负责对建筑废弃物运输企业的道路运输经营行为进行监督管理，依法对违法行为实施处罚；

（四）公安机关交通管理部门负责对建筑废弃物运输中的道路交通安全行为进行监督管理，依法对违法行为实施处罚；

（五）城管执法部门负责对建筑废弃物处置进行监督检查，依法对违法行为实施处罚。

第二十五条　区（市）环境卫生行政主管部门应当按要求向市环境卫生行政主管部门报送有关行政审批、行业监管信息，并接受市环境卫生行政主管部门的指导、监督。

第二十六条　市环境卫生行政主管部门应当建立信息共享制度。相关部门应当根据各自管理职能提供以下信息：

（一）环境卫生行政主管部门有关建筑废弃物行政审批方面的信息；

（二）城乡建设行政主管部门有关建设工程、拆除工程、市政工程施工及建筑废弃物资源化利用等方面的信息；

（三）交通运输行政主管部门有关建筑废弃物运输企业安全生产管理和运输车辆、驾驶员道路运输从业资格等方面的信息；

（四）公安机关交通管理部门有关建筑废弃物运输《车辆通行证》，运输车辆交通违法处理情况及交通事故记录等信息；

（五）城管执法部门有关建筑废弃物撒漏、乱倒乱卸、未密闭运输、无证运输及无证处置等违法行为的查处信息。

第二十七条　环境卫生行政主管部门发现违法行为应当由城管执法部门给予行政处罚的，应当按规定移送处理。案件接收部门应当在 30 日内将处理情况告知环境卫生行政主管部门。

第二十八条　市和区（市）政府相关部门应当设置举报电话，受理举报和投诉。接到举报和投诉，应当在 5 日内将调查或者处理情况告知举报人或者投诉人。

建立投诉处理协作机制，相关职能部门接到投诉后按规定处理，涉及其他部门职责的应当及时转交，并将处理情况告知投诉人。

第二十九条　未办理建筑废弃物处置手续处置建筑废弃物的，由环境卫生行政主管部门责令限期改正。逾期未改正的，由城管执法部门对建设单位处 5000 元以上 30000 元以下罚款。

第三十条　未按规定缴纳建筑废弃物处置费的，由环境卫生行政主管部门责令限期改正。逾期不改正的，由城管执法部门处以应交建筑废弃物处置费 1 倍以上 3 倍以下且不超过 30000 元的罚款。

第三十一条　建设单位未设专人维护视频监控设备及监控设备不能正常使用的，由环境卫生行政主管部门责令限期改正。逾期未改正的，由城管执法部门处 5000 元罚款。

第三十二条　对施工单位违反本办法规定的下列行为，由城管执法部门按照《中华人民共和国固体废物污染环境防治法》规定给予处罚：

（一）未及时清运工程施工过程中产生的建筑废弃物，造成环境污染的，责令改正，并处 5000 元以上 50000 元以下罚款；

（二）将建筑废弃物交给个人或者未经核准的运输企业运输的，处 10000 元以上 100000 元以下罚款。

第三十三条 建筑废弃物运输企业违反本办法规定的下列行为，由城管执法部门依法处罚：

（一）未经核准或者超出核准范围从事建筑废弃物运输经营业务的，责令停止违法行为，并处 5000 元以上 30000 元以下罚款；

（二）运输建筑废弃物过程中未随车携带建筑废弃物处置证明、未采取有效防撒漏、防扬尘措施的，责令改正，并处 1000 元以上 5000 元以下罚款；出现撒漏的，可以按每平方米 100 元处以罚款；不能按面积计算的，可根据《中华人民共和国固体废物污染环境防治法》规定，按每处 5000 元以上 50000 元以下处以罚款。

第三十四条 违反本办法规定，擅自受纳建筑废弃物的，以及建筑废弃物消纳场受纳工业垃圾、生活垃圾、有毒有害和易燃易爆危险废物的，由城管执法部门责令改正，对个人处 5000 元以下罚款，对单位处 20000 元以上 30000 元以下罚款。

消纳场未经核准关闭或者拒绝受纳建筑废弃物的，由城管执法部门责令改正，并处 10000 元以上 30000 元以下罚款。

第三十五条 单位和个人有下列情形之一的，由城管执法部门按照《中华人民共和国固体废物污染环境防治法》规定，责令改正，并处罚款：

（一）将工业垃圾、生活垃圾、有毒有害和易燃易爆危险废物混入建筑废弃物的，对个人处 200 元以下罚款，对单位处 3000 元以下罚款；

（二）随意倾倒、抛撒或者堆放建筑废弃物的，对个人处 200 元以上 2000 元以下罚款，对单位处 5000 元以上 50000 元以下罚款。

第三十六条 涂改、倒卖、出租、出借或者以其他形式非法转让建筑废弃物处置证明的，由城管执法部门责令改正，并处 5000 元以上 20000 元以下罚款。

第三十七条 当事人对行政处罚决定不服的，可以依法申请行政复议或者提起行政诉讼；当事人逾期不履行行政处罚决定的，由作出处罚决定的机关申请人民法院强制执行。

第三十八条 行政执法人员玩忽职守、滥用职权、徇私舞弊的，由有关主管部门依法给予行政处分；构成犯罪的，依法追究刑事责任。

第三十九条 本办法自 2016 年 1 月 1 日起施行。2002 年 12 月 2 日市人民政府发布、2004 年 9 月 29 日修改的《青岛市城市建筑垃圾管理办法》（青岛市人民政府令第 147 号）同时废止。

（四）河 南 省

1. 河南省人民政府关于加强城市建筑垃圾管理促进资源化利用的实施意见的通知

豫政〔2015〕39 号

各市、县人民政府，省人民政府各部门：

为进一步加强城市建筑垃圾管理，促进建筑垃圾资源化利用和产业化发展，有效解决建筑垃圾围城和环境污染等问题，推进美丽河南建设，现结合我省实际，提出以下意见，请认真贯彻落实。

一、重要意义

随着我省新型城镇化进程的加快、城市建设与改造的提速，建筑垃圾大量产生。建筑垃圾是城市矿产，开展建筑垃圾资源化利用，可节约大量土地、天然原材料、煤炭等资源能源，每资源化利用 1 亿吨建筑垃圾，可节省堆放占地万余亩，减少取土或代替天然沙石千万立方米，节省标准煤 500 万吨；可减少污染，改善城市环境，降低可吸入颗粒物和细颗粒物指标；可新增就业岗位，带动装备制造业和服务业发展，创造巨大经济效益。推动建筑垃圾资源化利用产业化发展，对发展循环经济、推进节能减排和实施可持续发展战略、促进"四个河南"建设具有重要意义。

二、总体要求和目标任务

（一）总体要求。坚持"谁产生谁付费、谁处置谁受益"的原则，建立健全政府主导、社会参与、行业主管、属地管理的建筑垃圾管理体系，构建布局合理、管理规范、技术先进的建筑垃圾资源化利用体系，将建筑垃圾资源化循环利用纳入建筑产业现代化发展内容，实现建筑垃圾减量化、无害化、资源化利用和产业化发展。

（二）目标任务。到 2016 年，省辖市建成建筑垃圾资源化利用设施，城区建筑垃圾资源化利用率达到 40%。到 2020 年，省辖市建筑垃圾资源化利用率达到 70% 以上，县（市、区）建成建筑垃圾资源化利用设施，建筑垃圾资源化利用率达到 50% 以上。

三、加强建筑垃圾规范化管理

（一）规范处置核准。加强对建筑垃圾产生、运输和消纳行为的监管，住房城乡建设（市容环境卫生）部门要依据国家相关规定，严格建筑垃圾处置核准。产生建筑垃圾的建设单位、施工单位以及从事建筑垃圾运输和消纳的企业获得核准后方可处置建筑垃圾。

（二）加强源头治理。加强包括拆除在内的施工工地管理，施工工地必须设置相关防污降尘设施，硬化施工道路和工地出入口；设置车辆冲洗保洁设施，驶出工地车辆经冲洗后方可上路行驶；要有待运建筑垃圾覆盖设施，防止出现工地扬尘。

对占用农田、河渠、绿地以及待开发建设用地等的存量建筑垃圾，要制定切实可行的治理计划，有序开展治理，有效解决建筑垃圾围城、填河等问题。

（三）推行分类集运。建筑垃圾要按工程弃土、可回用金属类、轻物质料（木料、塑料、布料等）、混凝土、砌块砖瓦类分别投放，运输单位要分类运输。禁止将其他有毒有害垃圾、生活垃圾混入建筑垃圾。

拆除化工、金属冶炼、农药、电镀和危险化学品生产、储存、使用企业建筑物、构筑物时，要先进行环境风险评估，并经环保部门专项验收达到环境保护要求后方可拆除。如发现建筑物中含有有毒有害废物和垃圾，要向当地环保部门报告，并由具备相应处置资质的单位进行无害化处置。

（四）强化运输管理。建筑垃圾要由专业的运输企业运输，建筑垃圾运输车辆要安装全密闭装置、行车记录仪和相应的卫星定位监控设备，严禁运输车辆沿途泄漏抛洒。运输企业要加强对所属车辆的动态监管，建立运输安全和交通违法考核机制，加强驾驶人员培训，严禁超载、超速、闯信号行驶。相关部门要加强联动执法，对违规的运输企业和车辆驾驶人依法予以处罚。

（五）严格消纳管理。从事建筑垃圾消纳的企业，消纳场用地要符合城市规划和环境保护要求，并依法取得土地使用权，具有建筑垃圾无害化处置设备，有健全的环境卫生和安全管理制度并有效执行。建筑垃圾消纳企业不得无故关闭或拒绝建筑垃圾进场，遇到特殊情况确需关闭的，要及时报告住房城乡建设（市容环境卫生）部门，并采取应急措施。

四、推动建筑垃圾处置市场化

（一）积极引入社会资本。建立政府主导、市场运作、特许经营、循环利用的建筑垃圾资源化利用机制。各地要建立完善的特许经营招标投标、运营监督、市场准入退出、履约保证、产品和服务质量监管等机制，采用招投标方式授予建筑垃圾运输企业、消纳或资源化利用企业特许经营权，引入社会资本参与建筑垃圾处置。

（二）实行收费制度。产生建筑垃圾的单位要按规定缴纳垃圾处理费（包括运输费、处置费）。制定垃圾处理费标准时，要按照"补偿垃圾收集、运输和处理成本，合理盈利"的原则，由价格主管部门会同住房城乡建设（市容环境卫生）部门依据有关规定，实行价格听证会制度，报当地政府批准执行。

建立建筑垃圾产生方、运输方、处置方和监管方联动机制，产生方要将垃圾处理费纳入工程预算并预交到监管方开设的专用账户，运输方或处置方承担运输或处置业务后，经产生方、监管方审核同意后将费用支付给运输方或处置方。监管方既可由住房城乡建设（市容环境卫生）部门充当，也可由当地政府指定机构充当。

（三）培育示范典型。鼓励建筑垃圾资源化利用企业延伸产业链，参与建筑垃圾分类、收集和运输，培育一批具有较高技术装备水平和较强产业竞争力的建筑垃圾资源化利用示范企业，发挥其技术创新、成果转化、技术推广、市场引领等方面的带动作用。

五、促进建筑垃圾资源化利用

（一）加快建筑垃圾资源化利用设施建设。建筑垃圾消纳或资源化利用设施是重要的市政基础设施。各地要根据建筑垃圾产生量及其分布，合理规划布局建筑垃圾资源化利用设施，满足城市建筑垃圾资源化利用要求。采取固定与移动、厂区和现场相结合的资源化利用处置方式，尽可能实现就地处理、就地就近回用，最大限度地降低运输成本。建筑垃圾资源化处置设施要严格控制废气、废水、粉尘、噪声污染，达到环境保护要求。

（二）完善建筑垃圾再生利用技术体系。建立完善建筑垃圾再生产品相关标准体系，编制建筑垃圾综合利用技术指南，建立建筑垃圾再生新型墙体材料生产标准和应用技术规范，制定再生产品在市政工程、公路建设中的应用技术规范。鼓励大专院校、科研院所和建筑垃圾资源化利用企业联合建立研发中心，积极开展再生骨料强化技术、再生骨料系列建材生产关键技术、再生细粉料活化技术、专用添加剂制备工艺技术等研发，加快推进建筑垃圾资源化利用工艺和产品规范化、标准化，扩大建筑垃圾再生产品应用范围，提高建筑垃圾再生产品附加值。

（三）加强建筑垃圾再生产品推广应用。将建筑垃圾再生产品列入绿色建材目录、政府采购目录，在工程建设中优先推广使用。申报绿色建筑的工程项目要严格执行《河南省绿色建筑评价标准》，提高建筑垃圾再生产品的使用比例。城市道路、河道、公园、广场等市政工程，凡能使用建筑垃圾再生产品的，鼓励优先使用。在满足公路设计规范的前提下，优先将建筑垃圾再生骨料用于公路建设。申报省级以上（含省级）优质工程和文明工地的建设项目，要优先使用掺兑建筑垃圾再生骨料的砂浆。

（四）推进建筑垃圾再生产品集聚化发展。鼓励具有一定基础条件的省辖市、县（市、区）以建筑垃圾资源化利用企业为骨干，规划建设新型建筑材料产业化专业园区，纳入产业集聚区管理范围，享受相关优惠政策。鼓励其他新型建材企业、建筑产业化企业入驻专业园区，充分利用建筑垃圾再生骨料替代天然砂石，广泛开展外墙装饰、保温材料、自保温墙体材料及建筑部品、构件等建筑新材料、新工艺研发，推动建筑垃圾再生产品规模化、高效化、产业化应用。

（五）加快建筑垃圾再生利用装备研发。将建筑垃圾处理和资源化利用装备研发列入省级科技发展规划和高技术产业发展规划，并安排财政性资金予以支持；鼓励装备制造企业自主研发或在引进、消化、吸收的基础上，积极研发新型建筑垃圾处理和资源化利用成套装备，重点提高移动式筛分设备的质量和效率，降低设备成本，提高处理效率，促进我省装备制造业发展。

（六）加大政策扶持力度。发挥财政资金的引导带动作用，通过以奖代补、贷款贴息等方式，鼓励社会资本参与建筑垃圾资源化利用设施建设，享受当地招商引资优惠政策，促进建筑垃圾资源化利用设施建设和再生产品应用。建筑垃圾消纳或资源化利用设施用地符合《划拨用地目录》的，实行政府划拨。制定新型墙体材料专项基金扶持政策，加大对利用建筑垃圾生产新型墙体材料的项目和使用建筑垃圾再生新型墙体材料的建设工程的支持力度。建筑垃圾资源化利用企业按规定享受国家和省有关资源综合利用、再生节能建筑材料、再生资源增值税等财税、用电优惠政策。

六、加强组织实施

（一）加强组织领导。省住房城乡建设部门会同省发展改革、工业和信息化、财政、环保、科技、公安、国土资源、交通运输、税务等部门建立建筑垃圾管理和资源化利用推进工作联动机制。制定年度考核责任目标，加强对建筑垃圾管理和资源化利用的监督考核。研究深入推进建筑垃圾资源化利用的政策措施，制定完善应用规范和标准，组织新技术、新工艺、新产品研究和推广，开展建筑垃圾资源化利用设施运营管理观摩交流活动。

（二）强化责任落实。建立促进建筑垃圾管理和资源化利用奖惩机制，对工作成效突出的省辖市、县（市、区），采取以奖代补的形式给予奖励，对工作不力的予以问责。市、县级政府作为建筑垃圾管理和资源化利用工作的责任主体，要依据本意见制定实施方案，分解目标任务，明确责任分工，认真组织实施。

2015 年 7 月 10 日

2. 河南省住房和城乡建设厅关于印发《河南省建筑垃圾管理和资源化利用试点省工作实施方案》的通知

豫建墙〔2015〕15 号

为深入贯彻落实《中共中央　国务院关于加快推进生态文明建设的意见》、《中共河南省委　省政府关于建设美丽河南的意见》（豫发〔2014〕10 号）及《河南省人民政府关于加强城市建筑垃圾管理促进资源化利用的意见》，按照《住房城乡建设部关于将河南省列为建筑垃圾管理和资源化利用试点省的函》（建城函〔2015〕79 号）有关要求，结合我省实际情况，制定本实施方案。

一、基本情况

（一）建筑垃圾管理现状。近几年，随着我省城镇化进程的加快，旧城区、城中村和棚户区改造提速，产生了大量建筑垃圾。据不完全统计，截至 2014 年底，我省城市建筑垃圾存量达到 5 亿吨，每年新增建筑垃圾超过 1 亿吨。据测算，1 亿吨建筑垃圾如果按 10 米高堆放占地将达到万余亩。目前，我省大部分城市还没有固定、专业的建筑垃圾处置场，建筑垃圾运输企业规模小、数量多、装备陈旧、无序竞争；运输过程中超速超载、沿途抛撒、随处倾倒，出现了建筑垃圾"围城""堆山""填河"等现象，不仅占用土地，影响城市发展，而且污染水体和空气。根据国内外的成功经验，加强建筑垃圾管理，推进建筑垃圾资源化利用，是解决建筑垃圾问题的根本出路。

（二）已有工作成效。为有效解决建筑垃圾处置和资源化利用问题，我省部分城市进行了积极探索。其中，许昌市采用"政府主导、市场运作、特许经营、循环利用"的方式，实现了建筑垃圾的规范化管理和资源化利用，得到了国家住建部、发改委、工信部、科技部等部委的肯定，其经验已在全国推广。郑州、漯河、新乡、平顶山、焦作、永城等市县也已建成建筑垃圾综合利用项目投入运营。2015 年 4 月住房城乡建设部将我省列为全国建筑垃圾资源化利用试点省，要求我省总结成功经验，制定方案，完善政策，建立机制，加快推进建筑垃圾资源化利用，发挥典型示范作用。2015 年 7 月，省政府出台《关于加强城市建筑垃圾管理 促进资源化利用的意见》，为全面规范城市建筑垃圾管理，促进建筑垃圾资源化利用和产业化发展，有效解决建筑垃圾"围城"和环境污染等问题提供了坚强的政策支撑。

二、总体要求

（一）指导思想

以科学发展观为指导，把生态文明和循环经济理念融入城乡建设全过程，建立健全政府主导、社会参与、行业主管、属地管理的建筑垃圾管理体系，构建布局合理、管理规范、技术先进的建筑垃圾资源化利用处置体系，加强政策扶持和示范引导，提高建筑垃圾资源化利用和产业化发展水平，为全国建筑垃圾管理和资源化利用探索经验并发挥示范作用。

（二）基本原则

1. 坚持无害化处置。加强建筑垃圾产生、运输、处置全程监管，禁止私拉乱倒，沿途遗洒，依法依规消纳处置。

2. 坚持资源化利用。完善再生产品标准体系，加大政策扶持，推动再生产品的广泛应用。

3. 坚持市场化运作。完善处理费征收监管机制，实行特许经营，引入社会资本，加快资源化利用设施建设。

4. 坚持产业化发展。拉伸建筑垃圾资源化利用产业链，提高再生产品附加值，联合开展研发，带动装备制造等相关产业发展。

（三）工作目标

2015 年底，县级以上城市完成消纳场的规划选址和筹建，同步建立完善的建筑垃圾排放、运输、处置核准制度，制定和完善建筑垃圾收集、运输、无害化处置、资源化利用的管理制度和服务标准，形成规范的建筑垃圾管理体系。省辖市、省直管县（市）对清运车辆实行公司化管理，建成建筑垃圾清运监管平台，对清运车辆进行实时监管。50％的省辖市建筑垃圾资源化利用设施建成投用。

2016 年各地根据建筑垃圾产生量及其分布，合理规划布局建筑垃圾资源化利用设施，省辖市和省直管县（市）全部建成并具备处理能力，资源化利用率分别达到40％、30％。培育 20 个以上建筑垃圾管理和资源化利用试点市（县），省辖市建成 1 个以上建筑垃圾资源化利用试点企业。省市联动支持一批建筑垃圾再生产品应用试点项目，培育 2～3 个具有自主知识产权、技术先进的装备制造企业。初步建立建筑垃圾管理和资源化利用的政策法规、技术标准体系，再生产品得到广泛应用，资源化利用初见成效，基本达到试点省总结验收要求。

2017～2020 年，在全省全面推广规范化管理和资源化利用试点成果，县级以上城市全部建成建筑垃圾资源化利用设施，省辖市建筑垃圾资源化利用率达到70％以上，省直管县（市）和其他县（市）资源化利用率达到50％以上。培育出一批具有较高技术装备水平和较强产业竞争力的集团化企业，产业化发展达到一定规模。

三、重点工作

（一）建立长效管理机制

1. 完善管理体制。各市县政府要高度重视，明确管理部门，建立由城管、住房城乡建设、公安、交通、环保等部门参加的综合执法队伍，依法加强监管。

2. 建立网络监管平台。运用互联网＋技术建设建筑垃圾管理平台，对建筑垃圾产生、收集、运输、处置四个环节实施有效监控。

3. 实行处置核准。省辖市、直管县（市）住房城乡建设（市容环境卫生）部门，2015 年底前研究制定出台《城市建筑垃圾处置核准管理办法》，明确处置核准审查程序，并依据办法核发《城市建筑垃圾处置核准》。产生建筑垃圾的建设单位、施工单位以及从事建筑垃圾运输和消纳处置的企业取得处置核准后，方可处置建筑垃圾。对未经核准擅自处置或超出核准范围处置建筑垃圾的，应依法予以处罚。

4. 推行分类集运处置。自 2016 年开始，资源化利用市、县要将建筑垃圾按工程弃土、可回用金属、轻物质料（木料、塑料、布料等）、混凝土和砌块砖瓦类分别投放，积极推进建筑垃圾分类集运，禁止任何单位和个人将生活垃圾、危险废物与建筑垃圾混合处置。

5. 强化运输管理。2015 年底前，省辖市、省直管县（市）所有建筑垃圾运输车辆实行公司化管理，建筑垃圾必须由符合条件的运输企业清运。所有运输车辆必须加装密闭设施，实施密闭运输，加装北斗卫星定位系统、行车记录仪等监控系统，对运输车辆进行实时监控。对未按要求运输建筑垃圾的单位从严处罚。

6. 加强工地管理。需运输处置建筑垃圾的建设单位必须硬化工地出入口道路，设置车辆冲洗保洁设施，进出工地的车辆经冲洗保洁设施处置干净后方可驶离工地，保证建筑垃圾运输车辆密闭、整洁出场。

7. 加强消纳场管理。建筑垃圾消纳场应选址合理并符合环境保护要求。要建立健全各项管理制度和台账资料，明确管理责任，落实管理措施；分类堆放处理，实行资源化综合利用；采取湿法作业，严防消纳场扬尘污染。不得无故关闭或拒绝建筑垃圾进场，遇到重大事件确需关闭的，应及时报告住房城乡建设（市容环境卫生）行政主管部门，并采取应急措施，确保进场的所有建筑垃圾得到无害化处置。

（二）引入社会资本，实施特许经营

1. 引入社会资本。各地政府应统筹规划、合理布局，引入社会资本，鼓励采用 PPP（政府和社会资本合作）等投融资模式，加快建筑垃圾资源化利用设施建设。

2. 实行特许经营。住房城乡建设（市容环境卫生）行政主管部门应根据市、县（市）人民政府授权，依据建筑垃圾产生量、消纳或资源化利用的需要，采用招投标方式授予建筑垃圾运输企业、消纳或资源化利用企业特许经营权。授权既可将建筑垃圾运输、消纳或资源化利用合并授予，亦可分开授权。

3. 建立处置收费制度。各地政府应依据原国家计委、财政部、建设部、国家环保总局《关于实行城市生活垃圾处理收费制度促进垃圾处理产业化的通知》（计价格〔2002〕872 号），按照补偿垃圾收集、运输和处理成本，合理盈利的原则，于 2015 年底前核定建筑垃圾处理费（包括运输费和处置费）标准。产生建筑垃圾的单位应按规定缴纳垃圾处理费（包括运输费、处置费）。住房城乡建设（市容环境卫生）行政主管部门应加强处理费管理，促进建筑垃圾资源化利用市场化和产业化发展。

4. 建立处理费用监管机制。建筑垃圾产生单位要将运输费和处置费纳入工程预算并预交到监管账户，运输或处置单位承担运输或处置业务后，向产生单位提出费用申请，经住房城乡建设（市容环境卫生）行政主管部门审核同意后，支付相应的运输和处置费用。建筑垃圾处理费专款专用，任何单位和个人不得挪用。

（三）加强政策扶持，促进资源化利用

各地政府应贯彻落实国家关于资源综合利用的优惠政策，加强对建筑垃圾资源化利用企业的政策扶持，促进建筑垃圾资源化利用，努力解决再生产品出路问题。

1. 加大政策扶持。建筑垃圾消纳或资源化利用设施用地符合《划拨用地目录》的，实行政府划拨。资源化利用企业按规定享受国家和省有关资源综合利用、再生节能建筑材料、再生资源增值税减免等优惠政策。

2. 给予专项资金支持。对于建筑垃圾再生新型墙体材料的生产项目和应用工程，优先纳入新型墙材专项基金扶持范围；建筑垃圾资源化处置企业优先纳入循环经济和资源综合利用专项资金补贴范围；将建筑垃圾处理和资源化利用装备研发列入省级科技发展规划和高技术产业发展规划，优先纳入节能技改项目专项资金扶持范围，促进我省建筑垃圾装备制造业发展。

3. 推进再生产品应用。将建筑垃圾再生产品列入绿色建材目录、政府采购目录，促进再生产品规模化使用。在城市道路、河道、公园、广场等市政工程中优先使用再生产品。在满足公路设计规范的前提下，优先将建筑垃圾再生骨料用于公路建设。各地要结合实际制定建筑垃圾再生产品推广应用实施细则，强力推进再生产品的应用。

（四）建立完善技术标准体系，推动产业化发展

1. 建立和完善标准体系。省建筑垃圾资源化利用中心负责组织科研院所、大专院校和资源化利用企业，开展建筑垃圾再生产品生产和应用的标准体系建设。2015 年底前，编制完成建筑垃圾综合利用技术指南、分类集运技术导则以及再生骨料生产应用技术规程。2016 年，编制和完善各类建筑垃圾再生产品的

生产应用技术规程；开展建筑垃圾再生产品在新型墙体材料中应用研究，制定相应的生产标准和应用技术规范；开展建筑垃圾再生产品在道路建设中应用研究，制定再生产品在道路建设中的应用技术规范。初步建立建筑垃圾再生产品应用的技术标准体系，推动建筑垃圾再生产品的规模化应用。

2. 培育行业典型。市、县人民政府和相关部门要大力鼓励建筑垃圾资源化利用企业拉伸产业链，参与建筑垃圾的分类、收集和运输，培育一批具有较高技术装备水平和较强产业竞争力的建筑垃圾资源化利用示范企业，发挥其技术创新、成果转化、技术推广、市场引领等方面的带动作用。

3. 组织开展技术创新。加快组建科研院所、大专院校、处置企业和装备制造企业参与的建筑垃圾资源化利用产业联盟，开展建筑垃圾资源化利用的新产品、新工艺和新装备研发，提升产品、工艺设计和装备制造水平，扩大建筑垃圾资源化应用范围，推动建筑垃圾再生利用产业化发展。

4. 建设产业化发展专业园区。指导具有一定基础条件的市、县，以建筑垃圾资源化利用企业为骨干，规划建设新型建筑材料产业化专业园区，纳入产业集聚区管理，享受相关优惠政策。鼓励其他新型建材企业、建筑产业化企业入驻专属园区，充分利用建筑垃圾再生骨料替代天然砂石，广泛开展外墙装饰、保温材料、自保温墙体材料及建筑部品、构件等建筑新材料、新工艺的研发，推动建筑垃圾再生产品的规模化、高效化、产业化应用。

四、实施步骤

建筑垃圾规范管理和资源化利用是一项长期、艰巨的任务。我省试点工作按5年时间安排，分四个阶段实施：

（一）启动阶段（2015年4月～2015年7月）。主要任务是出台相关规定，研究制定实施方案，全面安排部署。主要内容：1. 贯彻执行《河南省人民政府关于加强城市建筑垃圾管理促进资源化利用的意见》，制订《河南省城市建筑垃圾管理和资源化利用试点省工作实施方案》，明确目标责任，细化工作内容，强化工作措施。2. 召开省建筑垃圾管理和资源化利用现场会暨贯彻《意见》落实《方案》动员部署会。3. 开展建筑垃圾管理和资源化利用知识培训。

（二）重点工作推进阶段（2015年8月～2016年8月）。主要任务是通过督导检查，加强贯彻落实。主要内容：1. 各市、县成立组织，明确责任，制定实施方案细则。建立处置核准、推行特许经营和收费制度。2. 建立专用监管账户。3. 建设网络监控平台。4. 省辖市和省直管县完成建筑垃圾资源化利用设施建设并有效运转，无害化处理符合要求。5. 完成相关优惠政策、法规的制定，促进再生产品推广应用。

省厅负责建立建筑垃圾资源化利用标准体系，组织开展建筑垃圾资源化利用相关技术和装备研发。

（三）总结验收阶段（2016年9月～2016年12月）。组织对各市县考核，总结建筑垃圾管理和资源化利用试点经验。

（四）全面实施阶段（2017年1月～2020年12月）。在全省县级以上城市全面推进建筑垃圾规范化管理和资源化利用工作；加强再生产品的推广应用；打造一批具有较高技术装备水平和较强产业竞争力的建筑垃圾资源化利用示范企业和装备制造企业。

五、保障措施

（一）加强组织领导。按照省政府《关于加强城市建筑垃圾管理促进资源化利用的意见》有关要求，建立由省住房城乡建设、省发展改革、工业和信息化、财政、环保、科技、公安、国土资源、交通运输、税务等部门组成的试点省联动机制，协调推进建筑垃圾管理和资源化利用工作。

各市、县政府要建立由政府主要领导负责、多部门组成的联动机制，统筹协调相关重大事项，督促有关部门依法履行监督管理职责。

（二）实行目标考核。市、县人民政府作为建筑垃圾管理和资源化利用工作的责任主体，要编制完成本地实施细则，细化分解目标任务，明确落实责任分工，认真组织实施。省住房城乡建设厅联合相关部门按照阶段目标对各市县政府进行考核。

（三）建立督查通报制度。省住房城乡建设厅联合相关部门加强对建筑垃圾管理与资源化利用工作情况进行检查指导，建立督查通报制度，定期开展督查，通报各地工作开展情况。省辖市要加强对所辖县（市）的检查指导，建立督查、通报和考评制度，每季度末向省住房城乡建设厅上报建筑垃圾管理与资源化利用工作进展情况。对于严重违法的建设、施工、运输和消纳处置单位给予公开曝光和处罚。

（四）做好试点示范。省住房城乡建设厅拟定试点示范标准，在市县组织申报的基础上确定试点城市、示范企业、示范项目，给予相应的政策和资金支持。培育具有技术水平高、创新能力强、经济效益好的建筑垃圾综合利用示范基地和骨干企业。

（五）加大宣传力度。充分发挥新闻媒体和网络的作用，广泛宣传加强建筑垃圾管理和资源化利用的重要性，普及建筑垃圾管理和资源化利用的基本知识，争取公众对建筑垃圾管理和资源化利用工作的理解和支持，提高全民参与的自觉性和积极性。鼓励公众广泛参与监督管理，引导全社会形成节约资源、保护环境的生产生活方式和消费模式，为更好地开展建筑垃圾管理和资源化利用工作营造良好的社会氛围。

3. 河南省住房和城乡建设厅关于加强城市建筑垃圾源头管控做好扬尘污染防治有关工作的通知

豫建〔2017〕88 号

各省辖市、省直管县（市）住房和城乡建设局（委）、城乡规划局、城市管理（执法、监察）局、郑州航空港经济综合实验区住房城乡建设主管部门：

根据《城市建筑垃圾管理规定》（建设部令第 139 号）、《河南省人民政府关于加强城市建筑垃圾管理促进资源化利用的意见》（豫政〔2015〕39 号）、《河南省环境污染防治攻坚战领导小组办公室关于印发河南省 2017 年大气污染防治攻坚战 7 个实施方案及考核奖惩暂行办法的通知》（豫环攻坚办〔2017〕71 号）及河南省工程建设标准《城市房屋建筑和市政基础设施工程及道路扬尘污染防治标准（试行）》等有关规定，切实做好各类工程施工过程中扬尘污染防治工作，加强源头管控，规范建筑垃圾管理，现将相关事宜通知如下：

一、建立建筑垃圾源头管控联动机制

（一）加强源头管控

1. 建设单位（或组织拆迁的实施单位）在招标文件中要明确规定投标人在投标文件编制中增加扬尘污染防治方案和建筑垃圾处置方案等，并列入技术标评审内容。

2. 中标人与建设单位（或组织拆迁的实施单位）签订的合同中，应当包括招标文件中的施工现场扬尘污染防治方案和建筑垃圾处置方案，并将建筑垃圾处理费纳入工程预算，明确扬尘污染防治、建筑垃圾处置责任。未能明确的，各市、县住房和城乡建设行政主管部门对施工总承包合同、监理合同不予备案。

3. 各类建设工程开工前，建设单位（或组织拆迁的实施单位）向项目所在地行业主管部门办理安全生产备案手续时，要报送扬尘污染防治方案、建筑垃圾处置方案。建筑垃圾处置方案须经城市人民政府市容环境卫生行政主管部门审核同意，并办理建筑垃圾处置核准文件。无建筑垃圾处置方案和建筑垃圾处置核准文件的，住房和城乡建设行政主管部门不予办理《扬尘污染防治方案》备案。

（二）明确申请排放核准责任主体

建设单位（或组织拆迁的实施单位）在工程开工（拆除）前，须向城市人民政府市容环境卫生行政主管部门申请办理城市建筑垃圾排放处置核准手续；若委托施工（拆除）单位办理的，由施工（拆除）单位负责；责任主体不明确的，由建设单位（或组织拆迁的实施单位）承担主体责任。

（三）规范建筑垃圾处置核准

申请建筑垃圾处置核准应向城市人民政府市容环境卫生行政主管部门提交建筑垃圾处置申报表和建筑垃圾处置方案（详见附件1、2）等相关材料，经市容环境卫生行政主管部门审核同意后，办理处置核准手续。建筑垃圾产生方根据主管部门（或委托有资质的第三方专业机构）测算的建筑垃圾产生量，将建筑垃圾处理费预交到监管方开设的专用账户，运输方或处置方承担运输或处置业务后，经产生方、监管方审核同意后将费用支付给运输方或处置方，清运、处置完工后处理费按照实际清运量、处置量据实结算。

（四）落实联动措施

根据《国务院关于加快推进"互联网＋政务服务"工作的指导意见》（国发〔2016〕55号）和《关于印发河南省2017年大气污染防治攻坚战7个实施方案及考核奖惩暂行办法的通知》（豫环攻坚办〔2017〕71号）等有关文件规定，各市、县住房和城乡建设（或城市规划）行政主管部门、市容环境卫生行政主管部门应当协同做好建筑垃圾源头管控联动工作。

自2017年5月1日起，新开工（拆除）项目所涉及的城市建筑垃圾处置核准、《扬尘污染防治方案》备案应当与房屋建筑（市政基础设施）工程施工安全监督备案（或建筑物拆除工程安全备案）、建筑工程施工许可统一纳入市、县政府行政服务大厅（中心）审批系统办理。未取得建筑垃圾处置核准的，暂停办理《扬尘污染防治方案》备案、房屋建筑（市政基础设施）工程施工安全监督备案和建筑物拆除工程安全备案。

二、加快建筑垃圾大数据监管平台建设运行

建立全省联网的建筑垃圾大数据监管平台是我省建筑垃圾管理和资源化利用"试点省"工作的重要内容之一，是提高管理效率的重要措施，各市（县）市容环境卫生行政主管部门要严格按照《河南省住房和城乡建设厅关于建立建筑垃圾大数据监管平台有关要求的通知》（豫建墙〔2016〕17号）要求，加快平台建设运行，2017年6月1日之前必须全部完成与省级监管平台的对接验收工作。

1. 2017年5月1日之后，已建成建筑垃圾大数据监管平台的各市（县）市容环境卫生行政主管部门，应当通过建筑垃圾大数据监管平台办理"城市建筑垃圾处置核准"，与所在市（县）政府行政服务大厅（中心）审批系统同步。

2. 2017年6月1日之前，城市人民政府市容环境卫生行政主管部门应当主动牵头，各市（县）住房和城乡建设（或城市规划）行政主管部门积极配合，联合向所在市（县）人民政府请示汇报，将建筑垃圾大数据监管平台与各市（县）的审批系统（扬尘污染防治方案备案、房屋建筑和市政基础设施工程施工安全监督备案、建筑物拆除工程安全备案、建筑工程施工许可）进行联网对接，实现相关信息的互联互通、实时共享。

三、建立建筑垃圾处置台账

城市人民政府市容环境卫生行政主管部门要严格落实建筑垃圾处置核准制度，充分利用建筑垃圾大数据监管平台建立建筑垃圾处置台账，台账应包括工程概况（项目名称、性质、位置、建筑面积等）、建筑垃圾种类、产生量、清运量、消纳处置量等内容，完整记录建筑垃圾处置数量，并保证数据的真实性。

四、严格执法依法处罚

加强建筑垃圾源头管控，落实城市建筑垃圾处置核准制度，是从源头解决建筑垃圾私拉乱倒、预防扬尘污染的有效措施。各市、县住房和城乡建设（或城市规划）行政主管部门、市容环境卫生行政主管部门要按照各自行业管理和扬尘污染防治等相关规定，加强日常监管执法，对建设单位或施工（拆除）单位未获得城市建筑垃圾处置核准，被暂停办理《扬尘污染防治方案》备案、房屋建筑（市政基础设施）工程施工安全监督备案和建筑物拆除工程安全备案而擅自施工（基坑开挖、拆除清理建筑物等）的，严格依法处罚。同时，依据《河南省关于加强推进社会信用体系建设的指导意见》（豫政〔2014〕31号），将建设单位、施工（拆除）单位作为失信者列入"黑名录"，纳入全省建筑市场监管信息系统向社会公布，使违规企业"一处违规、处处受限"。

五、加强督查问责追究

上述工作已纳入我省2017年大气污染防治攻坚战督查督办事项，各市、县住房和城乡建设（或城市规划）行政主管部门、市容环境卫生行政主管部门要密切配合、履职尽责，协同做好建筑垃圾处置管理工作。对庸政懒政怠政、慢作为、不作为导致未能按上述时间节点完成的部门和工作人员，将提请河南省环境污染防治攻坚战领导小组办公室等有关部门按照有关规定进行效能问责。

附件：1. 建筑垃圾处置申报表

2. 建筑垃圾处置方案编制要求

2017年4月27日

4. 许昌市城市建筑垃圾管理实施细则

许政办〔2011〕26号

第一章 总 则

第一条 为加强对城市建筑垃圾管理，创造清洁、优美的城市环境，保障市容市貌的整洁和公民的身体健康，促进我市四个文明建设，根据《中华人民共和国固体废物污染环境防治法》、国务院《城市市容和环境卫生管理条例》、住建部《城市建筑垃圾管理规定》、住建部《市政公用事业特许经营管理办法》、《河南省城市市容和环境卫生管理条例实施办法》，制定本实施细则。

第二条　本细则适用于许昌市城市规划区内建筑垃圾的收集、运输、中转、回填、消纳、利用等处置活动。根据住建部《市政公用事业特许经营管理办法》，许昌市规划区内建筑垃圾处置实行特许经营。

第三条　城市建筑垃圾是指建设单位、施工单位或个人新建、改建、扩建和拆除各类建筑物、构筑物、管网等以及居民装饰房屋过程中所产生的弃土、余土、弃料及其他废弃物。

第四条　许昌市城市管理局为许昌市建筑垃圾行政主管部门，主要负责对许昌市规划区内（魏都区、经济开发区、东城区等）建筑垃圾处置进行统一审批、核准、监管；依法查处建筑垃圾私拉乱运、随意倾倒、污染路面等违法行为；负责对各县（市、区）建筑垃圾管理部门进行行业监督和业务指导；负责监管、指导特许经营单位认真履行特许经营协议。市住房和城乡建设局按照职责对建筑工地实施监管，做好建筑垃圾产生地的管理工作。负责对施工现场道路、车辆清洗设施按照有关标准进行考核、监管。

公安交警部门对建筑垃圾行政主管部门核准的建筑垃圾运输车辆依据规定办理市区通行证；对未经建筑垃圾行政主管部门核准进行运输建筑垃圾的车辆，积极配合相关部门予以查处；对故意污损、遮挡号牌，车尾无放大号或放大号不清晰及超高、超速的建筑垃圾运输车辆依法查处。

交通公路管理部门负责对进入市区或过境未按规定装载建筑垃圾的超限、超载运输车辆依法进行查处。

许昌县要按照属地管理原则负责本辖区内的建筑垃圾管理工作，接受许昌市建筑垃圾行政主管部门的行业监督和业务指导。

魏都区、经济开发区、东城区按照属地管理的要求，城管部门对未经建筑垃圾行政主管部门审批、核准的建筑垃圾运输车辆进行依法查处，对辖区内污染路面的运输车辆进行查处，相关部门予以配合。

第五条　建筑垃圾处置按照谁产生，谁承担处置责任的原则，实行减量化、资源化、无害化处理。鼓励建筑垃圾综合利用，鼓励建设单位、施工单位优先采用建筑垃圾综合利用产品。

第二章　建 筑 垃 圾 管 理

第六条　产生建筑垃圾的单位和个人应在开工前向建筑垃圾行政主管部门提出处置申请，申报需要处置的建筑垃圾数量，签订《卫生责任书》。办理施工许可证的工程建设项目，应持有建筑垃圾处置核准手续。

第七条　建筑垃圾的处置实行收费制度，收费标准依据许昌市物价部门核定标准执行，任何单位和个人不得擅自减免。对产生建筑垃圾的单位和个人不按规定提出处置申请并交纳建筑垃圾处置费的，建筑垃圾行政主管部门有权责令改正并补办手续。

第八条　产生建筑垃圾的建设单位、施工单位或个人应与建筑垃圾处置特许经营单位签订有偿协议，明确双方权利和义务。

第九条　任何单位和个人不得将建筑垃圾混入生活垃圾，不得将危险废物混入建筑垃圾，不得擅自设立弃置场受纳建筑垃圾。所有产生的建筑垃圾必须倾倒在建筑垃圾行政主管部门指定的处置场所。

第十条　建筑垃圾按照规定的时间收集、运输。收集、运输时间：夏季、秋季应在21时至次日6时之前，春季、冬季应在20时之后至次日6时之前进行。特殊情况需要在其他时间段收集、运输建筑垃圾，必须经建筑垃圾行政主管部门批准。建筑垃圾运输车辆必须实行密闭运输，车容保持整洁，暂不能封闭的车辆应装载适量，低于车帮5公分，防止沿途抛撒污染道路。

第十一条　社区居民、个人家庭因改建、修缮、拆除或装修房屋产生的建筑垃圾，业主不能自己清运的，可委托物业管理单位、社区居委会联系从事建筑垃圾运输的单位有偿清运。

第十二条　任何单位和个人不得随意运输、倾倒、抛撒、堆放建筑垃圾。

第十三条　任何产生建筑垃圾的单位和个人不得将建筑垃圾交给建筑垃圾处置特许经营单位以外的其他单位或个人处置。

第十四条　单位和个人在街道两侧和公共场地堆放物料、建设施工的，应保持建设施工现场整洁，建设工程竣工后施工单位应将建筑垃圾清理干净，占道施工的应工完场清。

第三章　罚　　则

第十五条　运输液体、散装货物不作密封、包扎、覆盖造成泄露、遗撒的，由建筑垃圾行政主管部门每车处以30元罚款或处以每平方米10元罚款，但是实际执罚的金额不得超过1万元。

第十六条　处置建筑垃圾的单位在运输建筑垃圾过程中沿途丢弃、遗撒建筑垃圾的，由建筑垃圾行政主管部门责令限期改正，给予警告，处5000元以上5万元以下罚款。

第十七条　施工单位未及时清理产生的建筑垃圾，造成环境污染的，由建筑垃圾行政主管部门责令限期改正，给予警告，处5000元以上5万元以下罚款。

第十八条　任何单位和个人随意倾倒、抛撒或者堆放建筑垃圾的，由建筑垃圾行政主管部门责令限期改正，给予警告，并对单位处 5000 元以上 5 万元以下罚款，对个人处 200 元以下罚款。

第十九条　施工单位将建筑垃圾交给非特许经营单位处置的，由市建筑垃圾行政主管部门责令限期改正，给予警告，处 1 万元以上 10 万元以下罚款。

第二十条　涂改、倒卖、出租、出借或者以其他形式非法转让城市建筑垃圾处置核准文件的，由建筑垃圾行政主管部门责令限期改正，给予警告，处 5000 元以上 2 万元以下罚款。

第二十一条　违反本细则，有下列情形之一的，由建筑垃圾行政主管部门责令限期改正，给予警告，对施工单位处 1 万元以上 10 万元以下罚款；对建设单位、运输建筑垃圾的单位处 5000 元以上 3 万元以下罚款：

（一）未经核准擅自处置建筑垃圾的；

（二）处置超出核准范围的建筑垃圾的。

第二十二条　当事人对行政处罚决定不服的，可以依法申请行政复议或者提起行政诉讼。当事人逾期不申请行政复议或者提起行政诉讼，也不履行行政处罚决定的，由做出处罚决定行政机关申请人民法院强制执行。

第四章　附　　则

第二十三条　建筑垃圾行政主管部门及相关部门工作人员玩忽职守、滥用职权、徇私舞弊的，依法给予行政处分；构成犯罪的，依法追究刑事责任。

第二十四条　各县（市、区）建筑垃圾管理可参照本办法执行。

第二十五条　本细则自发布之日起实施，原许昌市有关建筑垃圾管理的规定与本细则不一致的，以本细则为准。

2011 年 3 月 9 日

5. 许昌市人民政府办公室转发市住房城乡建设局关于做好建筑垃圾综合利用工作意见的通知

许政办〔2013〕70 号

为进一步加强全市建筑垃圾综合利用工作，提高资源循环利用率，按照市委、市政府积极推广建筑垃圾再生产品的要求，借鉴外地经验做法，结合我市实际，现就做好建筑垃圾综合利用工作提出如下意见。

一、充分认识综合利用建筑垃圾的重要意义

近年来，我市新型城镇化进程不断加快，在老城区改造、城中村建设、基础设施建设中产生了大量的建筑垃圾。这些垃圾通常采用露天堆放或者简易填埋，既占用大量土地、污染城市环境，也造成了资源的巨大浪费。开展建筑垃圾综合利用对减少占用土地、促进资源节约、保护生态环境具有重要意义，是建设资源节约型、环境友好型社会的必然要求。各级各有关部门要进一步提高认识，切实增强工作责任感和紧迫感，完善工作机制，制定有效措施，推动建筑垃圾综合利用工作顺利实施，实现经济效益、社会效益和生态效益的共赢。

二、加大对综合利用建筑垃圾项目的扶持力度

（一）加强规划引导。根据区域建筑垃圾存量及增量预测情况，按照资源就近利用原则，城市管理部门要会同相关部门，科学制定建筑垃圾治理和综合利用中长期规划，坚持建筑垃圾收集、运输特许经营制，鼓励各类民间资本进入建筑垃圾再生产品市场，扶持和发展建筑垃圾综合利用企业，确保全市建筑垃圾综合利用工作有序开展。

（二）给予政策优惠。综合利用财政、税收、投资等经济杠杆支持建筑垃圾的综合利用，鼓励企业采用直接投资的方式进行建筑垃圾综合利用项目建设。发展改革、国土资源、城乡规划、环保等部门要在建筑垃圾综合利用项目立项、土地审批、规划、环评等环节给予优先考虑，优先办理；财政、税务等部门要积极帮助企业落实国家有关资源综合利用的优惠政策，增强建筑垃圾综合利用企业的竞争力。

（三）鼓励科技创新。鼓励高校、科研机构及企业研究开发建筑垃圾综合利用的新技术、新工艺、新设备，积极引进国外先进、成熟的建筑垃圾综合利用技术与设备，不断提高建筑垃圾综合利用的技术水平和产业化水平。建筑垃圾综合利用企业要积极应对市场需求，加大产品研发和设备改造力度，扩展建筑垃圾制取新型建材的品种、规格。

三、积极推广应用建筑垃圾再生产品

（一）城乡规划、建筑、市政、水利等设计部门在图纸设计环节，要重点考虑再生骨料在城市道路的慢车道、人行道及游园、广场的基层、地基层、建筑基层、找平层的应用，再生透水砖、广场砖在人行道、游园、广场中的应用，再生空心砌块、多孔砖等在房屋建筑中的应用，再生挡土砌块，护坡砖在水利工程中的应用等。

（二）将建筑垃圾再生产品（再生粗骨料、再生细骨料、再生透水砖、再生标砖、再生空心砌块、再生砂浆等）纳入政府采购的范畴，凡是政府投资建设的项目，各建设单位要监督施工企业与政府采购确定的供货企业签订建筑垃圾产品供货合同，并将此作为结算和资金拨付的依据之一。定额管理部门要定期发布建筑垃圾再生产品的价格信息，为财政评审、企业预算、政府采购提供依据。

（三）积极推广符合国家标准的建筑垃圾再生砌块、再生砖在房屋等建筑中的应用，产生建筑垃圾的单位，新建工程时应鼓励回用一定比例的建筑垃圾再生产品。任何部门、单位不得以任何理由拒绝采用合格的、通过新型墙体材料认证的建筑垃圾再生产品，没有按照设计要求利用建筑垃圾再生产品的各类工程不得进行竣工备案验收。

四、落实建筑垃圾综合利用工作责任

住房城乡建设、城乡规划、城市管理、发展改革委、国土资源、环保、财政、税务等部门要按照本意见的要求，明确职责分工，建立协调机制，确保各项工作认识到位、责任到位、措施到位，积极推动建筑垃圾综合利用产业化、规模化。各有关部门、新闻媒体要加大对建筑垃圾综合利用工作的宣传力度，让社会公众了解综合利用建筑垃圾的重要性，提高全社会的资源节约意识，提高使用建筑垃圾再生产品的自觉性和积极性，为开展建筑垃圾综合利用工作营造良好的社会氛围。

2013 年 10 月 29 日

6. 许昌市人民政府关于印发许昌市建筑垃圾管理及资源化利用实施细则的通知

许政〔2015〕78 号

第一章 总 则

第一条 为进一步加强城市建筑垃圾管理，促进建筑垃圾资源化利用工作，营造良好整洁的城市环境，根据《中华人民共和国固体废物污染环境防治法》、国家住建部《城市建筑垃圾管理规定》、《市政公用事业特许经营管理办法》及《河南省〈城市市容和环境卫生管理条例〉实施办法》、《河南省人民政府关于加强城市建筑垃圾管理促进资源化利用的意见》（豫政〔2015〕39 号）要求，结合我市实际，特制定本细则。

第二条 本细则适用于许昌市城市规划区内建筑垃圾的管理、收集、运输、中转、回填、消纳、利用等处置活动。根据国家住建部《市政公用事业特许经营管理办法》，许昌市城市规划区内建筑垃圾收集、清运、处置实行特许经营。

第三条 建筑垃圾是指施工单位或个人新建、改建、扩建和拆除各类建筑物、构筑物、管网等以及居民、沿街门店装饰房屋过程中所产生的渣土、弃土、

余土、弃料等废弃物；施工工地包括建筑施工、道路施工、市政设施施工、管网施工、桥梁涵洞施工、河道水利施工等工地。

第四条 建筑垃圾资源化利用实行谁产生、谁付费，谁处置、谁受益的原则，建立健全政府主导、社会参与、行业主管、属地管理的建筑垃圾管理体系，构建布局合理、管理规范、技术先进的建筑垃圾资源化利用处置体系，将建筑垃圾资源化循环利用纳入建筑产业现代化发展中，实现建筑垃圾减量化、无害化、资源化利用和产业化发展。

第二章 建筑垃圾排放管理

第五条 建筑垃圾生产方应在开工前5日内，向市建筑垃圾行政主管部门提出书面排放申请，并提供以下相关处置内容和材料：

（一）处置种类，施工相关设计图纸，包括总平面图、地下开挖平面图、基坑开挖图等；

（二）排放申报量、回填量；

（三）与市建筑垃圾特许经营运输单位签订的运输合同；

（四）施工场地及工地出入口卫生保洁措施；

（五）处置费预交回执。

第六条 施工工地出入口处，要设置车辆冲洗设施及相应的排水设施，对驶出车辆的车轮、车身等进行冲洗；设置建筑垃圾管理责任牌，并配备足额的专职保洁人员，做好施工工地的日常保洁工作。建设单位、施工单位在建筑施工工地出入口安装车辆冲洗设施后，方能办理建筑垃圾排放手续。同时，实行"一不准入，三不准出"制度，即不具备开工条件的工地各种清运车辆不准进入，车轮和车身没有冲洗干净的不准出、超高装载的车辆不准出、无包扎遮盖的清运散装货物车辆不准出，防止污染城市道路。

第七条 市建筑垃圾行政主管部门接到建筑垃圾产生方排放申请后，应及时受理，现场进行核实，3日内向申请单位和个人答复，对具备清运排放条件的，通知特许经营运输企业给予清运；申请人接到排放通知后，3日内到属地建筑垃圾管理部门备案；对不具备排放条件的，书面通知申请人，并说明理由。

第八条 居民因装修装饰房屋产生的建筑垃圾，区域内实行物业管理的，由物业管理单位指定临时地点堆放，并委托特许经营运输企业及时清运；未实行物业管理的，由街道办事处指定临时堆放地点，在2日内委托特许经营运输企业及时清运。沿街门店产生的装修废料、装修垃圾经建筑垃圾行政主管部门指定临时堆放地点，并委托特许经营运输企业及时清运。

第九条 任何产生建筑垃圾的单位和个人不得将建筑垃圾交给非建筑垃圾清

运、处置特许经营单位进行清运、处置。

第十条　任何单位和个人不得将建筑垃圾混入生活垃圾，不得将有毒有害垃圾混入建筑垃圾。所有产生的建筑垃圾必须按照建筑垃圾行政主管部门指定的排放场所进行倾倒。

第十一条　产生建筑垃圾的建设单位、施工单位或个人排放建筑垃圾前应与建筑垃圾清运处置特许经营单位签订清运协议，与属地建筑垃圾管理部门签订卫生保洁协议并报备市建筑垃圾管理行政主管部门，明确权利和义务。

第三章　建筑垃圾运输管理

第十二条　承担建筑垃圾运输处置特许经营企业必须建立建筑垃圾网络管理平台，安装有卫星定位监控设备、行车记录仪、视频监控系统，对运输车辆进行实施有效监控。

第十三条　承担建筑垃圾运输处置特许经营企业的运输车辆必须使用专业密闭运输车辆，暂不能达到专业密闭运输车辆运输的，必须将现有车辆改装为软质机械式全密闭装置，其闭合方式采用后拉闭合式。

从 2016 年 1 月 1 日起，凡新办理核准手续的车辆，必须是节能环保的新型清运车辆，车厢顶盖是软质机械式全密闭装置，防止沿途扬尘和遗撒。对不具备运输条件的车辆，建筑垃圾行政主管部门不予发放准运证。

第十四条　承担建筑垃圾运输处置特许经营企业必须按照规定时间、线路进行收集、运输。运输时间为夏秋季 21 时至次日 6 时，冬春季 20 时至次日 6 时。特殊情况需要在其他时间收集、运输建筑垃圾的，须报经市建筑垃圾行政主管部门批准，并报属地建筑垃圾管理部门备案。在国家规定的高考期间等特殊情况下，禁止建筑垃圾运输处置。

第十五条　建筑垃圾运输车辆要保证车况良好，在运输过程中，不得出现遗撒、泄漏、飞扬等影响市容环境卫生的现象。

第十六条　承担建筑垃圾运输处置特许经营企业要对建筑垃圾实行分类清运，按照工程弃土、可回用金属类、轻物质类（木料、塑料、布料等）、混凝土、砖块砖瓦类分别投放、分类收集、运输。

第四章　建筑垃圾处置费用征收管理

第十七条　许昌市城市规划区管辖范围内所有新建、改建、扩建、拆除的各类建筑物、构筑物、管网改造、河道施工、市政设施建设、沿街门店装饰、装修和居民小区装饰、装修过程中所产生的建筑垃圾，均应交纳垃圾处置费及运输费。

第十八条　建筑垃圾处置费征收标准，按照许昌市物价行政主管部门核定的收费标准执行，任何单位和个人不得擅自减免。对产生建筑垃圾的单位和个人不按规定交纳建筑垃圾处置费的，建筑垃圾行政主管部门不予办理相关手续。

第十九条　建筑垃圾生产方必须将建筑垃圾运输费和处置费列入工程预算，实行先预交处置费，后处置原则。

第二十条　产生建筑垃圾的单位和个人在建筑垃圾处置前，应按建筑垃圾行政主管部门批准的核准量，向许昌市建筑垃圾行政主管部门开设的建筑垃圾监管专用账户预交处置费和运输费。建筑垃圾处置费按现行交款渠道交纳，建筑垃圾运输费由产生方按批准的核准量交纳至市建筑垃圾管理办公室零余额账户。

第二十一条　建筑垃圾运输费结算必须在运输业务完成后，由特许经营企业向建筑垃圾生产方提出费用申请，经市建筑垃圾行政主管部门审核同意，按照实际运输量，从市建筑垃圾管理办公室零余额账户中支付运输费，清算后剩余部分及时退回交纳方。

第五章　建筑垃圾资源化利用管理

第二十二条　市建筑垃圾行政主管部门根据市政府授权，通过招投标方式对建筑垃圾运输及资源化利用企业授予特许经营权。

第二十三条　承担建筑垃圾运输处置特许经营企业应建立消纳场。建筑垃圾消纳场所应当符合下列条件：

（一）有符合消纳需要的机械设备和照明、排水和消防等设施；

（二）有符合规定的围墙和经过硬化处理的出入口道路；

（三）消纳场出入口处应设置车辆冲洗的专用场地和设施；

（四）进入消纳场所的运输车辆，有登记记录和处置记录，应定期向市建筑垃圾行政主管部门报告运输量和处置量。

第二十四条　承担建筑垃圾运输处置特许经营企业不得无故关闭或拒绝建筑垃圾进场，遇到特殊情况需要关闭的，须报告市建筑垃圾行政主管部门，并采取紧急措施。

第二十五条　建筑垃圾消纳处置和资源化利用，可采取固定与移动、厂区与现场相结合的资源化利用处置方式，尽可能实现就地处理、就地就近回用，最大限度的降低运输成本。

第二十六条　建筑垃圾资源化处置设施要严格控制废气、废水、粉尘、噪音污染，达到环境保护要求。

第二十七条　按照资源就近利用原则，市建筑垃圾行政主管部门要会同相关部门，科学制定建筑垃圾管理和综合利用中长期规划，扶持和发展建筑垃圾资源化利用企业。

第二十八条　市直各相关部门要综合利用财政、税收、投资等措施支持建筑垃圾资源化利用，鼓励企业采用直接投资的方式进行建筑垃圾资源化利用项目建设。

第二十九条　市直各相关部门应积极推广符合国家标准的建筑垃圾再生产品应用，将建筑垃圾再生产品列入绿色建材目录、政府采购目录，在城市市政、水利、绿化、公建工程建设中优先推广使用。任何部门、单位不得以任何理由拒绝采用合格的建筑垃圾再生产品。

第三十条　凡政府财政投资的市政、水利、绿化、公建等项目要优先采用建筑垃圾再生产品；建筑、市政、水利等设计单位，在进行施工图设计时，应当采用建筑垃圾再生产品的，必须在图纸设计中明确说明采用建筑垃圾再生产品。

施工监理单位和质量监督单位应严格按施工设计要求对施工单位进行监督，对不按图纸使用建筑垃圾再生产品的行为应当责令整改，拒不整改的，监理单位不得签字验收，质量监督单位不得进行竣工验收备案。建设单位要监督施工企业与政府采购确定的供货企业签订建筑垃圾产品供货合同，并将此作为结算和资金拨付的依据之一。

第三十一条　在满足公路设计规范的前提下，应优先将建筑垃圾再生产品用于公路建设。申报省级以上（含省级）优质工程和文明工地建设项目，要优先使用建筑垃圾再生产品。

第三十二条　加大宣传力度，市级新闻媒体要开辟专栏、专题，大力普及建筑垃圾资源化利用的基础知识，广泛宣传建筑垃圾资源化利用的重要意义，教育引导市民群众改变观念，提高使用建筑垃圾再生产品的自觉性和积极性，营造良好社会氛围。

第六章　明确职责分工

第三十三条　许昌市城市管理局是许昌市建筑垃圾行政主管部门，对许昌市城市规划区内魏都区、市城乡一体化示范区、经济技术开发区、东城区建筑垃圾处置进行统一审批、核准、监管；负责发现施工工地进出车辆带泥上路污染路面、建筑垃圾清运过程出现污染路面等问题并派遣至责任单位进行处理；负责依法查处建筑垃圾私拉乱运、随意倾倒等违法行为；负责对许昌市城市规划区内建筑垃圾处置实行特许经营，监管、指导特许经营单位认真履行特许经营协议，保证建筑垃圾资源化处置率逐年提高。

市住房城乡建设部门是施工工地的行政主管部门，项目所在地建设行政主管部门负责施工工地硬化场地、设置冲洗设施和建筑垃圾资源化再利用产品的推广应用；市公安部门负责查处建筑垃圾运输车辆交通违法行为；市交通运输部门负责查处建筑垃圾运输车辆超载超限违法行为。

许昌县、魏都区、市城乡一体化示范区、经济技术开发区、东城区按照属地管理原则做好各自辖区内道路污染治理工作。

第三十四条 市发展改革、国土资源、城乡规划、环保等部门要在建筑垃圾资源化利用项目立项、土地审批、规划、环评等环节给予优先考虑，优先办理。市财政部门要将建筑垃圾再生产品纳入政府采购的范畴。

第三十五条 市直各相关部门要积极贯彻落实国家关于资源综合利用方面的优惠政策，加强对建筑垃圾资源化利用企业的政策扶持，促进建筑垃圾资源化利用，增强建筑垃圾综合利用企业的竞争力。

第七章 法 律 责 任

第三十六条 国家住建部《城市建筑垃圾管理规定》相关处罚规定：

（一）第二十二条规定：施工单位将建筑垃圾交给个人或者未经核准从事建筑垃圾运输的单位处置的，由市城市管理部门责令限期改正，给予警告，处1万元以上10万元以下罚款。

（二）第二十三条规定：处置建筑垃圾的单位在运输建筑垃圾过程中沿途丢弃、遗撒建筑垃圾的，由市城市管理部门责令限期改正，给予警告，处5000元以上5万元以下罚款。

（三）第二十四条规定：涂改、倒卖、出租、出借或者以其他形式非法转让城市建筑垃圾处置核准文件的，由市城市管理部门责令限期改正，给予警告，处5000元以上2万元以下罚款。

（四）第二十五条规定：对未经核准擅自处置建筑垃圾的或处置超出核准范围的建筑垃圾的，由市城市管理部门责令限期改正，给予警告，对施工单位处1万元以上10万元以下罚款，对建设单位、运输建筑垃圾的单位处5000元以上3万元以下罚款；

（五）第二十六条规定：任何单位和个人随意倾倒、抛撒或者堆放建筑垃圾的，由市城市管理部门责令限期改正，给予警告，并对单位处5000元以上5万元以下罚款，对个人处200元以下罚款。

第三十七条 依据《河南省〈城市市容和环境卫生管理条例〉实施办法》第三十条第六款规定，运输液体、散装货物不作密封、包扎、覆盖造成泄露、遗撒的，由市城市管理部门每车处以30元罚款或处以每平方米10元罚款，但是实际执罚的金额不得超过1万元。

第三十八条 依据《河南省重大行政处罚备案审查办法》，行政处罚部门应在作出重大行政处罚决定起 15 日内，按照规定的备案文书格式，报同级政府法制机构备案审查。当事人对行政处罚决定不服的，可以依法申请行政复议或者提起行政诉讼。当事人逾期不申请行政复议或者提起行政诉讼，也不履行行政处罚决定，由作出处罚决定行政机关申请人民法院强制执行。

第三十九条 市城市管理局、市住房城乡建设局定期对各县（市、区）建筑垃圾资源化利用工作进行督查指导，掌握全面情况，加快工作推进；对于工作敷衍应付、不能按时完成工作任务、推进不力的，市监察局要按照有关规定启动问责机制，进行责任追究。

第八章 附 则

第四十条 对建筑垃圾行政主管部门及相关部门工作人员玩忽职守、滥用职权、徇私舞弊的，依法给予行政处分；构成犯罪的，移交司法机关依法追究法律责任。

第四十一条 禹州市、长葛市、许昌县、鄢陵县、襄城县可参照本细则制定适合本区域的管理办法。

第四十二条 本细则自发布之日起施行，本细则施行之前有关规定与本细则不一致的，以本细则为准。

2015 年 12 月 25 日

7. 开封市人民政府关于印发加强城市建筑垃圾管理促进资源化利用的实施意见的通知

汴政〔2016〕18 号

为进一步加强城市建筑垃圾管理，促进建筑垃圾资源化利用和产业化发展，有效解决建筑垃圾围城和环境污染等问题，根据《城市建筑垃圾管理规定》（建设部令第 139 号）、《河南省人民政府关于加强城市建筑垃圾管理促进资源化利用的意见》（豫政〔2015〕39 号），结合我市实际，提出以下实施意见。

一、重要意义

随着新型城镇化进程的加快和城市建设与改造的提速，建筑垃圾大量产生。建筑垃圾是城市矿产，开展建筑垃圾资源化利用，可节约大量土地、天然原材料、煤炭等资源能源；可减少污染，改善城市环境，降低可吸入颗粒物和细颗粒物指标；可新增就业岗位，带动装备制造业和服务业发展，创造巨大经济效益。推动建筑垃圾资源化利用产业化发展，对发展循环经济，推进节能减排和实施可持续发展战略、促进实力开封、文化开封、美丽开封、幸福开封建设具有重要意义。

二、总体要求和目标任务

（一）总体要求。坚持"谁产生谁付费、谁处置谁受益"的原则，建立健全政府主导、社会参与、行业主管、属地管理的建筑垃圾管理体系，构建布局合理、管理规范、技术先进的建筑垃圾资源化利用体系，将建筑垃圾资源化循环利用纳入建筑产业现代化发展内容，实现建筑垃圾减量化、无害化、资源化利用和产业化发展。

（二）目标任务。到 2016 年底，建成和完善建筑垃圾资源化利用设施，城区建筑垃圾资源化利用率达到 40%。到 2020 年，建筑垃圾资源化利用率达到 70% 以上，各县建成建筑垃圾资源化利用设施，建筑垃圾资源化利用率达到 50% 以上。

三、加强建筑垃圾规范化管理

（一）规范处置核准。加强对建筑垃圾产生、运输和消纳行为的监管，市城市管理部门要依据国家相关规定，严格建筑垃圾处置核准。产生建筑垃圾的建设单位、施工单位以及从事建筑垃圾运输和消纳的企业获得核准后方可处置建筑垃圾。建设单位、施工单位或者建筑垃圾运输单位申请城市建筑垃圾处置核准，需具备以下条件：

1. 提交书面申请（包括建筑垃圾运输的时间、路线和处置地点名称、施工单位与运输单位签订的合同、建筑垃圾消纳场的土地用途证明）；

2. 有消纳场的场地平面图、进场路线图、具有相应的摊铺、碾压、除尘、照明等机械和设备，有排水、消防等设施，有健全的环境卫生和安全管理制度并得到有效执行；

3. 具有建筑垃圾分类处置的方案和对废混凝土、金属、木材等回收利用的方案；

4. 具有合法的道路运输经营许可证、车辆行驶证；

5. 具有健全的运输车辆运营、安全、质量、保养、行政管理制度并得到有效执行；

6. 运输车辆具备全密闭运输机械装置或密闭苫盖装置、安装行驶及装卸记录仪和相应的建筑垃圾分类运输设备。

（二）加强源头治理。加强包括拆除在内的施工工地管理，施工工地必须设置相关防污降尘设施，硬化施工道路和工地出入口；设置车辆冲洗保洁设施，驶出工地车辆经冲洗后方可上路行驶；要有待运建筑垃圾覆盖设施，防止出现工地扬尘。

各区政府要对本辖区内占用农田、河渠、绿地以及待开发建设用地等的存量建筑垃圾，制定切实可行的治理计划，有序开展治理，有效解决建筑垃圾围城、填河等问题。

（三）推行分类集运。建筑垃圾要按工程弃土、可回用金属类、轻物质料（木料、塑料、布料等）、混凝土、砌块砖瓦类分别投放，运输单位要分类运输。禁止将其他有毒有害垃圾、生活垃圾混入建筑垃圾。

拆除化工、金属冶炼、农药、电镀和危险化学品生产、储存、使用企业建筑物、构筑物时，要先进行环境风险评估，并经环保部门专项验收达到环境保护要求后方可拆除。如发现建筑物中含有有毒有害废物和垃圾，要向市环保部门报告，由具备相应处置资质的单位进行无害化处置。

（四）强化运输管理。建筑垃圾要由经市城市管理部门核准的运输企业运输。建筑垃圾运输车辆须达到建筑垃圾清运车辆从业标准，要安装全密闭装置、行车记录仪和相应的卫星定位监控设备，严禁运输车辆沿途泄漏抛洒。严禁施工单位将建筑垃圾交给个人和未经核准从事建筑垃圾运输的单位运输。运输企业要加强对所属车辆的动态监管，建立运输安全和交通违法考核机制，加强驾驶人员培训和管理。市城市管理部门要严格按照特许经营合同加强对运输企业的行业监管。

（五）严格消纳管理。鉴于开封市顺达建筑垃圾处置场是我市目前唯一经市政府核准从事建筑垃圾消纳的企业。市城市管理部门要对其加强行业监管，督促其建立健全完善的运行管理制度。建筑垃圾消纳企业不得无故关闭或拒绝建筑垃圾进场，遇到特殊情况确需关闭的，要及时报告市城市管理部门，并采取应急措施。

（六）加强联动执法。市城管、公安、交通等相关部门要加强联动执法，建立联动体制机制，依法对未经核准处置、未经核准运输、随意倾倒抛洒等违规行为依法予以处罚。

四、推动建筑垃圾清运处置市场化

（一）实行特许经营。积极引入社会资本。建立政府主导、市场运作、特许经营、循环利用的建筑垃圾资源化利用机制。各地要建立完善的特许经营招标投标、运营监督、市场准入退出、履约保证、产品和服务质量监管等机制，采用招投标方式授予建筑垃圾运输企业、消纳或资源化利用企业特许经营权，引入社会资本参与建筑垃圾处置。

（二）实行收费制度。产生建筑垃圾的单位要按规定缴纳垃圾处理费（包括运输费、处置费）。建筑垃圾处理费（包括运输费、处置费）标准由价格主管部门会同市城市管理部门依据有关规定制定。建筑工地用于自身回填的建筑弃土不缴纳垃圾处理费。

五、促进建筑垃圾资源化利用

（一）加快建筑垃圾资源化利用设施建设。采取固定与移动、厂区和现场相结合的资源化利用处置方式，尽可能实现就地处理、就地就近回用，最大限度地降低运输成本。建筑垃圾资源化处置设施要严格控制废气、废水、粉尘、噪音污染，达到环境保护要求。

（二）加强建筑垃圾再生产品推广应用。将建筑垃圾再生产品列入绿色建材目录、政府采购目录，在工程建设中优先推广使用。申报绿色建筑的工程项目要严格执行《河南省绿色建筑评价标准》，提高建筑垃圾再生产品的使用比例。城市道路、河道、公园、广场等市政工程，凡能使用建筑垃圾再生产品的，鼓励优先使用。在满足公路设计规范的前提下，优先将建筑垃圾再生骨料用于公路建设。申报省级以上（含省级）优质工程和文明工地的建设项目，要优先使用掺兑建筑垃圾再生骨料的砂浆。

（三）加大政策和资金扶持力度。建筑垃圾处置场地用地实行政府划拨。制定新型墙体材料专项基金扶持政策，加大对利用建筑垃圾生产新型墙体材料的项目和使用建筑垃圾再生新型墙体材料的建设工程的支持力度。建筑垃圾资源化利用企业按规定享受国家和省有关资源综合利用、再生节能建筑材料、再生资源增值税等财税、用电优惠政策。

六、加强组织实施

（一）加强组织领导。建立建筑垃圾管理和资源化利用工作联动机制。市政府成立以分管副市长任组长，分管副秘书长和市城管局主要负责人任副组长，市发展改革、公安、监察、财政、审计、国土资源、环保、住房城乡建设、交通运输、安全监管部门和各区政府负责人为成员的市建筑垃圾处置管理工作领导小组，负责全市城市建筑垃圾处置管理工作的组织领导、综合协调和监督检查。各区成立以主管副区长和征收办主任为领导的建筑垃圾规范化管理工作领导小组，建立健全建筑垃圾规范化管理工作体制机制。建筑垃圾管理工作纳入市政府年度责任目标管理体系，加强对建筑垃圾管理和资源化利用工作的监督考核。

（二）明确责任。建筑垃圾管理工作实行部门联动，明确各单位分工，加强联合管理执法。各职能部门分工如下：

市城管局：作为市市容和环境卫生行政主管部门，负责开封市城区建筑垃圾的统一管理工作，具体负责：建筑垃圾处置核准、运输企业的核准、建筑垃圾处置场的监管等各项工作。市建筑垃圾管理办公室负责开封市城区建筑垃圾日常管理工作。

市住房城乡建设局：负责建筑工地建筑垃圾处置文明施工管理，督促建设单位在办理安全生产文明施工措施费审核和建设工程结算价款竣工备案时及时办理城市建筑垃圾处置核准手续，对拟征收项目中的建筑垃圾装车、清运和处置费用的前期概算的审核工作。

市公安局：负责建筑垃圾运输车辆的注册登记工作，严格按照《道路交通安全法》、《河南省道路交通安全条例》等法律法规，查处建筑垃圾运输车辆超载、超速、闯禁行等交通违法行为。抽调专门警力参与建筑垃圾日常管理执法工作。

市财政局：负责保障建筑垃圾管理工作经费，对建设单位或施工单位未办理建筑垃圾处置和清运手续的政府投资类建设工程项目，财政投资评审机构不得将建筑垃圾清运、处置费用纳入工程结（决）算。

市审计局：负责对房屋征收项目房屋拆除工程和政府投资类项目、建设单位的建筑垃圾装车、清运、处置费缴纳情况进行审计监督。

市国土资源局：负责做好建筑垃圾处置场建设土地划拨相关手续的办理工作。

市交通运输局：负责建筑垃圾运输车辆道路运输经营许可证的核发和检查工作，依法查处超载超限车辆。

市环保局：加强对建筑垃圾处置单位的环境监管，防止发生二次污染。

市"两改一建"指挥部办公室：负责每月统计各辖区所拆除房屋的具体情况（包括项目名称、户数及房屋拆除面积），并及时书面通知建筑垃圾管理办公室，将拆迁工地建筑垃圾处置率纳入"两改一建"考核指标。

各区政府：各区在房屋征收工作中应在房屋拆除时办理建筑垃圾处置核准手续，负责本辖区抛撒建筑垃圾的清扫保洁工作。

（三）加强督查，跟踪问效。市委市政府督查局对各部门履职情况进行督查，跟踪问效，对违反规定或不履行职责者进行问责处理。

（四）充分发挥社会监督作用。设立并公布建筑垃圾清运处置举报投诉电话和微信平台，对经核实的举报行为进行奖励。发挥电视、广播、网络等新闻媒体的作用，及时曝光典型案例，营造全社会积极参与、有效监督的良好氛围。

2016 年 3 月 10 日

（五）河 北 省

1. 河北省住房和城乡建设厅关于推广应用尾矿和建筑废弃物建材制品的通知

冀建材〔2014〕4 号

各设区市、定州市、辛集市住房和城乡建设局（建设局）、城管局（城管委、公用局），石家庄、张家口、保定市园林局：

为深入贯彻落实省政府《关于加快尾矿库综合开发利用的意见》和省住建厅等八部门《关于进一步加强全省建筑垃圾综合利用工作的指导意见》，大力发展循环经济，提高资源利用率，加快绿色环保产业发展，培育新的经济增长点，根据我省实际，现就尾矿和建筑废弃物建材制品推广应用工作通知如下：

一、推广应用尾矿和建筑废弃物建材制品的主要品种

我省推广应用尾矿和建筑废弃物建材制品主要有：路面透水砖（含广场砖、便道砖、盲道砖等）、护坡砖、灰砂砖、建筑墙体砌块、建筑再生粗细骨料（尾矿骨料）、干混砂浆、微晶玻璃以及建筑装饰装修板材等。此类产品具有原材料供应充足、成本低、运距短、品种规格丰富、使用效果好、利废环保等特点，经济和社会效益显著，性能可以满足市政和房屋建筑工程标准规范要求。

二、推广应用尾矿和建筑废弃物建材制品的主要范围

从 2014 年 7 月 1 日开始，全省县级及以上城市新建、改建（扩建）的公园（绿地游园）、道路、市政广场、人行步道、停车场等市政建设工程，政府投资的医院、学校、保障房以及商品房住宅小区的配套设施建设中，应优先使用尾矿和建筑废弃物建材制品，减少或不使用花岗岩、大理石等石质建材制品。

全省村镇工程建设中的道路、公园、广场等基础设施以及新民居建设中，也应优先使用尾矿和建筑废弃物建材制品。

三、推广应用尾矿和建筑废弃物建材制品的工作措施

（一）各市要充分认识推广应用尾矿和建筑废弃物建材制品的重要性，进一步提高认识，明确职责和任务。全省县以上建设行政主管部门均应明确推广应用尾矿和建筑废弃物建材制品的机构和人员，由各市统一汇总报我厅建设材料装备处备案。

（二）各市工程建设、规划、设计等部门，应按照各自职责把好关口，在工程建设中优先选用尾矿和建筑废弃物建材制品，对能够设计使用而未选用的，其工程建设图纸审查不予通过，项目不得开工建设。

（三）我厅将会同有关单位共同开展尾矿和建筑废弃物建材制品产品标准和设计规范研究，各市建设行政主管部门应会同有关单位指导本地生产企业积极编制尾矿和建筑废弃物建材制品的企业内控技术标准，丰富产品种类和型号规格，提高产品质量，降低生产成本。

（四）以承德、唐山、邯郸为试点，培育一批技术水平高、创新能力强、生产规模大、经济效益好的示范企业，着力打造一批尾矿和建筑废弃物建材制品生产基地，为全省工程建设提供质优价廉的尾矿和建筑废弃物建材制品。

（五）从2014年下半年开始，我厅将定期对尾矿和建筑废弃物建材制品组织技术质量评估，将符合工程设计规范和使用要求的优质产品列入《河北省建设工程材料设备绿色节能产品推广目录》，并在"河北建设网"予以公布，方便社会选用。

（六）我厅将定期对各市尾矿和建筑废弃物建材制品推广应用情况进行督导检查，将推广应用情况纳入我省县城建设考核评价和"河北省人居环境奖（进步奖）"考核指标体系。

（七）建立推广应用尾矿和建筑废弃物建材制品的信息协调机制，主要生产企业和各设区市建设行政主管部门要定期将销售和推广应用情况报我厅建设材料装备处，具体办法另行通知。

河北省住房和城乡建设厅

2014 年 6 月 25 日

2. 石家庄市城市建筑垃圾管理规定

石政发〔2011〕29 号

第一章 总 则

第一条 为加强城市建筑垃圾处置规范化管理，全面整顿城市建筑垃圾运输市场秩序，根据《中华人民共和国固体废物污染环境防治法》、《国务院对确需保留的行政审批项目设定行政许可的决定》（第412号国务院令）、《城市建筑垃圾管理规定》（建设部第139号令）和《河北省城市市容和环境卫生条例》、《石家庄市城市市容和环境卫生管理条例》等有关规定，结合本市实际，制定本规定。

第二条 市内五区建筑垃圾的倾倒、运输、中转、回填、消纳、利用等处置活动，适用本规定。

石家庄市高新技术开发区、正定新区和组团县（市）参照本规定执行。

第三条　本规定所称建筑垃圾，是指建设单位、施工单位新建、改建、扩建和拆除各类建筑物、构筑物、管网等以及居民装饰装修房屋过程中所产生的弃土、弃料及其他废弃物。

第四条　石家庄市城市管理委员会是全市建筑垃圾管理的主管部门，市环境卫生管理处具体负责本规定的组织实施。

区城管部门负责本辖区建筑垃圾处置及运输车辆的执法检查工作；清理辖区内无主建筑垃圾。

第五条　城市管理、公安等部门应当开展联合执法，依法打击建筑垃圾承运中的各种违法违规行为。

规划、建设、园林、交通、水务、环保等部门应当在各自的职责范围内，协同做好建筑垃圾的处置和执法管理工作。

第二章　处置手续办理

第六条　新建、改建、扩建工程项目单位和个人，应在办理《施工许可证》前，取得建筑垃圾处置核准文件。拆除各类建筑物、构筑物的单位和个人，应当在拆除工作实施前，取得建筑垃圾处置核准文件。

第七条　拆迁、建设单位（个人）应持以下资料向市政府行政服务大厅申请办理建筑垃圾处置核准手续：

（1）拆迁单位（个人）提供地上附着物拆迁面积证明；建设单位（个人）提供新建、改建、扩建工程的规划许可证、地形图、总平面图、剖面图、基础图、桩基图（高层建筑）及相关资料；

（2）市政工程提供建设工程规划许可证、施工图及相关资料；

（3）《建筑垃圾处置申请表》；

（4）符合规定的运输企业。

第八条　拆迁、建设单位（个人）确定的建筑垃圾运输企业应当具备以下条件：

（一）具有合法的道路运输经营许可证、车辆行驶证；

（二）具有健全的运输车辆运营、安全、质量、保养、行政管理措施并得到有效执行；

（三）承运车辆具备全密闭运输机械装置，安装 gps 定位系统及装卸记录仪。

第九条　符合建筑垃圾处置条件要求的，市建筑垃圾主管部门应在 2 个工作日内办理建筑垃圾处置核准手续和准运手续；不符合条件要求的，不予核准，并向申请人说明理由。

第十条 单位或个人因修缮装饰产生的建筑垃圾，应按照物业公司或所辖村（居）委会的要求在指定地点存放，外运时由物业公司或所辖村（居）委会向区城管部门提出处置申请。

第三章 运 输 管 理

第十一条 从事建筑垃圾清运的车辆必须加盖铁制密封装置并符合市城市管理部门的规定后，方可运输。

第十二条 建筑垃圾运输车辆应当随车携带建筑垃圾清运手续，严格按照规定的时间、路线行驶，到指定的处置场所倾倒，并接受执法人员的检查和管理。

第十三条 经核准的建筑垃圾清运车辆变更的，拆迁、建设单位（个人）应当提前告知建筑垃圾主管部门，经核实后，变更核准手续。

第四章 处 置 管 理

第十四条 建筑垃圾消纳场所须经市政府批准设置。任何单位和个人不得擅自设立建筑垃圾消纳场，接受建筑垃圾。建筑垃圾消纳场应设专人负责签发建筑垃圾消纳回执。

第十五条 任何单位和个人不得将生活垃圾、危险废弃物混入建筑垃圾，不得将建筑垃圾交给个人或者未经核准从事建筑垃圾承运的单位运输。

第十六条 建筑垃圾处置纳入城市发展规划，并与园林、交通、水利等工程建设相结合，同时加快建筑垃圾资源化利用。

第五章 监 督 管 理

第十七条 建筑垃圾处置实行收费制度。收费标准按照国家、省以及本市有关规定执行。

第十八条 市建筑垃圾主管部门应将核准后的清运作业信息输入数字化监控系统，实施监管。

第十九条 建筑垃圾运输管理实行联单制度。建筑垃圾清运前，拆迁、建设单位（个人）应当按照建筑垃圾行政主管部门核准的承运车辆、时间、路线和处置场地，填写《建筑垃圾运输处置联单》，并分别提交运输单位、建筑垃圾主管部门和处置场地管理单位。

第二十条 对于违法运输、乱倾乱倒建筑垃圾等违法行为，由城市管理部门依据《城市建筑垃圾管理规定》（建设部第 139 号令）和其他有关规定一律上限处罚。

第六章 附 则

第二十一条 本规定有效期自 2011 年 12 月 29 日起至 2016 年 12 月 28 日止。

2011 年 12 月 27 日

3. 邯郸市建筑垃圾处置条例

（2011 年 12 月 26 日邯郸市第十三届人民代表大会常务委员会第二十八次会议通过 2012 年 5 月 22 日河北省第十一届人民代表大会常务委员会第三十次会议批准 2017 年 10 月 30 日邯郸市第十五届人民代表大会常务委员会第五次会议修正 2018 年 3 月 29 日河北省第十三届人民代表大会常务委员会第二次会议批准）

第一条 为加强建筑垃圾的管理，提高建筑垃圾处置水平，维护城市市容和环境卫生，保护生态环境，根据《中华人民共和国固体废物污染环境防治法》、《城市市容和环境卫生管理条例》等有关法律、法规的规定，结合本市实际，制定本条例。

第二条 在城市规划区内进行建筑垃圾的堆放、倾倒、运输、中转、回填、消纳、受纳、回收、利用等处置活动，必须遵守本条例。

第三条 本条例所称建筑垃圾是指建设、施工单位新建、改建、扩建和拆除各类建筑物、构筑物、道路、工程管线等土地开挖、道路开挖、建筑物拆除、建筑施工以及居民装饰装修房屋过程中所产生的渣、土、弃料、泥土（浆）及其他废弃物。

第四条 建筑垃圾的处置应当遵循减量化、无害化、资源化、产业化和谁产生、谁承担处置责任的原则。

第五条 市、县（市）、峰峰矿区、永年区、肥乡区人民政府应当将建筑垃圾处置工作纳入循环经济发展中长期规划，促进建筑垃圾的综合、循环利用和无害化处置。

第六条 市人民政府城市管理行政主管部门是本市建筑垃圾处置管理的主管部门，负责办理主城区内建筑垃圾处置核准，并对全市建筑垃圾处置管理进行组织协调和监督检查，依法查处违法处置建筑垃圾的行为。

县（市）、峰峰矿区、永年区、肥乡区人民政府城市管理行政主管部门负责本行政区域建筑垃圾的监督管理工作。

公安、交通运输、建设、环境保护等有关行政主管部门按照规定的职责，协助做好建筑垃圾处置的监督管理工作。

第七条 市人民政府相关职能部门应当对建筑垃圾回收利用企业的技术进步、节能改造项目，通过多种方式给予政策支持或资金补贴。

第八条 市建设行政主管部门应当积极推广建筑垃圾回收利用产品，并依据建筑垃圾产生量对建筑垃圾回收利用产品的使用比例作出规定。

建筑工程设计单位按照市建设行政主管部门规定的建筑垃圾回收利用产品的使用比例设计施工方案。

施工单位应当严格依照施工方案中建筑垃圾回收利用产品使用比例的要求进行施工。

不能进行回收利用的建筑垃圾应当运至建筑垃圾指定消纳场进行处理。

第九条 建设、施工单位应当采用符合国家建材标准或行业标准的建筑垃圾回收利用产品。依据有关政策规定，按比例返退新型墙体材料专项基金。

第十条 道路工程的建设、施工单位应当优先选用建筑废弃物作为路基垫层。

第十一条 建设工程在竣工验收时应当对建筑垃圾回收利用产品的使用比例情况进行公示。

第十二条 产生建筑垃圾的单位，应当在工程项目开工之前，向城市管理行政主管部门书面提出处置核准申请。

任何单位和个人不得擅自处置建筑垃圾。

第十三条 城市管理行政主管部门在接到办理建筑垃圾处置核准申请后五个工作日内核实建筑垃圾数量、种类，作出是否核准的决定。予以核准的，核发建筑垃圾处置核准文件；不予核准的，应当书面告知申请人，并说明理由。

建设、施工单位应当在排放建筑垃圾五个工作日前，携带相关资料到城市管理行政主管部门办理建筑垃圾排放清运手续。

第十四条 产生建筑垃圾的单位应当对工程施工过程中的建筑垃圾及时处置，防止污染环境。

第十五条 绿化工程、市政工程、建设工程、低洼地及其他工程需要调剂使用建筑垃圾的，由受纳单位持土地权属证明等有效文件，向城市管理行政主管部门提出书面申请，由城市管理行政主管部门统一安排使用建筑垃圾。

第十六条 单位和临街门店装饰装修产生的建筑垃圾，应当采取措施防止污染，并及时向城市管理行政主管部门提出处置申请，由城市管理行政主管部门组织专业队伍运至建筑垃圾处置场统一处置。

零星装修或维修房屋等产生的建筑垃圾，应当堆放到物业服务企业或街道办事处指定的建筑垃圾临时堆放点，并及时向城市管理行政主管部门提出处置申请。

城市管理行政主管部门应当在社区或建筑垃圾临时堆放点等公示便民服务措施。

第十七条 从事建筑垃圾运输活动的单位，应当具备下列条件：

（一）有工商营业执照；

（二）有固定的办公场所；

（三）有一台以上专用装载或挖掘机械和十五台以上自卸车辆或合计核定载重量在二百吨以上的清运设备；

（四）运输车辆具有全密闭运输装置，安装行驶记录仪，装载部分完整无缺，挡板严密，无破损，后马槽设有锁定装置，外型完好整洁，并在显著位置喷有统一制式的运输单位名称及自编号；

（五）具有熟悉市容和环境卫生等有关法规、规章的管理人员和建筑垃圾清运的规章制度；

（六）法规、规章规定的其他条件。

具备以上条件的单位，经市人民政府城市管理行政主管部门审核批准后，方可从事建筑垃圾运输。

第十八条 运输建筑垃圾的车辆必须按照清运手续规定的时间、地点、路线运输和倾倒建筑垃圾。

建筑垃圾处置核准文件不准超期使用，不准租借、转让、涂改或者伪造。

运输单位不得承运未经城市管理行政主管部门核准处置的建筑垃圾。

建设、施工单位不得将建筑垃圾交给个人或者未经审核批准的单位运输。

第十九条 所有进出建设施工工地的车辆不得污染城市道路。

第二十条 建筑垃圾处置场由城市管理行政主管部门会同有关部门统一设置，任何单位和个人不得擅自设置处置场受纳建筑垃圾。

任何单位和个人不得随意倾倒、抛撒、堆放建筑垃圾，不得将危险废物、生活垃圾混入建筑垃圾。

第二十一条 建筑垃圾的处置实行收费制度。

第二十二条 建设单位未按照施工设计方案使用符合国家建材标准或行业标准的建筑垃圾回收利用产品的，由城市管理行政主管部门责令改正；拒不改正的，按照未使用建筑垃圾回收利用产品的体积每立方米处一百元罚款。

第二十三条 未经核准擅自处置建筑垃圾的，由城市管理行政主管部门责令限期改正，处一万元以上十万元以下罚款。

第二十四条 产生建筑垃圾的单位未及时处置施工过程中的建筑垃圾的，由城市管理行政主管部门责令限期改正；拒不改正的，处五千元以上五万元以下罚款。

第二十五条 所有进出建设施工工地的车辆给城市道路造成污染的，由城市管理行政主管部门责令建设单位清除，按污染面积每平方米处十元以上五十元以下罚款。

拒不清除的，由城市管理行政主管部门代为清除，所需费用由违法行为人承担，拒不支付费用的，可以申请人民法院强制执行。

第二十六条 运输建筑垃圾的单位在运输建筑垃圾过程中，沿途丢弃、遗撒建筑垃圾的，车辆密闭不严的，带泥行驶造成道路污染的，由城市管理行政主管部门责令立即采取补救措施，处五千元以上五万元以下罚款，一至六个月不得运输建筑垃圾。

第二十七条 未按照规定的时间、路线、地点运输建筑垃圾的，由城市管理行政主管部门责令限期改正，处五百元以上五千元以下罚款。

第二十八条 单位和个人随意倾倒、抛撒或者堆放建筑垃圾的，由城市管理行政主管部门责令限期改正，不足一吨处五十元以上二百元以下罚款；超过一吨处每吨一百元以上五百元以下罚款。

第二十九条 任何单位和个人有下列情形之一的，由城市管理行政主管部门责令限期改正，给予警告，处以罚款：

（一）将建筑垃圾混入生活垃圾的；

（二）将危险废物混入建筑垃圾的；

（三）擅自设置处置场受纳建筑垃圾的。

单位有前款第一项、第二项行为之一的，处三千元以下罚款；有前款第三项行为的，处五千元以上一万元以下罚款。个人有前款第一项、第二项行为之一的，处二百元以下罚款；有前款第三项行为的，处三千元以下罚款。

第三十条 租借、转让、涂改、伪造或者超期使用建筑垃圾处置核准文件的，由城市管理行政主管部门责令限期改正，处五千元以上二万元以下罚款。

第三十一条 城市管理行政主管部门工作人员有下列行为之一的，依法给予行政处分；构成犯罪的，依法追究刑事责任：

（一）未按规定核发建筑垃圾处置核准文件的；

（二）对符合条件的申请人不予核发建筑垃圾处置核准文件或者不在法定期限内核发建筑垃圾处置核准文件；

（三）对违反本条例的行为不依法及时处理的；

（四）玩忽职守、滥用职权、徇私舞弊的。

第三十二条 本条例自 2012 年 8 月 1 日起施行。

4. 沧州市人民政府办公室关于加强沧州市中心城区建筑垃圾管理工作的实施意见

沧政办发〔2017〕23号

新华区、运河区、沧县人民政府，开发区、高新区管委会，市政府相关部门：

根据《国家发展改革委关于开展政府和社会资本合作的指导意见》、《十二五资源综合利用指导意见》、《大宗固体废弃物综合利用实施方案》和《城市建筑垃圾管理规定》等一系列政策，为规范我市中心城区建筑垃圾管理工作，建立制度化、规范化的长效管控体系，加快我市建筑垃圾资源化利用进程，结合我市实际，制定本实施意见。

一、工作目标

按照建筑垃圾资源化利用、无害化处理、产业化发展的总体思路，遵循"源头控制有力、运输监管严密、消纳处置有序、执法查处严厉"的原则，加快建筑垃圾资源化利用进程，完善政府监管工作机制，推进中心城区"四区一县"（新华区、运河区、开发区、高新区、沧县）建筑垃圾规范化管理进程，创建整洁有序的城市环境，促进全市循环经济发展和生态文明建设。

二、主要任务

（一）推进建筑垃圾再生资源利用终端处置政府购买服务工作，多途径提高建筑垃圾衍生产品的利用能力，解决建筑垃圾的最终"出路"问题。

（二）完善相关法规政策，修订相关管理条例，使建筑垃圾管理工作每一步都做到有法可依，有章可循。

（三）建立一整套完善的管理运行制度，突出源头管控，推进"全过程、全要素、全方位"管理，解决当前管理制度滞后等问题。

（四）建立一支建筑垃圾监督管理队伍，高效融合管理与执法手段，解决目前管理机构缺失、执法力量分散、执法效果不佳的问题。

（五）实行运输市场准入制度。规范运输市场，推行企业化管理、公司化运作模式，引进智能运输车辆，着力解决运输市场因"散兵游勇"所导致的管理难、难管理问题。

（六）开发应用建筑垃圾数字化监管平台，实现"源头看得见、运输有定位、终端有计量、查处有证据"与网上供需信息调剂功能，提高行政管理效益，着力解决建筑垃圾运输带泥上路、抛撒严重、偷倒乱倒、行车安全等问题。

（七）建立运输、处置的价格管理体系，完善建筑垃圾运输、处置市场收费制度。

三、主要措施

建筑垃圾的运输实行市场准入，处置实行政府购买服务，以此为核心健全相关配套措施。

（一）强化建筑垃圾源头管控

建筑垃圾是指建设单位、施工单位新建、改建、扩建和拆除各类建筑物、构筑物、管网等以及居民装饰装修房屋过程中所产生的弃土、弃料及其他固体废弃物。按照"源头把控、分类管理、综合推进"方式，将建筑垃圾分成装修垃圾、建筑拆迁垃圾、工程渣土三类进行分流。

装修类垃圾由各区建筑垃圾管理站联合小区物业（社区）统一组织收集，实行预约制。各小区物业及无物业管理的小区的社区在各小区内设置装修垃圾临时存放点，各小区物业（社区）向各区建筑垃圾管理站提出预约，由各区建筑垃圾管理站组织清运装修垃圾至各区建筑垃圾中转场，之后由中标企业统一运输处置。

建筑拆迁类垃圾由组织实施征收拆迁的部门按集中处置的要求，向准入运输企业公开招标确定的运输队伍将产生的建筑垃圾统一进行清运，至中标处置企业进行处置。

工程渣土类的建筑垃圾由建设单位办理处置手续、缴纳建筑垃圾处置费。从源头开始，建设单位按照"一工地一申请一办理"要求，提供建筑垃圾外运量申请材料，市建筑垃圾管理机构组织现场勘察，核准处置量，收取处置费。由建设单位面向准入运输企业公开招标确定的运输队伍，将产生的建筑垃圾统一进行清运，至中标处置企业进行消纳处置。

运用经济杠杆调节建筑垃圾产生量，按照"不外运不收费、少外运少收费"原则，收取建筑垃圾处置费。收取费用主要用于建筑垃圾的清运处置。

（二）完善相应法规政策

根据《中华人民共和国固体废物污染环境防治法》《城市建筑垃圾管理规定》，制定符合沧州现状的《沧州市建筑垃圾处置管理规定》。理顺管理流程，使项目建设单位向建筑垃圾主管部门提交规划施工图纸，办理建筑垃圾处置证，缴纳建筑垃圾处置费，确保管住源头，保障建筑垃圾处置规范化，遏制目前规避法规、随意乱倒、无法管理的状况。使建筑垃圾管理工作的每一步都做到有法可依。

（三）设立强有力的管理机构

一是市、县（区）两级设立领导机构。市政府成立建筑垃圾管理委员会，由分管市长任主任，分管秘书长任副主任，城管、住建、公安、财政、法制、规划、土地各相关职能部门和各区县分管领导为成员，负责"四区一县"建筑垃圾的规范化管理、执法督查工作。委员会下设办公室，办公室设在市城市管理局。各县（区）同步设立相关领导机构，按照条块结合、属地管理的原则，明确辖区相关单位承担具体工作。

二是市、县（区）两级成立专门的管理机构。市级组建建筑垃圾管理办公室，专门负责"四区一县"建筑垃圾的管理，负责政策拟定、运输企业准入、清运处全程监管、监管平台运行等事项，对"四区一县"建筑垃圾管理工作进行监督指导。各县（区）组建建筑垃圾管理站，配合市建筑垃圾管理办公室做建筑垃圾管理工作，配合设置中转站点，成立专业的建筑垃圾清运队伍，负责各小区（村庄）内的装修类建筑垃圾清理运输工作。

（四）建立完善的建筑垃圾管理运行制度，形成闭合运行的管理机制

运输车辆推行智能化、数字化，安装卫星定位系统，建立全市建筑垃圾数字监管平台。使车辆行驶路线、倾倒地点、密闭状态全部智能化控制，并在全程监控之下。

建筑垃圾产生单位面向准入企业通过公开招标确定的运输队伍，在实施建筑垃圾运输前，需到建筑垃圾管理机构办理处置证、交管部门办理通行许可。运输车辆在运输过程中需随车携带交管部门核发的通行许可及建筑垃圾处置证复印件。制定一系列建筑垃圾管理考核办法，加强对各区县建筑垃圾日常管理工作的考核，制定沧州市建筑垃圾运输企业信用考核办法和沧州市建筑垃圾终端处置管理有关细则。充分发挥大气污染防治平台、建筑垃圾监管平台的作用，实现数字化全程监管与路上现场执法的有机结合。

（五）加强建筑垃圾运输市场的整治和管理

按照"市场主导、企业运作、政府监管"原则，整治和规范建筑垃圾运输市场经营秩序。

实行建筑垃圾运输市场准入制度，强力推行智能化、密闭化车辆，加载卫星定位、视频监控设备。取缔非法运营车辆，强力推行通行许可、处置证的管理制度，有效遏制运输车辆的违法违规行为，营造有序良好的经营环境。

（六）开展建筑垃圾管理的联合执法行动

采取市、县（区）联动，严把工地源头、污染控制、运输过程、终端消纳、驾驶人员等重要环节的管理。定期、不定期进行专项整治行动，打击非法运输、无资质运输、无证照运输、不按规定线路运输、沿途抛洒滴漏、车轮带泥上路、装卸噪声扰民等违法违规行为，严厉处罚建设单位将建筑垃圾交由无资质、证照不齐等企业运输，有力保障各项管理措施的落实，规范运输市场经营行为。

同时在工地出口安装监控和颗粒物检测仪，确保车辆出工地时已进行密闭处

理，同时车辆已经过冲洗，避免沿途撒漏和车轮带泥上路现象的发生。

（七）开发应用建筑垃圾信息监管平台

加快建筑垃圾数字化管理平台建设，利用现有城市管理数字化平台，把运输企业信息管理、车辆信息管理、驾驶员信息管理、运输车辆通行许可、建筑工地信息管理、资源化处理厂信息管理、消纳与归集点信息管理等统一纳入基础数据库，建立资质申报、产生源监管、运输监管、终端监管、考核执法、视频监控等在线信息系统，做到信息共享、资源共用，提高行政管理效率。

（八）制定我市建筑垃圾资源化利用鼓励政策

按照国家相关生产规范、产品标准，严格建筑垃圾资源化项目企业达标生产、排放。鼓励建设工程领域使用建筑材料再生资源衍生产品，对政府投资为主的市政基础设施，如道路、广场停车场、基础垫层、墙体等专项工程，强制使用建筑垃圾再生利用产品。

（九）加快建筑垃圾处置终端建设

加快建筑垃圾中转处置场所、综合利用处置终端的推进工作，相关部门多措并举地提高建筑垃圾资源化利用率。

四、部门职责

建筑垃圾管理工作涉及面广、工作难度大。各部门要各负其责、加强协调配合，形成联合管控机制。

市城管局：牵头负责市区建筑垃圾日常管理工作。对运输企业的准入进行管理；会同相关部门制订完善建筑垃圾管理有关政策、制度和规范；协同相关部门对建筑垃圾产生源头、收运体系、终端处置消纳等重点环节进行严格监管；联合相关部门对非法收运建筑垃圾沿途抛洒滴漏、随意乱倒偷倒等行为进行严厉查处；履行对各区建筑垃圾日常管理工作的监督与考核。

市公安局：负责建筑垃圾运输车辆和驾驶员的管理工作。落实工程运输单位及其车辆和驾驶人交通安全源头监督工作；核发运输车辆通行许可，依法查处运输车辆和驾驶人员违法违章等行为，协助查处运输车辆沿途抛洒、带泥上路、乱倒偷倒、非法运输、不按规定时间、不按规定路线运输等行为；严厉查处以暴力、威胁等手段扰乱运输市场、抗拒执法等违法行为。

市住建局：负责监管职责范围内建筑垃圾源头管理工作。监督各类建筑工地，选择使用备案平台的合格运输车辆，实施进出口道路硬化、车辆冲洗、标准围栏、配备专职清洗人员等措施；配合相关部门制订建筑垃圾再生利用产品推广利用优惠政策。

市交通局：协助做好建筑垃圾运输市场管理工作。核发运输企业道路经营资质；依法查处运输企业和车辆违法违章行为；积极推进将建筑垃圾衍生产品用于交通运输道路和沿线绿化带堆高建设。

市财政局：负责建筑垃圾日常管理的资金保障工作。按照政府购买服务协议将财政补贴纳入预算。

市规划局：负责建筑垃圾中转处置场所、消纳处置场所的选址规划工作。

市发改委：负责将建筑垃圾工作纳入全市循环经济发展规划并分解落实；研究制定建筑垃圾资源化利用相关配套政策；积极争取、落实资源化综合利用优惠政策和项目资金；负责建筑垃圾有关项目的立项审批等相关工作；负责建筑垃圾处置等相关费用的制订和价格监督。

市政府法制办：根据市政府立法工作计划，负责建筑垃圾管理相关的规章、市政府规范性文件审核工作，负责建筑垃圾管理的执法监督、执法协调和行政复议工作。

市环保局：负责做好工地出口颗粒物检测的监控与管理工作。

市国土局：负责建筑垃圾终端处置场所的用地落实工作。

市税务局：在税收方面按照国家政策给予建筑垃圾资源化项目相关优惠政策。

市科技局：按照国家政策对建筑垃圾资源化利用研发工作给予奖励。

市工信局：协助建筑垃圾主管部门搭建数字化管理平台，并指导做好网络与信息安全保障工作。

"四区一县"政府（管委会）：负责辖区范围内建筑垃圾日常管理工作。与市同步建立健全建筑垃圾日常管理机构和专业执法队伍；规划建设建筑垃圾中转场所；加强建筑垃圾源头、运输、处置全过程管理；做好辖区内拆迁工地内建筑垃圾的管理工作；严格各类工地建筑垃圾数量核实、去向跟踪等管控机制；严格查处建筑垃圾收运违法违章等行为；配合市有关部门现场执法和监督考核工作。

沧州市人民政府办公室

2017 年 9 月 23 日

（六）上 海 市

1. 上海市建筑垃圾处理管理规定

（上海市人民政府令第 57 号，于 2017 年 9 月 11 日市政府第 163 次常务会议通过，自 2018 年 1 月 1 日起施行）

第一章 总 则

第一条 （目的和依据）

为了加强本市建筑垃圾的管理，促进源头减量减排和资源化利用，维护城市市容环境卫生，根据《中华人民共和国固体废物污染环境防治法》《上海市市容环境卫生管理条例》和其他有关法律、法规的规定，结合本市实际，制定本规定。

第二条 （适用范围和含义）

本市行政区域内建筑垃圾的减量减排、循环利用，收集、运输、中转、分拣、消纳等处置活动，以及相关监督管理，适用本规定。

建筑垃圾包括建设工程垃圾和装修垃圾。建设工程垃圾是指建设工程的新建、改建、扩建、修缮或者拆除等过程中，产生的弃土、弃料和其他废弃物。装修垃圾是指按照国家规定无需实施施工许可管理的房屋装饰装修过程中，产生的弃料和其他废弃物。

第三条 （处理原则）

建筑垃圾处理实行减量化、资源化、无害化和"谁产生、谁承担处理责任"的原则。

第四条 （管理部门）

市绿化市容行政管理部门是本市建筑垃圾处理的主管部门，负责建筑垃圾处理的监督管理工作。区绿化市容行政管理部门负责所辖区域内建筑垃圾处理的具体管理工作。

市住房城乡建设行政管理部门负责本市建筑垃圾中的建筑废弃混凝土回收利用的管理工作。

市和区城市管理行政执法部门以及乡（镇）人民政府（以下统称"城管执法部门"）依法对违反本规定的有关行为实施行政处罚。

本市发展改革、交通、公安、规划国土、经济信息化、海事、水务、物价、质量技监、环保、民防等行政管理部门按照各自职责，协同实施本规定。

第五条 （属地管理）

区人民政府是所辖区域内建筑垃圾处理管理的责任主体，应当加强对所辖区域内建筑垃圾处理管理工作的领导。

乡（镇）人民政府、街道办事处在区绿化市容行政管理部门的指导下，做好所辖区域内建筑垃圾处理的源头管理以及协同配合工作。

建筑垃圾处理管理工作所需经费，应当纳入各级人民政府的财政预算。

第六条 （分类处理）

建筑垃圾应当按照下列要求，进行分类处理：

（一）工程渣土，进入消纳场所进行消纳；

（二）泥浆，进入泥浆预处理设施进行预处理后，进入消纳场所进行消纳；

（三）装修垃圾和拆除工程中产生的废弃物，经分拣后进入消纳场所和资源化利用设施进行消纳、利用；

（四）建筑废弃混凝土，进入资源化利用设施进行利用。

第七条 （信息系统建设）

市绿化市容行政管理部门应当会同市住房城乡建设、交通、公安等行政管理部门以及城管执法部门，建立建筑垃圾处理管理信息系统。各部门应当在各自职责范围内，将与建筑垃圾处理管理有关的信息纳入信息系统。

第八条 （信用管理）

相关单位违反本规定的，市绿化市容、住房城乡建设等行政管理部门应当按照国家和本市规定，将相关失信信息纳入市公共信用信息服务平台。

第九条 （行业自律）

本市建设、施工、市容环卫等相关行业协会应当制定行业自律规范，督促本协会的会员单位加强建筑垃圾处理活动的管理；对违反自律规范的会员单位，可以采取相应的自律惩戒措施。

第二章 源头减量与资源循环利用

第十条 （源头减量减排）

本市推广装配式建筑、全装修房、建筑信息模型应用、绿色建筑设计标准等新技术、新材料、新工艺、新标准，促进建筑垃圾的源头减量。

本市鼓励通过完善建设规划标高、堆坡造景、低洼填平等就地利用方式，以及施工单位采取道路废弃沥青混合料再生、泥浆干化、泥沙分离等施工工艺，减少建筑垃圾的排放。

采用本条第一款、第二款规定的源头减量减排措施的，应当符合国家和本市有关规划、环保等方面的规定。

第十一条 （资源化利用产品强制使用）

本市实施建筑垃圾资源化利用产品的强制使用制度，明确产品使用的范围、比例和质量等方面的要求。建设单位、施工单位应当按照有关规定，使用建筑垃圾资源化利用产品；无强制使用要求的，鼓励优先予以使用。具体办法由市住房城乡建设行政管理部门会同市发展改革等行政管理部门制定。

市住房城乡建设行政管理部门负责编制建筑垃圾资源化利用产品应用标准，对符合标准的建筑垃圾资源化利用产品实行备案管理，并建立产品目录。

第十二条 （工程建设相关单位要求）

建设单位、施工单位应当在工程招标文件、承发包合同和施工组织设计中，明确施工现场建筑垃圾减量减排的具体要求和措施，以及建筑垃圾资源化利用产品的相关使用要求。

监理单位应当将前款规定的相关要求和措施纳入监理范围。

第十三条 （科研与技术合作）

本市鼓励高等院校、科研机构、建筑垃圾资源化利用企业等单位开展相关科学研究和技术合作，推广建筑垃圾资源化利用新技术、新材料、新工艺、新设备。

第十四条 （政策扶持）

市发展改革行政管理部门应当会同相关行政管理部门制定政策，对建筑垃圾资源化利用产品使用和符合产业发展导向的建筑垃圾资源化利用企业等予以扶持。

第十五条 （建筑废弃混凝土回收利用）

建筑废弃混凝土应当由相关企业按照有关规定进行回收利用。具体办法由市住房城乡建设行政管理部门会同市绿化市容行政管理部门另行制定。

第三章　处置场所、设施的规划与建设

第十六条 （规划与建设计划）

市绿化市容行政管理部门应当会同市住房城乡建设行政管理部门编制本市消纳建筑垃圾的场所（以下简称"消纳场所"）、资源化利用设施所需场所和含泥浆预处理设施在内的中转分拣场所（以下统称"中转分拣场所"）的专项规划，并按照法定程序报市人民政府批准。

区人民政府应当按照前款规定的规划，编制所辖区域内消纳场所、资源化利用设施和中转分拣场所的建设计划，并负责组织实施。

第十七条 （规划外消纳场所）

需要回填建筑垃圾的建设工程或者低洼地、废沟浜、滩涂等规划外场所用于消纳建筑垃圾的，有关单位应当在消纳场所启用前向所在地的区绿化市容行政管理部门备案。

区绿化市容行政管理部门应当指派专人至现场予以核实和指导。

第十八条 （处置场所与设施的条件）

消纳场所、资源化利用设施和中转分拣场所应当具备下列条件：

（一）有符合市绿化市容行政管理部门规定要求的电子信息装置；

（二）有符合消纳、资源化利用和分拣需要的机械设备和照明、消防等设施；

（三）有符合规定的围挡和经过硬化处理的出入口道路；

（四）有与消纳、资源化利用和分拣规模相适应的堆放、作业场地；

（五）在出口处设置车辆冲洗的专用场地，配备运输车辆冲洗保洁设施。

第十九条 （中转码头）

市交通行政管理部门应当会同市绿化市容行政管理部门，根据本市建筑垃圾水运需求和实际情况，完善转运建筑垃圾的码头（以下简称"中转码头"）布局，推进中转码头的建设。

中转码头应当依法取得港口经营许可，并配备符合市绿化市容行政管理部门规定要求的视频监控系统、电子信息装置和防污设施。

中转码头应当向所在地的区绿化市容行政管理部门备案。

第四章 建设工程垃圾的处置

第二十条 （工程招标与发包要求）

产生建设工程垃圾的建设单位和建筑物、构筑物拆除单位（以下统称"建设单位"）在工程招投标或者直接发包时，应当在工程招标文件和承发包合同中，明确施工单位在施工现场建设工程垃圾规范排放、分类处理以及禁止混同等方面的具体要求和措施。

第二十一条 （运输与处置费用的列支）

建设单位在编制建设工程概算、预算时，应当专门列支建设工程垃圾的运输费和处置费。

第二十二条 （运输单位的产生）

建设工程垃圾的运输单位通过招投标方式产生，并依法取得市绿化市容行政管理部门核发的建筑垃圾运输许可证。建筑垃圾运输许可证的有效期不超过5年。

运输单位的基本信息应当向社会公布。

运输单位招投标的具体办法，由市绿化市容行政管理部门会同相关行政管理部门制定。

第二十三条 （招标条件）

市绿化市容行政管理部门组织实施本市水路运输单位的招投标活动。招标条件应当包括下列内容：

（一）在本市登记注册，取得水路运输许可证；

（二）自有运输船舶的数量、运输船舶总载重量或者总核载质量符合有关要求；

（三）运输船舶符合本市建筑垃圾运输船舶技术及运输管理要求；

（四）有健全的企业管理制度。

区绿化市容行政管理部门组织实施本辖区道路运输单位的招投标活动。招标条件应当包括下列内容：

（一）有道路运输车辆营运证的自有运输车辆数量符合有关要求；

（二）运输车辆符合本市建筑垃圾运输车辆技术及运输管理要求；

（三）运输车辆驾驶员数量与运输车辆数量相适应，并通过有关部门组织的交通安全培训；

（四）运输车辆驾驶员具有 3 年以上驾驶大型车辆的经历，无承担全部责任或者主要责任的致人死亡的道路交通事故记录；

（五）有健全的企业管理制度。

第二十四条 （选择运输单位与确定场所设施）

建设单位应当在取得建筑垃圾运输许可证的运输单位中，选择具体的承运单位。

建设单位应当确定符合本规定要求的消纳场所、资源化利用设施；未能确定的，应当向工程所在地的区绿化市容行政管理部门提出申请，由区绿化市容行政管理部门根据统筹安排原则指定。

第二十五条 （运输费与处置费的确定）

建设工程垃圾的运输费、处置费由建设单位分别与运输单位和消纳场所、资源化利用设施的经营单位协商确定，并在运输合同、处置合同中予以明确。

第二十六条 （处置申报）

建设单位应当在办理工程施工许可或者拆除工程备案手续前，向工程所在地的区绿化市容行政管理部门提交建设工程垃圾处置计划、运输合同、处置合同和运输费、处置费列支信息，申请核发处置证。

建设工程垃圾处置计划应当包括建设工程垃圾的排放地点、种类、数量、中转码头、中转分拣场所、消纳场所、资源化利用设施等事项。

区绿化市容行政管理部门应当自受理申请之日起 5 个工作日内进行审核。符合处置规定的，核发处置证，并按照运输车辆、船舶数量配发相应份数的处置证副本；不符合处置规定的，不予核发处置证，并向申请单位书面告知原因。

处置证应当载明建设单位和施工单位名称、运输单位名称、工程名称及地点、排放期限、中转码头、中转分拣场所、消纳场所、资源化利用设施、运输车辆车牌号、运输船舶编号、运输线路、运输时间等事项。

禁止涂改、倒卖、出租、出借或者转让处置证。

第二十七条 （处置证查验）

住房城乡建设、交通、水务、民防等相关行政管理部门在进行施工质量安全措施现场审核时，应当查验处置证。

第二十八条 （施工现场分类要求）

施工单位应当对施工现场排放的建设工程垃圾进行分类。建设工程垃圾不得混入生活垃圾和危险废物。

第二十九条 （施工现场装运作业要求）

施工单位应当配备施工现场建设工程垃圾管理人员，并按照本市建筑垃圾启运管理规范，填写运输车辆预检单，监督施工现场建设工程垃圾的规范装运，确保运输车辆冲洗干净后驶离。

运输单位应当安排管理人员对施工现场运输车辆作业进行监督管理，并按照施工现场管理要求，做好运输车辆密闭启运和清洗工作，保证运输车辆安装的电子信息装置等设备正常、规范使用。

施工单位发现运输单位有违反施工现场建设工程垃圾管理要求行为的，应当要求运输单位立即改正；运输单位拒不改正的，施工单位应当立即向工程所在地的区绿化市容行政管理部门报告。区绿化市容行政管理部门接到施工单位的报告后，应当及时到施工现场进行处理。

施工现场建设工程垃圾管理违反规定的施工工地，无权申报本市文明施工工地。

第三十条 （车船运输规范）

运输建设工程垃圾的车辆、船舶应当符合本市建筑垃圾运输车辆、船舶的技术和运输管理要求，统一标识，统一安装、使用记录路线、时间、中转分拣场所、中转码头、消纳场所和资源化利用设施的电子信息装置，随车辆、船舶携带处置证副本，并按照交通、公安等行政管理部门规定的线路、时间行驶。

交通、海事行政管理部门以及城管执法部门在对运输单位的车辆、船舶实施监督检查时，应当查验处置证副本。

第三十一条 （经营单位义务）

消纳场所、资源化利用设施和中转码头的经营单位应当履行下列义务：

（一）按照规定受纳建设工程垃圾；

（二）保持相关设备、设施完好；

（三）保持场所、设施、中转码头和周边环境整洁；

（四）对进入场所、设施、中转码头的运输车辆、船舶以及受纳建设工程垃圾数量等情况进行记录，并定期将汇总数据报告市或者区绿化市容行政管理部门；

（五）对所受纳的、符合要求的建设工程垃圾，向运输单位出具建筑垃圾消纳结算凭证。

中转分拣场所经营单位除应当履行前款第（一）（二）（三）（四）项义务外，还应当按照建筑垃圾分拣规范，对建设工程垃圾进行分拣，并分别堆放。

本市建筑垃圾分拣的具体规范，由市绿化市容行政管理部门会同相关行政管理部门制定。

第三十二条 （消纳结算要求）

道路、水路运输单位按照要求将建设工程垃圾运输至规定的中转码头、消纳场所和资源化利用设施后，凭建筑垃圾运输消纳结算凭证，分别向工程所在地的区绿化市容行政管理部门和市绿化市容行政管理部门申请核实运输量和处置量。

市、区绿化市容行政管理部门应当在 3 个工作日内进行核实；核实无误的，建设单位按照合同约定支付运输费、处置费。

第三十三条 （拆违产生的废弃物处置）

依法对违法建筑实施拆除产生的废弃物，应当按照本章有关要求进行处置；但是仅产生零星废弃物的，可以按照本规定第五章有关要求进行处置。

第五章　装修垃圾的处置

第三十四条 （投放管理责任人）

本市实行装修垃圾投放管理责任人制度。

住宅小区由业主委托物业服务企业实施物业管理的，受委托的物业服务企业为责任人；未委托物业服务企业实施物业管理的，业主为责任人。

机关、企事业单位、社会团体等单位的办公和经营场所，委托物业服务企业实施物业管理的，受委托的物业服务企业为责任人；未委托物业服务企业实施物业管理的，单位为责任人。

第三十五条 （投放管理责任人义务）

装修垃圾投放管理责任人应当履行下列义务：

（一）设置专门的装修垃圾堆放场所；

（二）不得将生活垃圾、危险废物混入装修垃圾堆放场所；

（三）保持装修垃圾堆放场所整洁，采取措施防止扬尘污染；

（四）明确装修垃圾投放规范、投放时间、监督投诉方式等事项。

装修垃圾投放管理责任人确因客观条件限制无法设置装修垃圾堆放场所的，应当告知所在地乡（镇）人民政府、街道办事处，由乡（镇）人民政府、街道办事处负责指定装修垃圾堆放场所。

第三十六条 （投放要求）

装修垃圾产生单位和个人应当将装修垃圾投放至装修垃圾投放管理责任人设置的或者由乡（镇）人民政府、街道办事处指定的装修垃圾堆放场所，并遵守下列具体投放要求：

（一）将装修垃圾和生活垃圾分别收集，不得混同；

（二）将装修垃圾进行袋装；

（三）装修垃圾中的有害废弃物另行投放至有害垃圾收集容器。

鼓励装修垃圾产生单位和个人对可资源化利用的装修垃圾进行分类投放；装修垃圾投放管理责任人应当予以引导。

第三十七条 （定向清运）

装修垃圾投放管理责任人应当将其管理范围内产生的装修垃圾，交由符合规定的市容环境卫生作业服务单位（以下简称"作业服务单位"）进行清运，并明确清运时间、频次、费用及支付结算方式等事项。

第三十八条 （作业服务单位）

作业服务单位通过招投标方式产生；具体招投标活动由区绿化市容行政管理部门组织实施，并将中标的作业服务单位向社会公布。

作业服务单位的招标条件应当包括：

（一）有道路运输车辆营运证的自有运输车辆；

（二）运输车辆符合本市建筑垃圾运输车辆技术及运输管理要求；

（三）运输车辆驾驶员数量与运输车辆数量相适应，并通过有关部门组织的交通安全培训；

（四）有健全的企业管理制度。

区绿化市容行政管理部门应当与中标的作业服务单位签订作业服务协议，明确装修垃圾作业服务的范围、规范、期限、中转分拣场所以及服务费用的确定方式等事项。

第三十九条 （清运服务要求）

作业服务单位应当使用符合本市建筑垃圾运输车辆技术及运输管理要求的运输车辆，将装修垃圾运输至作业服务协议约定的中转分拣场所。

作业服务单位、清运费用标准等事项应当在物业管理区域公布。

第四十条 （中转分拣场所经营单位义务）

装修垃圾中转分拣场所经营单位应当履行本规定第三十一条第二款的相关义务。

第四十一条 （清运费）

装修垃圾清运费由产生单位和个人承担。

本市市容环卫、物业管理、装饰装修等行业协会应当定期汇总各区装修垃圾清运收费价格信息，并向社会公布。

第六章 法 律 责 任

第四十二条 （对违反处置证管理要求的处理）

违反第二十六条第五款规定，建设单位涂改、倒卖、出租、出借或者转让处置证的，由城管执法部门责令改正，处 5000 元以上 5 万元以下罚款。

第四十三条 （对违反施工现场要求的处理）

对违反本规定有关施工现场要求的行为，由城管执法部门责令改正，并按照下列规定处罚：

（一）违反第二十八条规定，施工单位未对施工现场排放的建设工程垃圾进行分类的，处 3000 元以上 3 万元以下罚款；

（二）违反第二十九条第二款规定，运输单位未安排管理人员到施工现场进行监督管理的，处 1000 元以上 1 万元以下罚款。

违反第二十九条第一款规定，施工单位未配备管理人员进行监督管理的，由住房城乡建设行政管理部门责令改正，处 1000 元以上 1 万元以下罚款。

第四十四条 （对违反运输要求的处理）

违反第三十条第一款、第三十九条第一款规定，运输单位或者作业服务单位使用不符合本市建筑垃圾运输车辆、船舶相关要求的车辆或者船舶的，由城管执法部门责令改正，并按照下列规定处罚：

（一）违反相关技术要求的，处 1000 元以上 1 万元以下罚款；

（二）违反相关运输管理要求的，处 200 元以上 2000 元以下罚款。

第四十五条 （对违反中转与消纳利用要求的处理）

违反第三十一条第一款、第二款或者第四十条规定，消纳场所、资源化利用设施、中转码头或者中转分拣场所的经营单位未履行相关义务的，由城管执法部门责令改正，处 5000 元以上 5 万元以下罚款。

第四十六条 （对违反装修垃圾堆放场所要求的处理）

违反第三十五条第一款第（一）项规定，装修垃圾投放管理责任人未设置专门的装修垃圾堆放场所的，由城管执法部门责令改正，处 1000 元以上 1 万元以下罚款。

第四十七条 （对违反装修垃圾投放要求的处理）

违反第三十六条第一款规定，装修垃圾产生单位或者个人未遵守具体投放要求的，由城管执法部门责令改正，处 100 元以上 1000 元以下罚款。

第四十八条 （对运输许可证的吊销处理）

运输单位有下列违法行为在一定期间内被处罚 3 次以上的，由市绿化市容行政管理部门吊销其建筑垃圾运输许可证：

（一）未实行密闭或者覆盖运输；

（二）运输车辆、船舶超载运输建设工程垃圾；

（三）擅自倾倒、堆放、处置建设工程垃圾；

（四）承运未取得处置证的建设工程垃圾。

运输单位有前款第（三）项或者第（四）项违法行为，情节严重的，由市绿化市容行政管理部门吊销其建筑垃圾运输许可证。

道路运输单位所属的驾驶员在一定期间内发生道路交通事故累计造成 3 人以上死亡，且承担全部责任或者主要责任的，由市绿化市容行政管理部门吊销该运输单位的建筑垃圾运输许可证。

本条第一款、第三款所指的一定期间，由市绿化市容部门规定并向社会公布。

第四十九条 （行政监督）

违反本规定，区和乡（镇）人民政府、街道办事处以及相关行政管理部门及其工作人员有下列行为之一，由所在单位或者上级主管部门依法对直接负责的主管人员和其他直接责任人员给予行政处分：

（一）未按照要求落实建筑垃圾处置场所、设施建设；

（二）未按照要求组织实施运输单位、作业服务单位的招投标活动；

（三）未指定装修垃圾堆放场所；

（四）未依法履行建筑垃圾处理监督管理职责的其他情形。

第七章　附　　则

第五十条 （参照管理）

建设工程实行施工总承包的，对施工总承包单位的管理参照建设单位的相关规定执行。

第五十一条 （施行日期）

本规定自 2018 年 1 月 1 日起施行。2010 年 11 月 8 日上海市人民政府令第 50 号公布的《上海市建筑垃圾和工程渣土处置管理规定》同时废止。

（七）安　徽　省

1. 合肥市建筑垃圾管理办法

（合肥市人民政府令第 190 号，2017 年 3 月 21 日发布，自 2017 年 5 月 1 日起施行）

第一章　总　　则

第一条　为了强化对建筑垃圾的有序管理，减少对生态环境影响，根据《中华人民共和国固体废物污染环境防治法》、《安徽省大气污染防治条例》、《合肥市城市管理条例》、《合肥市市容和环境卫生管理条例》、《城市建筑垃圾管理规定》（建设部令第 139 号）等规定，结合本市实际，制定本办法。

第二条　本办法适用于本市市区范围内建筑垃圾的转运、消纳、利用等处置活动。

本办法所称建筑垃圾，是指新（改、扩）建、拆除、修缮各类建（构）筑物、管网、道路以及装饰装修房屋等产生的弃土、弃料及其他废弃物。

第三条　区人民政府（含开发区管理机构，下同）应当加强对建筑垃圾处置工作的领导，协调解决建筑垃圾处置工作中的重大问题。

第四条　市城市管理部门是本市建筑垃圾管理的行政主管部门，负责建筑垃圾处置的综合监督管理工作；区城市管理部门（含开发区城市管理机构，下同）根据管理权限，具体负责本辖区建筑垃圾处置的监督管理工作。

城乡建设、规划、国土资源、公安、交通、环境保护、房产、林业和园林、价格、质监等部门按照各自职责，共同做好建筑垃圾处置的监督管理工作。

乡（镇）人民政府、街道办事处在区城市管理部门的指导下，做好本辖区内建筑垃圾处置的监督管理工作。

第五条　建筑垃圾处置应当遵循减量化、无害化、资源化和谁产生、谁处置的原则。

鼓励采用新技术、新工艺、新材料、新设备对建筑垃圾进行综合利用。

第六条　任何单位和个人有权对建筑垃圾处置活动中的违法行为进行投诉举报。城市管理等有关部门收到投诉举报后，应当及时处理。

第二章 处 置 与 运 输

第七条 转运建筑垃圾应当按照规定办理建筑垃圾处置核准手续。因抢险、救灾等特殊情况需要紧急处置建筑垃圾,以及道路维修、老旧小区(街巷)改造、房屋拆迁、装饰装修产生的零星建筑垃圾除外。

因抢险、救灾等特殊情况需要紧急处置建筑垃圾的,建设单位应当在险情、灾情消除后三日内将建筑垃圾处置情况报告区城市管理部门,并按照要求将建筑垃圾清理完毕。

第八条 因工程建设原因产生建筑垃圾的,建设单位应当在工程开工前十五日内,向市城市管理部门申请办理建筑垃圾处置核准手续,并提供下列材料:

(一)建筑垃圾处置方案(包括减排、污染防治、综合利用等措施);

(二)建设工程规划许可证或者其他相关审批材料;

(三)建设工程项目总平面图。

市城市管理部门应当自受理之日起七个工作日内作出决定。符合条件的,核发建筑垃圾处置核准证明文件;不符合条件的,不予核发,并书面告知理由。

第九条 建设单位、施工单位以及建筑垃圾运输单位应当在建设工程开工前,与建设工程所在地区城市管理部门签订建筑垃圾处置责任书,明确处置要求以及污染防治、运输安全等责任。

第十条 建设单位应当按照下列要求加强施工工地管理,防止建筑垃圾污染周围环境:

(一)设置连续、密闭的围挡,高度不得低于1.8米;

(二)设置建筑垃圾处置公示牌,标明建设单位、施工单位、运输单位名称以及城市管理、公安交通管理、环境保护等部门的投诉、举报电话;

(三)在出入口安装视频监控设备,并安排专人维护;

(四)对工地内车行道路和出入口道路进行硬化处理;

(五)配置规范的车辆冲洗设备,确保驶离工地的车辆清洁,并做好泥浆、污水、废水污染防治工作;

(六)建筑垃圾应当在四十八小时内清运完毕,并做好清运信息登记保存工作;无法清运完毕的,应当在施工工地内设置临时堆放场所,并采取覆盖、洒水等措施;

(七)法律、法规、规章规定的其他要求。

第十一条 道路维修、老旧小区(街巷)改造、房屋拆迁中产生零星建筑垃圾的,建设单位或者施工单位应当将施工区域有效隔离,及时处置建筑垃圾,并在处置完毕后二十四小时内将处置情况报告区城市管理部门。

　　房屋装饰装修中产生零星建筑垃圾，业主应当按照物业公司或者村（居）民委员会指定的地点统一堆放，由物业公司或者村（居）民委员会负责统一清运。

　　零星建筑垃圾处置的具体办法由市城市管理部门另行制定。

　　第十二条　任何单位和个人不得擅自倾倒、处置建筑垃圾，不得将危险废物混入建筑垃圾，不得将建筑垃圾混入生活垃圾进行处置。

　　第十三条　鼓励采取下列措施做好建筑垃圾的减排工作：

　　（一）选用节能环保材料，优化施工措施，减少建筑材料的消耗和建筑垃圾的产生；

　　（二）采用可重复使用的材料设置施工现场临时建（构）筑物、临时围挡；

　　（三）按照建设工程施工或者拆除方案对建筑垃圾进行分类；

　　（四）将可以利用的建筑垃圾作为填充物用于建设工程。

　　第十四条　建筑垃圾处置实行收费制度，具体收费按照价格部门核定的标准执行。

　　第十五条　建设单位或者施工单位应当委托已取得建筑垃圾运输经营许可证的单位运输建筑垃圾。

　　第十六条　从事建筑垃圾运输的单位应当向市城市管理部门申请办理建筑垃圾运输经营许可证，并具备下列条件：

　　（一）具有企业法人资格，有固定的经营办公场所；

　　（二）依法取得道路运输经营许可证；

　　（三）运输车辆符合国家标准和地方标准，且自有运输车辆不少于二十辆；

　　（四）设有相应的车辆停放场地和车辆清洗设备；

　　（五）有健全的安全生产管理制度；

　　（六）法律、法规、规章规定的其他条件。

　　市城市管理部门应当自受理之日起七个工作日内作出是否核准的决定。符合条件的，核发建筑垃圾运输经营许可证，并将从事建筑垃圾运输的车辆予以登记；不符合条件的，不予核发，并书面告知理由。

　　第十七条　建筑垃圾运输单位在承运建筑垃圾前，应当持下列材料向市城市管理部门申请办理建筑垃圾单车运输证：

　　（一）建筑垃圾处置核准证明文件；

　　（二）建筑垃圾运输合同；

　　（三）建筑垃圾处置责任书。

　　市城市管理部门应当在受理之日起二个工作日内作出是否核准的决定。符合条件的，核发建筑垃圾单车运输证；不符合条件的，不予核发，并书面告知理由。

建筑垃圾单车运输证应当载明建筑工地名称、运输单位名称、车牌号、运输期限、建筑垃圾倾倒地点等事项。

第十八条 建筑垃圾运输单位在承运建筑垃圾前，应当按照有关规定到公安机关交通管理部门办理车辆市区通行证。

第十九条 承运建筑垃圾的车辆应当符合下列要求：

（一）安装符合道路运输要求的行驶及装卸记录仪或者定位终端设备并保持正常使用；

（二）在驾驶室顶部、车身或者车厢后部、侧面等部位喷涂、悬挂放大号牌，喷印车辆编号及所属承运单位名称。

第二十条 建筑垃圾运输单位在承运建筑垃圾时应当遵守下列规定：

（一）随车携带建筑垃圾单车运输证；

（二）实行密闭化运输，装载的建筑垃圾不得超过车厢挡板高度，不得沿途泄漏、散落或者飞扬；

（三）车辆驶离施工工地应当冲洗干净；

（四）按照核定的时间、路线、地点运输和倾倒建筑垃圾；

（五）遵守道路交通安全法律法规、环境噪声管理和大气污染防治等规定；

（六）法律、法规、规章的其他规定。

第三章 消 纳 与 利 用

第二十一条 市城市管理部门、市规划管理部门应当会同国土资源、环境保护等部门，组织编制建筑垃圾消纳场所设置规划，报市人民政府批准后组织实施。

第二十二条 区人民政府应当按照建筑垃圾消纳场所设置规划，组织建设建筑垃圾消纳场所。建筑垃圾消纳场所的建设应当符合土地利用总体规划、环境保护等要求。

第二十三条 禁止在下列区域消纳建筑垃圾：

（一）基本农田和生态公益林地；

（二）河流、湖泊、水库、渠道等保护范围；

（三）地下水集中供水水源地及补给区；

（四）泄洪道及其周边区域；

（五）法律、法规、规章规定的其他区域。

第二十四条 任何单位和个人不得擅自设立建筑垃圾消纳场所。

第二十五条 区人民政府应当加强对建筑垃圾消纳场所的管理，通过招标或者指定等方式确定有关单位负责具体管理。

第二十六条　建筑垃圾消纳场所管理者应当遵守下列规定：

（一）不得擅自关闭建筑垃圾消纳场所或者拒绝消纳经核准处置的建筑垃圾；

（二）配备相应的摊铺、碾压、降尘、照明、排水、消防等设施设备；

（三）对出入口道路和场内车辆通行道路进行硬化处理，并在出入口安装视频监控设备；

（四）制定并落实环境卫生和安全管理制度，安排专人进行现场管理；

（五）设置车辆冲洗设施，确保驶离场地的车辆清洁；

（六）准确记录进入场内的车辆、消纳建筑垃圾数量，并定期向区城市管理部门报告；

（七）不得消纳工业垃圾、生活垃圾和其他有毒有害垃圾；

（八）不得允许无单车运输证的车辆进场卸载建筑垃圾；

（九）法律、法规、规章规定的其他要求。

第二十七条　各类建设工程、开发用地需要回填、利用建筑垃圾的，应当经区城市管理部门实地勘察，并报市城市管理部门备案。

第二十八条　市城市管理部门应当会同有关部门研究制定促进建筑垃圾综合利用的政策措施。

第二十九条　鼓励和引导社会资本参与建筑垃圾综合利用项目，支持建筑垃圾综合利用产品的研发、生产。

利用财政性资金建设的城市环境卫生设施、市政工程设施、园林绿化设施等项目应当优先使用建筑垃圾综合利用产品。

第三十条　鼓励新（改、扩）建的各类工程项目在保证工程质量的前提下，优先使用建筑垃圾综合利用产品。

鼓励道路工程的建设单位在满足使用功能的前提下，优先使用建筑垃圾作为路基垫层。

第三十一条　企业使用或者生产列入国家建筑垃圾综合利用鼓励名录的技术、工艺、设备或者产品的，按照有关规定享受优惠政策。

第四章　监　督　管　理

第三十二条　城市管理部门应当会同公安机关交通管理、城乡建设、环境保护、国土资源等部门建立执法联动机制，开展建筑垃圾处置联合执法，及时发现和查处违法行为。

联合执法部门应当加强日常管理和机动巡查，对建筑垃圾运输车辆集中通行区域、事故易发和隐患突出区域，实施重点监督管理。

第三十三条　城市管理部门对建筑垃圾处置活动进行监督检查，对建筑垃圾处置违法行为实施处罚。

公安机关交通管理部门对建筑垃圾运输过程中道路交通安全行为进行监督检查，对建筑垃圾运输车辆的道路交通违法行为实施处罚。

城乡建设管理部门对建筑施工现场建筑垃圾处置进行监督检查，督促建设单位或者施工单位及时办理建筑垃圾处置核准手续。

环境保护管理部门对建筑垃圾处置过程中扬尘污染防治进行监督检查。

国土资源管理部门协助做好建筑垃圾消纳场所的监督检查。

第三十四条　市城市管理部门应当会同有关部门建立建筑垃圾监督管理信息平台，确保下列监督管理信息互通共享：

（一）建筑垃圾处置核准信息；

（二）建设单位、建筑垃圾运输单位、运输车辆及驾驶员等信息；

（三）建筑垃圾消纳场所设置以及建筑垃圾受纳信息；

（四）建设单位、施工单位、运输单位及其从业人员处置建筑垃圾的不良记录信息及受到行政处罚信息；

（五）建筑垃圾综合利用信息；

（六）其他需要监督管理的信息。

第三十五条　随意倾倒建筑垃圾造成污染的，城市管理等部门应当依法责令其限期清理；当事人逾期未清理，属于《中华人民共和国行政强制法》第五十二条规定情形的，相关部门可以依法实施代履行，费用由当事人承担。

第三十六条　市城市管理部门应当建立建筑垃圾运输企业以及从业人员信用管理制度，对建筑垃圾运输企业实行分级管理，对违法失信的建筑垃圾运输企业以及从业人员，列入不良信用档案并按照有关规定予以处理。

第五章　法　律　责　任

第三十七条　违反本办法第七条规定，建设单位擅自处置或者超出核准范围处置建筑垃圾的，由城市管理部门责令限期改正，处以五千元以上三万元以下罚款。

第三十八条　违反本办法第十一条第二款规定，业主未按照规定堆放零星建筑垃圾的，由城市管理部门责令改正，对单位处以五百元以上二千元以下罚款；对个人处以五十元以上二百元以下罚款。

第三十九条　违反本办法第十二条规定，将建筑垃圾混入生活垃圾或者将危险废物混入建筑垃圾的，由城市管理部门责令改正，对单位处以五百元以上三千元以下罚款，对个人处以五十元以上二百元以下罚款。

第四十条　违反本办法第十五条规定，建设单位或者施工单位将建筑垃圾委托给未取得建筑垃圾运输经营许可证的单位运输的，由城市管理部门责令改正，处以一万元以上五万元以下罚款。

第四十一条 违反本办法第十六条规定，未取得建筑垃圾运输经营许可证擅自从事建筑垃圾运输活动的，由城市管理部门责令改正，处以五千元以上三万元以下罚款。

第四十二条 运输单位违反本办法第二十条规定，有下列行为之一的，由城市管理部门责令改正，并处以罚款：

（一）使用未经登记的车辆从事建筑垃圾运输活动的，处以每车一千元罚款；

（二）未随车携带单车运输证的，处以每车一百元罚款；

（三）车辆密闭不严造成建筑垃圾泄漏、散落或者飞扬的，处以二百元以上一千元以下罚款。

第四十三条 违反本办法第二十四条、第二十六条第（一）项规定，擅自设立、关闭建筑垃圾消纳场所或者拒绝消纳经核准处置的建筑垃圾的，由城市管理部门责令改正，对单位处以五千元以上一万元以下罚款，对个人处以一千元以上三千元以下罚款；涉嫌犯罪的，依法移送司法机关处理。

第四十四条 违反本办法第二十六条第（二）项至第（八）项规定，建筑垃圾消纳场所管理者不履行管理责任的，由城市管理部门责令改正，处以一千元以上五千元以下罚款。

第四十五条 城市管理等有关部门及其工作人员在建筑垃圾管理过程中滥用职权、玩忽职守、徇私舞弊的，依法给予行政处分；涉嫌犯罪的，依法移送司法机关处理。

第六章 附 则

第四十六条 各县（市）参照本办法执行。

第四十七条 本办法自 2017 年 5 月 1 日起施行，市人民政府 2009 年 10 月 13 日发布的《合肥市建筑垃圾管理办法》（市人民政府令第 149 号）同时废止。

2. 蚌埠市城市建筑垃圾管理办法

第一章 总 则

第一条 为加强城市建筑垃圾管理，保障我市市容和环境卫生，根据《中华人民共和国行政许可法》《国务院对确需保留的行政审批项目设定行政许可的决定》《城市建筑垃圾管理规定》《安徽省城市市容和环境卫生管理条例》等有关法律法规和《蚌埠市特许经营权出让管理办法》等文件，结合本市实际，制定本办法。

第二条 本办法适用于本市城市规划区内建筑垃圾的倾倒、运输、中转、回填、消纳、利用等处置活动。

本办法所称建筑垃圾，是指建设单位、施工单位新建、改建、扩建和拆除各类建筑物、构筑物、道路、管网等以及居民装饰装修房屋过程中所产生的弃土、弃料及其他废弃物。

第三条 市城市管理行政执法局是本市建筑垃圾管理的行政主管部门，负责建筑垃圾处置许可、管理、组织协调、监督检查、行政处罚等工作，并组织实施本办法。

市发改、公安、财政、国土、环保、住建、交通、规划、公共交易、行政审批等部门应当按照各自职责，共同做好建筑垃圾管理工作。

第四条 支持和鼓励建筑垃圾综合利用新技术、新工艺、新材料、新设备的研究与开发，鼓励建设单位、施工单位优先采用建筑垃圾综合利用产品，逐步实现建筑垃圾减量化、无害化、资源化。

第五条 任何单位和个人有权对建筑垃圾处置、监督管理过程中的违法行为进行投诉举报。

第二章 处置、运输管理

第六条 建筑垃圾产生单位应当在工程开工前 20 日内，向市建筑垃圾行政主管部门申报建筑垃圾处置计划，办理处置核准手续。未获得核准的，市规划、住建部门不予办理建设工程规划许可证、建设工程施工许可证或拆迁手续等。

建设工程或者低洼地、废沟池、矿山塘口、滩涂等需要回填的，受纳单位须到市建筑垃圾行政主管部门办理处置手续。

第七条 建筑垃圾产生单位办理处置核准手续应当提供下列资料：

（一）建设用地规划许可证；

（二）建筑垃圾处置计划（建筑垃圾产生总量、计划处置外运量、土方工程计划施工工期、处置场所）；

（三）市规划部门出具的工程项目建筑面积核算文件；

（四）市住建部门出具的基本建设项目类型确认表。

市建筑垃圾行政主管部门应当自受理之日起 3 个工作日内核发建筑垃圾处置核准证明文件；不予核准的，应当告知申请人，并说明理由。

第八条 建筑垃圾处置实行收费制度。建筑垃圾产生单位在获得处置核准时，应按规划建筑面积 3 元/平方米向市建筑垃圾行政主管部门交纳建筑垃圾处置费。

第九条　建筑垃圾产生单位履行下列职责：

（一）施工现场应设置建筑垃圾运输处置公示牌，标明运输企业名称、管理要求、清运审批部门、时间以及城管执法、公安、环保等部门的投诉电话；

（二）施工现场出入口安装车辆冲洗视频监控系统，接入"数字城管"管理平台，规范作业，不准超高装载建筑垃圾；

（三）距施工工地出入口须建有不少于50米的缓冲硬化路面及冲洗设备；

（四）建立车辆进出放行责任追究制度及岗位职责，查验单车准运证，不准无证车辆进场装载建筑垃圾；不准车身和车轮未冲洗或冲洗不净的车辆驶出工地；

（五）法律法规规章及相关规范性文件规定的其他职责。

第十条　建筑垃圾运输实行市场准入制度。市建筑垃圾行政主管部门应当逐步通过招标方式作出城市建筑垃圾运输经营许可的决定。

第十一条　参与建筑垃圾运输经营权竞标的单位，应当具备下列条件：

（一）是依法注册的运输公司，具备独立企业法人资格，注册资本不少于2000万元人民币；

（二）有工商营业执照，交通部门颁发的有效道路运输经营许可证及道路运输证等相关证件；

（三）有固定的办公场所、符合要求的经营方案、公司章程、相关合同、责任承诺、抗风险维稳措施及健全的财务、安全管理等相关制度；

（四）不少于挖掘机2台、推土机2台、5吨清洗车1辆、轮胎清洗专用设备2套，全密闭、智能、环保建筑垃圾运输车辆20台以上，运输车辆须具备：安装符合要求的卫星定位系统和车载终端，交警部门核发的有效号牌，喷印所属企业名称、标志及编号，车身粘贴反光标识，车身颜色统一，投保交强险；

（五）有满足车辆停放并有冲洗设备的停车场；

（六）有5人以上的专业保洁队伍，有一个长期合同关系的二类汽车维修企业。

第十二条　中标人凭建筑垃圾运输经营权中标通知书向市建筑垃圾行政主管部门申请办理建筑垃圾运输经营证及单车准运证。市建筑垃圾行政主管部门应当自受理之日起，3个工作日内完成运输经营证、2个工作日内完成单车准运证的核发。

建筑垃圾单车准运证应当记载运输单位名称、车牌号等事项。

第十三条　市建筑垃圾行政主管部门应在部门网站上公布核准的建筑垃圾运输企业名录及车辆登记情况。

第十四条　建筑垃圾运输经营证实行年检制度，由市建筑垃圾行政主管部门于次年1月份组织。年检合格的，继续从事建筑垃圾运输经营；年检不合格的，书面告知理由，责令限期整改。逾期不改正的，注销建筑垃圾运输经营证。

第十五条　建筑垃圾运输工程实行招投标制度。建设单位、施工单位可以通过招标等方式，选择信用评价良好、具有建筑垃圾运输经营证的企业承接建筑垃圾运输工程。

第十六条　建筑垃圾运输企业应当履行下列职责：

（一）运输前持建筑垃圾运输中标通知书或协议向市建筑垃圾行政主管部门申请办理建筑垃圾运输线路单，建筑垃圾运输线路单应当记载建筑工地名称、运输单位名称、车牌号、批准的时间、路线及建筑垃圾倾倒地点等事项。

（二）运输时须做到：

1. 按照"一压、二盖、三扫、四冲洗"的工作流程外运作业，即：一压，用挖土机压实，做到"前不漏顶、后不过帮"；二盖，电动折叠式篷布全覆盖；三扫，工地保洁人员全面清扫车身、车轮挂土的部位；四冲洗，全车身的冲洗，确保车轮、车身不带泥上路，并及时冲洗干净硬化路面污渍；

2. 随车携带建筑垃圾处置核准文件、单车准运证及建筑垃圾运输线路单，按照规定的时间、路线运输，并倾倒至消纳场所，不得超出核准范围承运建筑垃圾；

3. 使用已核准、证照齐全、号码清晰、车辆外形完好且安装有卫星定位监控系统的车辆密闭化运输，不得丢弃、遗撒、泄漏。

（三）遇重大污染天气，省、市启动大气污染预警应急二级、一级响应时，在预警发布至解除期间，服从市建筑垃圾行政主管部门具体管理要求。

（四）遵守交通法规和环境噪声管理等相关规定。

第十七条　市建筑垃圾行政主管部门应当与建设、施工、运输单位签订市容环境卫生责任书。

第三章　零星建筑垃圾管理

第十八条　道路维修、老旧小区（街巷）改造、房屋拆迁或者房屋装饰装修等过程中产生的建筑垃圾，实行定点收集、集中转运，并按规定支付有关费用。

第十九条　零星建筑垃圾应堆放至物业公司或社区居委会指定的地点，由物业公司、社区居委会向区环卫部门申报零星建筑垃圾处置计划，区环卫部门有偿清运至各区临时建筑垃圾消纳场所。

第二十条　市建筑垃圾行政主管部门负责委托有建筑垃圾运输经营证的单位采用袋装或者密闭的方式，将建筑垃圾从临时消纳场所转运至专用消纳场所。

第二十一条　城市道路挖掘、市政设施抢修以及居民装饰装修作业，施工现场无法设置车辆冲洗设施的，施工单位须采取其他保洁措施，保证净车出场。

第四章　消纳、处理管理

第二十二条　建筑垃圾消纳专用场所、综合利用等设施建设纳入市容和环境卫生事业发展专项规划。市建筑垃圾行政主管部门根据城市建设和管理需要，会同国土、环保、住建、规划等部门编制建筑垃圾消纳场所、综合利用等设施建设规划。

第二十三条　建筑垃圾消纳场所包括专用消纳场所和临时消纳场所。

专用消纳场所是指由市建筑垃圾行政主管部门统一规划建设管理的，专门用于消纳建筑垃圾的场所。临时消纳场所是指由各区政府（管委会）按照专项规划，在本辖区范围内规划建设满足需要的临时受纳建筑垃圾的场所。各类建设工程、开发用地需要回填、利用建筑垃圾的，经市建筑垃圾行政主管部门会同国土、环保、住建、规划等部门实地勘察，也可以作为临时消纳场所。

第二十四条　任何单位和个人未经批准不得擅自设立弃置场地受纳建筑垃圾。

第二十五条　建筑垃圾消纳场所应当符合土地利用、环境保护及下列要求：

（一）配备摊铺、碾压、降尘、照明、冲洗等机械和设备；

（二）硬化出入口道路并设置规范的净车出场设施，处置场地采取有效覆盖、固化或者绿化等防尘、降尘措施；

（三）配置管理和保洁人员，查验进场车辆的准运证，建立作业台账和相关管理制度。

第二十六条　建筑垃圾消纳场地所不得受纳工业、生活、有毒有害和无处置手续的垃圾；不得允许无单车准运证的车辆进场卸载建筑垃圾。

第二十七条　建筑垃圾再生资源利用实行特许经营，由市建筑垃圾行政主管部门组织实施。

特许经营企业应当严格履行协议，统一处理建筑垃圾。

第五章　法　律　责　任

第二十八条　任何单位和个人在建筑垃圾处置活动中，有违反本办法规定的违法行为的，由市建筑垃圾行政主管部门依据相关法律法规依法查处。

初次违法，危害后果轻微，主动消除或减轻后果的，属于从轻情形。不具有从轻、从重情节的，属于一般情形。经责令整改后，不采取整改措施；因该行为被查处后，再次实施的；严重影响城市市容和环境卫生，造成重大社会影响的；法律法规规定的应予从重处罚的，均属于从重情形。涉嫌犯罪的，移送公安部门。

第二十九条　将建筑垃圾混入生活垃圾或将危险废物混入建筑垃圾的，依据《城市建筑垃圾管理规定》第二十条，责令限期改正，给予警告，从轻情形的，单位处 1000 元以下罚款，个人处 50 元以下罚款；一般情形的，单位处 1000 元以上 2000 元以下罚款，个人处 50 元以上 100 元以下罚款；从重情形的，单位处 2000 元以上 3000 元以下罚款，个人处 100 元以上 200 元以下罚款。

将生活垃圾混入建筑垃圾的，依据《城市生活垃圾管理办法》第十六条，责令停止违法行为，限期改正，从轻情形的，对单位处以 5000 元以上 1 万元以下罚款，对个人处以 50 元以下罚款；一般情形的，对单位处以 1 万元以上 3 万元以下罚款，对个人处以 50 元以上 100 元以下罚款；从重情形的，对单位处以 3 万元以上 5 万元以下罚款，对个人处以 100 元以上 200 元以下罚款。

第三十条　擅自设立弃置场受纳建筑垃圾的，依据《城市建筑垃圾管理规定》第二十条，责令限期改正，给予警告，从轻情形的，单位处 5000 元罚款，个人处 1000 元以下罚款；一般情形的，单位处 5000 元以上 7500 元以下罚款，个人处 1000 元以上 2000 元以下罚款；从重情形的，单位处 7500 元以上 1 万元以下罚款，个人处 2000 元以上 3000 元以下罚款。

第三十一条　建筑垃圾储运消纳场受纳工业、生活和有毒有害垃圾的，依据《城市建筑垃圾管理规定》第二十一条，责令限期改正，给予警告，从轻情形的，处 5000 元罚款；一般情形的，处 5000 元以上 7500 元以下罚款；从重情形的，处 7500 元以上 1 万元以下罚款。

第三十二条　施工单位未及时清运工程施工过程中产生的建筑垃圾，造成环境污染的，依据《城市建筑垃圾管理规定》第二十二条第一款，责令限期改正，给予警告，从轻情形的，处 5000 元以上 1 万元以下罚款；一般情形的，处 1 万元以上 3 万元以下罚款；从重情形的，处 3 万元以上 5 万元以下罚款。

第三十三条　施工单位将建筑垃圾交给个人或者未经核准从事建筑垃圾运输的单位处置的，依据《城市建筑垃圾管理规定》第二十二条第二款，责令限期改正，给予警告，从轻情形的，处 1 万元以上 3 万元以下罚款；一般情形的，处 3 万元以上 5 万元以下罚款；从重情形，处 5 万元以上 10 万元以下罚款。

第三十四条　处置建筑垃圾的单位在运输建筑垃圾过程中沿途丢弃、遗撒的，依据《城市建筑垃圾管理规定》第二十三条，责令限期改正的，给予警告，从轻情形的，处 5000 元以上 1 万元以下罚款；一般情形的，处 1 万元以上 3 万元以下罚款；从重情形的，处 3 万元以上 5 万元以下罚款。

第三十五条　涂改、倒卖、出租、出借或者以其他形式非法转让城市建筑垃圾处置核准文件的，依据《城市建筑垃圾管理规定》第二十四条，责令限期改正，给予警告，从轻情形的，处 5000 元罚款；一般情形的，处 5000 元以上 1 万元以下罚款；从重情形的，处 1 万元以上 2 万元以下罚款。

第三十六条　未经核准擅自处置建筑垃圾或超出核准范围处置建筑垃圾的，依据《城市建筑垃圾管理规定》第二十五条，责令限期改正，给予警告，10 吨以下的属于从轻情形，对施工单位处 1 万元以上 3 万元以下罚款，对建设、运输单位处 5000 元以上 1 万元以下罚款；10 吨～50 吨的属于一般情形，对施工单位处 3 万元以上 5 万元以下罚款，对建设、运输单位处 1 万元以上 2 万元以下罚款；50 吨以上的属于从重情形，对施工单位处 5 万元以上 10 万元以下罚款，对建设、运输单位处 2 万元以上 3 万元以下罚款。

第三十七条　任何单位和个人随意倾倒、抛撒或者堆放建筑垃圾的，依据《城市建筑垃圾管理规定》第二十六条，责令限期改正，给予警告，从轻情形的，并对单位处 5000 元以上 1 万元以下罚款，对个人处 50 元以下罚款；一般情形的，并对单位处 1 万元以上 3 万元以下罚款，对个人处 50 元以上 100 元以下罚款；从重情形的，并对单位处 3 万元以上 5 万元以下罚款，对个人处 100 元以上 200 元以下罚款。

第三十八条　城市施工现场不符合规定，影响市容和环境卫生的，依据《安徽省城市市容和环境卫生管理条例》第四十二条，除责令其纠正违法行为，采取补救措施外，可以给予警告，从轻情形的，并可处以 500 元的罚款；一般情形的，并可处以 500 元以上 700 元以下的罚款；从重情形的，并可处以 700 元以上 1000 元以下的罚款。

第三十九条　运输单位未按照规定的时间、线路和要求清运建筑垃圾的，依据《安徽省城市市容和环境卫生管理条例》第四十五条，除责令其纠正违法行为，采取补救措施外，可以给予警告，从轻情形的，并可处以每车 100 元的罚款；一般情形的，并处以每车 100 元以上 150 元以下罚款；从重情形的，并可处以每车 150 元以上 200 元以下的罚款。

第四十条　施工单位未按照规定的时间、路线和要求，将建筑垃圾清运到指定的场所处理的，依据《安徽省大气污染防治条例》第九十一条，处以二万元以上十万元以下罚款；拒不改正的，责令停工整治。

第四十一条　装卸和运输渣土、垃圾未采取遮盖、封闭、喷淋、围挡等措施，造成抛洒、扬尘的，依据《安徽省大气污染防治条例》第九十二条第一款，处以五千元以上二万元以下罚款。

第四十二条　运输垃圾、渣土等散装、流体物料的，未使用符合条件的车辆或车辆未安装卫星定位系统的，依据《安徽省大气污染防治条例》第九十二条第二款，责令改正，处以五百元以上二千元以下罚款。

第四十三条　建筑土方、工程渣土、建筑垃圾未及时运输到指定场所进行处置或在场地内堆存未有效覆盖的，依据《安徽省大气污染防治条例》第九十二条第三款规定，责令改正，处二万元以上十万元以下罚款；拒不改正的，责令停工整治或者停业整治。

有本办法第四十一条、四十二条、四十三条第一款违法行为之一的，违法向大气排放污染物，受到罚款处罚，被责令改正，拒不改正的，可以自责令改正之日的次日起，按照原处罚数额按日连续处罚。

第四十四条　建设、施工、运输单位在建筑垃圾处置过程中，因违法行为造成道路或者公共场所大面积污染，需要立即清除，当事人不能清除的，市建筑垃圾行政主管部门可以组织各区环卫部门立即实施代履行，代履行产生的费用，由造成污染的当事人承担。

第四十五条　市建筑垃圾行政主管部门执法人员徇私舞弊、滥用职权、玩忽职守的，依法给予行政处分。

第六章　附　　则

第四十六条　怀远县、固镇县、五河县可以参照本办法执行。

第四十七条　本办法自 2017 年 5 月 1 日起施行。市政府 2011 年 4 月 1 日颁布的《蚌埠市建筑垃圾管理暂行办法》（蚌政〔2011〕7 号）同时废止。

（八）江 苏 省

1. 南通市城市建筑垃圾管理条例

苏人发〔2017〕23 号

（2017 年 1 月 23 日南通市第十四届人民代表大会常务委员会第四十次会议制定　2017 年 3 月 30 日江苏省第十二届人民代表大会常务委员会第二十九次会议批准）

第一章 总 则

第一条 为了加强本市城市建筑垃圾管理，维护城市市容和环境卫生，保护和改善生态环境，根据《中华人民共和国固体废物污染环境防治法》、《江苏省城市市容和环境卫生管理条例》等法律、法规，结合本市实际，制定本条例。

第二条 本市中心城区、县（市）城区范围内的建筑垃圾排放、运输、消纳及其监督管理等活动，适用本条例。

本条例所称建筑垃圾，是指单位和个人在新建、改建、扩建、拆除各类建筑物、构筑物、管网，修缮、装饰装修房屋以及道路、桥梁、绿化、水利等工程施工过程中所产生的渣土、弃料及其他废弃物。

前款规定的建筑垃圾中属于危险废物的，依照相关法律、法规的规定处理。

第三条 建筑垃圾处置遵循减量化、资源化、无害化的原则。

产生建筑垃圾的单位和个人应当承担处置责任。

鼓励发展新型建造方式，推广装配式建筑，提高新建住宅全装修比例。

第四条 本市实行建筑垃圾源头分类。

市人民政府应当制定建筑垃圾分类标准、分类方案和收运体系规范，区、县（市）人民政府负责组织实施，提升资源化利用和无害化处置水平。

第五条 市和区、县（市）人民政府应当将建筑垃圾综合利用项目纳入循环经济和高新技术产业发展规划，并依照相关法律、法规，在科技、财政、税收、金融、用地等方面给予扶持。

鼓励优先采用建筑垃圾综合利用产品。

利用政府性资金建设的工程项目，在满足使用功能的前提下，应当优先使用符合国家规定标准的建筑垃圾综合利用产品。

第六条 建筑垃圾管理实行属地为主、条块结合的原则。

市和区、县（市）人民政府应当建立协调机制，研究处理建筑垃圾管理工作中的重大事项，并在财政预算中安排专项经费用于建筑垃圾处理、监管等活动。

城市管理部门是本市城市建筑垃圾管理的行政主管部门。

第二章 建 筑 垃 圾 排 放

第七条 鼓励建设单位、施工单位和个人采用新技术、新工艺、新材料、新设备，减少建筑垃圾的产生量和排放量。

建筑垃圾可以直接利用的，应当直接利用；不能直接利用的，应当由具备相应条件的生产经营者或者其他主体进行综合利用或者无害化处置。

鼓励资源化处置企业采用移动式设备现场处置建筑垃圾。

第八条 建设单位应当负担建筑垃圾的处置费用。

建设工程的建设单位在工程招标或者发包时，应当在招标文件、合同中明确施工单位对施工现场建筑垃圾排放和分类管理的具体要求。

拆除工程的建设单位应当将拆除工程发包给具有相应资质等级的施工单位，并按照前款规定，督促施工单位落实建筑垃圾处置责任。

第九条 施工单位或者运输单位应当选择城市管理部门公布的中转调配场所、资源化利用场所、固定填埋场所或者经接受地城市管理部门核实的受纳地点处置建筑垃圾，并签订消纳合同。

第十条 施工单位应当选择经城市管理部门许可的运输单位，签订建筑垃圾运输合同，明确建筑垃圾运输量、运输责任、运输费用、消纳场所或者地点。不得将建筑垃圾交给个人或者未经许可的运输单位运输。

第十一条 建设单位应当在建设工程、拆除工程开工二十日前，持下列材料向工程项目所在地的区、县（市）城市管理部门申请办理《建筑垃圾处置（排放）许可证》：

（一）《建设工程规划许可证》或者拆除工程备案文件；

（二）建筑垃圾分类处置方案，载明建筑垃圾产生地点、种类、数量、运输单位、处置计划等事项；

（三）运输合同、消纳合同；

（四）市容环境卫生责任书。

施工单位应当在《建筑垃圾处置（排放）许可证》规定的范围内排放建筑垃圾。

第十二条 建设工程施工单位应当配备施工现场建筑垃圾排放管理人员，并按照下列规定加强施工现场管理：

（一）按照分类方案分类收集、堆放建筑垃圾；

（二）及时回填工程渣土、清运建筑垃圾，不能及时回填或者清运的，落实防尘、防渗、防滑坡等措施；

（三）对工程泥浆实施浆水分离，规范排放，有条件的应当进行干化处理；

（四）硬化施工工地出入口道路，配备车辆冲洗设备，确保运输车辆净车出场。

第十三条　拆除工程的施工单位应当配备施工现场建筑垃圾排放管理人员，并按照下列规定加强施工现场管理：

（一）按照分类方案分类收集、堆放建筑垃圾；

（二）对可以回收利用的建筑垃圾落实回收利用措施；

（三）及时清运各类垃圾，不能及时清运的，采取防尘、防渗、防滑坡等措施；

（四）拆除工程完成后三十日内将建筑垃圾清运完毕。

动迁地块拆除工程完成、垃圾清运完毕，经城市管理部门验收后，由项目所在地街道办事处、镇人民政府负责后续环境卫生管理工作。

拆除化工、金属冶炼、农药、电镀和危险化学品生产、储存、使用等企业的建筑物、构筑物，应当经过环保部门环境风险评估和专项验收。

第十四条　房屋装饰装修排放建筑垃圾的，业主或者使用人、施工单位应当按照建筑垃圾分类方案，将装饰装修垃圾分类、袋装，投送至装饰装修垃圾临时堆放点。

物业服务企业管理的区域，由物业服务企业负责将临时堆放点的装饰装修垃圾集中投送至街道办事处、镇人民政府设置的装饰装修垃圾集中收运点。

区、县（市）城市管理部门负责本行政区域内装饰装修垃圾集中收运的组织实施。

第十五条　任何单位和个人不得将危险废物、工业垃圾以及生活垃圾混入建筑垃圾，不得随意倾倒、堆放、填埋建筑垃圾。

第三章　建　筑　垃　圾　运　输

第十六条　本市建筑垃圾运输实行公司化、规模化、专业化运营管理。

从事建筑垃圾运输的单位应当持下列材料向市、所在地县（市）城市管理部门申请办理《建筑垃圾处置（运输）许可证》：

（一）《企业法人营业执照》、《道路运输经营许可证》或者《水路运输经营许可证》；

（二）符合所在地城市管理部门规定数量、核载质量的自有运输车辆及其驾驶员的证明材料；

（三）运输车辆（船舶）《道路运输证》、《机动车辆行驶证》或者《船舶营运证》以及符合本市建筑垃圾运输车辆（船舶）技术规范的证明材料；

（四）具有固定的办公场所和与企业经营规模相适应的车辆停放场地的证明材料。

未取得《建筑垃圾处置（运输）许可证》的，不得在本市中心城区、县（市）城区从事建筑垃圾运输活动。

第十七条　建筑垃圾运输车辆应当符合下列要求：

（一）车辆前部安装放大反光号牌、车厢尾部喷涂放大反光号码、车身侧面喷涂企业名称等明显标志；

（二）安装使用密闭运输装置、安全防护设施以及卫星定位系统、行驶记录仪、倾废动态监管仪等设备，并接受城市管理部门监管信息系统的监控。

第十八条　运输建筑垃圾应当遵守下列规定：

（一）承运经批准排放的建筑垃圾；

（二）分类运输建筑垃圾；

（三）密闭运输，保持车辆（船舶）外部整洁，不得沿途泄漏、遗撒；

（四）按照规定的时间、线路行驶；

（五）随车（船）携带《建筑垃圾处置（运输）许可证》副本；

（六）遵守交通安全法律、法规，严禁超载、超速。

第十九条　建筑垃圾运输车辆（船舶）不得在规定的建筑垃圾消纳场所和地点以外倾倒建筑垃圾。

第四章　建 筑 垃 圾 消 纳

第二十条　市、县（市）城市管理部门应当会同规划等部门，根据城市总体规划和城市环境卫生专业规划，编制本地区建筑垃圾处理规划，明确建筑垃圾中转调配场所、资源化利用场所、固定填埋场所的布点与建设要求，报人民政府批准公布后，组织实施。

建筑垃圾中转调配场所、资源化利用场所、固定填埋场所建设应当纳入城市基础设施建设计划，经城市管理部门验收后启用。

鼓励和支持社会资本参与建设和经营建筑垃圾中转调配场所、资源化利用场所或者设施。

第二十一条　在自然保护区、风景名胜区、饮用水水源保护区、基本农田保护区和法律法规规定的其他需要特别保护的区域内，不得设立中转调配场所、资源化利用场所、固定填埋场所。

任何单位和个人不得擅自设立建筑垃圾消纳场所。

第二十二条 建筑垃圾中转调配场所应当符合下列要求：

（一）与处理建筑垃圾规模相适应的分类堆放、分拣和作业场地；

（二）设置围墙、围挡、视频监控等设施，硬化出入口道路；

（三）配备作业机械和照明、消防、降尘、排水以及车辆冲洗等设施设备；

（四）配置专人管理，设置警示标志和管理制度公示牌。

港口码头从事建筑垃圾中转调配业务的，应当符合前款规定。

第二十三条 建筑垃圾资源化利用场所应当符合下列要求：

（一）符合本条例第二十二条第一款的规定；

（二）由依法登记的企业法人经营管理；

（三）生产规模和资源化产品质量符合国家规定的要求和标准。

第二十四条 建筑垃圾固定填埋场所应当符合下列要求：

（一）配备摊铺、碾压、防渗、消杀等设施设备；

（二）采取预处理措施，降低物料含水率，符合要求后方可填埋，保持场区排水设施完好；

（三）堆体高度、宽度、坡度、压实度等符合相关规定，确保堆体稳定；

（四）配置专人管理，设置警示标志和管理制度公示牌；

（五）有封场绿化、复垦或者平整设计方案。

建筑垃圾固定填埋场所不得受纳未经分类的混合垃圾和可能造成环境污染的有毒有害垃圾。

第二十五条 建筑垃圾中转调配场所、资源化利用场所、固定填埋场所达到原设计容量或者因其他原因导致无法继续从事消纳活动的，应当在停止消纳三十日前向所在地的区、县（市）城市管理部门提出申请，经批准后向社会公告。未经批准，不得擅自关闭或者拒绝受纳建筑垃圾。

第二十六条 街道办事处、镇人民政府应当结合本地实际，根据装饰装修垃圾产生量及其分布，合理设置装饰装修垃圾集中收运点。

居民居住小区的建设单位、物业服务企业应当建设或者设置装饰装修垃圾临时堆放点，方便市民处理建筑垃圾。

装饰装修垃圾集中收运点和临时堆放点应当采取必要的防尘、防溢等措施，减少对周边环境的影响。

第二十七条 路基铺垫、低洼地回填、堆坡造景、围海造地等需要利用渣土等建筑垃圾的，利用单位应当向所在地城市管理部门提出申请，城市管理部门应当提供相关信息，并进行核实。

第五章　监　督　管　理

第二十八条　相关部门按照下列职责分工，对建筑垃圾排放、运输、消纳等处置行为进行管理：

（一）城市管理部门应当加强对建筑垃圾处置行为的指导、监督、考核，依法对建设工程、拆除工程建筑垃圾排放以及发生在城市道路上的建筑垃圾运输活动中的违法行为进行处理。

（二）城乡建设、水利、交通等部门应当加强对建设工程、拆除工程等施工现场的指导和监督管理，协同城市管理部门对建筑垃圾排放过程中的违法行为进行处理。

（三）住房保障和房产管理部门应当加强对物业服务企业装饰装修垃圾处置行为的指导和监督管理，协同城市管理部门对物业服务企业建筑垃圾排放管理过程中的违法行为进行处理。

（四）交通运输部门应当加强对建筑垃圾运输企业及其车辆（船舶）运输经营行为的指导和监督管理，依法对运输企业的道路（水路）运输经营违法行为和发生在公路、航道范围内的建筑垃圾运输违法行为进行处理。

（五）公安机关交通管理部门应当加强对建筑垃圾运输中的道路交通安全行为的指导和监督管理，依法对运输车辆的道路交通安全违法行为进行处理。

（六）价格部门应当加强对建筑垃圾相关价格活动的监督管理，会同城市管理部门适时发布当地建筑垃圾运输价格市场平均水平。

发展改革、规划、国土资源、环境保护、质量监督、海事等部门按照各自职责做好建筑垃圾处置活动监督管理的相关工作。

第二十九条　城市管理部门应当建立市和区、县（市）互联共享的建筑垃圾服务管理信息平台，对下列信息实现动态管理，并向社会开放：

（一）建筑垃圾排放与需求信息；

（二）建筑垃圾处置许可、运输单位及其车辆（船舶）和消纳场所信息；

（三）与建筑垃圾相关的行政执法等信息。

城乡建设、住房保障和房产管理、交通运输、水利、环境保护、质量监督、公安交通管理等部门应当按照各自职责及时掌握并向前款规定的信息平台提供相关信息，促进建筑垃圾全过程管控。

鼓励建筑垃圾排放和需求主体通过信息平台调剂利用建筑垃圾。

第三十条　市和区、县（市）人民政府应当将建筑垃圾处置信息情况纳入全市社会信用体系，信用信息记入市公共信用信息系统。

第三十一条　城市管理部门应当在接到许可申请之日起二十日内，对申请事项进行审核，符合规定的，发放许可证；不符合规定的，作出不予许可决定，并书面告知理由。

第三十二条 禁止涂改、买卖、出租、出借或者以其他形式非法转让建筑垃圾处置许可证件。

第三十三条 市和区、县（市）人民政府应当建立有城市管理、城乡建设、交通运输、环境保护、公安机关、质量监督等有关部门参与的联动执法机制，及时发现和查处建筑垃圾处置违法行为。

第三十四条 市和区、县（市）人民政府应当根据实际情况，组织制定建筑垃圾处置突发事件应急预案，加强对建筑垃圾处置活动突发事件的预防和监测。发生突发事件后，应当立即采取措施控制事态发展，依法开展后续处理工作。

第三十五条 城市管理等相关部门应当设置举报电话，受理公众举报和投诉，及时调查并反馈处理结果。

任何单位和个人不得泄露举报人、投诉人信息。

第六章 法 律 责 任

第三十六条 违反本条例规定处置建筑垃圾，由城市管理部门责令改正，按照下列规定给予处罚：

（一）违反本条例第九条规定，施工单位或者运输单位在城市管理部门公布或者核实地点以外的场所消纳建筑垃圾的，对施工单位处一万元以上五万元以下罚款，情节严重的，处五万元以上十万元以下罚款；对运输单位处一万元以上五万元以下罚款。

（二）违反本条例第十条规定，施工单位委托个人或者未经许可的运输单位运输建筑垃圾的，处一万元以上五万元以下罚款，情节严重的，处五万元以上十万元以下罚款。

（三）违反本条例第十一条规定，未取得《建筑垃圾处置（排放）许可证》，建设单位擅自排放建筑垃圾的，处五千元以上五万元以下罚款；施工单位擅自排放，或者超出核准范围排放建筑垃圾的，处一万元以上五万元以下罚款，情节严重的，处五万元以上十万元以下罚款。

（四）违反本条例第十二条、第十三条规定，施工单位未对建筑垃圾进行分类或者不及时清运建筑垃圾的，处五千元以上二万元以下罚款。

（五）违反本条例第十四条规定，未将装饰装修垃圾分类、袋装或者未按照指定地点投送的，对单位处一千元以上一万元以下罚款，对个人处二百元以下罚款。

（六）违反本条例第十五条规定，将工业垃圾、生活垃圾混入建筑垃圾的，对单位处三千元以下罚款，对个人处二百元以下罚款。随意堆放、倾倒、填埋建筑垃圾的，对单位处五千元以上五万元以下罚款，对个人处二百元以下罚款。

第三十七条 取得许可的运输单位违反本条例规定运输建筑垃圾，由城市管理部门按照下列规定对运输单位给予处罚：

（一）违反本条例第十七条规定，使用不符合要求的运输车辆的，责令限期整改，逾期未改正的，处二千元以上二万元以下罚款，情节严重的，可以吊销《建筑垃圾处置（运输）许可证》。

（二）违反本条例第十八条规定，建筑垃圾运输车辆未分类运输或者未密闭运输的，责令限期整改，逾期未改正的，处五百元以上五千元以下罚款；沿途泄漏、遗撒建筑垃圾的，处五千元以上五万元以下罚款；在货运车辆禁区范围以外，未按照规定时间、线路行驶的，处二百元以上二千元以下罚款；未随车（船）携带《建筑垃圾处置（运输）许可证》副本的，处二百元罚款。

违反本条例第十六条规定，运输单位未取得《建筑垃圾处置（运输）许可证》，擅自运输建筑垃圾的，处一万元以上五万元以下罚款；个人承运建筑垃圾的，处一千元以上五千元以下罚款。

第三十八条 建筑垃圾消纳场所违反本条例规定，有下列行为的，由城市管理部门责令改正，处以罚款：

（一）中转调配场所、港口码头违反本条例第二十二条规定的，资源化利用场所违反本条例第二十三条第一项规定的，固定填埋场所违反本条例第二十四条第一款规定的，处二千元以上二万元以下罚款；情节严重的，处二万元以上十万元以下罚款。固定填埋场所违反本条例第二十四条第二款规定的，处五千元以上五万元以下罚款。

（二）违反本条例第二十五条规定，建筑垃圾消纳场所未经批准擅自关闭或者拒绝受纳建筑垃圾的，处一万元以上十万元以下罚款。

违反本条例第二十一条第二款规定，擅自设立建筑垃圾消纳场所的，由城市管理部门责令改正，对单位处一万元以上十万元以下罚款，对个人处一千元以上一万元以下罚款。

第三十九条 排放、运输、消纳建筑垃圾造成环境污染的，责任人应当立即清除污染。责任人未及时清除或者不能清除的，所在地城市管理部门可以依法组织代为清除，代为清除的费用由责任人承担。

第四十条 违反本条例第三十二条规定，涂改、买卖、出租、出借或者以其他形式非法转让建筑垃圾处置许可证件的，由城市管理部门给予警告，并处五千元以上二万元以下罚款；构成犯罪的，依法追究刑事责任。

第四十一条 违反本条例规定的其他行为，法律、法规有处罚规定的，由有关部门依法处罚。

第四十二条　有关行政主管部门及其工作人员在建筑垃圾处置监督管理活动中徇私舞弊、滥用职权或者不履行法定职责的，给予处分；构成犯罪的，依法追究刑事责任。

第七章　附　　则

第四十三条　本条例中的消纳，是指建筑垃圾的回填、中转调配、资源化利用和填埋等活动。

第四十四条　本市中心城区、县（市）城区范围以外区域的建筑垃圾管理可以参照本条例执行。

第四十五条　本条例自 2017 年 10 月 1 日起施行。

2. 无锡市政府办公室关于进一步加强建筑垃圾处置管理的实施意见

锡政办发〔2017〕204 号

各区人民政府，市各委办局，市各直属单位：

为有效遏制建筑垃圾（含建筑渣土、装修垃圾、拆迁垃圾、工程泥浆等）无序收运、偷倒乱堆等现象，提升城市市容环境面貌，促进生态文明建设，改善人居品质，根据《无锡市市容和环境卫生管理条例》《城市建筑垃圾管理规定》《无锡市工程运输安全管理办法》等文件精神，现就进一步加强建筑垃圾处置管理提出如下实施意见：

一、指导思想

以全市"十三五"发展规划为导向，以营造整洁优美的市容环境为目标，合理布局建筑垃圾中转、消纳处置场所，完善建筑垃圾许可管理制度，强化源头管理和日常监管，有效提高建筑垃圾处置管理水平，改善城市生态环境。

二、基本原则

（一）规划导向，资源整合。依据全市"十三五"发展规划，在符合土地利用总体规划的前提下，编制完善全市建筑垃圾处理专项规划，科学合理布局区域建筑垃圾处置场所，形成城区与外围区域建筑垃圾处置资源共享的格局。

（二）市级统筹，属地管理。市级统筹全市建筑垃圾管理及处置工作，形成统一平衡、统一调度、统一消纳的体系。区级落实属地管理责任，负责所辖区域内建筑垃圾处置管理的前期审核、日常监管、执法保障等工作，构建属地负责制的建筑垃圾处置管理体系。

（三）部门协同，强化监管。发挥市、区各相关部门的职能作用，密切配合，齐抓共管，强化源头管控、规范转运、有效处置等方面的执法保障和日常监管，形成联控共管的工作合力。

（四）环境优先，资源利用。积极推动政府引导下的市场化运营管理模式，大力推进建筑垃圾分类收运、分类处置，促进源头减量化、利用资源化，切实提高我市建筑垃圾再生利用水平。

三、工作目标

创新建筑垃圾处置管理工作思路，与重点工程建设、低洼地防汛提标改造、土地整理利用相结合，用 2 年时间，按照"合理布局、全纳处置"的目标，规划建设包括建筑渣土、装修垃圾在内的建筑垃圾中转、消纳处置场所和资源化利用项目，全面满足社会需要；建立联控共管机制，完善执法保障制度，实施全程许可控制，构建"全程许可管理、综合资源利用、统一平衡消纳"的建筑垃圾收运处置体系，全面提升市区范围内建筑垃圾管理水平。

四、工作内容

（一）加快终端处置场所建设

结合我市实际的地貌地势，用 2 年时间，规划建设 3 处建筑渣土消纳场（锡山区 1 处、惠山区 2 处，总容量 1010 万方）和 5 处装修垃圾消纳场（梁溪区、锡山区、滨湖区各 1 处，新吴区 2 处，总容量 253 万方）。

1. 建筑渣土消纳场规划建设布局

2017 年：启动锡山区（选址羊尖镇丽安村雷巷地块，占地 300 余亩，总量 510 万方）建筑渣土消纳场所建设，年底前投入使用。启动惠山区芙蓉村建筑渣土消纳场（选址玉祁街道芙蓉村原高速公路取土口，容量 210 万方）建设，年底前投运。启动惠山区前洲工业园建筑渣土消纳场（选址前洲工业转型聚集区地块，容量 290 万方）前期工作。

2018 年：推进惠山区前洲工业园建筑渣土消纳场建设，年底前投入使用。

2. 装修垃圾消纳场规划建设布局

2017 年：继续使用锡山区（选址厚桥街道嵩山村，总量 100 万方）装修垃圾消纳场。规划建设滨湖区（位于胡埭镇文竹路与刘间路的东南角，容量 50 万方）装修垃圾消纳场，年底前投入使用。启动建设新吴区（选址鸿山街道空港路和里河路交叉口，容量 3 万方）装修垃圾消纳场，年底前投入使用。完成梁溪区（选址广石路与钱皋路交界停车场，容量 50 万方）、新吴区（选址沪宁高速和锡宅路东南角，容量 50 万方）装修垃圾消纳场规划选址。

2018 年：推进梁溪区、新吴区装修垃圾消纳场建设，年底前投入使用。

3. 责任主体和实施要求

各区政府为责任主体，负责建筑垃圾消纳场所的规划选址和建设运营工作，也可委托国有企业等第三方单位，采取 PPP 模式投资建设和运行，建成后在市城管局统一调度下使用。建筑渣土和装修垃圾消纳场所应按照相关技术规范进行建设管理，进出车辆、消纳数量等基础数据接入市数字城管平台统一监管。市、区两级发改、国土、规划、环保等相关部门应在项目立项、土地审批、规划、环评等环节予以积极支持。市城管局应制订落实建筑垃圾消纳场所管理规定，建立完善建筑垃圾调度平台，统筹组织、科学安排全市建筑垃圾消纳处置方案。

（二）规范建筑渣土（拆迁垃圾）管理

积极构建市与区，以及市城管局、住建局（征收办）、公安局、交通运输局、市政园林局、地铁集团等相关职能部门和建设单位之间的联合管理机制，严格执行《无锡市工程运输安全管理办法》的相关规定，进一步加强对运输企业及车辆的管理，形成比较完善的监督管理网络和体系。

1. 目录管理。工程运输单位由市城管局会相关部门面向社会公开报名受理，按照《无锡市工程运输安全管理办法》（市政府令第 155 号）规定进行全面审核，形成工程运输单位名录，定期向全社会公布。

2. 处置许可。市区所有建设、拆迁、土地平整及修复等工程，需处置建筑渣土（拆迁垃圾）的，应当与企业目录中的运输企业签订运输合同，依法办理建筑垃圾处置许可手续，并在工程现场予以公示。市城管局应同步统筹协调全市建筑垃圾的平衡消纳工作。

3. 倒查源头。对查实的违规违法运输行为，应追查源头，对擅自将建筑渣土（拆迁垃圾）委托给企业目录以外的运输企业或个人承运的施工企业，依法从严查处，并纳入企业诚信档案。

4. 企业自律。专业化运输企业需确保所属车辆密闭装置的正常运作，按照要求统一车辆标识，安装车载卫星定位装置，并接入市、区数字城管平台。

5. 从严监管。城管部门应会同相关单位，对专业化运输企业加大日常检查督查力度，发现问题限期整改，并作为对专业化运输企业年度许可核准的主要依据。

6. 诚信管理。建立完善安全运行诚信档案，对连续发生违规违法行为的运输企业、车辆及驾驶员，进行不良行为记录公示，并定期在主要媒体、政府网站上进行曝光，同时，落实运输企业、车辆和驾驶员"黑名单"制度，从严查处，优胜劣汰。

（三）强化装修垃圾监管

根据属地负责原则，各区应进一步配套设施，落实责任，加强监管，构建完善的收运体系，切实解决装修垃圾偷倒乱倒问题。

1. 完善临时堆放网点。有物业公司管理的住宅小区（含沿街店面），由物业公司在小区内设置装修垃圾临时堆放场所，收集管辖范围内产生的装修垃圾。无物业公司管理的住宅小区（含沿街店面），由所在街道或社居委结合本地实际，合理设置临时堆放点，实行辖区装修垃圾的相对集中堆放。

2. 设置区属转运场所。以区为单位，根据辖区内的具体情况，利用待建地块等合适的场地，年内每区设置不少于 2 处有一定规模、专人管理、相对封闭的装修垃圾集中转运收集点，并向社会公示。

3. 推行环卫专运机制。由各区环卫部门或环卫作业单位，负责辖区内装修垃圾的收集、转运和运输，运输车辆统一颜色和标识并安装车载卫星定位装置。其中，各小区或街道（社区）临时堆放场所至区属转运收集点，由所在地环卫部门利用短驳车辆运输；区属转运收集点至终端消纳场所，由所在地环卫部门分拣后，利用大型运输车辆转运。有一定规模的企事业单位产生的装修垃圾，可由该单位直接委托环卫部门运输。

4. 健全过程路单管理。各区城管部门应建立健全收运过程路单管理制度，明确装修垃圾的来源、运输线路、处置地点、车型、数量、运输日期等内容，并接收消纳处置场所的回单。

5. 强化日常监督管理。各区应落实源头管理职责，进一步强化以社区、物业管理部门为单位的源头监管职责，加强巡查监管。落实属地监管职责，做好垃圾出场前必要的分拣作业，严禁夹带有害垃圾、生活垃圾、白色垃圾进入终端消纳场所。有条件的地区可聘请第三方专业机构，加大对垃圾成分的监督检测力度。

6. 加大执法检查力度。加强执法检查，对擅自将装修垃圾委托给非专运单位承运的，以及专运单位或车辆偷倒乱倒装修垃圾等违法行为，依法从严查处。建立"黑名单"制度，将各区环卫车辆违反装修垃圾管理相关规定的情况与所在区环卫作业招投标相挂钩，情节严重的，对主要责任人予以问责。

（四）强化建设工地源头管理

市各相关部门应按照安全文明施工的要求，充分发挥数字城管平台等实时监控的作用，进一步加大对各类建设工地的管理力度，督促建设、施工单位加强工地现场管理，在完善落实围挡作业、出入口硬化、车辆冲洗等措施后，开展建筑垃圾运输处置，避免污染环境的现象发生。同时，督促建设、施工单位与企业目录中的运输企业签订运输合同，并采用经核定符合条件的车辆装备进行运输作业。建立信用考核制度，对屡次违反建筑垃圾管理相关规定的建设施工单位予以信用扣分，直至市场限入。

（五）严肃查处偷倒乱倒行为

针对建筑垃圾偷倒乱倒、严重影响市容的情况，应进一步加大执法打击力度，有效遏制相关违法行为。市、区两级公安、环保、城管、住建、交通、农林等部门应全面落实联勤联动机制，在切实强化日常执法管理的基础上，定期和不定期开展联合执法整治，对擅自运输、不按规定线路运输、不密闭运输、抛洒滴漏、超载超限、擅自加高栏板、卫星定位系统运行不正常、随意偷倒乱倒等违法行为，政府各职能部门按照相关法律、法规、规章对驾驶人从严处罚，并依法依规追究相关所属企事业单位主体责任；对运输单位的车辆有上述违法行为的，经处罚不改的，对直接负责的主管人员依法从重处罚；构成犯罪的，依法追究刑事责任。

（六）建立健全收费管理机制

根据"谁产生、谁负责"的原则，有偿处置建筑垃圾，处置费严格按照价格标准执行。物业服务收费管理中的装修垃圾清运处置费，按照《无锡市物业服务收费管理实施办法》的相关规定执行。运输及处置费用的不足部分由各区予以补贴，确保收运处置体系有序运行。为便于建筑垃圾统一调度、统一处置，全市各消纳场的处置费用实行统一标准。

五、工作要求

（一）加强领导，提高认识。建立完善建筑垃圾收运处置管理体系，是减少建筑垃圾偷倒乱倒的重要措施，也是提升城市环境面貌的必然要求。各地区要加强领导，提高认识，认真调查研究分析现状，制订切实有效的工作推进方案，细化任务分工，排出工作进度表，确保按期完成并取得成效。

（二）立法保障，依法行政。结合我市实际，加快建筑垃圾管理的政府规章编制工作，为从源头管控，到中间转运和执法管理，再到终端处置提供法律依据。同时，抓紧编制专项规划。

（三）统筹兼顾，资源利用。各级政府要结合城市建设、经济发展状况，提供优惠政策，吸引社会资本，加快推进建筑垃圾资源化利用项目。建立健全建筑垃圾再生产品标识制度和使用标准，积极鼓励综合利用建筑垃圾生产建材产品，将符合条件的再利用产品列入推荐使用的绿色建材目录和政府绿色采购目录，优先使用。

（四）明确职责，联控联管。城管部门负责建筑垃圾运输处置的管理工作，并结合实际，细化运作流程，完善实施办法。各区政府负责本辖区范围建筑垃圾运输处置具体管理和宣传稳定工作，以及征收拆迁项目垃圾清运和后续维护管理工作。住建部门负责建设工地的源头管理，督促建设施工单位选用符合规定的建筑垃圾运输单位，同时负责对物业管理单位的监督管理，防止擅自处置居民装修垃圾。环保部门负责配合做好对偷倒乱倒及违规消纳建筑垃圾行为的环境污染取证工作，并依法查处污染环境行为。规划部门负责建筑垃圾处置场所的规划选址工作。国土部门负责宕口等开放、复垦指导及管理工作。交通运输部门负责建筑垃圾超限运输、航道运输的监管，强化对水上换装点的监督管理工作。公安部门负责加强对建筑垃圾运输车辆的交通安全管理，依据《无锡市工程运输安全管理办法》核定准运线路，依法查处交通违法行为。财政、物价、市政园林、水利、农林等其他相关部门按照各自职责，协同做好建筑垃圾的相关管理与督促工作。各管理部门及时加强信息沟通工作联系，切实提高管理效能。

本意见自发布之日起实施，《市政府办公室关于进一步加强建筑渣土管理的实施意见》（锡政办发〔2010〕250号）、《市政府办公室关于加强装潢垃圾收运处置管理的意见》（锡政办发〔2014〕131号）同时作废。

无锡市人民政府办公室

2017年10月11日

（九）浙 江 省

1. 杭州市人民政府办公厅关于印发杭州市工程渣土管理实施办法的通知

杭政办函〔2016〕51 号

为深入开展打造"美丽杭州"、建设"两美浙江"示范区环境秩序治理行动，强化工程渣土（含泥浆、建筑垃圾等，下同）综合管理，推进工程渣土资源化和减量化，根据《城市建筑垃圾管理规定》（建设部令〔2005〕139 号）、《杭州市城市市容和环境卫生管理条例》、《杭州市建设工程渣土管理办法》（市政府令第192 号）、《杭州市建筑工地文明施工管理规定》（市政府令第 113 号）等相关规章文件精神，特制定本办法。

一、实施范围

杭州市市区范围内的工程渣土管理适用本办法，各县（市）应参照本办法制定实施细则。

二、工作目标

按照"属地管理、市域统筹、部门监管、行业自律"原则，强化部门协作，开展联合执法，通过加强建设工程施工、工程渣土车辆（含船舶，下同）运输、工程渣土处置等管理，落实文明施工要求，拓宽消纳渠道，有效遏制工程渣土运输过程中出现的超载超限、抛洒滴漏以及随意倾倒等违法行为，形成"源头控制有力、运输监管严密、处置规范有序、执法查处严厉"的工程渣土长效管理机制，逐步实现工程渣土资源化和减量化工作目标。

三、工作措施

（一）加强工程渣土源头管理。

1. 加强工程渣土审批管理。严格执行工程渣土处置核准制度。建设工程开工前，建设单位必须对工程项目的渣土出土总量、回填利用量进行全面准确测算，向所在区、县（市）工程渣土管理部门申办处置手续，并委托有资质的运输企业运输、处置工程渣土。

2. 规范建设工地管理。严格施工工地出入口、运输车辆清洗和泥浆处置现场规范化管理，强化工程渣土源头出土管控。工程项目的建设、施工必须符合以下要求，并保证施工过程中相关配套设施正常运行。

（1）建设工地出入口应安装远程监控系统，并接入区、县（市）工程渣土综合管控信息平台；

（2）占地规模20亩（含）以上或建筑体量10万方（含）以上的建设工地应在工地内设置泥浆固化处理设备，实现泥浆就地处理；

（3）占地规模20亩以下或建筑体量10万方以下的建设工地应实施泥浆规范化集中处置，并与泥浆规范处置点签订处置合同；

确实无法达到上述要求的，由项目所在地建设部门提出审核意见。

3. 落实建设工地工程渣土管理责任。加强施工工地源头监管，落实建设施工（拆除）单位工程渣土管理主体责任和项目经理责任制，严格运输车辆管理，禁止无渣土处置证、准运证、车辆通行证及密闭装置破损、顶盖不封闭、遮挡污损号牌、车身不洁、车轮带泥等不符合要求的车辆驶出施工工地。对监督责任落实不到位的建设施工（拆除）单位或项目经理，建设部门、拆房（拆违）管理部门应依法依规予以处理。

4. 加强建筑垃圾收集管理。实施建筑垃圾资源化利用和减量化处理，减少建设工地现场扬尘。因修缮、装修等产生的建筑（装修）垃圾，须指定地点堆放，并委托专业服务单位清运。

（二）加强工程渣土运输管理。

1. 加强运输企业（船舶经营人，下同）资格管理。严格工程渣土运输市场准入，规范准运证、处置证、通行证等手续办理和审核流程。从事工程渣土道路运输的企业应取得工商营业执照、道路运输经营许可，具备一定的运输规模和经营能力，并及时办理相关审批手续；从事工程渣土水路运输的船舶，必须取得有效的船舶证书、水路营运许可和工程渣土准运证，其中运输泥浆的船舶应提供由相应资质的船舶设计单位出具的稳性计算书。

2. 推进运输车辆规范管理。工程渣土运输车辆应有绿色环保检验合格标志，符合密闭化标准，具备货箱举升定位、限速限载、右转监控等功能。工程渣土运输船舶须安装定位系统。同一运输企业工程渣土运输车辆须实施"八统一"〔统一颜色和安装顶灯；统一安装定位系统；统一安装可视化设备；统一安装转弯呼叫语音提示设备；统一安装具备反光功能的放大号牌；统一安装两侧及后部防护栏；统一粘贴反光标识；统一在驾驶室（区）门两侧喷涂单位名称、总质量、核定载质量、核定载客人数、栏板高度〕。逐步推进新型车辆应用，分阶段淘汰现有改装车辆，实现工程渣土运输车辆的更新升级。

3. 加大违法车辆处罚力度。建立严格的责任倒查机制和源头追究机制，严厉打击工程渣土运输车辆非法改装拼装、超载超限超速、无证运输及抛洒滴漏等违法行为。利用各类视频监控系统，加大对工程渣土运输车辆非现场监控力度，依法追查违法违规运输源头；根据车辆违章程度倒查运输企业责任，并依法追究建设工地单位责任。

（三）加强工程渣土处置管理。

1. 推进工程渣土资源化综合利用。各相关部门要研究出台工程渣土资源化利用相关补贴和产品推广的扶持政策，推进工程渣土资源化再生利用产业稳定发展。各地应结合本地建设项目，建立1—2处临时再生资源利用点，并做好再生利用产品的推广应用工作。各地工程项目产生的工程渣土，原则上由市场自我平衡；政府重点项目产生的工程渣土，难以自我平衡的，可由全市统筹协调处置。

2. 提高泥浆处置能力。推广泥浆泥水分离技术运用，鼓励社会资本利用新设备和新技术，通过脱水干化技术，将泥浆转化为干泥和水后再分别处理，解决泥浆处置难题。各地应建立至少1处泥浆泥水分离点，并加大对违法处置泥浆行为的查处力度。

3. 合理规划工程渣土处置场所。市规划部门要将工程渣土处置规划纳入城市管理发展规划，并在城市详细规划中落实相关用地，配合各地政府加快推进工程渣土专业处置场地及储运场地的规划选址工作。渣土储运场地应具备工程渣土初步分类、资源利用和中转等功能。

4. 实行工程渣土处置场地统筹规范管理。加强工程渣土处置场地的登记管理，对工程渣土处置场地（含水路临时中转作业点），实行属地管理、统筹使用。

临时再生资源利用点、泥浆泥水分离点、渣土水路运输临时中转作业点应实施路面硬化，配齐环境保护、视频监控、安全警示等设施，并制定相关安全作业和防污染的管理制度、工作流程和应急措施。

（四）完善工作机制。

1. 完善联动机制。借助智慧城管网络，搭建由各级工程渣土管理工作领导小组办公室统一管理，各职能部门资源共享的工程渣土综合管控信息平台。加强部门联动，各级工程渣土管理工作领导小组办公室将违法行为抄告至相关职能部门，各职能部门依法作出处理；优化运输企业资格管理，工程渣土准运证、处置证、车辆通行证办理，处置场地审核等工作流程；落实企业信用信息管理，将企业及车辆违法违规情况和接受行政处罚情况纳入企业信用管理平台。

2. 强化属地管理责任。各地要落实属地管理责任，督促乡镇（街道）完善工作机制，制定具体措施，做到守土有责；对本辖区内设置工程渣土处置场地出具意见，并负责对已设置的工程渣土消纳场地进行监督管理；加强对辖区范围拆房（拆违）工地工程渣土处置的管理，依法查处违规处置工程渣土的单位。各乡镇（街道）要落实人员资金，实行值班巡查制度，设置管理岗亭、路障等必要设施；对群众举报、投诉和反映集中的工程渣土管理问题，应第一时间赶到现场进行应急处置,并将违法案件及时移交有关执法部门处理。

3. 加强行业规范自律。引导建立工程渣土管理行业协会,按照"自我管理、自我教育、自我监督、自律运行"的要求,建立健全行业自律机制。充分发挥行业协会的桥梁、纽带作用,引导工程渣土运输企业落实密闭化管理要求和"八统一"规定,规范行业经营行为,促进行业健康发展。发挥行业协会对工程渣土运输企业、车辆规范运行的监督作用,由行业协会和建设单位、施工单位、运输单位签订《规范处置工程渣土责任公约》,明确规范工程渣土处置的责任、义务。

4. 强化舆论宣传监督。充分发挥电视台、电台、报纸等主流媒体的作用,广泛宣传工程渣土车辆运输管理的法律法规、政策以及工程车辆超载超限、抛洒滴漏、乱倒渣土等违法行为的危害性,定期曝光违法企业及典型案例,切实提高建设施工企业、运输企业及驾驶人的自觉守法意识,营造全社会关注和支持工程渣土运输管理工作的舆论氛围。强化事前引导,通过上门走访、召开座谈会、发放宣传资料等方式对企业进行面对面的宣传教育,督促企业进行自查自纠、即查即改。对随意倾倒工程渣土等违法行为开展有奖举报活动,发动全社会参与,营造群防群治的良好氛围。

四、工作要求

(一)加强组织领导。

市工程渣土管理工作领导小组负责做好工程渣土管理工作的组织领导、指挥协调和检查督促工作。市工程渣土管理工作领导小组办公室(设在市城管委)负责全市工程渣土运输管理的政策制定、日常协调和督查检查工作。各地要成立相应的工程渣土管理工作领导小组,结合本地实际,创新管理举措,组织召开相关部门联席会议,协调解决工程渣土管理工作中遇到的问题。各地工程渣土管理工作领导小组应设立办公室,抽调建设、城管、交通、交警等职能部门人员进行集中办公,制定工程渣土整治方案,组织多部门开展联合整治,并及时总结经验,加大工程渣土管理宣传力度。

(二)加强工作保障。

公安部门要维护工程渣土管理执法现场的交通秩序和治安秩序,确保良好的执法环境;加大对黑恶势力的打击力度,对聚众滋事、阻挠执法、恶意堵车、强行闯关或以暴力手段抗拒执法的违法行为,依法从重从快予以严厉打击,构成犯罪的,依法追究刑事责任。财政部门要在工程渣土管理经费上给予支持,将治理工作经费纳入本级财政预算正常支出范围。

(三)加强工作监督。

各单位应按照本办法的要求履行部门职责,统一部署,认真实施,严格执法、文明执法。市工程渣土管理工作领导小组要定期对各区、县（市）工作开展情况进行督查，并对社会关注、群众关心的热点问题进行重点检查。

　　本办法自 2016 年 5 月 20 日起实施，由市工程渣土管理工作领导小组办公室负责牵头组织实施。

2016 年 4 月 19 日

（十）江　西　省

1. 南昌市城市建筑垃圾管理条例

（2014 年 10 月 31 日南昌市第十四届人民代表大会常务委员会第
二十五次会议通过，2014 年 11 月 28 日江西省第十二届人民代表大会
常务委员会第十五次会议批准，2015 年 2 月 1 日起施行）

第一章　总　　则

第一条　为了加强城市建筑垃圾的管理，维护城市市容和环境卫生，保护和
改善生态环境，根据《中华人民共和国固体废物污染环境防治法》、《城市市容和
环境卫生管理条例》和其他法律、法规的规定，结合本市实际，制定本条例。

第二条　本条例适用于本市城市规划区内建筑垃圾处置活动及其监督管理。

第三条　本条例所称建筑垃圾，是指新建、改建、扩建、拆除各类建筑物、
构筑物、管网、道路以及装饰装修房屋产生的渣土、废旧混凝土、废沥青和其他
废弃物。

前款规定行为产生的危险废物，按照相关法律、法规规定处理。

第四条　市人民政府应当建立健全建筑垃圾管理协调机制，及时研究解决建
筑垃圾管理中的重大事项，协调和督促有关部门依法履行监督管理职责。

第五条　市城市管理主管部门负责全市建筑垃圾监督管理工作；区城市管理
主管部门按照管理权限负责本辖区建筑垃圾监督管理工作。

城市管理行政执法、城乡规划、城乡建设、住房保障和房产管理、环境保
护、国土资源、道路运输管理、公安、质量技术监督、园林绿化、水务、财政、
工商行政管理、价格等部门应当按照各自职责，做好建筑垃圾监督管理相关
工作。

街道办事处、镇人民政府接受区城市管理主管部门的指导，对本辖区内建筑
垃圾处置活动进行监督检查。

第六条　建筑垃圾处置实行减量化、资源化、无害化和谁产生、谁承担处置
责任的原则。

第七条　提倡采用新技术、新工艺、新材料、新设备对建筑垃圾进行综合
利用。

第八条　任何单位和个人都有权对违法处置建筑垃圾的行为进行劝阻和投

诉、举报。

城市管理主管部门和有关部门收到投诉、举报后，应当及时处理，并将处理结果反馈投诉、举报人。

第二章　综　合　利　用

第九条　市、区人民政府应当将建筑垃圾综合利用项目列入科技发展规划和高新技术产业发展规划，优先安排建设用地，并在产业、财政等方面给予扶持。

鼓励和引导社会资本参与建筑垃圾综合利用项目，支持建筑垃圾再生产品的研发机构和生产企业发展。

第十条　利用财政性资金建设的城市环境卫生设施、市政工程设施、园林绿化设施等项目应当优先使用建筑垃圾综合利用产品。

鼓励新建、改建、扩建的各类工程项目在保证工程质量的前提下，优先使用建筑垃圾综合利用产品。

鼓励道路工程的建设单位在满足使用功能的前提下，优先使用建筑垃圾作为路基垫层。

第十一条　企业使用或者生产列入国家建筑垃圾综合利用鼓励名录的技术、工艺、设备或者产品的，按照国家有关规定享受优惠政策。

建筑垃圾综合利用企业，不得采用列入国家淘汰名录的技术、工艺和设备进行生产。

第十二条　鼓励建设单位、施工单位优先使用可现场回收利用的建筑垃圾。

第三章　建　筑　垃　圾　处　置

第一节　许　　可

第十三条　建设单位、施工单位或者运输单位向施工场地外处置建筑垃圾的，应当持下列有关材料向工程所在地的区城市管理主管部门申请办理建筑垃圾处置证：

（一）书面申请，写明建设单位、施工单位、运输单位名称，工程项目名称，施工地址，建筑垃圾种类和数量，运输时间，运输路线，建筑垃圾消纳场或者综合利用场地名称；

（二）发展改革、国土资源、城乡规划、城乡建设、住房保障和房产管理等行政管理部门核发的相关文件；

（三）建筑垃圾排放量以及可以核算的相关资料；

（四）建筑垃圾消纳场或者综合利用企业同意处置建筑垃圾的证明材料；

（五）建筑垃圾运输合同；

（六）建筑垃圾分类处置的方案；

（七）运输单位企业法人营业执照、道路运输经营许可证、道路运输证和机动车行驶证；

（八）运输单位具有适度规模运输车辆以及与其相适应的车辆停放场地的证明文件；

（九）运输车辆具备全密闭运输机械装置或者密闭苫盖装置，安装行驶记录、卫星定位等电子装置和相应的建筑垃圾分类运输设备的证明文件；

（十）运输车辆运营、安全、质量、保养和管理制度。

第十四条　区城市管理主管部门应当自受理申请之日起七个工作日内作出决定，符合条件的，核发建筑垃圾处置证；不符合条件的，不予核发建筑垃圾处置证，并书面告知理由。

许可事项发生变化的，被许可人应当持相关证明材料，向许可机关申请办理变更手续；符合条件的，许可机关应当予以办理。

区城市管理主管部门核发建筑垃圾处置证后，应当向投入运输的车辆配发运输单。运输单应当载明工程项目名称、施工地址、运输车辆车牌号、运输时间、运输路线、建筑垃圾消纳场或者综合利用场地名称等事项。

第十五条　个人和未取得建筑垃圾处置证的单位，不得处置建筑垃圾。

禁止伪造、涂改、买卖、出租、出借、转让建筑垃圾处置证。

第十六条　零星施工或者因工程抢险等特殊情况需要紧急施工的，不需要办理建筑垃圾处置证，建设单位、施工单位应当在施工作业结束后二十四小时内将建筑垃圾清运完毕，并将建筑垃圾处置有关情况书面告知所在地的区城市管理主管部门。

第二节　运　　输

第十七条　运输单位应当组织运输车辆加装车牌号识别灯，并保持车牌号识别灯的照明有效、完好，不得故意遮挡、污损；车厢后部应当喷涂放大车牌号，字样应当端正、清晰。

车牌号识别灯的样式和规格，由市公安机关交通管理部门制定。

第十八条　运输单位在运输建筑垃圾过程中应当遵守下列规定：

（一）随车携带运输单等证件；

（二）实行分类运输；

（三）按照规定的时间和路线运输；

（四）运输至经许可的建筑垃圾消纳场或者综合利用场地；

（五）保持车辆整洁，密闭装载运输，不得沿途遗撒、泄漏。

第十九条 运输单位应当配备管理人员，在施工场地出入口监督运输车辆的密闭使用和清洗，督促驾驶人规范使用运输车辆行驶记录、卫星定位等电子装置，安全文明行驶。

第二十条 运输建筑垃圾过程中沿途遗撒、泄漏或者随意倾倒，造成道路或者环境污染的，责任人应当立即清除污染；未及时清除的，由所在地的区城市管理主管部门组织清除，清除费用由责任人承担。

第二十一条 居（村）民装饰装修住宅、依法不需要办理施工许可证的个人自建房屋和非住宅装修产生的建筑垃圾，应当袋装收集，定点投放。

物业服务企业和环卫专业单位应当在街道办事处、镇人民政府指导下，在管理区域内设置围蔽的建筑垃圾临时堆放点，并组织集中清运。运输费用由建筑垃圾产生人承担。

第三节 消 纳

第二十二条 市城市管理主管部门应当会同市城乡规划主管部门及有关部门编制全市建筑垃圾消纳场设置规划，报市人民政府批准。

市、区人民政府应当根据建筑垃圾消纳场设置规划，组织建设建筑垃圾消纳场。

鼓励社会投资建设和经营建筑垃圾消纳场。

第二十三条 有下列情形之一的单位，可以临时对外消纳建筑垃圾，但是应当在三日前报所在地的区城市管理主管部门备案：

（一）再生利用建筑垃圾的；

（二）因建设项目或者低洼地区改造需要回填的；

（三）需要堆坡造景的。

第二十四条 禁止在下列区域消纳建筑垃圾：

（一）基本农田和生态公益林地；

（二）河流、湖泊、水库、渠道等保护范围；

（三）地下水集中供水水源地及补给区；

（四）泄洪道及其周边区域；

（五）法律、法规规定的其他区域。

第二十五条 建筑垃圾消纳场应当遵守下列规定：

（一）按照规定消纳建筑垃圾，不得消纳工业垃圾、生活垃圾和其他有毒有害垃圾；

（二）设置符合相关标准的围挡以及洗车槽、车辆冲洗设备、沉淀池，保持建筑垃圾消纳场相关设备、设施完好；

（三）保持建筑垃圾消纳场周边环境整洁；

（四）记录进入建筑垃圾消纳场的运输车辆、消纳建筑垃圾数量，定期报告区城市管理主管部门；

（五）出入口道路硬化；

（六）配置专人管理。

第二十六条　建筑垃圾消纳场达到原设计容量或者因其他原因无法继续消纳建筑垃圾的，建筑垃圾消纳场管理单位应当提前告知区城市管理主管部门，由区城市管理主管部门向社会公布。建筑垃圾消纳场不得擅自关闭或者拒绝消纳建筑垃圾。

第四章　监　督　与　管　理

第二十七条　市、区有关部门按照下列分工，对建筑垃圾处置行为实施监督管理：

（一）城市管理行政执法部门应当对建筑垃圾处置行为进行监督检查，依法对建筑垃圾处置违法行为实施处罚；

（二）道路运输管理机构应当对运输单位及运输车辆的道路运输经营行为进行监督检查，依法对运输单位及运输车辆的道路运输经营违法行为实施处罚；

（三）公安机关交通管理部门应当对建筑垃圾运输中的道路交通安全行为进行监督检查，依法对运输车辆的道路交通安全违法行为实施处罚。

第二十八条　市、区城市管理主管部门负责建立健全建筑垃圾管理信息共享平台，有关部门应当按照下列规定提供并及时更新相关信息：

（一）城市管理主管部门提供建筑垃圾处置许可、建筑垃圾综合利用需求、建筑垃圾运输车辆安装行驶记录和卫星定位等电子装置、监督管理等信息；

（二）公安机关交通管理部门提供建筑垃圾运输车辆交通违法行为查处情况、交通事故等信息；

（三）城市管理行政执法部门提供未按照规定办理建筑垃圾处置证，沿途遗撒、泄漏和随意倾倒建筑垃圾等违法行为查处情况等信息；

（四）道路运输管理机构提供运输单位的道路运输经营资质、运输车辆营运资质、驾驶人员从业资格及违法行为查处情况等信息；

（五）国土资源主管部门提供建设用地审批、土地利用和非法用地查处等信息；

（六）城乡建设主管部门提供建设工程施工许可、施工场地出入口车辆冲洗平台设立使用情况等信息；

（七）需要共享的其他信息。

第二十九条 市人民政府应当组织城市管理、公安机关交通管理、城市管理行政执法、城乡建设、道路运输管理等部门、机构，科学、合理地制定限制建筑垃圾运输时间、运输路线的方案，并向社会公布；因重大庆典、大型群众性活动等管理需要，可以规定临时限制处置建筑垃圾的时间和区域。

第三十条 城市管理、城市管理行政执法和公安机关交通管理等部门应当建立健全建筑垃圾处置的监督检查制度，加强夜间巡查，及时发现和查处违法行为。

第三十一条 城市管理主管部门应当与其他有关部门建立执法联动机制，实现城市管理、公安机关、城市管理行政执法、道路运输管理等部门、机构工作联动，开展建筑垃圾处置联合执法。

第三十二条 市城乡建设主管部门应当将施工单位处置建筑垃圾情况，纳入建筑业企业诚信综合评价体系进行管理。

城市管理行政执法部门应当将施工单位违法处置建筑垃圾的情况提供给市城乡建设主管部门，由市城乡建设主管部门记入企业信用档案。

第五章 法 律 责 任

第三十三条 违反本条例规定的行为，法律、法规有处罚规定的，由有关部门依法予以处罚。

第三十四条 违反本条例规定，未经许可处置建筑垃圾的，由城市管理行政执法部门责令限期改正，给予警告，并处以一万元以上三万元以下罚款；情节严重的，处以三万元以上十万元以下罚款。

第三十五条 违反本条例规定，伪造、涂改、买卖、出租、出借、转让建筑垃圾处置证的，由城市管理行政执法部门给予警告，并处以五千元以上二万元以下罚款。

第三十六条 违反本条例规定，建筑垃圾运输车辆未加装车牌号识别灯，故意遮挡、污损车牌号识别灯或者不按照规定使用车牌号识别灯的，由公安机关交通管理部门按照故意遮挡、污损或者不按照规定安装机动车号牌的规定处罚。

第三十七条 违反本条例规定，运输车辆有下列行为之一的，由城市管理行政执法部门责令改正，并按照下列规定予以罚款：

（一）未使用全密闭运输机械装置、密闭苫盖装置或者未使用行驶记录、卫星定位等电子装置的，处以二百元以上一千元以下罚款；

（二）未随车携带运输单等证件的，按照每车次处以二百元罚款；

（三）未按照规定的时间和路线运输的，处以五百元以上二千元以下罚款；

（四）将建筑垃圾运输至未经许可的建筑垃圾消纳场或者综合利用场地的，处以一万元以上五万元以下罚款。

第三十八条　违反本条例规定，运输单位未配备管理人员在施工场地出入口进行监督的，由城市管理行政执法部门责令限期改正，并处以五百元以上一千元以下罚款。

第三十九条　违反本条例规定，居（村）民装饰装修住宅、依法不需要办理施工许可证的个人自建房屋和非住宅装修产生的建筑垃圾，未实行袋装收集、定点投放的，由城市管理行政执法部门责令改正，并处以二百元以上五百元以下罚款。

第四十条　违反本条例规定，建筑垃圾消纳场设置的洗车槽、车辆冲洗设备、沉淀池未使用的，由城市管理行政执法部门责令改正，并处以一千元罚款。

第四十一条　违反本条例规定，建筑垃圾消纳场擅自关闭或者拒绝消纳建筑垃圾的，由城市管理行政执法部门责令改正；拒不改正的，处以五千元以上一万元以下罚款。

第四十二条　城市管理主管部门、城市管理行政执法部门和其他有关部门及其工作人员在建筑垃圾的监督管理工作中，滥用职权、玩忽职守、徇私舞弊的，依法给予处分；构成犯罪的，依法追究刑事责任。

第六章　附　　则

第四十三条　沙石、粉煤灰、种植土和其他散装物料运输车辆的管理参照本条例第十三条第（九）项、第十七条、第三十六条、第三十七条第（一）项的规定执行。

第四十四条　各县建制镇的建筑垃圾处置管理参照本条例执行。

第四十五条　本条例自 2015 年 2 月 1 日起施行。

（十一）陕 西 省

1. 陕西省人民政府办公厅关于在公路建设中推广建筑垃圾综合利用的通知

陕政办函〔2017〕30 号

各设区市人民政府，省人民政府各工作部门、各直属机构：

为深入贯彻落实《中共中央 国务院关于加快推进生态文明建设的意见》（中发〔2015〕12 号），促进环境保护与经济建设协调发展，改善城市环境质量，加快推动城市建筑垃圾的综合利用，经省政府同意，现就在公路建设中推广建筑垃圾综合利用有关事项通知如下。

一、统筹兼顾，加快建筑垃圾材料的综合利用和推广应用

建筑垃圾的综合利用是一项利国利民的重要工作，是节约土地、节约资源，抑制城市扬尘、减少环境污染的重要途径。近年来，随着我省经济社会快速发展和城市化进程的加快，旧城改造、基础设施建设等产生的大量建筑垃圾，不仅占用了有限土地，造成了环境污染，也影响了城市形象。在全省公路建设中大规模、深层次、多用途地使用建筑垃圾，在一定程度上能够解决建筑垃圾占地围城、污染环境以及筑路材料日益匮乏的问题，有利于拓宽城市建筑垃圾消纳途径，开创节能、环保、经济的公路建设新模式，带来显著的经济效益和社会效益。

各地、各部门要深入贯彻"五大发展理念"，坚持"统筹规划、合理布局、政策引导、政府推动、企业实施"的原则，在高速公路、国省干线公路和通村公路建设中，推广可作为筑路材料建筑垃圾的综合利用，将其作为发展循环经济、提高资源综合利用、环保节能的一项重要工作来抓，作为城市环境综合整治的一项重要内容，促进经济社会可持续发展。

二、夯实责任，创造良好的建筑垃圾材料综合利用和推广应用环境

全省各级政府和有关部门要主动作为，加强指导，制定鼓励政策，不断加大投入，为建筑垃圾材料在公路建设中综合利用和推广应用创造良好的环境和条件。

（一）市容环境卫生部门在编制城市市容环境卫生专业规划时，要根据区域建筑垃圾存量及增量情况，结合城乡环境综合整治，确定建筑垃圾堆放场选址，以便资源就近利用，并将依托公路建设的建筑垃圾处理厂纳入到规划之中，合理布局公路建筑垃圾加工生产企业和生产规模。

（二）国土资源部门对公路建筑垃圾综合利用项目用地要简化审批手续，确保项目依法依规、及时落地。对已有建筑垃圾填埋场综合利用复耕后且无污染的耕地，按照复耕后土地面积制定标准补贴建筑垃圾综合利用企业建厂。临时占用耕地到期后要及时进行复垦，永久性占地可按照公益性或城市基础设施用地以划拨方式供地。

（三）住房城乡建设部门、市容环境卫生部门要严格执法，核定建筑垃圾产生单位的产出量，指定建筑垃圾的倾倒地点，强化建筑垃圾倾倒、中转、消纳等环节的监督管理。督促建筑垃圾运至符合规划的、指定的建筑垃圾加工企业，核定建筑垃圾加工企业建筑垃圾资源化利用量。严厉查处建筑垃圾乱堆乱放和违规倾倒行为。

（四）市容环境卫生、市政、公安、交警等部门要对公路建设利用建筑垃圾运输予以支持。公路建设项目运输建筑垃圾的运输车辆及运输路线、时间应经项目建设管理单位审核后，向市容环境卫生部门报备。各单位不得阻挠公路建设利用建筑垃圾的正常运输，不得收取规定以外的任何费用。

（五）发展改革部门要积极支持建筑垃圾加工企业，协助其申报相关补贴。

（六）税务部门要对符合税收政策规定的建筑垃圾综合利用企业免征增值税、企业所得税等相关税费。

（七）建筑垃圾加工企业在建厂和生产过程中要执行国家环境保护方面的要求。环境保护部门和项目建设管理单位要加强对建筑垃圾加工企业环境保护的指导和监督管理，减少污染物排放。

（八）电力部门要积极支持公路建筑垃圾综合利用企业，加快办理各项手续，确保及时正常供电，并配合政府相关部门指导公路建筑垃圾综合利用企业参与省内用电市场化交易，有效降低用电成本。

（九）科技部门对建筑垃圾科研课题优先立项，支持建筑垃圾综合利用技术向广度和深度发展。

（十）省交通运输厅负责制定建筑垃圾在公路建设中利用的设计、施工、质量控制、检测等地方技术标准，报省质量技术监督局审查后发布。交通运输部门和项目建设管理单位要加强建筑垃圾综合利用项目的工程管理，确保工程质量。

（十一）各有关部门要积极支持公路建筑垃圾综合利用企业的立项、注册，简化审批流程，限时办理批复。各地要加大扶持力度，对建筑垃圾处理企业建厂和设备购置以"以奖代补"形式予以支持，督促落实按标准向建筑垃圾产生单位收取处理费，给建筑垃圾处理企业予以适当补助。

三、加强组织领导，做好成果推广应用

全省各级政府要把建筑垃圾材料综合利用和推广应用工作列入重要议事日程，切实加强领导，建立相应工作机制，指导、协调、监督各项工作的落实，加快推进公路建设中的建筑垃圾综合利用。

科技、教育、财政、国土资源、税务等部门要落实有关政策和推广资金，逐步建立起有利于成果推广的运行机制。交通运输、住房城乡建设等部门要相互配合，加强指导，发挥项目引领、典型示范作用，共同推进建筑垃圾综合利用各项工作。项目单位要精心组织，及时总结经验，不断完善工作机制、优化成套技术，建立可复制的长效机制，全面加快建筑垃圾再生材料技术的综合利用和推广应用。利用报刊、广播、电视等加强对建筑垃圾材料综合利用和推广应用的宣传引导，推进我省资源循环利用再上新台阶。

陕西省人民政府办公厅

2017 年 1 月 24 日

2. 西安市建筑垃圾管理条例

（2012 年 6 月 27 日西安市第十五届人民代表大会常务委员会第二次会议通过，2012 年 7 月 12 日陕西省第十一届人民代表大会常务委员会第三十次会议批准，2012 年 9 月 1 日起施行）

第一章 总 则

第一条 为了加强建筑垃圾管理，维护城市市容环境卫生，保护和改善生态环境，促进经济社会可持续发展，根据有关法律、法规，结合本市实际，制定本条例。

第二条 本条例适用于本市行政区域内建筑垃圾的排放、运输、消纳、综合利用等处置活动。

本条例所称建筑垃圾，是指单位和个人新建、改建、扩建、拆除各类建筑物、构筑物、管网，道路施工，装饰装修房屋等所产生的渣土、弃料及其他废弃物。

第三条 市市容环境卫生行政管理部门是本市建筑垃圾管理的行政主管部门。区、县市容环境卫生行政管理部门按照职责负责辖区内的建筑垃圾管理工作。

公安、城管执法、规划、交通、建设、城改、水务、国土资源、环境保护、

市政公用、物价等部门按照各自职责，做好建筑垃圾管理的相关工作。

街道办事处、乡镇人民政府接受市容环境卫生行政管理部门指导，对本辖区内建筑垃圾处置活动进行监督、检查。

第四条 建筑垃圾处置实行减量化、无害化、再利用、资源化和产生者承担处置责任的原则。

第五条 市人民政府应当制定建筑垃圾综合利用优惠政策，扶持和发展建筑垃圾综合利用项目，加强对建筑垃圾综合利用的研究开发与转化应用，提高建筑垃圾综合利用的水平。

第六条 任何单位和个人都有权对违法处置建筑垃圾的行为进行制止和举报。

第二章 建筑垃圾排放

第七条 建筑垃圾排放人应当对建筑垃圾进行分类。

任何单位和个人不得将建筑垃圾与生活垃圾、危险废物混合处置。

第八条 建筑垃圾排放人应当向建筑垃圾产生地所在区、县市容环境卫生行政管理部门申请办理《西安市建筑垃圾处置（排放）证》，并提交以下材料：

（一）有关行政管理部门核发批准建设的相关文件；

（二）建筑垃圾排放量及核算的相关资料；

（三）建筑垃圾处置方案：包括建筑垃圾的分类，排放地点、数量，运输路线，消纳地点，回收利用等事项。

第九条 建筑垃圾排放人应当与持有《西安市建筑垃圾处置（运输）证》的运输单位签订建筑垃圾运输合同，不得将建筑垃圾交由未取得《西安市建筑垃圾处置（运输）证》的运输单位和个人运输。

第十条 排放建筑垃圾的施工工地应当符合下列条件：

（一）设置符合相关技术规范的围蔽设施；

（二）出口道路硬化处理，设置车辆冲洗设备并有效使用；

（三）设置洗车槽和沉淀池并有效使用；

（四）采取措施避免扬尘，拆除建筑物应当采取喷淋除尘措施并设置立体式遮挡尘土防护设施；

（五）建筑垃圾分类堆放，及时清运。

因施工场地限制，无法达到前款第（三）项条件的，经所在区、县市容环境卫生行政管理部门批准，可以采取其他相应措施。

第十一条 建筑垃圾排放人应当在施工现场配备建筑垃圾排放管理人员，监督建筑垃圾装载，保证建筑垃圾运输车辆密闭、整洁出场。

第十二条　在城市道路进行管线铺设、道路开挖、管道清污等施工作业的建筑垃圾排放人，应当采取有效保洁措施，按照市政工程围蔽标准，隔离作业，施工完成后二十四小时内将建筑垃圾清运完毕。

第十三条　因抢险、救灾等特殊情况需要紧急施工排放建筑垃圾的，施工单位应当在险情、灾情消除后二十四小时内书面报告所在区、县市容环境卫生行政管理部门。

第十四条　个人住宅装饰装修产生的废弃物，应当袋装收集、定点投放。禁止随意倾倒住宅装饰装修废弃物。

社区居民委员会、村民委员会、物业服务企业等组织应当接受所在区、县市容环境卫生行政管理部门的监督、指导，在辖区内设置围蔽的个人住宅装饰装修废弃物临时堆放点或者收集容器，并组织集中清运。

第十五条　建筑垃圾排放、运输实行保证金制度，具体办法由市人民政府制定。

第三章　建　筑　垃　圾　运　输

第十六条　建筑垃圾运输人应当建立健全建筑垃圾运输车辆安全管理、驾驶人培训、车辆清运规范服务制度，加强车辆维修养护，保证运输安全规范。

第十七条　建筑垃圾运输实行许可制度。

建筑垃圾运输人应当向市市容环境卫生行政管理部门申请办理《西安市建筑垃圾处置（运输）证》，并提交以下材料：

（一）具有合法的《道路运输经营许可证》和工商营业执照；

（二）运输车辆总核定载质量达到五百吨以上的证明文件；

（三）与企业经营规模相适应的车辆停放场地、维修保养场所的证明文件；

（四）运输车辆的《机动车辆行驶证》和《车辆营运证》；

（五）运输车辆具备全密闭运输机械装置或密闭苫盖装置、安装行驶及装卸记录仪和相应的建筑垃圾分类运输设备。

新城、碑林、莲湖、雁塔、灞桥、未央、长安区以外的区、县建筑垃圾运输人申请办理《西安市建筑垃圾处置（运输）证》的，由市市容环境卫生行政管理部门委托区、县市容环境卫生行政管理部门办理。

第十八条　从事建筑垃圾运输车辆的驾驶人应当符合以下条件：

（一）取得相应准驾车型驾驶证并具有三年以上驾驶经历；

（二）持有本市公安机关交通管理部门核发或换发的驾驶证件；

（三）最近连续三个记分周期内没有被记满分记录；

（四）无致人死亡或者重伤的交通责任事故；

（五）无饮酒或者醉酒后驾驶记录，最近一年内无超速等严重交通违法行为；

（六）经考试合格，取得相应的道路运输从业资格证件。

第十九条 建筑垃圾运输人在取得《西安市建筑垃圾处置（运输）证》后，应当按照行业规定对运输车辆统一外观标识，并将企业、车辆、驾驶人相关情况向公安机关交通管理部门备案。

第二十条 建筑垃圾运输人在运输过程中应当遵守下列规定：

（一）承运经批准排放的建筑垃圾；

（二）实行分类运输；

（三）按照规定的时间、速度和路线行驶；

（四）运输至经批准的消纳、综合利用场地；

（五）保持车辆整洁、密闭装载，不得沿途泄漏、抛撒；

（六）运输车辆随车携带《西安市建筑垃圾处置（运输）证》副本等准运证件。

第二十一条 建筑垃圾运输人应当在施工现场配备管理人员，监督运输车辆的密闭启运和清洗，督促驾驶人规范使用运输车辆安装的卫星定位系统等相关电子装置，安全文明行驶。

第二十二条 建筑垃圾运输人应当将建筑垃圾运至指定的消纳场所。禁止在道路、桥梁、公共场地、公共绿地、农田、河流、湖泊、供排水设施、水利设施以及其他非指定场地倾倒建筑垃圾。

第二十三条 运输建筑垃圾造成道路及环境污染的，责任人应当立即清除污染。未及时清除的，由所在区、县市容环境卫生行政管理部门组织清除，清除费用由责任人承担。

第二十四条 建筑垃圾清运费用由建筑垃圾排放人与建筑垃圾运输人统一结算，不得向运输车辆驾驶人支付。

第四章　建　筑　垃　圾　消　纳

第二十五条 市、区、县人民政府应当将建筑垃圾消纳场建设纳入国民经济和社会发展规划。

市、县规划行政管理部门应当会同有关行政管理部门制定建筑垃圾消纳场建设规划。

第二十六条 区、县人民政府应当建立健全建筑垃圾消纳管理工作机制，组织实施建筑垃圾消纳场建设规划，优先保障建筑垃圾消纳场的建设用地，鼓励社会投资建设和经营建筑垃圾消纳场。

建筑垃圾消纳场的规划和建设，应当符合环保要求，采取有效措施防止二次污染。

第二十七条 建筑垃圾消纳场不得受纳工业垃圾、生活垃圾和有毒有害垃圾。

第二十八条 建筑垃圾消纳人应当向所在区、县市容环境卫生行政管理部门申请办理《西安市建筑垃圾处置（消纳）证》，并提交以下材料：

（一）国土资源、建设、规划等行政管理部门核发的批准文件；

（二）经批准的环境影响报告书；

（三）核算建筑垃圾消纳量的相关资料和建筑垃圾现场分类消纳方案；

（四）消纳场地平面图、进场路线图、消纳场运营管理方案；

（五）符合规定的摊铺、碾压、除尘、照明等机械和设备，以及排水、消防等设施的设置方案；

（六）符合相关标准的出口道路硬化以及洗车槽、车辆冲洗设备、沉淀池的设置方案；

（七）封场绿化、复垦或者平整设计方案。

第二十九条 建设工程施工工地或低洼地区改造需要用基建弃土或拆迁工程残渣回填的，申请人提出申请后，市容环境卫生行政管理部门应当提供相关信息、简化审批程序。

第三十条 下列区域不得设置建筑垃圾消纳场：

（一）基本农田和生态公益林地；

（二）河流、湖泊、水库、渠道等保护区范围；

（三）地下水集中供水水源地及补给区；

（四）泄洪道及其周边区域；

（五）尚未开采的地下蕴矿区、溶岩洞区；

（六）法律、法规规定的其他区域。

第三十一条 消纳场达到原设计容量或者因其他原因导致建筑垃圾消纳人无法继续从事消纳活动的，建筑垃圾消纳人应当在停止消纳三十日前书面告知原许可机关，由原许可机关向社会公告。建筑垃圾消纳场不得擅自关闭或者拒绝消纳建筑垃圾。

消纳场封场后应当按照审批的设计方案实现用地功能。

第五章 建筑垃圾综合利用

第三十二条 市、区、县人民政府应当将建筑垃圾综合利用项目列入科技发展规划和高新技术产业发展规划，优先安排建设用地，并在产业、财政、金融等方面给予扶持。

鼓励和引导社会资本和金融资金参与建筑垃圾综合利用项目，支持建筑垃圾再生产品的研发机构和生产企业发展。

第三十三条 利用财政性资金建设的城市环境卫生设施、市政工程设施、园林绿化设施等项目应当优先采用建筑垃圾综合利用产品。

第三十四条 建设单位应当优先使用工程建设中产生的可现场回收利用的建筑垃圾；对不能现场利用的建筑垃圾，交由建筑垃圾运输人运至消纳场所。

第三十五条 鼓励道路工程的建设单位在满足使用功能的前提下，优先选用建筑垃圾作为路基垫层。

鼓励新建、改建、扩建的各类工程项目在保证工程质量的前提下，优先使用建筑垃圾综合利用产品。

第三十六条 市市容环境卫生行政管理部门在建筑垃圾的处置过程中，对建筑垃圾综合利用企业的生产需求应当优先予以安排。

第三十七条 企业使用或者生产列入建筑垃圾综合利用鼓励名录的技术、工艺、设备或者产品的，按照国家有关规定享受税收优惠。

建筑垃圾综合利用企业，不得采用列入国家淘汰名录的技术、工艺和设备进行生产；不得以其他原料代替建筑垃圾，生产建筑垃圾资源化利用产品。

第六章 建筑垃圾处置管理与监督

第三十八条 建筑垃圾的排放人、运输人、消纳人，应当依照本条例的规定办理《西安市建筑垃圾处置证》。未按规定办理《西安市建筑垃圾处置证》的单位和个人，不得从事相应的建筑垃圾处置活动。

禁止伪造、涂改、买卖、出租、出借、转让《西安市建筑垃圾处置证》。

第三十九条 市、区、县市容环境卫生行政管理部门应当自受理排放、运输、消纳申请之日起七个工作日内，作出是否批准的决定，对符合条件的申请人核发《西安市建筑垃圾处置证》；对不符合条件的，不予办理并向申请人书面告知理由。

第四十条 有下列情形之一的，建筑垃圾排放人、消纳人应当向原许可机关提出变更申请：

（一）建设工程施工等相关批准文件发生变更的；

（二）建筑垃圾处置方案中消纳地点或者分类消纳方案需要调整的；

（三）建筑垃圾运输合同主体发生变更的。

第四十一条 有下列情形之一的，建筑垃圾运输人应当向原许可机关提出变更申请：

（一）营业执照登记事项发生变更的；

（二）《道路运输经营许可证》和所属运输车辆《车辆营运证》登记事项发生变更的；

（三）新增、变更过户、报废、遗失建筑垃圾运输车辆的。

第四十二条 建筑垃圾排放人、运输人和消纳人提出的变更申请符合法定条件的，原行政许可机关应当在受理申请之日起五个工作日内依法办理变更手续。

区、县市容环境卫生行政管理部门作出许可或变更决定后，应当在五个工作日内向市市容环境卫生行政管理部门备案。

第四十三条 《西安市建筑垃圾处置证》有效期为一年。被许可人需要延期的，应当在有效期届满三十日前向原行政许可机关提出延期申请，准予延期时间不得超过三个月。

原行政许可机关应当在有效期届满前作出是否准予延期的决定，逾期未作决定的，视为准予延期。

第四十四条 市人民政府应当建立、整合和完善建筑垃圾运输全程监控系统和信息共享平台，实现市容环境卫生、公安机关交通管理、城市综合执法联动，加强对建筑垃圾排放、运输、消纳等处置活动的监督管理。

第四十五条 市人民政府可以组织市市容环境卫生、公安机关交通管理、城管执法、建设等部门，科学、合理地制定限制建筑垃圾运输时间、运行区域的方案，并公布实施。

因重大庆典、大型群众性活动等管理需要，可以规定临时限制排放建筑垃圾的时间和区域。

第四十六条 市市容环境卫生行政管理部门负责建立健全建筑垃圾管理信息共享平台。有关部门应当按照下列规定提供并及时更新相关信息：

（一）市容环境卫生行政管理部门提供建筑垃圾处置许可事项、处置动态、建设工程回填和建筑垃圾综合利用需求、监督管理等信息；

（二）公安机关交通管理部门提供建筑垃圾运输企业、车辆及驾驶人备案，交通违法行为查处情况，交通事故、运行轨迹等相关信息；

（三）城管执法部门提供未按规定办理建筑垃圾处置许可、超高装载、沿途抛撒、随意倾倒建筑垃圾等违法行为及查处情况的信息；

（四）交通行政管理部门提供运输单位的道路运输经营资质、运输车辆营运资质、驾驶人员从业资格及违法行为查处情况等信息；

（五）规划行政管理部门提供建筑垃圾消纳场选址的信息；

（六）国土资源行政管理部门提供建设用地审批、土地利用和非法用地查处等信息；

（七）建设行政管理部门提供建设工程施工许可、建设工程开挖、回填等信息；

（八）需要共享的其他信息。

第四十七条 市市容环境卫生行政管理部门应当建立健全建筑垃圾运输安全诚信综合评价体系，对运输企业实施市场退出机制。具体办法由市市容环境卫生行政管理部门制定，报市人民政府批准后实施。

第四十八条 公安机关交通管理部门应当加强对建筑垃圾运输人及驾驶人的安全教育，加大对建筑垃圾运输车辆违法行为监管力度。

第四十九条 城管执法部门应当建立日常巡查制度，及时发现和查处建筑垃圾违法处置行为，采取有效措施，对无证排放、无证运输、无证消纳和在城市道路、绿化带、农田及其他非指定场所随意倾倒建筑垃圾等严重违法行为进行查处。

第五十条 市容环境卫生、公安机关交通管理、城管执法部门应当公开投诉、举报电话。有关行政管理部门应当在接到投诉、举报后及时查处，并将处理结果告知投诉、举报人。投诉举报内容属其他部门管理的，应当及时转交相关部门查处。

举报经查证属实的，由案件查处部门对举报人给予奖励，奖励资金由同级财政列支。

第五十一条 市建设行政管理部门应当将建筑施工单位处置建筑垃圾情况，纳入建筑业企业诚信综合评价体系进行管理。

市市容环境卫生行政管理部门应当将建筑施工单位违法处置建筑垃圾的情况提供给市建设行政管理部门，由市建设行政管理部门按照规定程序记入企业信用档案。

第五十二条 市容环境卫生、公安机关交通管理、城管执法等部门应当遵循合法、公开、及时的原则，文明公正执法。

第七章 法 律 责 任

第五十三条 违反本条例第七条规定，建筑垃圾排放人未对建筑垃圾进行分类的，由城管执法部门责令改正，处以五千元以上一万元以下罚款。

第五十四条 违反本条例第八条、第十七条、第二十八条规定，建筑垃圾排放人、运输人、消纳人未办理《西安市建筑垃圾处置证》的，由城管执法部门责令限期补办，处以一万元以上三万元以下罚款。

违反本条例第四十条、第四十一条规定，建筑垃圾排放人、运输人、消纳人未办理许可变更手续的，由城管执法部门责令限期补办，处以一千元以上五千元以下罚款。

第五十五条 违反本条例第九条规定，建筑垃圾排放人将建筑垃圾交由未取得《西安市建筑垃圾处置（运输）证》的运输单位和个人运输的，由城管执法部门责令改正，处以一万元以上三万元以下罚款。

第五十六条 违反本条例第十条规定，排放建筑垃圾的施工工地不符合相关条件的，由城管执法部门责令改正，处以二千元以上一万元以下罚款；情节严重的，可以责令停工整顿。

第五十七条 违反本条例第十一条、第二十一条规定，施工现场未配备建筑垃圾排放管理人员或建筑垃圾运输人未配备管理人员进行监督管理的，由城管执法部门责令改正，处以五百元以上一千元以下罚款。

第五十八条 违反本条例第十二条规定，在城市道路进行管线铺设等施工作业，建筑垃圾排放人未采取有效保洁措施进行隔离作业、未在规定时间内将建筑垃圾清运完毕的，由城管执法部门责令改正，处以二千元以上一万元以下罚款；情节严重的，可以责令停工整顿。

第五十九条 违反本条例第十八条规定，建筑垃圾运输车辆的驾驶人不符合规定条件进行营运的，由公安机关交通管理部门处以一千元以上三千元以下的罚款。

建筑垃圾运输人聘用不符合规定条件的驾驶人驾驶建筑垃圾运输车辆的，除依照前款规定处罚外，情节严重的，由公安机关交通管理部门对建筑垃圾运输企业处以一万元以上二万元以下的罚款，有违法所得的没收违法所得。

第六十条 违反本条例第十九条规定，建筑垃圾运输人未按规定对运输车辆统一外观标识的，由公安机关交通管理部门责令限期改正，处以五百元以上一千元以下罚款；在限期内拒不改正的，可以暂扣车辆。

企业、车辆、驾驶人未按规定向公安机关交通管理部门备案的，由公安机关交通管理部门责令其补办备案手续，对运输企业处以五百元以上二千元以下罚款，对驾驶人处以二百元以上五百元以下罚款。

第六十一条 违反本条例第二十条第（一）、（二）、（五）项规定，承运未经批准排放的建筑垃圾，未实行建筑垃圾分类运输，车辆沿途泄漏、抛撒的，由城管执法部门责令改正，处以二千元以上一万元以下罚款；

违反本条例第二十条第（三）项规定，未按规定的时间、速度和路线运输的，由公安机关交通管理部门处以一千元以上三千元以下罚款；

违反本条例第二十条第（六）项规定，运输车辆未随车携带《西安市建筑垃圾处置（运输）证》副本的，由城管执法部门按每车次处以五百元罚款。

第六十二条 违反本条例第二十条第（四）项、第二十二条规定，未将建筑垃圾运输至经批准的消纳、综合利用场地或者建筑垃圾运输人向非指定场地倾倒建筑垃圾的，由城管执法部门责令限期改正，按每车次处以一万元罚款。

第六十三条 违反本条例第二十四条规定，建筑垃圾排放人将建筑垃圾清运费用向运输车辆驾驶人直接支付的，由城管执法部门按照支付金额给予一倍以上三倍以下的罚款。

第六十四条 违反本条例第三十一条规定，建筑垃圾消纳场擅自关闭或者拒绝消纳建筑垃圾的，由城管执法部门责令改正，处以二万元罚款。

第六十五条 对单位处二万元以上罚款，对个人处一千元以上罚款以及吊销证照的行为，应当告知当事人有要求举行听证的权利。

第六十六条 当事人对具体行政行为不服的，可以依法申请行政复议或者提起行政诉讼。

第六十七条 违反本条例规定的行为，其他法律、法规规定行政处罚的，依照其规定进行处罚；造成财产损失或者其他损害的，依法承担民事责任；构成犯罪的，依法追究刑事责任。

第六十八条 相关行政管理部门、街道办事处、乡镇人民政府及其工作人员有下列情形之一的，由上级机关或者监察机关责令改正；情节严重的，由上级机关或者监察机关对直接负责的主管人员和其他直接责任人员依法给予处分；构成犯罪的，依法追究刑事责任：

（一）市容环境卫生行政管理部门及其工作人员滥用职权、徇私舞弊，不依法办理建筑垃圾处置许可手续，不履行许可后监督管理职责的；市市容环境卫生行政管理部门未建立健全建筑垃圾管理信息共享平台，不依法建立和完善建筑垃圾处置相关管理制度和安全诚信评价体系的；

（二）公安机关交通管理部门不依法查处建筑垃圾运输车辆及驾驶人交通违法行为的；

（三）城管执法部门不依法查处违反本条例规定的违法行为的；

（四）交通行政管理部门不依法查处发生在公路上的建筑垃圾违法处置行为的；

（五）建设行政管理部门未将违法处置的情况记入诚信档案的；

（六）国土资源行政管理部门不依法查处非法用地等案件的；

（七）发展改革、规划、物价、财政、水务、市政公用、城改等部门不依法履行相关职责的；

（八）街道办事处、乡镇人民政府未对本辖区内建筑垃圾处置活动进行监督、检查的；

（九）社区居民委员会、村民委员会、物业服务企业等组织未设置居民住宅装饰装修废弃物堆放场所的。

相关行政管理部门不按照本条例规定提供相关信息的，按照省、市有关规定处理，并依法追究有关主管人员和其他责任人的责任。

第八章 附　则

第六十九条 本条例所称建筑垃圾排放人，是指排放建筑垃圾的建设单位、施工单位和个人。

本条例所称建筑垃圾运输人，是指依法取得建筑垃圾营运资质，专门从事建筑垃圾运输的企业。

本条例所称建筑垃圾消纳人，是指提供消纳场的产权单位、经营单位和个人以及回填工地的建设单位、施工单位和个人。

本条例所称《西安市建筑垃圾处置证》，包括《西安市建筑垃圾处置（排放）证》、《西安市建筑垃圾处置（运输）证》和《西安市建筑垃圾处置（消纳）证》。

第七十条 本条例自 2012 年 9 月 1 日起施行。

3. 西安市物价局 西安市城市管理局关于发布西安市建筑垃圾处理收费指导标准的通知

市物发〔2016〕105 号

各区县、开发区物价局、城市管理局，相关企业：

为贯彻市政府《关于抓项目促投资稳增长的若干意见》精神，进一步规范建筑垃圾清运行业管理，创造良好的投资建设环境，依据陕价综发〔2015〕102 号文件，市物价局、市城市管理局制定了西安市建筑垃圾处理收费指导标准，已经市政府同意，现印发你们，请结合实际抓好贯彻落实。

一、建筑垃圾（含渣土，下同）处理收费指导标准，是政府优化建筑垃圾清运市场管理的监管措施。建筑垃圾处理收费指导标准按区域划分实行上限管理，在上限以内由运输企业与承建单位根据建筑工地所在区域协商确定，但不得超过上限。

二、建筑垃圾处理收费指导标准：二环以内为 85 元/立方米（含 85 元）以下；二环以外至绕城高速以内为 70 元/立方米（含 70 元）以下；绕城高速以外为 60 元/立方米（含 60 元）以下。

三、建筑垃圾处理收费指导标准包括建筑垃圾的运输、倾倒、填埋处置等费用，不包括建筑工地开挖、装载等其他费用。

四、建筑垃圾处理收费指导标准实行动态管理。因政策调整、成本费用发生重大变化等情况，可予以调整并公布实施。

五、涉及建筑垃圾清运的相关企业单位，要在建筑垃圾处理收费指导标准内，公平竞争，充分协商，自觉依法依规诚信经营。

六、各区县、开发区价格、城管、建设、交通等相关部门，要切实履行职责，加强对建筑垃圾清运行业行为的监管，引导相关企业单位贯彻执行建筑垃圾处理收费指导标准，发现违法违规行为的，要依法严肃查处，保障建筑垃圾处理收费指导标准的有效实施，营造良好的城市建设环境。

七、建筑垃圾处理收费指导标准从 2016 年 10 月 10 日起施行。

西安市物价局 西安市城市管理局

2016 年 9 月 19 日

4. 西安市人民政府办公厅关于印发加强建筑垃圾资源化利用工作实施意见的通知

市政办发〔2018〕54 号

为大力推进生态文明建设，壮大节能环保产业，推进资源全面节约和循环利用，进一步建立健全我市绿色低碳循环发展的经济体系，根据相关法律法规，结合我市十三五期间建筑垃圾管理工作规划，现就加强建筑垃圾资源化利用工作提出以下意见。

一、建筑垃圾资源化利用的重要意义和总体要求

（一）重要意义。开展建筑垃圾资源化利用，是发展循环经济、推进节能减排、改善和保护生态环境、推进海绵城市建设的实际举措，具有巨大的社会价值和经济价值。

（二）总体要求。坚持"统筹规划、政策引导、企业实施、政府推动"的原则，构建"布局合理、管理规范、技术先进"的资源化利用体系，建立"政府主导、特许经营、市场运作、循环利用"的资源化利用机制，以提高资源化利用效率为目标，实现建筑垃圾减量化、无害化、资源化和产业化发展。

二、建筑垃圾及资源化利用的基本涵义

建筑垃圾按种类区分为拆除建筑物（构筑物）产生的拆迁垃圾，基坑开挖产生的工程弃土及其他固体废弃物和装饰施工产生的装饰装修垃圾。

建筑垃圾资源化利用，是指以建筑垃圾作为主要原材料，通过技术加工处理，制成具有使用价值、达到相关质量标准，经相关行政管理部门认可的再生建材产品及其他可利用产品或经过特定方式，使建筑垃圾达到减量化、无害化、资源化的处置行为。

三、加快建筑垃圾资源化利用设施规划建设

建筑垃圾资源化利用设施是重要的城市基础设施。十三五期间，评估全市建筑垃圾产生总量，按照区域承担的建筑垃圾资源化处置量及工艺流程和布局提出用地规模，依据环境评价及相关技术要求，全市要合理规划布局建设至少 6～8 处建筑垃圾资源化处置利用厂，并做到达标运行和规范管理，实现建筑垃圾的分类收集和处置。2020 年底前，全市建成区的建筑垃圾资源化利用率达到 70% 以上；2022 年底前，全市建成区的建筑垃圾资源化利用率达到 80% 以上，达到全国一流水平，实现建筑垃圾排放减量化、运输规范化、处置资源化、利用规模化。

（一）拆迁垃圾：将拆迁垃圾经过破碎、分拣等技术工艺，生产成为再生产品（再生骨料、再生预制品等），代替天然砂石，用于路基填充、房屋建设、市政基础设施建设等。

1. 2020 年底前，在鄠邑区、高陵区、国际港务区、长安区、灞桥区、临潼区等消纳区或远郊区（县），建设 4～6 处拆迁垃圾资源化利用厂，实现对我市拆迁垃圾的包片处置。

2. 按照《建筑垃圾资源化利用行业规范条件》（国家工信部、住建部 2016 年第 71 号），指导现有的拆迁垃圾资源化利用企业规范达标运行。

3. 提倡拆迁工地在建筑物拆除过程中对拆迁垃圾就地加工进行再利用，减少运输成本。就地加工利用应达到环保要求，不能达到的，应交由资源化利用企业进行处置。

力争在 2022 年底前，使我市的拆迁垃圾做到零排放、全利用。

（二）工程弃土：利用基坑开挖产生的工程弃土或砂石等其他固体废弃物进行堆山造景、基坑回填、绿化种植、复耕还田、土壤（地）修复等。

1. 堆山造景：加快推进尚稷公园建设进度，力争在 2018 年内开工建设。各区县、开发区要根据城市公园、景观规划建设需要，对确需进行堆山造景的，应当就近利用工程弃土进行堆山造景。采取堆山造景方式消纳建筑垃圾的，应执行我市建筑垃圾消纳场管理的有关规定。

2. 基坑回填和绿化种植：各区县、开发区要全面掌握本辖区基坑回填和绿化种植需求，对本区域内产生的工程弃土进行合理调配，尽量就地利用，减少外运处置。

3. 复耕还田和土壤（地）修复：大力开展国土绿化行动。长安区、灞桥区、高陵区、阎良区、鄠邑区、临潼区、周至县、蓝田县等消纳区或远郊区县，应当对本区域内复耕还田和土壤（地）修复点（废弃、关闭、停产的砖瓦窑、低洼地

带、自然沟壑以及挖沙、采矿等遗留的坑、窑等）进行调查摸底，科学合理规划设置。对需要进行复耕还田和土地修复的，应当临时作为消纳场所，利用工程弃土进行回填、复耕、绿化。临时消纳场所的设置应遵循我市建筑垃圾消纳场管理的有关规定。

4. 按照《工业和信息化部 环境保护部 国家安全监管总局关于加快烧结砖瓦行业转型发展的若干意见》（工信部联原〔2017〕279 号），支持具备处置能力的企业利用工程弃土生产免烧砖（瓦）。力争在 2020 年底前，在灞桥区、长安区分别建成 2～3 个主要从事工程弃土资源化利用（免烧砖厂）的企业，并根据实际情况进行推广。

（三）装饰装修垃圾：通过分拣和分类，将装饰装修垃圾中的塑料、木材等废弃物分别进行集中处置，生产成再生产品（再生塑料、再生板材等）进行重复利用，对分拣出的砖渣、混凝土块等应交由拆迁垃圾资源化利用企业进行加工。

1. 2020 年底前，在鄠邑区、高陵区、灞桥区、长安区各建设 1～2 处装饰装修垃圾资源化处置企业，实现对我市装饰装修垃圾的包片处置。

2. 不断探索装饰装修垃圾资源化利用的方式方法，并根据实际情况进行推广。

3. 装饰装修垃圾资源化利用设施的规划选址可与拆迁垃圾资源化利用设施合并建设。

四、推进建筑垃圾资源化利用工作的政策措施

（一）实行特许经营管理。

建筑垃圾资源化利用实行特许经营管理。市城市管理部门要会同有关部门，明确特许经营准入条件，采用法定方式授予建筑垃圾资源化利用企业特许经营权。获得特许经营权的企业，享有所在区域建筑垃圾的优先收集权和处置权。鼓励采取 PPP 模式，引进社会资本参与建筑垃圾资源化利用工作。

（二）开辟项目审批绿色通道。

1. 发展改革部门应依据国家发展改革委等 14 个部委于 2017 年 4 月 21 日联合印发的《循环发展引领行动》有关精神和要求，在资源化利用项目立项方面给予积极支持，优先办理申报材料齐全、符合国家产业政策的建筑垃圾资源化利用项目的立项工作。

2. 环保部门加快办理符合政策要求和环保准入规定的建筑垃圾资源化利用项目环评审批手续，加快审批项目环境影响登记表、报告表、报告书等。

3. 规划主管部门和国土资源主管部门应将建筑垃圾资源化利用设施用地作为城市基础设施用地，纳入土地利用规划，结合城市总体规划（2018～2035）修编工作，加大城市基础设施用地尤其是建筑垃圾资源化利用处置用地的占比，同时简化规划报建流程。

4. 国土资源主管部门依据城乡规划部门出具的规划条件、建设用地规划许可证依法供地，符合《划拨用地目录》的采取划拨方式供应。属于新产业新业态的，根据国土资源部等六部委《关于支持新产业新业态发展促进大众创业万众创新用地的意见》（国土资规〔2015〕5号），采取租赁、先租后让、租让结合等多种供地方式。

5. 水务部门加快办理符合水土保持和水源地保护相关规定的建筑垃圾资源化利用项目水土保持方案的审批。

6. 电力部门要积极支持建筑垃圾资源化利用企业，加快办理各项手续，确保及时正常供电，并配合政府相关部门指导建筑垃圾资源化利用企业参与省、市用电市场化交易，有效降低用电成本。

7. 鼓励提倡在废弃、关停的建筑垃圾消纳场建设资源化利用设施。对已建成的建筑垃圾资源化利用设施，相关部门应完善各种手续。

（三）执行财政和税收优惠政策。

1. 探索建立收费制度和奖补政策，按照补偿成本、合理盈利，"谁产生谁付费、谁处置谁受益"的原则，对在建筑垃圾处置过程中涉及的途经区和消纳区和从事建筑垃圾资源化利用的企业（单位）按照一定标准予以补贴。

2. 落实《财政部 国家税务总局关于印发〈资源综合利用产品和劳务增值税优惠目录〉的通知》（财税〔2015〕78号）精神，建筑砂石骨料生产企业所用的原料90％来自建筑废弃物的，可按规定享受50％增值税即征即退政策。

3. 落实《财政部 国家税务总局关于执行资源综合利用企业所得税优惠目录有关问题的通知》（财税〔2008〕47号）精神，砖（瓦）、砌块、墙板类产品生产企业所用的原料70％以上来自建筑垃圾的，该产品收入在计算应纳税所得额时，减按90％计入当年收入总额。

4. 落实《财政部 海关总署 国家税务总局关于深入实施西部大开发战略有关税收政策问题的通知》（财税〔2011〕58号）精神，以《西部地区鼓励类产业目录》中规定的产业项目为主营业务，且其主营业务收入占企业收入总额70％以上的企业，可减按15％的税率征收企业所得税。

（四）推广使用拆迁垃圾再生产品。

1. 市建设主管部门结合建筑节能设计标准，适时发布建筑垃圾再生产品的绿色建材目录，积极推广再生新产品，引导建筑垃圾资源化利用企业申请绿色建材产品评价标识，并将产品列入绿色建材目录。根据建筑垃圾资源化利用产业发展现状，结合市场需求，适时更新完善绿色建材目录。

2. 建设、交通、市政、水务、城改、城管等建设项目主管部门，应定期到建筑垃圾资源化利用企业进行走访调研，了解企业生产经营情况和再生产品的生产、供应和需求信息，结合政府投资项目建设计划，制定和发布建筑垃圾再生产品的替代使用比例，有计划地将再生产品应用于建设项目中。对使用符合国家、省、市相关技术标准的再生产品的企业，在招投标、信用管理等方面给予相应的政策倾斜，提高使用的积极性和主动性。

3. 建设单位在建设项目初步设计中，应根据工程建设及拆除建（构）筑物、装饰装修改造等产生的建筑垃圾数量、种类等情况，编制建筑垃圾处置方案。处置方案应按照建筑垃圾的分类，明确处置的方式、措施和再生产品最低使用比例等内容，并报建设主管部门备案。施工单位应严格落实建筑垃圾处置方案，未落实处置方案的，各级项目主管部门不得验收。建设安全监督管理机构应当将建筑垃圾处置方案落实情况，作为施工安全监督的主要内容。

4. 各类新建、改建、扩建的房建、道路、公园、广场、园林、景观、河道等项目，在满足设计规范要求前提下，应按照一定比例使用符合国家、省、市相关技术标准的建筑垃圾再生产品，力争做到能用尽用，并根据使用的实际情况，逐年提高再生产品最低使用比例。

5. 按照《陕西省人民政府办公厅关于在公路建设中推广建筑垃圾综合利用的通知》（陕政办函〔2017〕30号）有关要求，在满足公路设计规范和确保工程质量的前提下，大力推广并优先采用符合国家、省、市相关技术标准的建筑垃圾再生产品替代常规材料，力争做到能用尽用。

（五）加强建筑垃圾综合管理。

1. 建筑垃圾的消纳和处置应按区域（东片、南片、西片、北片）实行包片消纳和处置。区域划分应相对固定，具体划分细则由市城市管理部门结合建筑垃圾管理的实际情况另行制定。

2. 各区县、开发区应加强本区域建筑垃圾综合管理工作，落实减排责任，并根据建筑垃圾产生量，研究制定本区域内拆迁垃圾、装饰装修垃圾的消纳处置和工程弃土在土地（壤）修复和生态建设中的应用计划，科学组织实施，最大限度实现建筑垃圾的资源化利用和源头减排。

3. 城市管理部门应加强组织协调和行业监管，会同相关部门加强对建筑垃圾资源化利用工作的指导，积极推动建筑垃圾资源化利用产业化。定期检查企业落实扬尘、噪音防治措施情况，根据区域划分，合理调剂清运力量规范运输。

4. 质监部门应督促建筑垃圾资源化利用企业建立完善的质量管理体系，按照相关技术标准进行生产；加强对建筑垃圾再生产品质量的监督抽查。

5. 科技部门应加大建筑垃圾资源化利用工作的科技研发和应用示范力度，大力支持建筑垃圾资源化利用企业技术进步，着力推动企业产品结构优化升级，促进建筑垃圾资源化利用技术向广度和深度发展。

6. 拆除化工、金属冶炼、农药、电镀和危险化学品生产、储存、使用有关企业的建筑物（构筑物）时，应进行环境风险评估，并经环保部门专项验收达到环境保护要求后，方可进行拆除。如发现建筑物中含有有毒有害废物和垃圾，要及时向环保部门报告，并由具备相应处置资质的单位进行无害化处置。

7. 建筑垃圾运输企业应严格按照城市管理部门的审批，将建筑垃圾运送至资源化利用企业，不得向资源化利用企业收取任何费用。

8. 建筑垃圾资源化利用企业不得采用已列入国家淘汰名录的技术、工艺和设备进行生产，生产的再生产品应符合国家、省、市相关技术标准。同时接受环保部门的监督管理，并采取有效措施，严格处理生产过程中产生的污水、粉尘、噪声等，防止造成二次污染。

2018 年 5 月 27 日

（十二）山　西　省

1. 山西省人民政府办公厅关于进一步加强建筑垃圾管理加快推进资源化利用的通知

晋政办发〔2018〕6 号

各市、县人民政府，省人民政府各委、办、厅、局：

随着我省新型城镇化进程加快、城市建设与改造提速，建筑垃圾大量产生，环境污染和垃圾围城等问题日益突出。为加快生态文明体制改革，推进绿色发展，建立健全绿色低碳循环发展的经济体系，经省人民政府同意，现就进一步加强建筑垃圾管理、加快推进资源化利用工作通知如下：

一、指导思想和主要目标

（一）指导思想。全面贯彻党的十九大精神，坚持以习近平新时代中国特色社会主义思想为指导，认真贯彻落实习近平总书记视察山西重要讲话精神，牢固树立和贯彻落实新发展理念，充分发挥政策的扶持和引导作用，强化企业主体作用，推动产业创新发展，实现建筑垃圾减量化、资源化、无害化，促进全省经济社会可持续发展。

（二）主要目标。到 2020 年，各设区市至少建成 1 个建筑垃圾资源化利用设施，建筑垃圾资源化利用率达到 30％以上，原则上不得再新设建筑垃圾填埋场。到 2025 年，全省建筑垃圾资源利用率要达到 60％以上，并逐步关闭原有建筑垃圾填埋场。

二、重点任务

（一）坚持规划引领，加快设施建设。各市要根据区域建筑垃圾存量及增量预测情况，结合城乡环境综合整治，制定建筑垃圾清运处置规划，明确工作目标、重点任务，落实政策、资金、技术等保障措施。科学合理布局建筑垃圾资源化利用设施，统筹考虑固定与移动、厂区和现场相结合的建筑垃圾资源化利用处置方式，尽可能实现就地处理、就地就近回用。建筑垃圾资源化利用设施要严格控制废气、废水、粉尘、噪音污染，达到环境保护要求。鼓励具备条件的地区以建筑垃圾资源化利用企业为核心，规划建设新型建筑材料产业化园区，推动建筑垃圾再生产品规模化、高效化、产业化发展。（责任单位：各市人民政府，省住房城乡建设厅、省经信委、省环保厅、省发展改革委）

（二）加强源头管控，降低增量增速。建设单位要将建筑垃圾处置方案和相关费用纳入工程项目管理，可行性研究报告、初步设计概算和施工方案等文件应包含建筑垃圾产生量和减排处置方案。鼓励建设单位建筑全装修成品交房，减少个人装修，减少二次装修建筑废弃物产生。设计单位要保证设计方案的稳定性，避免频繁更改，鼓励采用标准化建筑设计，提高耐久性设计，合理选购材料和构件，采用可修理、可重新包装的耐用建筑材料，充分考虑土石方挖填平衡和就地利用，努力延长建筑物的使用寿命。施工单位要加强施工现场管理，制定专项方案，明确建筑垃圾分类处置和资源化利用要求，施工中要提高施工质量和施工精度，减少剔凿或修补而产生的建筑垃圾，在装卸、运输、储存、采购等过程中要避免材料浪费。（责任单位：省住房城乡建设厅、省发展改革委）

（三）规范处置核准，推行分类集运。各级住房城乡建设（市容环境卫生）主管部门要依据国家相关规定，严格建筑垃圾处置核准。产生建筑垃圾的建设单位、施工单位以及从事建筑垃圾运输和消纳的企业获得核准后方可处置建筑垃圾。逐步推进按工程弃土、可回用金属类、轻物质料（木料、塑料、布料等）、混凝土、砌块砖瓦类分别投放，运输单位要分类运输。禁止将其他有毒有害垃圾、生活垃圾混入建筑垃圾。运输建筑垃圾应使用专业密闭车辆，鼓励安装卫星定位等监控设备，对运输车辆实施有效监控，严格查处行驶时遗撒、飘洒载运物等交通违法行为，防止建筑垃圾运输造成二次污染。（责任单位：各市人民政府，省住房城乡建设厅、省环保厅、省公安厅、省交通运输厅）

（四）鼓励技术研发，完善标准体系。鼓励大中专院校、科研院所和建筑垃圾资源化利用企业加强产学研合作，积极开展垃圾分离工艺技术、再生骨料强化技术、再生骨料系列建材生产关键技术、再生细粉料活化技术、专用添加剂制备工艺技术等研发，不断提高建筑垃圾再生产品附加值，扩大建筑垃圾再生产品应用范围。鼓励装备制造企业积极研发新型建筑垃圾处理和资源化利用成套装备，降低设备成本，提高处理效率。加快建立完善建筑垃圾再生产品的相关标准体系及应用技术标准、设计标准、图集和综合利用技术指南，推进建筑垃圾资源化利用深度发展。（责任单位：省科技厅、省住房城乡建设厅、省经信委、省环保厅、省发展改革委）

（五）加大推广力度，促进产品应用。将符合标准的建筑垃圾再生产品列入绿色建材目录。在技术指标符合设计要求、满足使用的前提下，政府投资项目的房屋建筑非承重墙体、砌筑围墙、人行道、广场、城市道路、河道、公园、室外绿化停车场、公路路基垫层等必须优先采用建筑垃圾再生产品。鼓励其他项目采用符合国家标准的建筑垃圾再生产品。在工程项目评优评奖中将建筑垃圾资源化利用产品应用情况作为加分因素。建筑垃圾资源化利用相关科技成果，优先纳入

建设科技成果登记，重点推广。（责任单位：各市人民政府、省住房城乡建设厅、省财政厅、省交通运输厅）

三、保障措施

（一）强化组织领导，落实管理责任。各级住房城乡建设、发展改革、经信、公安、科技、财政、环保、国土资源、交通运输、国税、地税等主管部门要建立建筑垃圾管理和资源化利用联席会议制度，落实各成员单位管理责任，强化部门联动，实现信息共享，建立健全建筑垃圾全过程管理机制，形成管理、监督、服务"三位一体"的管理体系。市、县人民政府作为建筑垃圾管理和资源化利用工作的责任主体，要制定实施方案，分解目标任务，明确责任分工，大力推进重点任务建设，定期组织开展联合执法检查，对建筑垃圾排放、运输、处置等过程的违法违规行为，要依法严肃查处。（责任单位：各市人民政府、省直有关部门）

（二）落实财税政策，推行特许经营。凡按照规划建设建筑垃圾资源化利用处理设施的，投资主管部门、国土资源部门要在项目立项、土地审批等环节给予优先考虑。财政、税务部门要按照资源综合利用等有关规定落实税收优惠。建筑垃圾资源化利用企业按规定享受国家及省有关资源综合利用、再生节能建筑材料、再生资源增值税等财税、用电优惠政策。科技部门要大力支持企业技术进步，着力推动产业结构优化升级。各市要制定支持政策，鼓励通过以奖代补、贷款贴息等方式，支持建筑垃圾资源化利用企业发展。鼓励企业采取直接投资、PPP等方式推进建筑垃圾资源化利用项目建设。市县可依法将建筑垃圾资源化利用纳入特许经营管理，明确特许经营准入条件，通过招标、竞争性谈判等竞争方式选择特许经营者。（责任单位：各市人民政府，省发展改革委、省国土资源厅、省经信委、省财政厅、省科技厅、省地税局、省国税局）

（三）发挥示范作用，加大宣传力度。积极探索适合我省建筑垃圾资源化利用的新模式，推进建筑垃圾资源化利用示范市县、示范企业和示范工程建设，发挥辐射带动作用。充分借助新闻媒体和网络，广泛宣传建筑垃圾资源化利用的重要性，普及建筑垃圾资源化利用基本知识，争取公众对建筑垃圾资源化利用工作的理解和支持，提高公众参与的自觉性和积极性，为开展建筑垃圾资源化利用工作营造良好氛围。（责任单位：各市人民政府、省直有关部门）

山西省人民政府办公厅

2018 年 1 月 17 日

2. 太原市建筑废弃物管理条例

（2017 年 10 月 24 日太原市第十四届人民代表大会常务委员会第六次会议通过，2017 年 12 月 1 日山西省第十二届人民代表大会常务委员会第四十二次会议批准，2018 年 5 月 1 日起施行）

第一章 总 则

第一条 为了规范建筑废弃物管理，维护城乡容貌和环境卫生，促进建筑废弃物综合利用，保护和改善生态环境，根据《中华人民共和国固体废物污染环境防治法》、国务院《城市市容和环境卫生管理条例》等有关法律、法规的规定，结合本市实际，制定本条例。

第二条 本市城区范围内建筑废弃物的产生、运输、中转、消纳、利用等活动，适用本条例。

第三条 本条例所称建筑废弃物，是指在新建、改建、扩建、拆除各类建筑物、构筑物、道路管网、园林绿化、装饰装修等工程中所产生的弃土、弃料等废弃物。

前款规定的弃土是指工程开挖后需外运的余泥土石方，包括工程渣土、工程泥浆等；弃料是指各种废弃砖瓦、混凝土、木材、管材、沥青等。

第四条 对建筑废弃物实行减量化、资源化、无害化和谁产生谁承担责任的原则。

第五条 市、区人民政府应当加强对建筑废弃物管理工作的组织领导，严格执行行政许可法，按照简政放权、放管结合、优化服务改革要求，简化审批程序，加强事中事后管理，提供优质服务。

市人民政府应当制定建筑废弃物储备规划，明确填埋标准和规范，防止二次污染。

第六条 市城乡管理部门主管本市建筑废弃物管理工作，会同有关部门根据本市城市总体规划、土地利用规划以及国民经济和社会发展规划，编制建筑废弃物消纳场所、中转站、综合利用设施建设规划。

市市容环境卫生管理部门负责本市建筑废弃物的具体管理工作。

区市容环境卫生管理部门在市市容环境卫生管理部门的指导下，做好本行政区域内建筑废弃物的管理工作。

街道办事处、乡（镇）人民政府在区市容环境卫生管理部门的指导下，做好本辖区内建筑废弃物的日常管理工作。

住建、环保、公安、国土、规划、交通、房管、园林、林业、水务等部门在各自职责范围内做好建筑废弃物的监督管理工作。

第七条　任何单位和个人对乱堆、乱放、乱倒、抛撒建筑废弃物等行为有权进行举报和投诉。

市容环境卫生管理部门在接到投诉、举报后应当及时处理并将处理结果反馈投诉、举报人。

第二章　建筑废弃物产生

第八条　建设单位、施工单位应当实行工程化管理，采取措施减少建筑废弃物的产生。

施工现场应当设置围挡，覆盖易起尘物料，工地实行湿法作业，硬化进出路面，清洗出入车辆，散装物料密闭运输。

第九条　产生建筑废弃物的单位，应当将建筑废弃物的产生地点、时间、种类、数量、处置方式等事项向市市容环境卫生管理部门申报登记。

第十条　建设工程施工单位应当按照下列规定管理施工现场：

（一）分类收集、堆放建筑废弃物，禁止将生活垃圾混入建筑废弃物；

（二）及时回填、清运建筑废弃物，不能及时回填或者清运的，应当采取防尘、防渗、防滑坡等措施；

（三）对工程泥浆实施浆水分离，规范排放，有条件的应当进行干化处理；

（四）硬化施工工地出入口道路，配备车辆冲洗设施，确保运输车辆净车出场。

第十一条　拆除工程施工单位应当按照下列规定管理拆除现场：

（一）采取喷淋除尘措施并设置围挡、防尘设施，实行隔离作业，施工完成后二十四小时内将建筑废弃物清运完毕，做到拆运同步；

（二）对可以回收利用的建筑废弃物实施分类回收利用；

（三）安排专职人员进行现场监督。

第十二条　道路管网、园林绿化施工单位应当屏蔽隔离作业，并及时清运建筑废弃物。对因特殊情况不能及时清运的，应当采取防尘措施。

第十三条　装饰装修房屋产生的建筑废弃物应当分类袋装，并堆放到指定地点，由建筑废弃物运输单位进行清运。

第十四条　鼓励建筑的工业化生产，逐步推行建筑物、构筑物配件的标准化设计、工厂化生产，并推广装配式建筑，提高新建住宅全装修比例，减少建筑废弃物的产生。

鼓励采用可重复使用的材料搭设施工现场临时建筑物、临时围挡。

第三章 建筑废弃物运输

第十五条 运输建筑废弃物实行许可制度。

运输建筑废弃物的企业应当符合下列条件：

（一）根据《中华人民共和国道路运输条例》的规定取得道路运输经营许可证；

（二）有一定数量并符合本市要求的建筑废弃物运输车辆；

（三）有固定的办公场所、停车场地，有相应的配套设施；

（四）有建筑废弃物车辆运营、安全、质量、保养等管理制度；

（五）法律法规规定的其他条件。

企业运输建筑废弃物的，应当向市市容环境卫生管理部门提出申请。市市容环境卫生管理部门应当自受理申请之日起二十日内进行审核。符合条件的，准予核准；不符合条件的，书面告知原因。

任何单位和个人不得伪造、变造、买卖运输建筑废弃物许可手续。

第十六条 市市容环境卫生管理部门应当向社会公布取得运输建筑废弃物许可的企业名录。

第十七条 取得运输建筑废弃物许可的企业从事建筑废弃物运输活动，应当按照要求到市市容环境卫生管理部门办理准运手续，领取建筑废弃物准运证。建筑废弃物准运证为一车一证，准运证上应当载明车辆信息、运输建筑废弃物的路线、时间等。

第十八条 运输建筑废弃物的企业及其所属车辆应当遵守下列规定：

（一）运输车辆应当随车携带建筑废弃物准运证和道路限行通行证；

（二）运输车辆具备全密闭运输机械装置或者密闭苫盖装置，安装行驶及装卸记录仪、卫星定位监控装置和顶灯，喷涂车辆标识、编号、反光标贴及放大号牌，车身颜色统一；

（三）做到车容整洁、密闭运输、车辆清洗、达标运营，不得沿途泄漏、抛撒，禁止车轮、车厢外侧带泥行驶；

（四）按照建筑废弃物准运证载明的路线、时间运往指定的场所，不得乱倾乱倒。

第十九条 产生建筑废弃物的单位不得与未取得运输建筑废弃物许可的企业签订合同。

第二十条 市市容环境卫生管理部门应当根据本市建筑废弃物中转站建设规划，建设建筑废弃物中转站，并向社会公布。

第二十一条 区人民政府是查处无证运营、强买强卖建筑废弃物等违法行为的管理主体，城管、公安、交通、环卫等相关部门应当联合执法，规范运营秩序，净化市场环境。

第四章　建筑废弃物消纳

第二十二条　区人民政府应当根据本市建筑废弃物消纳场所建设规划，建设消纳场所。

第二十三条　建筑废弃物消纳场所应当符合下列规定：

（一）符合城市总体规划，协调土地利用规划，并与区域规划相衔接；

（二）全市统筹，合理布局，因地制宜，实现运输费用、建设条件和环境要求相适应；

（三）利用城市周边适宜填埋的浅沟洼地，就近回填建筑废弃物，降低成本；

（四）避开城市建设区、水源保护地、风景名胜区、文物保护区等。

第二十四条　消纳场所的运营单位应当遵守下列规定：

（一）按照规定公示消纳场所的布局图和现场路线图；

（二）保证消纳场所相关设备、设施完好，保持消纳场所和周边环境整洁；

（三）进出消纳场所道路应当硬化，满足运输需求和环保要求，及时维护保养，确保正常使用；

（四）按照规定受纳建筑废弃物，不得受纳生活垃圾；

（五）受纳的建筑废弃物符合要求的，向运输单位出具建筑废弃物消纳结算凭证；

（六）对受纳的建筑废弃物按照设计要求进行推平、碾压，推摊作业时喷水降尘，对裸露的建筑废弃物用高密度滤网覆盖；

（七）不得擅自关闭或者拒绝消纳建筑废弃物。

第二十五条　消纳场所达到封场要求的，运营单位应当及时进行封场作业，不得超限运行。

消纳场所的运营单位应当对消纳场所进行生态修复。

第五章　建筑废弃物综合利用

第二十六条　鼓励采用新技术、新工艺、新材料、新设备对建筑废弃物进行综合利用。

第二十七条　市、区人民政府应当将建筑废弃物综合利用项目列入科技发展规划和高新技术产业发展规划，优先安排建设用地，并在产业、财政等方面给予扶持。

鼓励和引导社会资本参与建筑废弃物综合利用项目，支持建筑废弃物再生产品的研发机构和生产企业发展。

鼓励建筑废弃物综合利用企业采用移动式设备现场处置建筑废弃物，因处置建筑废弃物需要临时占用土地的，在征得市容环境卫生管理部门同意后，按照有关规定办理审批手续。

第二十八条 利用财政性资金建设的城市环境卫生设施、市政工程设施、园林绿化设施等项目应当优先使用建筑废弃物综合利用产品。

鼓励新建、改建、扩建的各类工程项目在保证工程质量的前提下，优先使用建筑废弃物综合利用产品。

鼓励建设单位、施工单位优先使用可现场回收利用的建筑废弃物，鼓励道路工程的施工单位在满足使用功能的前提下，优先使用建筑废弃物作为路基垫层。

第二十九条 建筑废弃物再生产品的各项技术指标应当符合国家产品质量标准。

企业生产或者使用列入国家建筑废弃物综合利用鼓励名录的技术、工艺、设备或者产品的，按照国家有关规定享受优惠政策。

建筑废弃物综合利用企业，不得采用列入国家淘汰名录的技术、工艺和设备进行生产。

第六章 法 律 责 任

第三十条 违反本条例规定，法律、行政法规已有法律责任规定的，从其规定。

第三十一条 违反本条例规定，产生建筑废弃物的单位有下列情形之一的，由市容环境卫生管理部门责令停止违法行为，限期改正，并处罚款：

（一）将建筑废弃物交由未经许可的企业的，处一万元以上三万元以下罚款；

（二）将生活垃圾混入建筑废弃物的，处一千元以上三千元以下罚款；

（三）未按规定进行湿法作业或者未设置围挡、防尘设施的，处一千元以上五千元以下罚款；

（四）未按规定清理建筑废弃物的，处五千元以上三万元以下罚款；

（五）道路管网或者园林建设施工单位未屏蔽隔离作业的，处二千元以上一万元以下罚款；

（六）装饰装修房屋产生的建筑废弃物，未实行袋装或者定点投放的，处二百元以上五百元以下罚款。

第三十二条 违反本条例规定，未经许可运输建筑废弃物的，由市容环境卫生管理部门责令限期改正，并处一万元以上三万元以下罚款；情节严重的，处三万元以上十万元以下罚款。

第三十三条　违反本条例规定，建筑废弃物运输单位有下列情形之一的，由市容环境卫生管理部门责令停止违法行为，限期改正，并处罚款：

（一）运输车辆未随车携带建筑废弃物准运证的，每车处二百元罚款；

（二）运输车辆未安装全密闭运输机械装置或者密闭苫盖装置或者卫星定位监控装置的，处一千元以上三千元以下罚款；未按规定喷涂车辆标识、编号、反光标贴或者放大号牌的，每车处五百元以上一千元以下罚款；

（三）运输车辆未冲洗干净，造成施工工地出入口或者工地周边道路污染的，每车处二百元以上五百元以下罚款；

（四）未按照建筑废弃物准运证规定的路线或者时间运往指定的建筑废弃物消纳场所的，每车处五百元以上二千元以下罚款；

（五）未实行分类运输或者与生活垃圾混装运输的，处一千元以上三千元以下罚款。

第三十四条　违反本条例规定，建筑废弃物消纳场所运营单位有下列情形之一的，由市容环境卫生管理部门责令停止违法行为，限期改正，并处罚款：

（一）受纳生活垃圾的，处五千元以上一万元以下罚款；

（二）推平、碾压或者在推摊作业时未进行喷水降尘或者未使用高密度滤网覆盖裸露的建筑废弃物的，处五千元以上一万元以下罚款；

（三）擅自关闭或者拒绝消纳建筑废弃物的，处五千元以上一万元以下罚款。

第三十五条　违反本条例规定，构成违反治安管理行为的，由公安机关按照《中华人民共和国治安管理处罚法》的规定处理；构成犯罪的，依法追究刑事责任。

第三十六条　违反本条例规定，市容环境卫生管理部门和其他有关部门的工作人员在建筑废弃物监督管理活动中玩忽职守、滥用职权、徇私舞弊，尚不构成犯罪的，依法给予处分；构成犯罪的，依法追究刑事责任。

第七章　附　　则

第三十七条　古交市、清徐县、阳曲县、娄烦县对建筑废弃物的产生、运输、中转、消纳、利用等的管理，参照本条例执行。

第三十八条　本条例自 2018 年 5 月 1 日起施行。

（十三）湖 北 省

1. 荆门市城市建筑垃圾管理条例（草案）

第一章 总 则

第一条 为了加强建筑垃圾管理，维护城市市容环境卫生，促进建筑垃圾综合利用，保护和改善生态环境，根据有关法律、法规规定，结合本市实际，制定本条例。

第二条 本市实行城市化管理的区域内建筑垃圾的排放、运输、消纳等处置活动及其监督管理，适用本条例。

第三条 本条例所称建筑垃圾是指新建、改建、扩建、拆除各类建筑物、构筑物、管网、道路以及装饰维修房屋产生的渣土、废旧混凝土、废沥青及其他废弃物。

第四条 县级以上人民政府应当建立建筑垃圾管理协调机制，及时研究解决建筑垃圾管理中的重大事项，协调和督促有关部门依法履行监督管理职责。

第五条 城市管理部门是建筑垃圾管理的主管部门，市城市管理部门负责全市建筑垃圾管理的指导、监督工作；市辖区城市管理部门负责本辖区建筑垃圾日常监督管理工作。

县（市）城市管理部门负责本辖区内建筑垃圾管理工作，并接受市城市管理部门的指导监督。

街道办事处、乡镇人民政府接受县（市、区）城市管理部门的指导，对本辖区内建筑垃圾处置活动进行监督管理。

第六条 建筑垃圾处置实行减量化、无害化、资源化和谁产生、谁承担处置责任的原则。

第七条 县级以上人民政府应当制定建筑垃圾综合利用优惠政策，鼓励和引导社会资本参与建筑垃圾综合利用项目。

提倡采用新技术、新工艺、新材料、新设备对建筑垃圾进行综合利用。

第二章 建 筑 垃 圾 排 放

第八条 排放建筑垃圾的建设单位、施工单位或者个人应当对建筑垃圾进行分类。对废混凝土、废金属和废木材等建筑垃圾，实行回收综合利用。

第九条　建筑垃圾排放处置实行收费制度，收费标准按市、县人民政府有关规定或价格主管部门核定标准执行。

建设单位在编制建设工程概算、预算时，应当专门列支建筑垃圾排放处置费用。

第十条　设单位或者施工单位应当向建设工程所在地的城市管理部门申请办理《建筑垃圾处置（排放）证》，并提交下列材料：

（一）《建设工程规划许可证》或者拆除工程批准文件；

（二）建筑垃圾排放量及核算的相关资料；

（三）建设单位或者施工单位与运输处置企业签订的合同，包括建筑垃圾类别、排放地点和数量、运输时间和路线、消纳地点、分类处置方案以及回收利用方案等事项；

（四）建筑垃圾排放处置费缴纳凭证。

第十一条　城市管理部门应当自受理申请之日起五个工作日内完成审核。符合条件的，核发《建筑垃圾处置（排放）证》；不符合条件的，不予核发《建筑垃圾处置（排放）证》，并书面告知理由。

建筑垃圾处置排放核准事项发生变化的，申请人应当持相关证明材料，向城市管理部门申请办理变更手续；符合条件的，城市管理部门应当予以办理。

第十二条　未取得《建筑垃圾处置（排放）证》的建设单位或者施工单位，不得排放处置建筑垃圾。

禁止涂改、倒卖、出租、出借或者非法转让《建筑垃圾处置（排放）证》。

第十三条　排放建筑垃圾的建设工地应当设置洗车槽和沉淀池。因施工场地限制无法设置的，应当采取硬化出口道路或者铺设钢板等处置措施。

第十四条　在城市道路进行管线铺设、道路开挖、管道清污等作业的施工单位，应当设置硬质围挡，隔离作业。施工中产生的建筑垃圾应当集中堆放，及时清运，并采取有效措施防止尘土和污水污染周围环境。

因抢险、救灾等特殊情况需要紧急施工排放建筑垃圾的，施工单位应当在险情、灾情消除后二十四小时内书面报告所在地城市管理部门，并及时清除建筑垃圾。

第十五条　拆除工程的施工单位应当按照下列规定管理施工现场：

（一）配备现场管理人员；

（二）建筑垃圾实行分类收集、分类堆放；

（三）对可以回收利用的建筑垃圾及时清运至综合利用场所，对不能回收利用的建筑垃圾应当清运至填埋场所；

（四）不能及时清除的建筑垃圾，应当采取防尘、防渗、防滑坡等措施；

（五）拆除工程完成后三十日内将建筑垃圾清除完毕。

违法建筑拆除工程由项目所在地县级人民政府负责建筑垃圾处置及后续环境卫生管理工作。

第十六条　装饰维修房屋所产生的建筑垃圾，有物业服务的，由物业服务企业代为统一收集；无物业服务的，由居民委员会或者村民委员会代为统一收集，并由收集者委托有建筑垃圾运输资质的企业运送至消纳场所。

代为收集运输的费用由产生建筑垃圾的单位或者个人承担，具体标准按照当地价格主管部门的规定执行。

第三章　建　筑　垃　圾　运　输

第十七条　建筑垃圾运输实行公司化、规模化、专业化运营管理。

从事建筑垃圾运输的企业应当向城市管理部门申请办理《建筑垃圾处置（运输）证》，并提交以下材料：

（一）《企业法人营业执照》《道路运输经营许可证》；

（二）运输车辆具备全密闭运输机械装置或密闭苫盖装置，安装卫星定位、行驶及装卸记录仪等电子设备；

（三）运输企业具有不同吨位的自有运输车辆，总核定载质量达到 400 吨以上的证明材料；

（四）运输车辆具有《道路运输证》《机动车行驶证》及其驾驶员的证明材料；

（五）具有固定的办公场所和与企业经营规模相适应的车辆停放场地的证明材料。

未取得《建筑垃圾处置（运输）证》的，不得从事建筑垃圾运输活动。

第十八条　城市管理部门应当自收到申请之日起五个工作日内完成审核。符合条件的，予以核发《建筑垃圾处置（运输）证》；不符合条件的，不予核发，并向申请人书面告知理由。城市管理部门核发《建筑垃圾处置（运输）证》后，应当向投入运输的车辆配发《建筑垃圾准运证》。

城市管理部门应当根据《建筑垃圾处置（运输）证》核发情况，建立建筑垃圾运输处置企业名录，并向社会公布。

公安机关交通管理部门根据城市管理部门核发的《建筑垃圾准运证》审查核准后办理《城区道路通行证》。

第十九条　运输处置企业在运输建筑垃圾过程中应当遵守下列规定：

（一）承运经城市管理部门许可排放处置的建筑垃圾；

（二）随车携带《建筑垃圾准运证》《城区道路通行证》；

（三）实行全密闭装载运输，保持车辆整洁，不得沿途遗撒、泄漏；

（四）按照规定的时间和路线运输；

（五）运输至城市管理部门指定的建筑垃圾填埋场所或者综合利用场所。

第二十条 运输处置企业应当组织运输车辆加装车牌号识别灯，并保持车牌号识别灯的照明有效、完好，不得故意遮挡、污损；车体应有专用标识，车厢后部应当喷涂放大车牌号，字样应当端正、清晰。

第二十一条 运输处置企业应当配备管理人员，在施工场地出入口监督运输车辆的密闭使用和清洗，督促驾驶人规范使用运输车辆行驶记录、卫星定位等电子装置，安全文明行驶。

第二十二条 运输处置企业应当与城市管理部门签订建筑垃圾运输环境卫生责任书。责任书内容应当包括行驶的时间、路线、保洁要求、责任保证等。

混凝土搅拌运输车应当安装防漏设备，不得在运输或者作业过程中造成路面污染。

第四章 建 筑 垃 圾 消 纳

第二十三条 县级以上人民政府应当建立建筑垃圾消纳管理工作机制，组织实施建筑垃圾消纳场规划建设，优先保障建筑垃圾消纳场的建设用地，鼓励社会资本投资建设和经营建筑垃圾消纳场所。

建筑垃圾消纳包括综合利用和固定填埋。建筑垃圾消纳场所的规划和建设，应当符合环保要求，采取有效措施防止周围环境污染。

第二十四条 在自然保护区、风景名胜区、饮用水水源保护区、基本农田保护区和法律法规规定的其他需要特别保护的区域内，禁止设立建筑垃圾综合利用场所和固定填埋场所。

任何单位和个人不得擅自设立建筑垃圾消纳场所。

第二十五条 建筑垃圾消纳场所的管理应当符合下列规定：

（一）按照规定消纳建筑垃圾，不得消纳工业垃圾、生活垃圾和其他有毒有害垃圾；

（二）场地四周有符合相关标准的围挡，出入口道路实行硬化，并设置明显的指引标志；

（三）设置洗车槽、沉淀池、排水和消防等设施，配备车辆冲洗设备，实行专人管理，保持相关设备、设施完好；

（四）具有相应的摊铺、碾压、除尘、照明等机械和设备，实施分区作业，并采取有效措施防治噪声、扬尘污染；

（五）有健全的环境卫生和安全管理制度并有效执行；

（六）记录进入建筑垃圾消纳场所的运输车辆、消纳建筑垃圾数量，定期向所在地城市管理部门报告。

第二十六条 建筑垃圾消纳场所达到原设计容量或者因其他原因无法继续消纳建筑垃圾的，建筑垃圾消纳场所管理单位应当提前三十日告知所在地城市管理部门，由城市管理部门会同环保部门核准后向社会公布，并采取措施，防止环境污染。

建筑垃圾消纳场所不得擅自关闭或者拒绝消纳建筑垃圾。

第二十七条 建筑施工过程中产生的废混凝土、废沥青、废砖块等可以综合利用的建筑垃圾，应当按照规定运输至建筑垃圾综合利用场所进行处理。

禁止填埋、焚烧可以综合利用的建筑垃圾。

第二十八条 城市环境卫生设施、市政工程设施、园林绿化设施等政府投资项目，应当优先采用建筑垃圾综合利用产品。

鼓励道路工程的建设单位在满足使用功能的前提下，优先选用建筑垃圾综合利用产品作为路基垫层。

鼓励新建、改建、扩建工程项目在同等价格、同等质量、满足使用功能及保证工程质量的前提下，优先使用建筑垃圾综合利用产品。

第五章 监 督 与 管 理

第二十九条 县级以上人民政府相关部门按照下列分工，对建筑垃圾处置活动实施监督管理：

（一）城市管理部门应当对建筑垃圾处置活动进行监督检查，依法对建筑垃圾处置违法行为实施处罚；

（二）公安机关交通管理部门应当对建筑垃圾运输中的道路交通安全行为进行监督检查，依法对运输车辆的道路交通安全违法行为实施处罚；

（三）住建部门应当对建筑施工工地和混凝土搅拌企业及其运输车辆进行监督管理，依法对未办理建设工程施工许可、未硬化施工场地出入口道路、未设置车辆冲洗平台、混凝土搅拌运输车未安装防漏设备等行为实施处罚；

（四）交通运输部门应当对运输企业及运输车辆的道路运输经营行为进行监督检查，依法对运输企业及运输车辆的道路运输经营违法行为实施处罚；

（五）环保部门应当对建筑垃圾消纳场所的污染防治工作进行监督检查，依法对污染环境的行为实施处罚；

（六）国土部门应当对建筑垃圾消纳场土地使用进行监督检查，依法对非法用地设置建筑垃圾消纳场的行为实施处罚。

第三十条 城市管理部门应当建立建筑垃圾管理信息共享机制，相关部门应当按照下列规定提供并及时更新相关信息：

（一）城市管理部门负责提供建筑垃圾排放处置许可、运输处置企业名录管理、运输车辆抛撒污染和随意倾倒查处情况等信息；

（二）公安机关交通管理部门负责提供建筑垃圾运输车辆号牌、交通违法行为查处情况、交通事故等信息；

（三）交通运输部门负责提供运输企业的道路运输经营资质、运输车辆营运资质、驾驶人员从业资格及违法行为查处情况等信息；

（四）住建部门负责提供施工场地出入口车辆冲洗平台设立使用情况信息；

（五）规划部门负责提供建筑垃圾消纳场所选址信息；

（六）国土部门负责提供建设用地审批和违法用地查处信息；

（七）行政审批部门负责提供建设工程施工许可信息；

（八）需要共享的其他信息。

第三十一条 县级人民政府应当建立执法联动机制，组织住建、公安、交通运输、城市管理等部门开展建筑垃圾处置联合执法，加强夜间巡查，及时发现和查处违法行为。

第三十二条 城市管理部门应当建立建筑垃圾运输处置企业年度信用考核制度，对运输处置企业实施市场退出机制。

住建部门应当将建筑施工单位处置建筑垃圾情况，纳入建筑业企业信用考核评价体系进行管理。

第六章 法 律 责 任

第三十三条 违反本条例规定的行为，法律、法规、规章有规定的，从其规定。

第三十四条 违反本条例规定，未对建筑垃圾进行分类的，由城市管理部门责令改正；拒不改正的，对建设单位、施工单位处以五千元以上一万元以下罚款，对个人处二百元以下罚款。

第三十五条 违反本条例规定，未取得《建筑垃圾处置（排放）证》处置建筑垃圾的，由城市管理部门责令限期改正；拒不改正的，处以一万元以上五万元以下罚款。

第三十六条 违反本条例规定，未及时清除建筑垃圾的，由城市管理部门责令限期清除；逾期不清除，造成环境污染的，处以一万元以上三万元以下罚款。

第三十七条 违反本条例规定，由城市管理部门按照下列规定予以处罚：

（一）建设单位或者施工单位将建筑垃圾交给未取得《建筑垃圾准运证》的企业或者个人运输的，由城市管理部门责令限期改正；逾期不改正的，责令停产停业，并处以一万元以上十万元以下罚款；

（二）未取得《建筑垃圾处置（运输）证》擅自运输建筑垃圾的，处五千元以上三万元以下罚款。

第三十八条　违反本条例规定，运输企业有下列行为之一的，由城市管理部门责令改正，并按照下列规定予以处罚：

（一）运输车辆未使用行驶记录、卫星定位等电子装置的，处以二百元以上一千元以下罚款；

（二）未随车携带《建筑垃圾准运证》的，按照每车次处以二百元罚款；

（三）未按照规定的时间和路线运输的，处以五百元以上二千元以下罚款；

（四）将建筑垃圾运输至非指定的建筑垃圾填埋场所、综合利用场所的，处以一万元以上五万元以下罚款。

第三十九条　混凝土搅拌运输车未安装防漏设备的，由住建部门责令改正，处二千元罚款。

混凝土搅拌运输车在运输或者作业过程中造成路面污染的，由城市管理部门责令改正，处三千元以上一万元以下罚款。

第四十条　违反本条例规定，由城市管理部门按照下列规定予以处罚：

（一）建筑垃圾消纳场所未经批准关闭或者拒绝消纳建筑垃圾的，责令改正；拒不改正的，处一万元以上五万元以下罚款；

（二）擅自设立建筑垃圾消纳场所的，责令限期改正；拒不改正的，对单位处一万元以上五万元以下罚款，对个人处一千元以上五千元以下罚款。

第四十一条　违反本条例规定，运输处置企业在运输中造成路面抛撒污染的，由城市管理部门责令限期清除，处三千元以上一万元以下罚款；逾期不清除的，由城市管理部门代为清除，清除费用由违法行为人承担。

第四十二条　城市管理部门和其他相关部门及其工作人员在建筑垃圾的监督管理工作中，滥用职权、玩忽职守、徇私舞弊的，依法给予处分；构成犯罪的，依法追究刑事责任。

第七章　附　　则

第四十三条　本条例自　　年　　月　　日起施行。

2017 年 11 月 1 日

2. 宜昌市城区建筑垃圾管理办法

（宜昌市人民政府令［2017］2号，2017年11月10日市人民政府第24次常务会议讨论通过，2017年11月21日发布，自2018年1月1日起施行）

第一章 总 则

第一条 为加强建筑垃圾管理，维护城市市容和环境卫生，保护和改善生态环境，根据有关法律、法规及原建设部《城市建筑垃圾管理规定》，结合本市实际，制定本办法。

第二条 本市城区范围内建筑垃圾的排放、运输、消纳、利用等处置活动及其监督管理，适用本办法。

第三条 本办法所称建筑垃圾，是指建设单位、施工单位新建、改建、扩建和拆除各类建筑物、构筑物、管网等，从事道路、桥梁、绿化、水利等工程施工以及装饰装修房屋过程中所产生的弃土、弃料及其他废弃物。

第四条 市、区人民政府（含宜昌高新区管委会，下同）应当加强对建筑垃圾管理工作的领导，及时研究解决建筑垃圾管理中的重大事项，将建筑垃圾消纳场所的建设和综合利用纳入循环经济发展规划，并将建筑垃圾管理工作纳入城市管理综合考核。

第五条 建筑垃圾管理实行属地为主、条块结合的原则。

市城管部门是城区建筑垃圾管理工作的主管部门，负责城区建筑垃圾管理的指导、监督和考核工作，拟定建筑垃圾管理相关政策、制度和规范，核准城区建筑垃圾运输处置，指导建筑垃圾运输车辆改装工作，督促查处违法处置行为。各区城管部门负责本区域内核准建筑垃圾排放处置、消纳场所管理、落实车辆改装、依法查处违法处置行为等监督管理工作。

住建部门负责房屋建筑和市政基础设施工程项目等建筑垃圾源头管理工作，监督建筑工地扬尘防治措施执行情况，牵头负责建筑垃圾利用工作。

环保部门负责建筑垃圾环境污染防治的监督管理工作，会同住建、城管等相关部门依法查处环境违法行为。

公安交警部门负责建筑垃圾运输车辆通行管理，核发道路通行证，依法查处违反通行规定的交通违法行为，牵头负责散体物料运输车辆管理工作。

交通运输部门负责建筑垃圾运输经营许可，研究应用车载终端加强建筑垃圾运输车辆监控，依法查处道路运输违法经营行为。

发改、规划、物价、国土、质监、财政、安监、水利、房屋征收等部门按照各自职责，协同做好建筑垃圾管理工作。

第六条 建筑垃圾运输、处置费用由建设单位分别与运输单位和消纳场所、资源化利用设施的经营单位协商确定，并在运输、消纳处置合同中予以明确。

第七条 建筑垃圾处置实行减量化、资源化、无害化和谁产生谁承担处置责任的原则。

鼓励发展新型建造方式，推广装配式建筑，推行建筑全装修，减少建筑垃圾排放。

鼓励采用新技术、新工艺、新材料、新设备对建筑垃圾进行综合利用。

第二章 建 筑 垃 圾 排 放

第八条 建设单位在工程招投标或者直接发包时，应当在招标文件或者承发包合同中明确施工单位对建筑垃圾管理的具体要求和相关措施，并监督施工单位按照要求落实。

第九条 建设单位或者施工单位应当在建设工程、拆除工程开工前，向建设工程所在地的区城管部门申请核发建筑垃圾排放处置证。不得未经核准擅自排放处置或超出核准范围排放处置建筑垃圾。

申办建筑垃圾排放处置证应当提供以下资料：

（一）建设工程规划许可、施工许可、规划设计总平面方案、房屋拆除等相关文件；

（二）建筑垃圾排放处置方案，包括建筑垃圾种类、排放总量、运输时间、运输路线、消纳或者综合利用场地等事项；

（三）与符合本办法规定的运输单位签订的建筑垃圾运输处置合同；

（四）与按规定设置的消纳场所签订的建筑垃圾消纳处置合同；

（五）与城管部门签订的市容环境卫生责任书。

第十条 任何单位和个人不得随意排放处置建筑垃圾。禁止在道路、桥梁、公共场地、公共绿地、农田、河流、湖泊、供排水设施、水利设施等地点排放处置建筑垃圾。

不得将危险废物混入建筑垃圾，不得将建筑垃圾混入生活垃圾进行排放处置。

第十一条 住建部门应当会同城管、环保等部门，加强建筑垃圾排放扬尘污染防治管理。

建设单位、施工单位应当遵守下列规定：

（一）在签订的施工合同中明确建筑垃圾处置污染防治主体责任；

（二）在施工现场出入口及易产生扬尘的部位安装使用带有夜视功能的视频

监控设备，接入住建部门防尘监控平台；

（三）施工出入口应当实行道路硬化处理、设置洗车槽、车辆冲洗设备和沉淀池并有效使用；

（四）建筑物、构筑物拆除施工应当采取喷淋等抑尘措施。

第十二条 住宅装饰装修房屋产生的建筑垃圾，有物业管理的应当按照物业管理企业指定地点临时堆放，未实行物业管理的应当按照街道办事处（乡镇政府）指定地点临时堆放。产生建筑垃圾的单位或者个人应当按指定地点堆放并及时清运。

第三章 建 筑 垃 圾 运 输

第十三条 在城区范围内从事建筑垃圾运输，应当向市城管部门申请办理建筑垃圾运输处置证。未按本办法的规定取得建筑垃圾运输处置证的，不得从事建筑垃圾运输活动。

申办建筑垃圾运输处置证应当具备下列条件：

（一）依法注册的企业法人，具有固定的经营办公及机械、设备、车辆停放场所；

（二）依法取得道路运输经营许可证；

（三）具有符合城管部门规定数量、核载质量的自有运输车辆并取得道路运输证；

（四）运输车辆符合相关管理规范，安装全密闭覆盖装置、行驶记录仪或者定位终端设备；

（五）具有健全的运输车辆运营、安全、质量、保养等管理制度并有效执行。

第十四条 市城管部门应当根据建筑垃圾运输处置证核发情况，建立统一的建筑垃圾运输单位名录，并向社会公布。

第十五条 建设单位、施工单位应当选择依法取得建筑垃圾运输处置证的单位运输处置建筑垃圾，不得将建筑垃圾交给个人或者未依法取得建筑垃圾运输处置证的单位处置。

第十六条 运输单位运输处置建筑垃圾，应当遵守下列规定：

（一）建筑垃圾运输车辆符合相关管理规范，车辆应安装符合道路运输要求的行驶记录仪或者定位终端设备并保持正常使用；

（二）车辆密闭运输，不得沿途泄漏、遗撒，禁止车轮、车厢带泥行驶；

（三）按照公安交警和城管部门规定的运输路线和时间行驶；

（四）随车携带有效的建筑垃圾排放处置证副本和道路通行证；

（五）遵守交通安全法律、法规，严禁超载、超速；

（六）在规定的消纳场所倾卸建筑垃圾，服从场地管理人员指挥。

第十七条　推广使用全密闭环保建筑垃圾运输车辆，逐步淘汰非环保建筑垃圾运输车辆。

第四章　建筑垃圾消纳和利用

第十八条　市规划部门应当会同城管、住建等部门，根据城市总体规划及国家、省对建筑垃圾管理相关要求，编制建筑垃圾消纳场所专项规划，明确建筑垃圾消纳场所设置布局、规模及建设计划等，报市人民政府批准后实施。

第十九条　建筑垃圾消纳场所的设置，应当符合土地、城乡规划及市容环境卫生、环境保护、安全生产等有关管理规定，并按规定办理相关审批手续。任何单位和个人不得擅自设置建筑垃圾消纳场所。

鼓励和支持社会资本参与建设和经营建筑垃圾消纳场所。

第二十条　在自然保护区、风景名胜区、饮用水水源保护区、基本农田保护区和法律法规规定的其他需要特别保护的区域内，不得设置建筑垃圾消纳场所。

第二十一条　建筑垃圾消纳场的管理单位应当遵守下列规定：

（一）不得受纳工业垃圾、生活垃圾和其他有毒有害垃圾；

（二）不得擅自关闭或者拒绝受纳建筑垃圾；

（三）实施分区作业，采取围挡、覆盖、喷淋、硬化道路、冲洗设备等降尘措施；

（四）配备摊铺、碾压、降尘、照明、排水、消防等设施设备；

（五）记录入场车辆、消纳数量等情况，定期将汇总数据报告城管部门；

（六）制定防止建筑垃圾崩滑的工程技术措施，落实环境卫生和安全管理制度，安排专人进行现场管理；

（七）建筑垃圾消纳场达到原设计容量或者因其他原因无法继续受纳建筑垃圾的，应当在停止受纳 30 日前报告辖区城管部门。停止受纳后，应当按照封场计划实施封场。

第二十二条　建设工程需要土方回填的，在符合施工质量验收标准的前提下，鼓励优先采用建筑垃圾作为回填材料。

需要回填建筑垃圾的，建设单位应当向建设工程所在地区城管部门提出申请，经征求国土、规划、环保等部门意见后，由区城管部门实地勘察确认可以回填和受纳的建筑垃圾。

第二十三条　住建部门应当会同城管、发改、经信、财政、国土、规划、交通运输等相关部门，推广使用合格建筑垃圾利用产品，逐步提高建筑垃圾利用产品在建设工程项目中的使用比例。

第二十四条　环境卫生、市政工程、园林绿化等政府投资项目，在满足使用功能的前提下，应当优先使用建筑垃圾利用产品。

鼓励工程项目在保证工程质量的前提下，优先使用建筑垃圾利用产品。

第五章　监　督　管　理

第二十五条　城管部门应当依照本办法及本市有关行政审批制度改革的规定办理建筑垃圾处置核准，不断优化审批流程，提高审批效率。

任何单位和个人不得伪造、涂改、倒卖、出租、转借或者以其他形式非法转让建筑垃圾排放处置证、建筑垃圾运输处置证。

第二十六条　城管部门应当会同住建、环保、公安交警等相关部门建立联合执法机制，及时发现和查处建筑垃圾处置违法行为。

任何单位和个人都有权对违反本办法规定处置建筑垃圾的单位和个人进行投诉或举报。受理投诉或举报的部门应依法处理并及时反馈结果。

第二十七条　城管部门应当会同住建、交通运输、公安交警等相关部门建立完善建筑垃圾管理信息共享平台，加强对建筑垃圾处置活动的监督管理。

相关部门应当按照各自职责向信息共享平台提供以下信息：

（一）城管部门提供建筑垃圾处置（排放、运输）许可、违法行为查处等方面的信息；

（二）住建部门提供建设工程施工许可、施工企业诚信记录、施工工地视频监控等方面的信息；

（三）交通运输部门提供道路运输许可、建筑垃圾运输车辆动态监控数据等方面的信息；

（四）公安交警部门提供建筑垃圾运输车辆通行许可、视频录像、交通违法行为和交通事故处理结果等方面的信息；

（五）其他涉及部门需要提供的信息。

第二十八条　城管部门应当将建筑垃圾处置违法行为纳入城市管理信用体系进行管理，并会同工商等部门建立完善建筑垃圾处置单位失信联合惩戒制度。

住建部门应当将施工单位处置建筑垃圾情况纳入建筑业企业信用考核评价体系进行管理。

第二十九条　市城管部门应当会同市质监、交通运输、公安交警等部门制定本市建筑垃圾运输车辆管理规范并组织实施。

建筑垃圾运输车辆不符合相关管理规范的，应当按照规范实施改装。改装后的建筑垃圾运输车辆，经城管、公安交警部门验收合格后办理车辆注册登记或年检。

城管部门应当会同公安交警等部门，对从事建筑垃圾运输车辆的密闭性能、车容车貌和安全性能等进行经常性检查，督促建筑垃圾运输车辆达标运行。

第三十条 因重大庆典、大型群众性活动、重污染天气等管理需要，经市人民政府批准，城管、住建、公安交警、环保等部门可以对特定时间、特定区域内建筑垃圾处置实施临时管制措施。

第六章 法 律 责 任

第三十一条 违反本办法第九条第一款、第十三条第一款规定的，由城管部门责令限期改正，对施工单位处 1 万元以上 10 万元以下罚款，对建设单位、运输单位处 5000 元以上 3 万元以下罚款。

第三十二条 违反本办法第十六条规定的，按下列规定予以处罚：

（一）违反第一项规定的，由城管部门责令限期改正，处 200 元以上 1000 元以下罚款；

（二）违反第二项规定，建筑垃圾运输车辆未密闭运输的，由城管部门责令限期改正，处 500 元以上 2000 元以下罚款；

（三）违反第四项规定，建筑垃圾运输车辆未随车携带有效建筑垃圾排放处置证副本的，由城管部门处 200 元以下罚款。

第三十三条 违反本办法第二十一条第二至七项规定的，由城管部门责令限期改正，处 1000 元以上 5000 元以下罚款。

第三十四条 违反本办法第二十五条第二款规定的，由城管部门责令限期改正，处 5000 元以上 2 万元以下罚款。

第三十五条 违反本办法其他有关规定，依照《中华人民共和国大气污染防治法》、《中华人民共和国治安管理处罚法》、《湖北省城市市容和环境卫生管理条例》、原建设部《城市建筑垃圾管理规定》等法律法规规章的规定应予处罚的，由法定主管部门依法予以处罚。

第三十六条 建筑垃圾管理工作人员玩忽职守、滥用职权、徇私舞弊的，依法给予行政处分；构成犯罪的，依法追究刑事责任。

第七章 附 则

第三十七条 各县市城镇建筑垃圾处置，可参照执行本办法。

第三十八条 城区散体物料运输车辆的管理，参照本办法关于建筑垃圾运输车辆管理的有关规定执行。

第三十九条 本办法自 2018 年 1 月 1 日起施行。

3. 鄂州市建筑垃圾管理办法

（政府令第 5 号，2017 年 12 月 22 日鄂州市人民政府第 27 次常务会议审议通过，2018 年 1 月 8 日公布，自 2018 年 3 月 1 日起施行）

第一章 总 则

第一条 为加强建筑垃圾管理，维护城市市容环境，根据《中华人民共和国大气污染防治法》《中华人民共和国固体废物污染环境防治法》《湖北省城市市容和环境卫生管理条例》《城市建筑垃圾管理规定》等法律法规及规章，结合本市实际，制定本办法。

第二条 本办法适用于本市行政区域内建筑垃圾的排放、运输、消纳及综合利用等处置活动。

本办法所称建筑垃圾，是指建设单位、施工单位和个人新建、改建、扩建、平整、修缮和拆除清理各类建筑物、构筑物、管网、场地、道路、河道等以及装饰装修房屋过程中所产生的弃土（石）、弃料、余泥、泥浆及其他废弃物。

第三条 市城市管理部门是本市建筑垃圾管理的主管部门。

城乡建设主管部门负责建筑工程施工现场的文明施工管理，监督落实冲洗保洁措施，查处违反文明施工管理的违法违规行为。

公安机关负责建筑垃圾运输车辆道路通行管理。公安交警部门应当协助城市管理部门开展联合执法，依法对建筑垃圾运输违法违规车辆进行查处。

发改、经信、国土、规划、交通、环保、财政、物价、质监等相关部门按照各自职责，依法开展建筑垃圾监督管理工作。

第二章 建筑垃圾处置许可

第四条 建筑垃圾处置应当遵循减量化、资源化、无害化、再利用和"谁产生、谁承担处置责任"的原则。

第五条 建筑垃圾的排放人、运输人、消纳人应当办理《建筑垃圾核准处置许可证》。未按规定办理《建筑垃圾核准处置许可证》的单位和个人，不得从事建筑垃圾处置活动。

第六条 居民因装饰装修个人住宅产生的建筑垃圾，可不办理《建筑垃圾核准处置许可证》，但应当规范管理、合理堆放。本区域已实行物业管理的，应当按照物业管理单位指定地点临时堆放；未实行物业管理的，应当按照各区（开发区）、街道办事处指定地点临时堆放，并在 24 小时内委托取得建筑垃圾运输服务许可证的运输单位或环卫专业作业单位及时清运。

从事经营性活动的门店装修垃圾，应当办理《建筑垃圾核准处置许可证》。

第七条 申请办理《建筑垃圾核准处置许可证》应当符合下列条件：

（一）有建筑垃圾处置方案及相关资料；

（二）有与取得建筑垃圾运输服务资质的运输单位签订的运输合同；

（三）有消纳处置合同，且合同确定的消纳场所符合有关规定；

（四）法律、法规、规章规定的其他条件。

第八条 有下列情形之一的，建筑垃圾排放人、消纳人应当向原许可机关提出变更申请：

（一）建设工程施工等相关批准文件发生变更的；

（二）建筑垃圾运输合同主体发生变更的；

（三）建筑垃圾处置方案中消纳地点需要调整的；

（四）其他需要变更的情形。

第九条 有下列情形之一的，建筑垃圾运输人应当向原许可机关提出变更申请：

（一）营业执照登记事项发生变更的；

（二）《道路运输经营许可证》和所属运输车辆《车辆营运证》登记事项发生变更的；

（三）新增、变更过户、报废、遗失建筑垃圾运输车辆的；

（四）其他需要变更的情形。

第十条 建筑垃圾排放人、运输人和消纳人的变更申请符合法定条件的，原行政许可机关应当在受理申请之日起两个工作日内依法办理变更手续。

区（开发区）城市管理部门作出许可或变更决定后，应当在五个工作日内向市城市管理部门备案。

第十一条 禁止伪造、涂改、买卖、出租、出借、转让《建筑垃圾核准处置许可证》。

第三章 施 工 现 场 管 理

第十二条 施工单位应当履行下列义务：

（一）对产生的建筑垃圾及时清运，不得焚烧、高空抛洒建筑垃圾，保持工地和周边环境整洁；

（二）按照有关规定设置围挡、公示牌，硬化工地进出口道路；

（三）设置符合要求的车辆冲洗保洁设施（含冲洗池、冲洗机），配置专职保洁员，进出工地的车辆应当经冲洗保洁设施处置干净后，方可驶离工地；

（四）定期对施工现场洒水压尘，并对裸露的现场和堆放的土方采取覆盖、固化或绿化等措施；

（五）法律、法规、规章规定的其他义务。

第十三条 全市主要路段的建筑工程施工工地围挡高度应不低于 2.5 米；一般路段及市政工程施工现场、道路挖掘施工现场围栏高度应不低于 1.8 米。

施工单位应当在施工阶段，结合作业条件、施工环境等因素，在施工现场设置表示禁止、警告、指令和提示等信息的安全标志，安全标志设置必须符合国家标准。

设置围挡可能影响道路通行的，应先征求公安交警部门意见。

第十四条 建设工程施工单位进行管线铺设、道路开挖、管道清污、绿化等工程，应当按照有关规定隔离作业，并采取有效保洁措施；施工结束后 24 小时内将建筑垃圾清运完毕，并清洁路面。

第十五条 建设工程施工现场应设置固定的出入口，且出入口应当设置冲洗设施，施工现场的主要道路应进行硬化处理。

第十六条 拆除建筑物、构筑物时，应采取喷淋除尘措施并设置立体式遮挡尘土防护设施等防止扬尘。

水泥和其他细颗粒建筑材料应采取密闭存放或覆盖等措施。

第四章 建筑垃圾运输管理

第十七条 建筑垃圾运输实行特许经营。需要取得建筑垃圾运输特许经营权的单位，应当向市城市管理部门提出申请，经市城市管理部门审查批准后，取得特许经营权。

市城市管理部门应当及时向社会公布建筑垃圾运输特许经营单位名单。

第十八条 取得建筑垃圾运输特许经营权应具备下列条件：

（一）具有建筑垃圾运输企业法人资格；

（二）依法取得道路运输经营许可证；

（三）自有运输车辆数量不少于 10 辆，且均取得道路运输证；

（四）运输车辆安装全密闭运输机械装置，并按照建筑垃圾运输车辆管理规范的要求，喷涂车身颜色、车辆标识，安装北斗卫星定位系统；

（五）运输车辆驾驶员依法取得道路货物运输从业资格；

（六）具有健全的运输车辆运营、安全、质量、保养及行政管理制度并得到有效执行；

（七）具有市容环境卫生综合保洁能力；

（八）法律、法规、规章规定的其他条件。

第十九条 市城市管理部门应当会同市公安、交通、质监、经信等行政管理部门制定本市建筑垃圾运输车辆全密闭改装技术规范。

第二十条 建筑垃圾运输人应当履行下列义务：

（一）承运经城市管理部门许可处置的建筑垃圾；

（二）不得将承运的建筑垃圾业务转包或者分包；

（三）运输车辆驶出工地前自觉接受冲洗，防止车轮带泥上路污染路面；

（四）遵守道路通行规定，不得超载超限运输，不得超速行驶；

（五）保持车辆整洁，密闭运输，防止建筑垃圾飞扬撒漏；

（六）随车携带道路运输证、车辆通行证等相关证件，自觉接受监督检查；

（七）按照指定的运输路线和时间行驶；

（八）运输至经批准的消纳场地倾卸建筑垃圾，服从场地管理人员指挥，并取得回执以备查验；

（九）按照建筑垃圾分类标准实行分类运输，泥浆应当使用专用罐装器具装载运输。

第二十一条 严禁未取得建筑垃圾运输特许经营权的单位和个人承运建筑垃圾。

禁止在道路、桥梁、公共场地、公共绿地、农田、河流、湖泊、供排水设施、水利设施以及其他非指定场地倾倒建筑垃圾。

主城区范围内每日 5：30 至 20：00 期间禁止运输建筑垃圾，特殊情况需在上述时间段运输建筑垃圾的，应经市城市管理部门批准，并报市公安交警部门备案。

第二十二条 运输散体、流体物料的车辆应当密闭，不得超载超限运输，不得有泄漏、遗撒物；车辆不得轮胎带泥污染路面。

第五章 建筑垃圾消纳及综合利用管理

第二十三条 市城市管理部门应根据城乡总体规划、土地利用规划和固体废物污染防治等规划，组织编制建筑垃圾消纳场所专项规划，并组织实施。

第二十四条 建筑垃圾消纳人应当遵守下列规定：

（一）按照规定受纳、堆放建筑垃圾，不得受纳工业垃圾、生活垃圾和其他有毒有害垃圾；

（二）保持消纳场所相关设备、设施完好；

（三）保持消纳场所和周边环境整洁；

（四）记录进入消纳场所的运输车辆、受纳建筑垃圾数量等情况，定期将汇总数据报告城市管理部门。

第二十五条 建筑垃圾消纳场不得擅自关闭或无正当理由拒绝消纳建筑

垃圾。

建筑垃圾消纳场达到原设计容量或因其他原因导致建筑垃圾消纳人无法继续从事消纳活动的，建筑垃圾消纳人应当在拟停止消纳三十日前书面告知原许可机关，由原许可机关向社会公告。

建筑垃圾消纳场封场后应当按照审批的设计方案实现用地功能。

第二十六条 市、区人民政府（开发区管委会）应当将建筑垃圾综合利用项目列入科技发展规划和高新技术产业发展规划，优先安排建设用地，并在产业、财政、金融等方面给予扶持。

鼓励、引导社会资本和金融资金参与建筑垃圾综合利用项目，支持建筑垃圾再生产品的研发机构和生产企业发展。

第二十七条 利用财政性资金建设的城市环境卫生设施、市政工程设施、园林绿化设施等项目应当优先采用建筑垃圾综合利用产品。

第二十八条 城市管理部门在建筑垃圾的处置过程中，对建筑垃圾综合利用企业的生产需求，符合法定条件的应当在职权范围内优先予以安排。

第二十九条 企业使用或生产列入建筑垃圾综合利用鼓励名录的技术、工艺、设备或产品的，可按照国家有关规定享受税收优惠。

建筑垃圾综合利用企业，不得采用列入国家淘汰名录的技术、工艺和设备进行生产；不得以其他原料代替建筑垃圾生产建筑垃圾资源化利用产品。

第六章 监 督 管 理

第三十条 因重大庆典、大型群众性活动、重污染天气等管理需要，市城市管理部门根据市人民政府的决定，可以规定限制排放建筑垃圾的时间和区域。

第三十一条 建筑垃圾处置实行收费制度。建筑垃圾处置收费由政府定价，具体标准按物价主管部门的规定执行。

建筑单位或施工单位能自行按照有关规定运输处置的，不另缴费。收费单位应当在收费场所的显要位置公示收费项目和标准，接受社会监督。

建设单位在编制建设工程概算、预算时，应当专门列支建筑垃圾处置费用、文明施工措施费用。

第三十二条 建设单位在工程招投标或者发包时，应当在招标文件或者发包合同中明确施工单位在施工现场对建筑垃圾管理的具体要求和相关措施，并监督施工单位按照文件要求或合同约定文明施工。

第三十三条 城市管理等主管部门应当及时处理建筑垃圾处置投诉举报，加强日常巡查，加快建筑垃圾智慧管理平台建设；应当建立健全建筑垃圾运输诚信综合评价体系，建立企业信用档案，完善建筑垃圾运输特许经营单位市场退出机制。

第七章　法　律　责　任

第三十四条　违反本办法规定的行为，其他法律、法规、规章有行政处罚规定的，从其规定。

第三十五条　违反本办法规定，应当办理而未办理《建筑垃圾核准处置许可证》，擅自从事建筑垃圾处置活动的，由城市管理部门责令限期改正，给予警告，对施工单位处一万元以上十万元以下罚款，对建设单位、运输建筑垃圾的单位处五千元以上三万元以下罚款。

第三十六条　违反本办法规定，建筑垃圾的排放人、运输人、消纳人未按照规定办理许可变更手续的，由城市管理部门责令限期补办，处以一千元以上三千元以下罚款。

第三十七条　违反本办法规定，施工单位有下列行为之一的，由履行城乡建设职责的部门依据《中华人民共和国大气污染防治法》，按照职责责令改正，处一万元以上十万元以下的罚款；拒不改正的，责令停工整治：

（一）施工工地未设置硬质密闭围挡，或者未采取覆盖、分段作业、择时施工、洒水抑尘、冲洗地面和车辆等有效防尘降尘措施的；

（二）建筑土方、工程渣土、建筑垃圾未及时清运，或者未采用密闭式防尘网遮盖的；

（三）法律、法规、规章规定的其他情形。

第三十八条　违反本办法规定，未取得建筑垃圾运输特许经营权的单位或个人承运建筑垃圾的，由城市管理部门责令改正，对单位处以五千元以上三万元以下罚款，对个人处以二百元以下罚款。

第三十九条　违反本办法规定，运输散装、流体物料的车辆，未采取密闭或者其他措施防止物料遗撒的，由城市管理部门、公安机关依据各自职权、按照依据《中华人民共和国大气污染防治法》责令改正，处二千元以上二万元以下的罚款；拒不改正的，车辆不得上道路行驶。

车辆轮胎带泥污染路面的，由城市管理部门责令限期清除，可按照每平方米五十元的标准处以罚款。

第四十条　违反本办法规定，建筑垃圾运输人未按指定的运输路线、时间行驶的，由公安机关交通管理部门责令改正，对驾驶员处警告或者二十元以上二百元以下罚款；未将建筑垃圾运输至指定场地或向非指定场地倾倒建筑垃圾的，由城市管理部门责令限期改正，处以五千元以上五万元以下罚款。

第四十一条　违反本办法规定，建筑垃圾消纳场受纳工业垃圾、生活垃圾和有毒有害垃圾的，由城市管理部门责令限期改正，给予警告，处五千元以上一万元以下罚款。

建筑垃圾消纳场擅自关闭或无正当理由拒绝消纳建筑垃圾的，由城市管理部门责令限期改正，情节严重的，可处建筑垃圾消纳场建设费或者设施造价二倍以下罚款。

第四十二条　任何单位或者个人采用暴力、威胁等手段强行承揽建筑垃圾运输业务，或者拒绝、阻碍执法人员依法执行公务的，由公安机关按照《中华人民共和国治安管理处罚法》的有关规定予以行政处罚；情节严重构成犯罪的，依法追究刑事责任。

第四十三条　建筑垃圾相关管理部门及其工作人员在工作中徇私舞弊、滥用职权、玩忽职守或涉嫌犯罪的，依纪依法追究责任。

第八章　附　　则

第四十四条　本办法用语含义如下：

建筑垃圾排放人，是指排放建筑垃圾的建设单位、施工单位和个人。

建筑垃圾运输人，是指依法取得建筑垃圾经营性运输资质，专门从事建筑垃圾运输的企业。

建筑垃圾消纳人，是指提供消纳场的产权单位、经营单位和个人以及回填工地的建设单位、施工单位和个人。

主城区，是指以鄂黄长江大桥连接线、鄂东大道、葛山大道、鄂州大道、江碧路、吴楚大道、四海大道、樊川大道、沿江大道相连并合围的区域。

第四十五条　本办法自 2018 年 3 月 1 日起施行。

（十四）湖　南　省

1. 湖南省人民政府办公厅关于加强城市建筑垃圾管理促进资源化利用的意见（征求意见稿）

各市州、县市区人民政府，省政府各部门、各直属机构：

为加强城市建筑垃圾管理，促进建筑垃圾资源化利用和产业化发展，有效解决建筑垃圾围城和环境污染等问题，根据《固体废物污染环境防治法》、《循环经济促进法》、《城市建筑垃圾管理规定》等法律法规规定，贯彻落实《循环发展引领行动》（发改环资〔2017〕751号）和《关于推进资源循环利用基地建设的指导意见》（发改办环资〔2017〕1778号）等文件精神，现结合我省实际，提出以下意见，请认真贯彻落实。

一、指导思想

以创新、协调、绿色、开放、共享发展理念，加快推进城市生态修复和城市修补，建立健全建筑垃圾管理和资源化利用体系，深入推进建筑垃圾减量化、无害化、资源化，不断改善城乡人居环境，促进经济社会健康可持续发展。

二、总体要求

坚持统筹规划、政策引导、政府推进、示范引路、企业实施、公众参与的原则，构建"布局合理、技术先进、规模适宜、管理规范"的建筑垃圾管理体系，力争2020年建筑垃圾资源化综合利用率达到65％以上，基本实现建筑垃圾减量化、无害化、资源化利用和产业化发展。

三、重点任务

（一）实行特许经营制。根据《城市建筑垃圾管理规定》（建设部令第139号）《建设部关于纳入国务院决定的十五项行政许可的条件的规定》及《建筑垃圾资源化利用行业规范条件》，各市（州）、县（市）政府应将建筑垃圾资源化处置利用纳入特许经营管理，明确特许经营准入条件，通过公开招标，确定有技术、有实力、能处置各类建筑垃圾的特许经营企业，授予一定期限的特许经营权。获得特许经营权的企业，享有特许经营范围内建筑垃圾的收集权、处置权。鼓励各级采取PPP模式，引进社会资本参与城市建筑垃圾资源化利用工作。

（二）推进源头减量。工程建设单位要将建筑垃圾运输和处置费用纳入工程预算，工程可行性研究报告、初步设计概算和施工方案等文件应估测建筑垃圾产生量并编制处置方案。工程设计单位、施工单位应按有关规定，优化建筑设计，科学组织施工，优先就地利用、就地减量，在地形整理、工程填垫等环节合理利用建筑垃圾，鼓励和支持采用装配式建筑，推广精装修住宅，从源头降低建筑施工和房屋装修建筑垃圾产生。

（三）规范处置核准。建设单位应编制建筑垃圾处置方案，提交项目所在地城管执法部门审查；城管执法部门根据申报的建筑垃圾处置方案批准或指定运输企业、运输线路、特许经营处置企业、处置数量等内容，并将相关内容按有关规定时间书面告知建设单位、运输企业和特许经营处置企业，同时在相关信息平台上公示，接受社会监督。需外运的建筑垃圾的建设（拆除）工地，要与经核准的建筑垃圾运输企业、建筑垃圾特许经营处置企业签订运输、处置合同。任何单位和个人不得将建筑垃圾随意倾倒或填埋，确保建筑垃圾的实际产生量、运输量和处置量与城管执法部门核准的处置方案一致。对乱填乱埋、乱倾乱倒行为，依法加大查处力度。对于建筑物拆除项目，鼓励采用建筑垃圾资源化处置企业参与的联合投标，或者采用拆除、运输、资源化处置工程分开招标，优先实施建筑垃圾资源化利用处置。

（四）规范装修垃圾处置。装饰装修施工单位应当按照城市人民政府市容环卫主管部门的有关规定处置装修垃圾。居民进行房屋装饰装修活动产生的建筑垃圾，应当按照物业服务企业或者社区居民委员会指定的地点堆放，承担清运费用，并由市容环卫主管部门按照地方政府有关规定进行规范处置。

（五）推行分类集运。建筑垃圾要按工程弃土、可回用金属类、轻物质料（木料、塑料、布料等）、混凝土、砌块砖瓦类分别投放，运输单位要分类运输。禁止将其他有毒有害垃圾、生活垃圾混入建筑垃圾。

拆除化工、金属冶炼、农药、电镀和危险化学品生产、储存、使用企业建筑物、构筑物时，要先进行环境风险评估，并经环保部门专项验收达到环境保护要求后方可拆除。如发现建筑物中含有有毒有害废物和垃圾，要向当地环保部门报告，并由具备相应处置资质的单位进行无害化处置。

（六）加强运输管理。产生建筑垃圾的建设（拆除）工地必须设置相关防污降尘设施设备，硬化施工道路和工地出入口，设置车辆冲洗保洁设施，有效防止车辆带泥上路。建筑垃圾运输企业应取得建筑垃圾处置核准，所属车辆具有货箱密闭设施；要加强对所属驾驶人员和车辆的动态管控，建立运输安全和交通违法考核机制，严禁超载、超速、闯信号行驶，严禁运输车辆沿途泄漏抛洒。各地要加快推动建筑垃圾运输车辆升级换代，大力推广智能化全密闭式环保车。

（七）推进资源化利用处置基地规划建设。各级人民政府要按照《关于推进资源循环利用基地建设的指导意见》（发改办环资〔2017〕1778号）精神与要求，根据区域建筑垃圾产生量，按照资源就近利用原则，合理安排建筑垃圾资源化综合利用企业的布局、用地和规模，统筹考虑建设计划，科学编制建筑垃圾综合利用发展规划，并做好与城市总体规划、土地利用总体规划和资源综合利用规划的衔接，确保建筑垃圾综合利用的科学性和有效性。符合《划拨用地目录》的应按照《划拨用地目录》（国土资源部令第 9 号）以划拨方式供应土地；临时占用土地的，要比照公共设施及城市基础设施支持办理临时用地、规划、建设及环保等手续，并开辟绿色通道。坚决取缔个人或单位未经许可、擅自设立的消纳场。

建筑垃圾资源化利用处置基地要合理划分功能区，按照工程渣土、建筑垃圾、装修垃圾等有序分类存放，不得接收生活垃圾、工业垃圾及有毒有害垃圾。

建筑垃圾处置基地的所有生产过程不得产生粉尘、噪声、未经处理的废水与废气或其他有毒物质，以免产生二次污染，基地建设与生产应取得环保部门的许可。

（八）治理存量建筑垃圾。对现有占用农田、河渠、绿地、公路保护用地等公共用地的存量建筑垃圾，城市管理主管部门要会同有关部门，制定切实可行的治理计划和措施，确保 2020 年年底前完成治理工作。对拆除性垃圾，要明确处置责任单位和监管部门，应根据拆除垃圾量和资源化利用实际确定拆除性垃圾处置时限，防止成为新的垃圾堆场。对城区和城乡接合部现存的渣土堆，短期内不能清理的，各地应在安全加固、地形整理基础上进行绿化，所占土地产权人应予以支持、配合。

（九）推广应用建筑垃圾再生产品。1. 产品认定及推广目录。鼓励利用建筑垃圾生产再生骨料、路面透水砖、自保温砌块、市政工程构配件（具体再生产品附后）等附加值高的新型绿色建材，推动企业产品结构优化升级，拓展建筑垃圾再生产品的应用领域。对符合标准的建筑垃圾再生产品列入建筑节能与绿色建筑新技术产品推广范围，新型墙体材料、绿色建材、湖南两型产品目录、政府采购目录，并定期向社会公布。2. 应用领域。政府投资的各级城镇道路和公路、河道、公园、广场等市政基础设施工程和建筑工程均应优先使用建筑垃圾再生产品，明确产品使用的范围、比例等方面的要求。鼓励社会资本投资项目使用建筑垃圾再生产品，使用通过省、市有关部门认定的建筑垃圾再生产品的建设项目，各地应根据使用量等情况，按一定比例返还建筑垃圾处置费或给予一定补贴。3. 加快研究制订建筑垃圾再生产品的工程应用技术规程，支持制定各类建筑垃圾再生产品行业标准和地方标准、设计图集和施工验收规程，并将建筑垃圾综合利用产品的应用率纳入绿色建筑和绿色小区的评价标准体系，为推广应用提供技术和标准依据。4. 各级造价部门要认真对建筑垃圾再生产品的市场进行调查，调查情况定期向社会公布，为建筑垃圾资源化利用提供市场依据。

（十）支持建筑垃圾资源化利用企业发展。

发改部门优先办理申报材料齐全、符合规定的建筑垃圾资源化利用项目立项工作，加快办理项目备案、核准、审批等手续。国土部门优先保障建筑垃圾资源化利用项目土地利用年度计划指标。非营利性项目用地符合国土资源部《划拨用地目录》（国土资源部令第9号）的，可采取划拨方式供地；营利性项目用地根据国土资源部等六部委《关于支持新产业新业态发展促进大众创业万众创新用地的意见》（国土资规〔2015〕5号），可采取租赁、先租后让、租让结合等多种供地方式。规划部门将符合规划的建筑垃圾资源化利用处置设施建设作为重点项目，简化规划报建流程。住建部门负责建筑垃圾资源化利用项目的特许经营权出让工作，监督指导区（市）县建筑垃圾资源化利用项目特许权招商出让工作。环保部门加快办理符合政策要求和环保准入规定的建筑垃圾资源化利用项目环评审批手续，加快审批项目环境影响登记表、报告表、报告书等。水务部门加快办理符合水土保持和水源地保护的建筑垃圾资源化利用项目水土保持方案审批、评估认证等手续。财政、税务部门要依据有关文件精神，积极帮助生产企业落实国家有关资源综合利用的优惠政策。鼓励总承包企业和建筑垃圾资源化利用企业，采用联合体的方式进行投标，也可采用"再生产品＋专业服务＋总承包"的模式。对于使用规定比例的建筑垃圾再生产品的工程项目，在评优评奖时给予适当加分。

（十一）加快建筑垃圾再生利用装备研发。将建筑垃圾处理和资源化利用技术和装备研发列入省级科技发展规划和高技术产业发展规划，并安排财政性资金予以支持；鼓励和支持对城市建筑垃圾、道路垃圾、污泥、盾构土等城市固体废弃物，设定固体废弃物循环再利用基地，进行协同处置。鼓励"学、产、研、用"合作，开展再生骨料强化技术、再生建材生产技术、再生细粉活化技术、专用添加剂技术等研发，加快推进再生产品规范化、标准化，扩大再生产品应用范围，提高再生产品附加值。鼓励装备制造企业与建筑垃圾资源化利用企业合作，自主研发或在引进、消化、吸收的基础上，积极研发新型建筑垃圾处理和资源化利用成套装备，促进我省装备制造业发展。

四、组织保障

（十二）加强组织领导。各市（州）、县（市、区）人民政府要高度重视加强建筑垃圾管理促进资源化利用工作，强化组织领导，建立健全工作机制，明确目标任务，认真研究解决重大事项，确定牵头部门和协调配合部门的职责，制定本地建筑垃圾管理资源化利用相关办法和配套政策，确保十项重点任务有效推进。省发展改革委、省经济和信息化委、省公安厅、省国土资源厅、省住房城乡建设厅、省交通运输厅、省财政厅、省环保厅、省地税局、省物价局等部门要根据工作职责，认真做好建筑垃圾管理和资源化利用相关工作，加强工作配合，形成工作合力。

（十三）各市（州）要建立建筑废弃物综合信息管理平台，公布建筑废弃物产生量、运输与处置量、建筑废弃物处置设施、有许可资质的运输企业和车辆等基础信息，公开工程槽土和建筑垃圾再生产品供求信息，实现共享。建立健全动态、闭合的建筑废弃物全过程监管制度，对建筑废弃物种类、数量、运输车辆和去向等情况实行联单管理。

（十四）加大宣传力度。充分发挥舆论导向和媒体监督作用，多渠道广泛宣传加强建筑垃圾管理促进资源化利用的重要性，增强公众的资源节约意识、环保意识，普及建筑垃圾管理和资源化利用的基本知识，提高公众规范处置建筑垃圾的自觉性，发挥人民群众监督建筑垃圾处置的积极性，营造全社会理解和支持建筑垃圾资源化利用的良好氛围。

（十五）加强监督考核。将建筑垃圾管理和资源化利用工作纳入省新型城镇化考核和年度绩效考核内容，对工作不力的市、县（市）按规定进行扣分，对工作成效突出按规定给予加分。各市、县级政府要参照进行考核，确保责任落实。各级住房城乡建设、城市管理、公安交警、环保等部门要加强对建筑垃圾运输与处置的监督检查，严厉打击违法违规行为。

湖南省住房和城乡建设厅

2017 年 3 月 2 日

2. 长沙市建筑垃圾资源化利用管理办法

长政办发〔2017〕20 号

第一章 总 则

第一条 为加强对城市建筑垃圾资源化利用管理，保护生态环境，促进循环经济发展，根据《城市建筑垃圾管理规定》（建设部令第 139 号）、《长沙市城市管理条例》及《长沙市人民政府关于印发〈长沙市城市建筑垃圾运输处置管理规定〉的通知》（长政发〔2015〕15 号）等有关规定，结合我市建筑垃圾资源化利用实际情况，制定本办法。

第二条 本市行政区域内建筑垃圾资源化利用及其监督管理活动，适用本办法。

第三条 本办法所称建筑垃圾是指拆除各类建筑物、构筑物、市政道路、管网等过程中所产生的废弃物。建筑垃圾资源化利用，是指以建筑垃圾作为主要原材料，通过技术加工处理制成具有使用价值、达到相关质量标准，经相关行政管理部门认可的再生建材产品及其他可利用产品。

建筑垃圾资源化利用包括收集运输、加工处里和综合利用三个步骤。

第四条　建筑垃圾资源化利用遵循统筹规划、政府推动、市场引导、物尽其用的原则，实现建筑垃圾的资源化、减量化、无害化。

第五条　本办法所称建设单位，是指房屋征收部门或者建筑物、构筑物的所有权人。

本办法所称运输企业，是指取得我市建筑垃圾运输处工资质，将建筑垃圾运送至建筑垃圾处三场所的企业。

本办法所称处置企业，是指从事建筑垃圾加工处理，使之成为可供资源化利用的原材料加工企业。

本办法所称综合利用企业，是指利用经过处理后的建筑垃圾原材料生产再生建材产品的生产企业。

第二章　建筑垃圾收集与运输

第六条　建设单位应与运输企业依法签订建筑垃圾承运合同（合同样本由市城管执法局提供）。

第七条　城管执法部门应将运输企业和处三企业的地址、负责人联系方式以及建筑垃圾的处置方式、去向等在行政许可过程中向社会公示，接受监督和受理举报。

第八条　城管执法部门应加强监管，确保运输企业将建筑垃圾就近运送至约定的处工企业，对运输企业和运输过程进行管理。

第三章　建筑垃圾处置与综合利用

第九条　建设单位应编制建筑垃圾处置方案，在办理建筑垃圾处置许可时提交城管执法部门审查。

建筑垃圾处置方案应当包括以下内容：

（一）工程名称、地点、拆除建筑面积；

（二）建设单位、运输企业、处置企业的名称及其法定代表人姓名；

（三）建筑垃圾的种类、数量；

（四）建筑垃圾分类、运输、污染防治及处置措施。

第十条　城管执法部门根据申报的建筑垃圾处置方案批准运输企业、运输路线、处置企业、处置数量等内容，并将相关内容书面告知建设单位、运输企业和处置企业。

任何单位和个人不得将建筑垃圾随意倾倒或填埋，确保建筑垃圾的实际产量、运输量和处工量与城管执法部门核准的处置方案一致。

第十一条 处工企业处三场地应符合建筑垃圾处置场地管理规定，向社会公开征求选址意见，并具备以下条件：

（一）不得选址于饮用水源保护区、地下水集中供水水源地等；

（二）有建筑垃圾原料堆场及建筑垃圾再生产品堆场，堆场面积应满足正常生产的需求；

（三）具备相关专利技术，确保能大量利用包括质Ⅰ较差的废旧渣砖、砌块等在内的建筑垃圾，不得只选择性的处置废旧混凝土；

（四）有一条以上建筑垃圾处置加工生产线，具有一定处置能力；

（五）应进行环境影响评价，取得相关环评手续，对月边环境及居民无影响。

第十二条 综合利用企业应具备以下条件：

（一）产品以经处置企业加工的建筑垃圾再生原材料为主要原料；

（二）有固定的生产场地和生产设备，拥有一条以上再生沥青、再生水稳或再生砖石等建筑垃圾再生产品生产线，具有一定的再生产品年生产能力；

（三）应进行环境影响评价，取得相关环评手续，对月边环境及居民无影响；

（四）产品应当符合国家和地方的产业政策、建材及新型培材的有关规定，质量符合相关标准要求。

第十三条 处置企业和综合利用企业应当按照环境保护有关规定处理生产过程中产生的污水、粉尘、噪声等，防止二次污染。鼓励综合利用企业利用中水和其他再生水进行生产。

第四章 激 励 政 策

第十四条 处置企业可在建筑垃圾运输抵达并完成处置后向住房城乡建设部门申请建筑垃圾处置费用补贴。补贴资金按实际处置的建筑垃圾数量核算，核算及资金拨付工作由住房城乡建设部门牵头，财政、城管执法部门配合。补贴标准为3.0元/立方米，补贴费用从收取的建筑垃圾处置费中列支。

第十五条 经建设行政部门核准的综合利用企业生产的再生产品符合国家资源化利用鼓励和扶持政策的，按照国家有关规定享受增值税返退等优惠政策。

第十六条 建筑垃圾再生产品符合相关要求的，列入两型产品目录和政府采购目录，定期向社会公布。

第十七条 政府投资的城市道路、河道、公园、广场等市政工程和建筑工程均应优先使用建筑垃圾再生产品，鼓励社会投资项目使用建筑垃圾再生产品。

第十八条 在工程项目招投标时，使用省市两级政府两型产品目录中的建筑垃圾再生产品的投标主体，根据再生产品应用比例，按照《长沙市人民政府办公厅关于做好长沙市两型产品推广使用工作的通知》（长政办函〔2015〕99号）精神，给予总分1—3分的加分。

第五章　组　织　保　障

第十九条　建立建筑垃圾资源化利用工作协调机制，住房城乡建设、城管执法、发改、经济和信息化、科技、公安、财政、国土资源、交通运输、规划、环保、税务等部门和芙蓉区、天心区、岳麓区、开福区、雨花区人民政府参与。各部门应当依法各司其职，加强联合管理，住房城乡建设委统筹协调，共同做好建筑垃圾资源化利用管理工作。

第二十条　建筑垃圾资源化利用管理工作各职能部门分工如下：

市住房城乡建设委牵头负责全市建筑垃圾资源化利用工作，建筑垃圾处置量核算和补贴资金拨付工作，管理建筑垃圾资源化利用企业；组织建筑垃圾资源化利用再生产品的应用推广。

市城管执法局负责指导、协调、监督、检查全市建筑垃圾处置管理工作；管理建筑垃圾处置企业，审批建筑垃圾处置方案，核发建筑垃圾处置许可证、建筑垃圾运输车辆准运证；配合住房城乡建设部门进行建筑垃圾处置量核算和补贴资金拨付，管理市属建筑垃圾固定受纳场、建筑垃圾中转场所。

市发改委负责研究促进建筑垃圾资源化再利用的政策措施；安排建筑垃圾资源化再利用重大项目。

市经济和信息化委负责组织开展建筑垃圾资源化利用技术及装备研发，参与制定产业扶持政策。

市科技局负责支持开展建筑垃圾资源化再利用技术及装备研发和产业化。

市财政局负责落实有关建筑垃圾资源化利用的财政补贴，配合住房城乡建设部门进行建筑垃圾处置量核算和补贴资金拨付。

市国税局负责落实有关建筑垃圾资源化利用及再生建材产品的税收优惠政策。

市国土资源局、市规划局负责对新建、改建、扩建的资源化利用建筑废弃物项目在规划、土地手续审批等方面给予重点保障。

市公安局交警支队负责对无货车通行证和无牌、套牌、污损号牌、拼装建筑垃圾运输车及建筑垃圾运输车超高、超载等交通违法行为进行查处。

市交通运输局负责对无营运证的建筑垃圾运输车辆进行查处，并在公路修建中推广应用建筑垃圾再生骨料。

市环保局负责建筑垃圾环境污染防治的监督管理，会同有关部门对涉及建筑垃圾的环境违法行为依法进行查处。

其他有关部门在各自的职责范围内对建筑垃圾实施监督管理。

芙蓉区、天心区、岳麓区、开福区、雨花区人民政府负责组织辖区内建筑垃圾资源化利用工作，按照《长沙市渣土弃主场布局规划（2015－2020）》落实建筑垃圾受纳场，协调临时受纳场用地，查处违法排放、运输、中转、受纳建筑垃圾的行为。

望城区和长沙县、浏阳市、宁乡市人民政府参照本办法负责行政区域内建筑垃圾资源化利用的管理工作。

第六章 附 则

第二十一条 轨道交通工程及其他建设工程产生的建筑垃圾和渣土的资源化利用参照本办法执行。

第二十二条 本办法自 2017 年 6 月 1 日起施行。

2017 年 4 月 27 日

（十五）福 建 省

1. 福州市建筑垃圾处置管理办法

（福州市人民政府令第 73 号，2017 年 6 月 8 日市政府第 19 次常务会议通过，2017 年 6 月 29 日发布，自 2017 年 8 月 1 日起施行）

第一条 为加强对建筑垃圾处置的管理，维护城市市容环境卫生，根据《中华人民共和国固体废物污染环境防治法》《国务院关于建立完善守信联合激励和失信联合惩戒制度加快推进社会诚信建设的指导意见》《城市建筑垃圾管理规定》和《福州市市容和环境卫生管理办法》等有关规定，结合本市实际，制定本办法。

第二条 在本市规划区范围内处置建筑垃圾应当遵守本办法。

本办法所称的建筑垃圾处置是指单位和个人新建、改建、扩建、修缮、拆除、清理各类建筑物、构筑物、管网等过程中所产生的淤泥、余渣、泥浆及其他垃圾的排放、中转、运输、回填和消纳活动。

第三条 市市容环境卫生行政主管部门负责本市规划区建筑垃圾管理工作，组织实施本办法。县（市）区市容环境卫生行政主管部门负责辖区建筑垃圾的管理工作。

公安机关交通管理部门负责建筑垃圾运输车辆道路交通安全的监督管理工作。

建设、城乡规划等行政主管部门以及乡（镇）人民政府、街道办事处应当按照各自职责配合做好建筑垃圾处置管理工作。

第四条 单位或个人处置建筑垃圾的，应当委托具有建筑垃圾准运资格的企业运输。个人和未取得建筑垃圾准运资格的企业不得从事建筑垃圾运输活动。

第五条 申请从事建筑垃圾（渣土）运输的，应当具备下列条件：

（一）具有运输企业法人资格；

（二）取得由道路运输管理机构核发的道路普通货物运输经营许可；

（三）自有不少于 10 辆符合本市建筑垃圾专用运输车辆技术规范的智能环保建筑垃圾车，机动保洁车不少于 2 辆，冲洗车不少于 1 辆；

（四）运输车辆在本市登记报牌，车况完好，车型、装备等符合要求；

（五）有与车辆规模相适应的专用停车场所；

（六）有健全的安全生产管理制度；

（七）五年内未被记入本市公共信用信息平台失信主体记录。

第六条 申请从事建筑垃圾（二次装修垃圾）运输的，应当具备本办法第五条第（一）、（二）、（四）、（五）、（六）、（七）项规定的条件，且有不少于5辆符合本市轻型自卸专用运输车辆技术规范的智能环保建筑垃圾车，机动保洁车不少于1辆，冲洗车不少于1辆。

第七条 本办法第五条、第六条所称的本市建筑垃圾专用运输车辆技术规范和轻型自卸专用运输车辆技术规范，由市市容环境卫生行政主管部门颁布实施。

第八条 具备本办法规定条件的建筑垃圾运输企业应当向市市容环境卫生行政主管部门提出申请并提交相应材料。市市容环境卫生行政主管部门审查符合条件的，向申请的企业颁发建筑垃圾准运证，并按企业运输车辆数量配发运输标识，一车一标识，标识上载明建筑垃圾准运证号码及运输车辆类型、号码等。

市市容环境卫生行政主管部门应当将核发建筑垃圾准运证情况向社会公示。

第九条 建筑垃圾运输企业取得准运证后增加的运输车辆应当符合第五条、第六条相关规定，并向市市容环境卫生行政主管部门申请增加配发运输标识；运输车辆报废或者转让的，应当到市市容环境卫生行政主管部门办理运输标识注销或者变更手续。

第十条 取得建筑垃圾准运资格的运输企业需要运输建筑垃圾的，应当提供与建设单位（或施工单位）签订的建筑垃圾承运合同向市市容环境卫生行政主管部门备案。市市容环境卫生行政主管部门应当与建设单位、施工单位以及运输企业三方签订市容环境卫生责任书，并向运输企业配发车辆运输单，运输单记载下列事项：

（一）建筑垃圾的种类、数量；

（二）运输车辆行驶路线和时间；

（三）卸放建筑垃圾的指定地点。

建筑垃圾运输车辆需经过限行道路的，运输企业应当向公安机关交通管理部门申请市区临时通行证。

第十一条 市、县（市）区市容环境卫生行政主管部门应当建立健全建筑垃圾运输企业综合考核评价体系，加强监管，对信誉优良的建筑垃圾运输企业给予扶持，对违法失信企业依法予以限制。

市市容环境卫生行政主管部门应当定期对运输企业建筑垃圾运输车辆密闭性能、车容车貌等进行检查。对不符合规范要求的车辆撤销运输标识；检验不合格的车辆不得从事建筑垃圾运输。

第十二条 建筑垃圾运输企业应当加强对所属运输车辆及其驾驶员的管理，

建立建筑垃圾运输车辆和驾驶员的动态管理制度，并实时将相关信息录入数据库，与市市容环境卫生行政主管部门建立的全市建筑垃圾处置监控平台共享信息。

第十三条 建筑垃圾运输企业的下列运输车辆禁止在市区办理过户手续：

（一）不符合本办法第五条、第六条规定的车辆；

（二）违法行为未处理的车辆；

（三）记入本市公共信用信息平台失信主体记录的车辆。

第十四条 建设施工场地应当设置规范的净车出场设施，运输建筑垃圾的车辆离开施工场地前应当冲洗车辆，净车出场。

运输车辆应当适量装载，随车携带建筑垃圾运输单，并按指定的时间、路线行驶，运输途中不得泄漏、遗撒。

建筑垃圾运输车辆应当定期清洁保养，保持车况完好，符合建筑垃圾运输要求。

第十五条 建筑垃圾消纳场由市人民政府根据城市规划和有关规定，按照就近适用的原则统一设置，由所在地县（市）区人民政府统一管理，市市容环境卫生行政主管部门统一监管、调剂使用。

任何单位或者个人不得擅自设置建筑垃圾消纳场。

第十六条 建筑垃圾消纳场应当配备相应的碾压、降尘、照明等机械和设备，有排水、消防等设施，出入口道路应当硬化并设置规范的净车出场设施。

第十七条 建设项目的建设单位或者施工单位需要消纳建筑垃圾回填基坑、洼地的，应当向市市容环境卫生行政主管部门备案，由市市容环境卫生行政主管部门统一安排、调剂使用。

消纳建筑垃圾时，建设单位、施工单位和建筑垃圾运输企业应当指派管理人员进行现场监督。

第十八条 乡（镇）人民政府、街道办事处应当根据实际，按照方便居民和利于保洁的原则，组织小区物业或村（居）民委员会设置二次装修垃圾临时堆放点或者收集容器。临时堆放点应当围蔽，并设专人管理。

第十九条 鼓励和引导社会资本参与建筑垃圾综合利用项目，对建筑垃圾综合利用项目在资金等方面给予扶持。

利用财政性资金建设的城市环境卫生设施、市政工程设施、园林绿化设施等项目应当优先使用建筑垃圾综合利用产品。

鼓励新建、改建、扩建的各类工程项目在保证工程质量的前提下，优先使用建筑垃圾综合利用产品。鼓励建设单位、施工单位优先使用可现场回收利用的建筑垃圾。

第二十条　违反本办法规定，单位或者个人将建筑垃圾交给无准运证运输企业或个人处置的，由城市管理执法部门责令限期改正，依据《城市建筑垃圾管理规定》对施工单位处 10 万元罚款，对其他单位或者个人处 3 万元罚款。

第二十一条　违反本办法规定，建筑垃圾运输车辆离开施工场地未冲洗车辆的，由城市管理执法部门责令施工企业改正，限期清洗路面，并承担清洗费用，同时按每车次处以 2000 元罚款，可依据有关法规规定暂扣运输车辆。

第二十二条　违反本办法规定，建筑垃圾运输企业有下列行为之一的，由城市管理执法部门责令限期改正，依据有关法规规定暂扣运输车辆，并处以罚款；对受污染的路面，由城市管理执法部门责令运输企业限期清洗，并承担清洗费用：

（一）未经批准运输建筑垃圾的，处 3 万元罚款；

（二）运输车辆未取得运输单进行运输、倾倒的，每车次处 5000 元罚款；

（三）运输车辆未密闭运输建筑垃圾的，每车次处 1 万元罚款；

（四）运输过程滴、撒、漏的，依据有关规定处 5 万元罚款；

（五）未按指定地点卸放建筑垃圾的，处 3 万元罚款。

第二十三条　违反本办法规定，擅自设立消纳场消纳建筑垃圾，由城市管理执法部门责令其限期清理，恢复原状，并依法处以罚款；逾期未恢复原状的，城市管理执法部门可代为清理，费用由违法当事人承担。

第二十四条　运输车辆有下列违法行为之一的，由作出处罚的部门将该车及驾驶员记入本市公共信用信息平台失信主体记录，且该车驾驶员不得从事建筑垃圾运输活动，市市容环境卫生行政主管部门不予配发建筑垃圾运输单，公安机关交通管理部门不予办理市区临时通行证：

（一）建筑垃圾运输车辆驾驶员发生一次致人死亡且负同等以上责任的道路交通事故；

（二）一个月内因遮挡号牌、污损号牌、未悬挂或不按规定悬挂号牌、违反交通信号灯通行、超速 50%（高速公路、城市快速路超速 20%）以上、驶入二环路高架桥、在学校门口发生交通违法行为、占用非机动车道行驶、遇人行横道线不避让行人（或者非机动车）、非法改装车辆或者人为屏蔽（破坏）卫星定位系统被处罚 2 次以上。

第二十五条　运输企业有下列情节特别严重的违法行为之一的，由作出处罚的部门将该运输企业记入本市公共信用信息平台失信主体记录，由市市容环境卫生行政主管部门采取禁入措施，撤销该企业准运资格，三年内不予核准其许可：

（一）一年内所辖运输车辆有 2 辆以上发生致人死亡且负同等以上责任的道路交通事故；

（二）所辖运输车辆单车月累计受到城市管理执法部门处罚 10 次以上，或者因遮挡号牌、污损号牌、未悬挂或不按规定悬挂号牌、违反交通信号灯通行、超速 50％（高速公路、城市快速路超速 20％）以上、驶入二环路高架桥、在学校门口发生交通违法行为、占用非机动车道行驶、遇人行横道线不避让行人（或者非机动车）、非法改装车辆的违法行为，单车月累计受到公安机关交通管理部门处罚 5 次以上；

（三）所辖运输车辆单月有 10 辆以上记入本市公共信用信息平台失信主体记录。

第二十六条 市容环境卫生等行政主管部门及其工作人员滥用职权、玩忽职守、徇私舞弊的，依法给予处分；构成犯罪的，依法追究刑事责任。

第二十七条 本办法自 2017 年 8 月 1 日起施行。市人民政府于 2007 年 8 月 21 日颁布的《福州市建筑垃圾和工程渣土处置管理办法》（福州市人民政府令第 37 号）同时废止。

（十六）宁夏回族自治区

1. 银川市建筑垃圾管理条例

（2013 年 6 月 28 日银川市第十四届人民代表大会常务委员会第 5 次会议通过 2013 年 7 月 31 日宁夏回族自治区第十一届人民代表大会常务委员会第 5 次会议批准 2013 年 8 月 12 日银川市人民代表大会常务委员会公告公布自 2013 年 10 月 1 日起施行）

第一章 总 则

第一条 为了加强对建筑垃圾处置的管理，维护城市市容环境卫生，根据有关法律法规，结合本市实际，制定本条例。

第二条 本市行政区域内建筑垃圾的排放、运输、消纳、综合利用等处置环节及其相关管理活动，适用本条例。

本条例所称建筑垃圾是指在新建、改建、扩建、拆除各类建筑物、构筑物、管网、道路设施、装饰维修房屋所产生的渣土、弃料及混凝土罐车产生的废弃物等。

第三条 市城市管理部门是本市建筑垃圾管理的主管部门，具体负责市辖区建筑垃圾的管理工作；市辖区城市管理部门根据市城市管理部门的委托负责建筑垃圾的相关管理工作。

县（市）城市管理部门负责本辖区内建筑垃圾管理工作，并接受市城市管理部门的监督指导。

建设、住房保障、规划、环境保护、交通运输、公安机关交通管理等部门按照各自职责做好建筑垃圾管理工作。

第四条 市、县（市）人民政府应当将建筑垃圾消纳场建设纳入国民经济和社会发展规划；建筑垃圾消纳场建设规划应当符合城乡总体规划和土地利用规划，并与固体废物污染防治等行业专项规划相衔接。

第五条 建筑垃圾处置应当坚持城乡统筹和综合利用的原则，逐步建立和完善建筑垃圾处置的社会化服务体系。

第六条 市人民政府应当建立和完善建筑垃圾运输全程监控系统和信息共享平台，加强对建筑垃圾排放、运输、消纳等处置活动的监督管理。

第七条　任何单位或者个人对违反建筑垃圾管理的行为有权进行举报。

市、县（市）城市管理部门应当设立投诉、举报电话。接到投诉、举报后，应当及时查处，并将处理情况答复投诉、举报人。建筑垃圾违法处置投诉属其他部门管理的，应当及时转交相关部门查处。

第二章　建筑垃圾排放运输管理

第八条　建筑垃圾排放单位不得将建筑垃圾和生活垃圾、危险废物混合处置。

第九条　排放建筑垃圾的建设工地应当符合下列要求：

（一）工地周边设置符合相关技术规范的围挡设施；

（二）工地出口实行硬化，设置洗车槽、车辆冲洗设备和沉淀池并有效使用；

（三）施工期间采取措施避免扬尘，拆除建筑物应当采取喷淋除尘、设置立体式遮挡尘土防护设施等措施；

（四）设置建筑垃圾专用堆放场地，并及时清运建筑垃圾；

（五）各类建设工程在项目竣工时，应当将工地的剩余建筑垃圾清运干净。

因施工场地限制，无法达到前款第（二）项规定的，经所在市、县（市）城市管理部门批准，可以采取其他相应处置措施。

第十条　处置建筑垃圾的单位应当向市、县（市）城市管理部门申请办理建筑垃圾处置证，并提交以下材料：

（一）建筑垃圾排放量及核算的相关资料；

（二）建筑垃圾处置方案，包括建筑垃圾的分类、排放地点、数量、运输路线、消纳地点和回收利用等事项。

第十一条　市、县（市）城市管理部门应当在接到申请之日起三个工作日内作出决定。对符合条件的，核发建筑垃圾处置证；对不符合条件的，不予核发，并书面告知理由。

需要延期的，应当在期限届满五日前向市、县（市）城市管理部门提出延期申请。

第十二条　取得建筑垃圾处置证的单位，应当到公安机关交通管理部门办理准运证件。

禁止将建筑垃圾交未给取得建筑垃圾准运证件的单位或者个人运输。

第十三条　禁止伪造、涂改、出租、出借、转让及使用过期的建筑垃圾处置证。

第十四条　居民住宅装饰装修房屋所产生的建筑垃圾，有物业服务的由物业服务企业代为统一收集、运输至市、县（市）城市管理部门指定的消纳场。

无物业服务的居民小区，由街道办事处代为统一收集、运输。代为收集、运输的费用由产生建筑垃圾的居民承担。

第十五条 处置建筑垃圾的单位应当与市、县（市）城市管理部门签订运输线路的环境卫生保洁责任书。责任书内容应当包括行驶的时间、线路、保洁要求、责任保证等。

第十六条 运输建筑垃圾应当符合下列要求：

（一）运输车辆应当设置密封式加盖装置，并实施完全密闭式运输，保持车辆整洁，不得沿途丢弃、泄漏、遗撒，禁止车轮、车厢外侧带泥行驶；

（二）承运经批准处置的建筑垃圾；

（三）将建筑垃圾运输至经批准的消纳场；

（四）运输车辆应当随车携带建筑垃圾准运证件；

（五）按照建筑垃圾分类标准实行分类运输，泥浆、混凝土应当使用专用罐装器具装载运输；

（六）按照规定的时间和路线运输。

第三章　建筑垃圾消纳管理

第十七条 市、县（市）人民政府应当在本行政区域内建设相应数量的建筑垃圾消纳场，统一消纳建筑垃圾。

建筑垃圾消纳场应当有完备的排水设施、道路、机械设备和照明设施，入场的建筑垃圾应当及时消纳。

第十八条 下列区域不得建设建筑垃圾消纳场：

（一）饮用水水源保护区；

（二）洪泛区、泄洪道及周边区域；

（三）法律、法规规定的其他区域。

第十九条 建筑垃圾消纳场的管理单位应当遵守下列规定：

（一）按照规定消纳和堆放建筑垃圾，不得消纳其他物料；

（二）保持消纳场道路畅通，相关设备和设施正常使用；

（三）保持消纳场和周边环境整洁；

（四）对进入消纳场的运输车辆、消纳建筑垃圾数量等情况进行记录，并定期将汇总数据报市、县（市）城市管理部门。

第二十条 建筑垃圾运输车辆进入消纳场，应当服从消纳场管理人员的指挥，按要求倾卸。

第二十一条 建筑垃圾消纳场不得消纳工业垃圾、生活垃圾、易燃易爆和有毒有害垃圾或者其他危险废弃物。

第二十二条　建筑垃圾消纳场的管理单位，不得擅自关闭或者拒绝消纳建筑垃圾。消纳场达到原设计容量或者因其他原因导致无法继续消纳的，应当书面告知市、县（市）城市管理部门。

第二十三条　禁止在城市道路、桥梁、公共场地、公共绿地、水域、供排水设施、农田水利设施或者其他非指定场地倾倒建筑垃圾。

第四章　建筑垃圾综合利用

第二十四条　市、县（市）人民政府应当制定生产、销售、使用建筑垃圾综合利用产品的优惠政策。鼓励和引导社会投入参与建筑垃圾综合利用和再生资源利用项目，逐步提高建筑垃圾综合利用产品在建设工程项目中的使用比例。

第二十五条　鼓励道路工程的建设单位在满足使用功能的前提下，优先选用建筑垃圾作为路基垫层。

鼓励新建、改建、扩建工程项目在同等价格、同等质量及满足使用功能的前提下，优先使用建筑垃圾综合利用产品。

第二十六条　相关企业生产建筑垃圾综合利用产品，应当符合国家和地方的产业政策、建材革新的有关规定及产品质量标准。建筑垃圾综合利用产品的主要原料应当使用建筑垃圾。不得采用列入淘汰名录的技术、工艺和设备生产建筑垃圾综合利用产品。

第五章　法　律　责　任

第二十七条　违反本条例规定，建筑垃圾排放单位将生活垃圾、危险废物与建筑垃圾混合处置的，由市、县（市）城市管理部门责令改正，处以五千元以上一万元以下罚款。

第二十八条　违反本条例规定，排放建筑垃圾的建设工地有下列情形之一的，由城市管理部门责令限期改正；逾期不改正的，处以五千元以上一万元以下罚款：

（一）未设置符合相关技术规范的围挡设施的；

（二）未实行硬化及设置洗车槽、车辆冲洗设备和沉淀池并有效使用的；

（三）施工期间未采取措施避免扬尘的；

（四）拆除建筑物未采取喷淋除尘、设置立体式遮挡尘土防护设施等措施的。

第二十九条　违反本条例规定，排放建筑垃圾的建设工地未设置建筑垃圾堆放场地或者建设工程项目竣工后，未将建筑垃圾清运干净的，由市、县（市）城市管理部门责令限期清运；逾期不清运的，由市、县（市）城市管理部门代为清理，清理费用由排放建筑垃圾的单位承担，并处以一万元以上三万元以下罚款。

第三十条 违反本条例规定，未办理建筑垃圾处置证处置建筑垃圾的或者伪造、涂改、出租、出借、转让、使用过期的建筑垃圾处置证的，由市、县（市）城市管理部门责令改正，处以一万元以上三万元以下罚款。

第三十一条 违反本条例规定，将建筑垃圾交给未取得建筑垃圾准运证件的单位或者个人运输的，由市、县（市）城市管理部门责令限期改正；逾期不改正的，处以五千元以上二万元以下罚款。

第三十二条 违反本条例规定，有下列情形之一的，由市、县（市）城市管理部门责令改正，处以五百元以上二千元以下罚款：

（一）未设置密封式加盖装置运输建筑垃圾的；

（二）车轮、车厢外侧带泥行驶，沿途丢弃、泄漏、遗撒建筑垃圾的；

（三）未随车携带准运证件的；

（四）未按照规定的时间和路线运输建筑垃圾的。

第三十三条 违反本条例规定，建筑垃圾未实行分类运输或者泥浆、混凝土未使用专用罐装器具装载运输的，由市、县（市）城市管理部门责令改正，处以五千元以上二万元以下罚款。

第三十四条 违反本条例规定，建筑垃圾消纳场的管理单位有下列情形之一的，由市、县（市）城市管理部门责令改正，处以五百元以上一千元以下罚款：

（一）未保持消纳场设备、设施正常使用的；

（二）未对进入消纳场的运输车辆和建筑垃圾进行记录和数据汇总的。

第三十五条 违反本条例规定，建筑垃圾消纳场消纳工业垃圾、生活垃圾、易燃易爆和有毒有害垃圾或者其他危险废弃物的，由市、县（市）城市管理部门责令限期改正；逾期不改正的，处以五千元以上一万元以下罚款。

第三十六条 违反本条例规定，在城市道路、桥梁、公共场地、公共绿地、水域、供排水设施、农田水利设施或者其他非指定场地倾倒建筑垃圾的，由市、县（市）城市管理部门责令限期清理；逾期不清理的，由市、县（市）城市管理部门代为清理，清理费用由倾倒建筑垃圾者承担，并处以每立方米一百元以上三百元以下的罚款。

第三十七条 市、县（市）城市管理部门和相关管理部门及工作人员在建筑垃圾管理工作中玩忽职守、滥用职权、徇私舞弊的，依法给予处分；构成犯罪的，依法追究刑事责任。

第六章 附 则

第三十八条 本条例自 2013 年 10 月 1 日施行。

2. 银川市关于推进建筑垃圾资源化利用工作的实施意见

银政办规发〔2018〕5 号

开展建筑垃圾资源化利用工作对于净化城市环境、节约资源、促进节能减排具有重要意义。根据《中共中央、国务院关于进一步加强城市规划建设管理工作的若干意见》要求五年内基本建立建筑垃圾回收和再生利用体系的精神，为进一步加强城市建筑垃圾管理，促进建筑垃圾资源化利用和产业化发展，有效解决建筑垃圾环境污染问题，减少土地占用，推进资源节约型、环境友好型社会建设，推动建筑建材业循环经济发展，现就加快推进我市建筑垃圾资源化利用工作，结合银川实际，特制定实施意见如下：

一、指导思想

以党的十九大精神、习近平新时代中国特色社会主义思想、自治区第十二次党代会精神和市委"绿色、高端、和谐、宜居"城市发展理念为指导，按照循环经济发展理念，坚持"统筹规划、政策引导、企业运作、规范管理"原则，以构建布局合理、管理规范、技术先进的建筑垃圾资源化利用处置体系为重点，创新工作机制，着力推进行业管理方式、环境治理方式、综合利用方式、资金投入方式"四个转变"，努力推动我市建筑垃圾收运处置工作的转型升级，持续提升我市的建筑垃圾资源化利用率，促进我市环境质量有效改善。

二、工作目标

按照建筑垃圾无害化处理、资源化利用、产业化发展的总体思路，遵循"源头控制有力、运输监管严密、消纳处置有序、执法查处严厉"的原则，大力推进建筑垃圾资源化利用项目的实施，完善政府监管工作机制，构建建筑垃圾长效管理机制，实现全面的资源化利用，维护整洁优美有序的城市环境，促进循环经济和生态文明建设。

本实施意见适用范围为兴庆区、金凤区、西夏区，灵武市、永宁县、贺兰县参照执行。

三、各部门工作职责

建筑垃圾管理工作涉及面广、工作难度大。各部门要各司其责、加强协调配合，形成联合管控机制。

各辖区人民政府：负责辖区范围内建筑垃圾日常管理工作。建立健全建筑垃圾日常管理机构和专业执法监督队伍；高效融合管理与执法手段，提高执法效果；加强建筑垃圾源头、运输、处置全过程管理；严格各类工地建筑垃圾数量核实、去向跟踪等管控机制；严格查处建筑垃圾收运过程中的违法违章等行为。

市城管局：牵头负责市区建筑垃圾日常指导监督工作。会同有关部门制订完善建筑垃圾管理有关政策、制度和规范；负责建筑垃圾资源化利用处置项目的建设；建立完善建筑垃圾管理运行制度；加强对三区建筑垃圾监管队伍的指导、监督，履行对各区建筑垃圾日常管理工作的监督与考核，促进执法效果的提升；协同相关部门对建筑垃圾产生源头、收运体系、终端处置消纳等重点环节进行严格监管；联合相关部门对非法收运建筑垃圾沿途抛洒滴漏、随意乱倒偷倒等行为进行严厉查处。

市公安局：负责建筑垃圾运输车辆和驾驶员的管理工作。推行运输车辆密闭化技术改装、密闭化运输，按规定时间、线路行驶等规范；核发运输车辆专用牌照、通行证等；依法查处运输车辆和驾驶人员违法违章等行为，协助查处运输车辆沿途抛洒、带泥上路、乱倒偷倒等行为；严厉查处以暴力、威胁等手段扰乱运输市场、抗拒执法等违法行为。

市住建局：负责建筑垃圾源头管理工作。配合市城管局做好建筑工地建筑垃圾数量核实、去向管控工作；监督各类建筑工地实施进出口道路硬化、车辆冲洗、标准围栏、配备专职清洗人员等措施；制订推广建筑垃圾再生利用产品的配套政策和用于工程建设的优惠政策措施；积极开展建筑垃圾用于城市道路建设的研究、实验、开发、推广工作。

市交通局：协助做好建筑垃圾运输市场管理工作。联合市公安、城管部门对建筑垃圾运输车辆超限超载、抛洒滴漏污染公路、在公路控制用地范围内乱倒偷倒行为进行严厉查处。

市道路运输管理局：协助做好建筑垃圾运输市场管理工作。核发运输企业道路经营资质；严厉查处建筑垃圾运输企业和车辆的违法行为。

市财政局：负责建筑垃圾日常管理的资金保障工作。制订相关激励政策措施，鼓励建筑垃圾实行资源化利用和无害化处置。

市发改委：研究制定建筑垃圾资源化利用相关配套政策；积极争取、落实资源化综合利用优惠政策和项目资金；负责将建筑垃圾有关项目建设在年度市本级投资计划中予以安排。

市工信局：推动建筑垃圾资源化利用工作，落实国家有关资源综合利用税收优惠政策。

市审批局：加强建筑垃圾管理工作中的源头控制作用。对资源化利用率高、无害化处理好的建设项目，在审批流程中，实行政策鼓励与帮扶，使其享受"绿色通道"等超前、优质的政务服务。

市政府法制办：负责建筑垃圾管理相关法规的修改完善，使之配合建筑垃圾资源化利用的全面推行，负责建筑垃圾管理的执法监督、执法协调和行政复议工作。

四、重点工作任务及措施

（一）切实推进建筑垃圾资源化利用项目。按照财政部《关于政府参与的污水、垃圾处理项目全面实施 PPP 模式的通知》（财建〔2017〕455 号）文件精神"政府参与的新建污水、垃圾处理项目全面实施 PPP 模式"。银川市建筑垃圾资源化利用项目采用建设—运营—移交（BOT）方式运作。按照最高不超过 30 年的政策规定向项目公司授予特许经营权，按照市物价局监审确定的标准（32.8 元/吨）给予处置补贴。由项目公司具体负责银川市建筑垃圾资源化利用项目的投资、融资、建设、运营和维护。合作期满后，项目公司将项目设施完好无偿交还政府。

市城管局要按照《银川市建筑垃圾资源化利用工程（PPP）项目实施方案》迅速推进项目实施。市发改委、财政局、审批局、住建局按照各自职责积极配合开展工作，力争我市的建筑垃圾资源化利用工作于 2018 年全面实施。

（二）以智能管控促建筑垃圾资源化利用工作深入推进。

市城管局要加快建筑垃圾智能管控系统建设工作，通过加强对建筑垃圾收运处置全过程监督、控制，实现"源头看得见、运输有定位、终端有计量、查处有证据"与网上供需信息调剂功能，确保在全市范围内实现建筑垃圾的全过程监管，着力解决建筑垃圾运输带泥上路、抛撒严重、偷倒乱倒、行车安全等问题，有效解决建筑垃圾带来的环境问题。

（三）加大执法力度，确保建筑垃圾进入资源化利用中心。市城管局、住建局、运管局等相关部门要健全完善制定相关政策及制度，促进建筑垃圾收运管理体系的完善。

（四）积极争取国家、自治区对项目的投资补助。建筑垃圾资源化利用属于国家产业政策大力支持的方向，市发改委、财政局、城管局、住建局要认真研究国家相关产业政策，积极争取国家资金的支持。

（五）积极落实好国家、自治区对规范性建筑垃圾资源化处置企业的相关优惠政策。

1. 依据国家发改委、建设部、国家环保总局《关于印发城市污水、垃圾处理产业化发展意见的通知》，国家财政部、国家税务总局《关于资源综合利用及其他产品增值税政策的通知》，国家财政部《关于印发〈再生节能建筑材料财政补贴资金管理暂行办法〉的通知》等文件，获得财政补助、产品、税收减免、土地、信贷、供水、供电价格等方面的优惠。各相关部门根据各自职责尽快制定具体政策给予保障。

2. 市住建局等部门要按照国家政策规定，制定鼓励使用建筑垃圾再生资源产品的相关政策。由政府投融资的建设项目使用建筑垃圾资源化替代产品，其替代使用量不得少于 30％；由社会资金投资的建设项目使用建筑垃圾资源化替代产品，其替代使用量不得少于 10％。

市住建局负责组织编制相关标准、规范，协调解决在建筑工程中推广应用建筑垃圾资源化产品遇到的技术问题。负责制定并落实建设工程领域使用建筑垃圾再生资源产品的鼓励政策。对于利用建筑垃圾生产的新型建材，纳入新型墙体材料范畴，执行新型墙体材料相关政策。符合环保、节能要求的产品，可享受新型墙体材料相关的扶持等优惠政策。

3. 市发改、财政、税务等部门要尽快研究制定相关政策，对规范性建筑垃圾资源化处置企业以"立项资助"、"以奖代补"、"政府贴息"等方式进行扶持。

（六）要制定鼓励建筑垃圾资源化利用企业积极参与棚户区改造的相关政策。市住建局负责，从源头分类、从改造现场做起，减少改造工程对城市环境的影响，打造资源化利用循环经济的全流程产业链，努力实现建筑垃圾全程监控、棚改废弃物零排放，绿色建材产业化。各辖区政府要配合做好建筑垃圾无害弃土的消纳工作。

五、工作要求

（一）提高政治站位，加强组织领导。各相关部门要切实增强大局意识、责任意识、配合意识，牢固树立"一盘棋"思想，把"绿色、高端、和谐、宜居"发展理念与建筑垃圾资源化利用工作紧密结合起来，做到思想认识、组织领导、工作力量、责任落实"四到位"。

（二）强化责任落实。责任部门要充分履行职责，制定落实措施，细化任务，主动作为，抓好落实。配合单位要根据各自职责分工，大力配合、积极支持，及时向责任单位沟通和反馈情况，共同推进各项工作任务的落实。

（三）加大宣传力度。各有关部门要积极开展形式多样的宣传活动，普及建筑垃圾资源化利用基本知识，提高公众参与的自觉性和积极性，为推进建筑垃圾资源化利用工作营造良好社会氛围。

六、本实施意见自 2018 年 5 月 1 日实施，有效期至 2023 年 4 月 30 日。

2018 年 4 月 3 日